Günter Grimm
Die Honigmacher

Günter Grimm

Die Honigmacher

Vom kurzen Leben der Bienen,
über ihren Nutzen und das
Vergnügen des Imkerns

Ehrenwirth Verlag München

CIP-Titelaufnahme der Deutschen Bibliothek

Grimm, Günter:
Die Honigmacher : vom kurzen Leben der Bienen, über ihren Nutzen und das Vergnügen des Imkerns / Günter Grimm. – München : Ehrenwirth, 1991
ISBN 3-431-03160-9

ISBN 3-431-03160-9

Satz: Fotosatz-Service Weihrauch, Würzburg
Druck und Bindung: Friedrich Pustet, Regensburg
Printed in Germany 1991

Man sieht nur, was man weiß.

Theodor Fontane

Inhalt

Im voraus

Kommen Sie nur herein. Die Bienen stechen höchst selten; eigentlich nur, wenn sie sich in Gefahr glauben. Für den etwas ängstlichen Besucher hab' ich einen Hut mit Schleier griffbereit. Und nach Wachs und Kittharz duftet es im Bienenhaus ja immer, auch nach Honig und Pollen. Alles ist gut zur Hand: Waben, Schmoker, Gänsefeder, Zange, Weiselfänger ...

In einem Bienenwanderwagen sieht es kaum anders aus. Auch dort die Kästen, Beuten nennt sie der Imker. Jede hat eine Nummer. Nur so kommt Ordnung in des Imkers Buchführung. Aber gewöhnlich tippt der Besucher zuerst auf den Farbfleck an der Beutentür, auf den roten oder grünen Punkt. Im nächsten Jahr kommt blau dazu. Ja, es stimmt, das ist eine farbige Reißzwecke. Sie wird etwa alle zwei Jahre ausgewechselt.

Nun zu diesem Buch. In einem Kapitel erzähle ich von dem Hochzeitsflug der Königin und was es mit dem Farbtupfen auf sich hat. Die Weisel, so heißt für den Imker die Königin, trägt nämlich ein buntes Plättchen auf dem Rücken, und dessen Farbe stimmt mit der Reißzwecke an der Beutentür überein. In jedem Kapitel erfahren Sie etwas über die Bienen, wie sie schlüpfen, wie sie tanzen, von ihrer Arbeit – im Stock oder beim »Außendienst«. Gäbe es keine Bienen, es sähe in unseren Obstgärten zur Herbstzeit traurig aus, ebenso draußen auf dem Feld.

Natürlich nicht nur die Bienen allein, auch andere Insekten bestäuben die Blüten, vor allem Hummeln. Von ihnen ist im Rotklee-Kapitel die Rede. Die Hummelzüchterin in G. hat gerade mit ihnen alle Hände voll zu tun. Doch die Bienen mit ihrem schon sprichwörtlichen Fleiß bleiben unübertroffen ... Das meinen wir, unserer herkömmlichen Vorstellung entsprechend. Aber Solitärinsekten, mehrere hundert Arten sogenannter Wildbienen, warten ebenso mit ihrer großen Bestäubungsleistung auf. Auch darüber wird berichtet.

Dieses Buch gibt keine ausführlichen oder umfassenden Hinweise für die Arbeit an den Bienenvölkern. Sein Anliegen ist, vorrangig wissenschaftliche Erkenntnisse und weniger bekannte Besonderheiten über das Leben der Honigbiene und über ihre Bedeutung für die Garten- und Feldwirtschaft leichtverständlich wiederzugeben, praxisbezogen, wo möglich, ausgehend vom eigenen Erleben. Das Buch möchte dem erfahrenen Bienenzüchter wie dem Laien als Naturfreund etwas sagen, dem Gärtner und dem Agronom, selbst dem Briefmarken- oder Münzsammler, dem einen zur Wissensvertiefung, dem anderen zur Freude – und vielleicht als Anregung für die Anschaffung der ersten Bienenvölker.

Um es im vorab nicht unerwähnt zu lassen, die Kapitelübersicht läßt das vielleicht nicht gleich erkennen: Ebenso interessiert mich das Thema Biene in der Malerei, der Symbolwert der Biene in der Kunst und Kultur der Völker, die Einbeziehung von

Honig und Wachs in den Totenkult und in sakrale Handlungen. Und im Kapitel über die »geflügelten Pharmazeuten«, da wird unsere Biene mit ihren Produkten Honig, Wachs, Gift, Pollen, Kittharz u.a. wirklich zur Kosmetikerin oder zum Gesundheitshelfer für alle, die vorbeugend behandelt und im Krankheitsfalle geheilt werden möchten.

Jedes Kapitel ist in einen besonderen Erzählrahmen gefaßt: das Wandererlebnis, die Fotografie, das Interview, die Besichtigung einer Wachszieherei, in der Restauratorenwerkstatt, ein Besuch in Berliner Museen. Gewählt wurde, dem Thema entsprechend, die Schilderung, der Bericht, der Dialog oder auch die Erörterung. Diese verschiedenen Darstellungsformen sollen den Weg zu dem vielfältigen Stoffkomplex variieren und dem Leser schwierige, mit weniger eigener Erfahrung verbundene Themen leichter zugänglich machen.

Mehrere der in sich abgeschlossenen Kapitel kann man sich als Vortrag in einer Imkerversammlung denken. Von dorther ergaben sich auch für mich mancherlei Anregungen. Dieses Kontakterleben mit Praktikern aus der Bienenhaltung und mit anderen Garten- oder Naturfreunden bereicherte das Buch nicht unwesentlich, es veranlaßte mich auch zu der Breite der Themenwahl.

Um dem Interessierten bibliographische Hinweise für ein weiterführendes Studium zu geben, habe ich noch einige Quellenhinweise am Schluß des Buches gemacht. Diese und noch weitere Literatur ist in wissenschaftlichen Bibliotheken ausleihbar, auf jeden Fall aber in landwirtschaftlichen oder zoologischen Fachbibliotheken. –

Seit der ersten Drucklegung des Buches im »Deutschen Landwirtschaftsverlag« Berlin sind etwa zwei Jahrzehnte vergangen; es erschien dort (in kürzerer Form) unter dem Titel »Ein Tropfen Nektar«. Bedingt durch meinen Wohnort, Potsdam und dann Berlin, schrieb ich damals den Text auf Grund meiner Erlebnisse und der eingegrenzten Studienmöglichkeiten; eine »gesamtdeutsche Sicht« verbot sich mir.

Für diese erweiterte Neuauflage nun erwies es sich nach den jetzigen neuen staatlichen Verhältnissen als selbstverständlich und notwendig, frühere aktuelle Bezüge (aus der DDR mit ihrer sogenannten Volkswirtschaft, der Gesetzgebung, dem Genossenschaftswesen usw.) weitgehend zu eliminieren und angleichend die Übereinstimmung mit der Bienenhaltung in der BRD, wie sie sich über vier Jahrzehnte so ganz anders ausbildete, zu finden.

Hier und da wird für den aufmerksamen Leser das Ganze dann auch zu einem Erinnerungsbuch an Vergangenes, zu einem Mosaik der jüngeren Geschichte der Landwirtschaft, der Imkerei des ehemals abgegrenzten östlichen Teils unseres Landes, wo Unvernünftiges abgetan, Erinnerungswertes aber bewahrt und nicht unerwähnt bleiben soll.

Das zum einen; zum anderen war es für diese Auflage ohnehin geboten, den Text gründlich durchzusehen und einige Teile neu zu schreiben bzw. Kapitel zu ergänzen. Denn wie seit je gab es auch in den vergangenen Jahren in der Forschung, die sich mit der Biologie der Biene, der Bienenphysik, mit der Bestäubungsleistung der Bienen und auch mit der Anwendung oder Verwertung ihrer Produkte beschäftigt, keinen Stillstand. Schrittweise strukturverändernd wirkte sich (in der DDR) die »Anordnung über den Einsatz von Bienenvölkern zur Blütenbestäubung von Obst-, Ölfrucht- und Vermehrungskulturen sowie zur Nutzung von sonstigen Kultur- und Naturtrachten« vom 22. November 1976 aus, dazu die Regelung für Aufkaufpreise (1981) und für den Übergang zu industriemäßigen Produktionsverfahren. Für die Bienenhaltung in der BRD wurden u.a. richtungweisend die Prinzipien der marktwirtschaftlichen Ordnung, die vielseitige Arbeit der Landesverbände sowie der bienenwissenschaftlichen Institute und in der Rechtsordnung die »Satzung des Deutschen Imkerbundes« vom 14. September 1985, die »Bestimmungen zu den Warenzeichen des DIB« mit den Ergänzungen vom 11. Mai 1990 und die »Honigordnung« vom 13. Dezember 1976 mit der zugehörigen »Honigsortenbezeichnung«.

Manches den Imker als Fachmann sicher noch weiter Interessierende, beispielsweise über neue Erfindungen für die Bienenhaltung, Bienenkrankheiten (Varroatose u.a.) oder Rechtsfragen, mußte unerwähnt bleiben, dafür gibt es entsprechende Fachbücher. Mir ging es darum, das eingangs benannte Grundanliegen des Buches mit seiner wechselnden Darstellungsform zu erhalten. Ich wollte auch auf die Vielfalt in der Wiedergabe von Erlebnissen, persönlichen Begegnungen und auf weiter Zurückliegendes aus der Geschichte der Imkerei nicht verzichten.

(1972/1990) G.G.

Vom Zusammenleben der Bienen

Die Carnica bei uns an erster Stelle

Schon früh hatte der Winter eingesetzt, auch an diesem Sonntagnachmittag schneite es. Sie waren dennoch gekommen, die Spartenfreunde, fast vollzählig, denn es wurde Bilanz gezogen! In Vorträgen berichtete man über das abgelaufene Jahr, über die Wetter- und Trachtentwicklung, die Wanderungen, das Bemühen der Zuchtgemeinschaft, und ... als jemand über die Leistungen der Sparte sprach, lag über dem Saal eine gespannte Aufmerksamkeit. Hier und da machte sich ein Bienenfreund Notizen, seine eigene Arbeit an der Gesamtleistung zu messen. Auch ich notierte mir Merkenswertes.

Noch heute, nach Jahren, habe ich die Zahlen zur Hand, die mich damals sehr beeindruckten. »Gezüchtet wurden in unserer Sparte 900 Königinnen, wir pflanzten 200 Robinien und 100 Linden. Die 1675 Völker unserer Sparte brachten einen Gesamtertrag von 25 125 kg Honig. Der Wert des Honigs, des für den staatlichen Aufkauf gelieferten Wachses und der gezüchteten Weiseln beträgt zusammen 225 000 Mark. Unsere Völker bewirkten durch ihren Blütenbeflug einen Obst- und Samenertrag im Werte von 2 Millionen Mark. Geerntet wurden je Volk im Durchschnitt 15 kg Honig. Das ist der Honig, den das einzelne Volk während des Sommers dem Imker übrigließ, der Mehrertrag über den Eigenbedarf hinaus. Während der Sommermonate hat also ein Volk nicht nur 15 kg Honig produziert, sondern etwa 60 kg; selbst verzehrt hat es demnach 45 kg! Um zu leben, benötigt es auch noch etwa 25 l Wasser und 40 bis 50 kg Pollen, Blütenstaub.

Unsere Biene sammelt keinen Honig, sie *macht* ihn bekanntlich, aus Nektar. Für 60 kg Honig muß das Volk etwa 180 kg Nektar eintragen, denn erst 3 kg Nektar ergeben 1 kg Honig! Das ist die Leistung eines Volkes!«

Der Imkerfreund nannte dann Zahlen für die gewaltige Last, die von den 1675 Völkern innerhalb des Spartenbereiches in einem Jahr eingetragen wurde, grob umgerechnet auf Eisenbahnwagen. Auf Tank- und Güterwagen könnten zwar niemals Blütensaft und Pollen, das schmackhafte Bienenbrot, transportiert werden, dennoch wählte er dieses Bild zur besseren Vorstellung der Transportmenge:

Nektar = 318 250 kg ≙ 318 t → 16 Tankwagen
Pollen = 75 375 kg ≙ 75 t → 4 Güterwagen
Wasser = 41 875 kg ≙ 41 t → 2 Tankwagen

Ich multiplizierte für mich die jeweilige Leistung eines Volkes wieder mit der Gesamtzahl der Bienenvölker (ehemals DDR): 550 000! Der von ihnen eingetragene Nektar würde 4950 Tankwagen füllen, das wären 125 lange Züge! Und eine Blüte enthält bis 0,0005 g Nektar.

Nun stelle ich mir meinen kleinen Stand vor. Meine Völker allein, zwanzig sind es heute, sammeln jedes Jahr etwa 900 kg Pollen. Von diesem feinen, gelblichen Blütenstaub, den sich die Bienen an die Schienbeine heften, wiegt ein Höschenpaar 0,01 bis 0,02 g, sagen wir: 0,015 g. Wieviel Pollenkörner sind das? 15 000 von der Sonnenblume wiegen 1 g, vom Vergißmeinnicht, es hat den feinkörnigsten Blütenstaub, kommen 300 000 auf 1 g, vom Löwenzahn 250 000. Und somit trägt die Biene mit einem Höschenpaar (vom Löwenzahn) etwa 3750 Pollenkörner nach Haus. Für eine Pollenfracht muß sie mindestens 100 Blüten aufsuchen. Erst 18 bis 20 Pollenladungen füllen eine Zelle und reichen aus, um zwei Bienenkinder großzuziehen. Am gefräßigsten sind die Drohnen. Etwas zu Unrecht, wie wir noch sehen werden, nennt man sie von alters her Schmarotzer. Allein für die Aufzucht von 3000 Drohnen, die auf einer Normalmaßwabe gut Platz haben, sind etwa 1,5 kg Pollen und 2 kg Honig erforderlich; als ausgesprochene »Nichtstuer« benötigen sie in der Saison 15 kg Honig (!).

Meine Bienen, 900 kg Pollen! Dafür müssen sie 1800 Millionen Blüten befliegen. Im Ort gibt es aber noch weitere 200 Völker. So oft ich durchs Feld gehe, suche ich – Blüten, Blüten. Man möchte sich vergewissern, daß auch wirklich genug vorhanden sind, daß die Bienen, die uns ans Herz wuchsen, keine Not leiden. Man fragt sich, woher sie nur die große Menge Nektar und Pollen holen. Aber die Frage bleibt für uns offen; wir vermögen die Leistung eines Volkes, der nach Zehntausenden zählenden Tiere, nach unseren Maßstäben doch nicht ganz zu erfassen.

Es bedarf im weiteren noch einiger Zahlen, uns diesen Bienenfleiß in seinen Relationen zu verdeutlichen. Die angegebenen Werte können jeweils nur Richtpunkte sein, denn unser Summieren beinhaltet für den einzelnen Fall doch wohl mancherlei Fehlrechnungen. Und es gibt auch für die Bienen schon mal wahre Hungerjahre, wo sie nur geschwächt über den Sommer kommen, wo der Imker kein Gramm Honig ernten kann und seinen Sonnenvögeln noch Zuckerlösung und Sojamehl oder Milchpulver als Nektar- und Pollenersatz zufüttern muß.

Aber gewöhnlich meint es die Sonne doch gut. Sie hält einladend ihren Blütenflor für die Bienen bereit, und jeder tut dann von früh bis spät sein Bestes. Was das einzelne Tier leistet, verdient alle Hochachtung. Wir können die Bienen beobachten, wenn sie in ununterbrochenem Strom auf dem Flugbrett aufsetzen, kurz stoppen, sich nochmals der richtigen Haustür vergewissern und dann geschäftig ins Dunkel der Behausung hineinmarschieren. Oder wir sehen dem einzelnen Tier bei seiner Arbeit in der Blüte zu, wie es die Staubbeutel in Windeseile behobelt, im Flug zur nächsten Station den Pollen verknetet und am hinteren Beinpaar in die Pollenkörbchen einlagert. Manche Pollensammlerin übermannt die Verlockung, ganz gegen die Gewohnheit auch gleich noch auf den Blütengrund hinabzusteigen und mit der Zunge den glänzenden Nektar aufzutupfen.

Ist die Biene auf das Nektarsammeln eingestellt – manche allerdings sammeln Pollen und Nektar zugleich –, dann muß sie mehr als 100 Blüten besuchen, um die Honigblase zu füllen; sie faßt 50 bis 60 mm^3. An einem Tag fliegt die Biene über ein dutzendmal aus. Jeder Trachtflug dauert etwa 25 Minuten. Für 1 kg Honig müssen, wie wir bereits hörten, 3 kg Nektar eingetragen werden, das sind rund 60 000 Honigblasenfüllungen. Dafür wird eine Flugstrecke von etwa 40 000 km zurückgelegt, so lang wie der Erdumfang am Äquator.

Vergessen dürfen wir nicht das Wasser! Auch für die Bienen ist es lebenswichtig. 40 000 Stockbienen benötigen im Sommer täglich 40 g, 6000 Bienenlarven sogar 140 g (auf Vorrat eingedickter Honig muß für sie verdünnt werden). Ein Volk trägt also täglich über 200 g Wasser ein, in etwa 6000 Flügen zur Tränke. Noch viel mehr Kraft muß von den Bienen dafür aufgebracht werden, Wasserdampf wieder aus dem Stock hinauszufächeln, wenn Nektar zu Honig umgearbeitet und eingedickt wird. Dabei werden an Trachttagen mehrere Liter Wasser frei.

Um das vorgreifend hier schon zu sagen: Beim Eintragen des Wassers sind die Bienen wählerisch, durchaus gesundheitsbeflissen. Sie bevorzugen trübes, gar »schmutziges« Wasser aus Pfützen, krautigen Wasserläufen, Moorwasser. Der Imker sähe sie zwar lieber zu der aufgestellten Tränke mit dem klaren Leitungswasser fliegen. Aber nein, sie wissen, was ihnen guttut, besonders im Frühjahr, wenn ihnen die Nosema-Krankheit droht. Moorerde übrigens verwenden auch wir Menschen für medizinische Zwecke, sie enthält mehr als 60 gesundheitsfördernde Substanzen wie Säuren, Salze, Öle, Spurenelemente u.a., vor allem keimhemmende Stoffe. »Sie sind in Jahrtausende langen geologischen Prozessen aus Heilpflanzen, Blüten- und Samenhormonen und anderen chemisch-biologischen Wirkstoffen entstanden, im Moor gelöst und konserviert.« Solches Wasser also enthält sogenannte *Phytonzide,* das sind Pflanzenausscheidungen mit bakterizider Wirkung. (Dem versucht auch der Imker zu entsprechen, wenn er dem Tränkwasser oder der Futterlösung Knoblauchsaft oder Teeaufgüsse zusetzt.)

Zurück zum Fleiß der Biene. Wir hörten über ihre Leistung und den dafür nötigen Energieaufwand. Fliegt sie aus, dann bewegt sie mit starken Rückenmuskeln ihre zwei dünnhäutigen Flügelpaare; sie haben eine Fläche von 45 bis 54 mm^2 und werden in

Reizfütterung im Frühjahr

einer Sekunde 200mal auf und ab bewegt. Die Biene selbst wiegt 0,1 g (die Drohne 0,19 g, die Königin 0,23 g). Auf ihrem Sammelflug hat sie sich noch einmal die Hälfte ihrer Körpermasse an Nektar oder ein Drittel davon an Pollen aufgeladen. Die Pollenträger tarieren das Gewicht gut aus. Beide Pollenhöschen sind immer gleich groß und schwer. Nur so kann der Rückflug sicher und schnell bewältigt werden, in einer Geschwindigkeit von 20 bis 30 km/h.

Jede Biene steuert wieder ihr Zuhause an. Hin und wieder verfehlt schon mal eine ihr Flugloch, starker Seitenwind drängt sie ab, oder ein anderer intensiver Stockgeruch wirkt im Moment des Anflugs desorientierend. Warum soll man sich nicht mal vertun, die Kästen ähneln sich schließlich alle. Wären die Beuten abwechselnd gelb und blau gestrichen oder wären gleich über dem Flugloch aus dickem Holz ausgesägte Zeichen angebracht, in verschiedenen geometrischen Formen, ja dann . . . Aber keine Sorge, wer mit Nektar oder Pollen beladen landet, hat überall freien Eintritt, nur Näscher in räuberischer Absicht werden strikt abgewiesen.

Wir vergegenwärtigten uns, was die einzelne Biene zu leisten vermag. Es sei besonders hervorgehoben: Die angegebenen Werte sind großen »Schwankungen unterworfen, die Blüten honigen nach Sorte, Boden, Witterung, Jahr usw. sehr unterschiedlich, die Anzahl der Einzeltiere eines Volkes ist außerordentlich verschieden, und schließlich können durch Störungen mancher Art deren Leistungen stark gemindert werden. Die Sammelleistung ist aber vom physiologischen Zustand der Biene nicht abhängig. Jede Sammelbiene ist stets, ohne Rücksicht auf ihre bereits geleistete Arbeit, in einer den äußeren Verhältnissen angepaßten vollen Arbeitsbereitschaft.«

Und was können wir nun der Visitenkarte der Carnica-Biene noch weiter entnehmen? Sagen wir *unserer* Carnica, denn sie ist bei uns am meisten verbreitet. Ihren Namen erhielt sie nach ihrer Stammheimat Kärnten in Österreich (Kärnten, lat. Carnicum). In der Fachsprache heißt sie daher *Apis mellifica carnica,* die Honig machende Kärntner Biene. Ich verwende hier mit Vorbehalt diese eigentlich nur in einiger französischer und deutschsprachiger Literatur übliche Benennung *mellifica.* In der internationalen entomologischen Literatur heißt es immer *Apis mellifera,* die Honig eintragende Biene. Diese nach heutiger Kenntnis zwar dem Wort nach unrichtige Benennung – die Biene sammelt und trägt keinen Honig ein – müßte dennoch allgemein beibehalten werden: Sie entspricht der Festlegung in der von Carl LINNÉ (1707–1778) in seinem Werk »Systema naturae« vorgegebenen Nomenklatur. Obwohl sich Linné in der Benennung der Honigbiene später korrigierte, richten sich die Insektenforscher heute nach der frühesten Bezeichnung in der von ihm selbst herausgegebenen 10. Auflage des Werkes aus dem Jahre 1758. Es muß korrekterweise nach den »Internationalen Regeln für die zoologische Nomenklatur« (Artikel 23) die Priorität der Erstbenennung gewahrt werden. Nach diesen IRZN, festgelegt auf dem XV. und XVI. Entomologenkongreß in London (1958) und Washington (1963), entfällt zwar die Wiederaufnahme oder die Gültigkeit eines älteren Namens, wenn über einen bestimmten Zeitraum hinweg eine spätere und damit jüngere Benennung allein in Gebrauch war, aber das und noch andere Gesichtspunkte, die die Ausschließlichkeit von *mellifica* rechtfertigen könnten, treffen nicht zu; deshalb also *Apis mellifera*. Denn, bezogen auf unsere Bienen: »Gültiger Name . . . ist der älteste verfügbare Name.«

Reinerbig züchtet man die Carnica noch in den Gebirgstälern des südöstlichen Österreich (Krain, Steiermark, Kärnten), wenngleich auch dort schon wieder einige Bienenstämme – weniger im Aussehen als in der Völkerentwicklung und in der Anpassung an das Klima – gewisse Abweichungen erkennen lassen. Die ertragreichsten und im Wesen ausgeglichensten Völker soll es heute in den Hochtälern geben, wo einzelne Bauernhöfe von weiten Waldgürteln umgeben sind. Eine von dort importierte »Hollersberger« Königin sah ich einmal auf einem Zuchtstand bei Potsdam, ein prächtiges Tier! Der Züchter nahm vor der Besuchergruppe das ganze Volk auseinander, gab mit Vergnügen gerade den etwas ängstlichen Frauen die vollbesetzten Waben in die Hand – und keine Imme flog ab, keine dachte daran, ihre Bewunderer zu stechen und damit dann das Leben aufs Spiel zu setzen!

Sehen wir uns die *Carnica,* die uns mit ihrem Fleiß viel Achtung abverlangt, noch ein wenig genauer an. Die eingangs erwähnten Leistungen sind in unseren Breiten durchaus nicht jeder Bienenrasse eigen. In Italien ist die Italienische Biene *(Ligustica)* zu Haus, sie trägt auf dem Hinterleib auffallend gelbe Ringe und ist in ihrer Entwicklung ganz auf das Mittelmeerklima eingestellt. Die Kaukasische Biene *(Caucasica),* grau behaart, langrüsselig und sanftmütig, ist unserer Carnica sehr ähnlich, doch in den nördlichen Breiten zeigt sie sich anfällig gegen Nosema, eine verbreitete Darmkrankheit. Die Carnica erwies sich den Imkern bei uns auf Grund anderer Trachtbedingungen (bessere Ausnutzung der Frühtracht!) attraktiver auch als die dunklere Nordbiene *(Nigra).* »Die Carnica-Bienen kamen unter den Stammesbezeichnungen *Sklenar, Peschetz, Troisek* u.a. in unser Land. Wir mußten diese, so gut es ging, vermehren und zu reinrassiger Paarung veranlassen. Dabei hatten wir stets mit der Störung durch unsere heimische Nordbiene zu rechnen« (Herold/Weiß). Diese Zuchtauslese begann etwa Ende der dreißiger Jahre durch entscheidende Vorarbeiten und Veröffentlichungen von Zander und Goetze.

Seit dem vorigen Jahrhundert war die Verbreitung der Carnica schon immer von einer ständigen Rassenmischung begleitet, und so entwickelte sich allmählich eine zwar stabile, aber doch mehr rassenindifferente Landbiene. Wie sollte es bei dem schwunghaften Handel mit Bienenvölkern und bei dem Versand einzelner Königinnen auch anders sein. Und schließlich paart sich ja eine Jungkönigin nicht unter Kontrolle, sondern hoch in den Lüften mit mehreren ihr von weither zufliegenden Drohnen. Mischpaarungen und Verbastardierungen mußten also die Folge sein, und damit sanken auch die Trachtleistungen. Heute bemüht man sich (soweit meine Erfahrung reicht) ausschließlich um die Reinzucht der Carnica. Ihr Erscheinungsbild weist ganz bestimmte Merkmale auf. Und wenn diese sich vererben, dann darf man vermuten, daß damit auch die besonders erwünschte Eigenart (der Genotyp) weitergegeben wird. Bei der Leistungsbeurteilung achtet der Züchter nicht nur auf die äußeren Merkmale eines Volkes, er versucht vielmehr Völker mit den besten Anlagen auszulesen.

Das so für die Zucht gefundene Volk braucht nicht unbedingt das leistungsbeste zu sein.

Für das Erfassen des Erscheinungsbildes gibt es einen bestimmten Rassestandard (danach wird die Biene »gekört«), er beinhaltet die *Flankenzeichen,* also Farbgebungen auf den vordersten Ringen des Hinterleibes, eine bestimmte *Haarlänge* auf dem fünften Hinterleibsring, die hellgraue Behaarung, die Breite der *Filzbinden* und schließlich den *Cubitalindex* eines Vorderflügels. (Den hiervon abweichenden Typus des Drohnen lassen wir mal unberücksichtigt.)

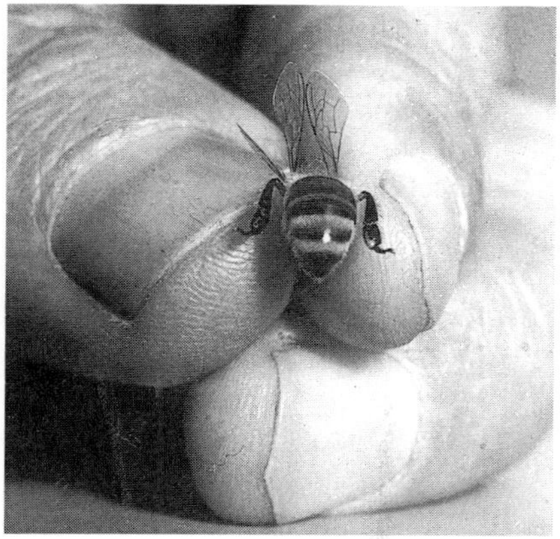

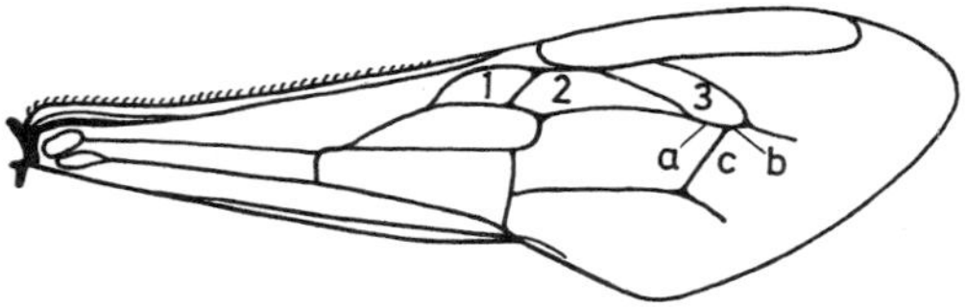

Die Discoidalader (c) unterteilt die Grundader der dritten Cubitalzelle in zwei Strecken a und b. Das Längenverhältnis a : b bezeichnet man als Flügelindex.

Der Körgriff. So lassen sich die Filzbinden und andere Merkmale gut erkennen.

Das hört sich alles sehr kompliziert und hochwissenschaftlich an, aber auch der Nichtfachmann, hält er einen Vorderflügel gegen das Licht – es sei damit nur das letztgenannte Merkmal hervorgehoben –, kann schon mit bloßem Auge das Flügelgeäder erkennen. Sehr schön und besser macht es sich aber mit einer Lupe. Mit dem Cubitalindex bezeichnet man ganz einfach das Längenverhältnis der Strecken *a : b* bei der Grundader der 3. Cubitalzelle. Die schräg nach unten führende Discoidalader *(c)* teilt die Grundader der Cubitalzelle in die beiden Teile *a* und *b.* Diese Unterteilung ist schwankend, bei der Carnica beträgt das Längenverhältnis, also der Index, etwa 1 : 2,8 im Durchschnitt.

Das wären die äußeren Kennzeichen, nach denen sich die Carnica von anderen Bienenrassen unterscheidet. Und nun noch etwas über ihre Verhaltensweise: Überwinterung in relativ geringer Volksstärke auf 6 bis 8 Waben, geringer Futterverbrauch, rasche Frühjahrsentwicklung als Frühtrachtbiene, mäßige Schwarmneigung, wabenfest, sanftmütig, guter Spürsinn, langrüsselig und geeignet für den Rotkleebeflug, frühe Winterruhe.

Mit dem allen hat sie sich uns sehr gewinnend vorgestellt, unsere Carnica, wir kennen jetzt ihr »standardisiertes« Aussehen und nach steckbriefartigen Angaben auch ihren guten Charakter. Was ihr in ihrem kurzen Leben begegnet und wie sie ihr Dasein meistert, das werden wir im weiteren genauer erfahren.

Ganz des Lobes voll – so habe ich »unsere Carnica« vorgestellt. Aber das darf so nicht stehenbleiben. Ich habe diese Biene auf meinem Stand, auch meine Spartenfreunde schwören auf sie. Doch jedes Urteil, jede Meinung muß zum besseren Verständnis relativiert werden, mit den Bedingungen und mit anderem in Beziehung gesetzt.

Bruder Adam in England züchtet bekanntlich die »Buckfast-Biene, eine Kreuzung zwischen der Ligustica und der einstigen einheimischen Mellifica Großbritanniens . . ., eine Kunstrasse, im Laufe von etwa fünfzig Jahren entwickelt«. Wegen ihrer Vorzüge findet sie auch bei uns Verbreitung, aber der Carnica, das möchte ich dabei betonen, wird in England beispielsweise »keine nennenswerte wirtschaftliche Bedeutung beigemessen«. Bruder Adam sagt weiter: »Die extreme Schwarmneigung, die beschränkte Fruchtbarkeit, das Bedürfnis nach ständiger Reizfütterung in trachtlosen Pausen, passen – trotz der wertvollen Eigenschaften, die die Biene sonst besitzt – einfach nicht in einen neuzeitlichen Betrieb.«

Erfahrungen – aus England, aus Norddeutschland –, zwei Meinungen, nichts Allgemein- und Endgültiges; unter den zeitlichen, klimatischen, biologischen und lokalen Bedingungen wird sich das Beste durchsetzen.

Aufforderung zum Tanz

Erstaunlich, was die Biene im Dunkeln wie im Hellen alles zu registrieren vermag. Sie findet sich im Gewühl von mehreren zehntausend Schwestern sehr gut zurecht, und niemand rempelt in der Beute den anderen an. Aber in diesem Gewimmel leistet jede Biene auch noch ihren genau bemessenen Teil bei der Hausarbeit; bekanntlich hat sie – unter normalem Tagesgeschehen – 21 Tage Innendienst. Und dann erobert sie sich die Außenwelt. Bei einem Flugkreis mit einem Radius von 2 km (so weit etwa lohnt sich die Tracht) sind das nahezu 15 Millionen Quadratmeter. Hier merkt sich die Sammlerin jeden markanten Baum und Strauch, Wege, Gewässer und Bodenerhebungen. Wenn man sie am Stand einfängt, im Bereich ihrer Trachtflüge, Flugkreis genannt, weit fortträgt und freiläßt, dann fliegt sie nach ein paar kurzen Orientierungsrunden schnurgerade nach Haus. Aber nicht nur das, in diesem Terrain kennt sie auch den ganzen duftenden und sich unter ihr täglich neu ausbreitenden Teppich farbenprächtiger Blüten. Die Biene muß also über Sinnesorgane verfügen, die unter den gegensätzlichsten Bedingungen – sowohl in der sonnigen Außenwelt wie im finsteren Stock – immer zuverlässig arbeiten. Ob sie alle Erfahrungswerte und ihre Erinnerungen im Kopf registriert und speichert? Nein, die Organe (Rezeptoren) für die Aufnahme der vielfältigen Umweltreize liegen sowohl im Kopf wie vor allem an den Fühlern (Antennen), aber auch an den Füßen. Da die Biene keine Nase hat, wird der Duft nicht nach menschlicher Vorstellung wahrgenommen. Beim Menschen sind der Geruchs-

und Geschmackssinn gekoppelt, man meint auch zu schmecken, was man riecht; bei der Biene gibt es diese Koppelung nicht.

Wieviel Sinne hat die Biene? Uns Menschen sagt die Wissenschaft heute acht Sinne nach. Auch bei der Biene sind es soviel: Gesicht, Geschmack, Geruch, Tastsinn, Temperatursinn, Lagesinn, Strömungssinn und Erschütterungssinn. Diese Reihenfolge drückt keine Wertigkeit aus. Erst das Zusammenwirken *aller* Sinnesorgane ermöglicht ein normales, aktives Verhalten. Es verwundert eigentlich, daß den Bienen ein spezifisches Gehörorgan fehlt; nach menschlichem Ermessen könnte ihnen gerade das in der Beute von Nutzen sein. Sie erzeugen dennoch die verschiedensten Töne, vereint zum Gesumm. Die Höhe oder Intensität des Summens wird von der Zahl der Flügelschläge und der Menge der Tiere bestimmt. Der Imker kennt den »Stechton«, der »Heulton« läßt auf Weisellosigkeit schließen. Die Biene erzeugt auch Töne, indem sie die Luft in die Stigmenöffnungen preßt. Im Flugloch vernimmt man abends einen gleichmäßigen, fast rauschenden Summton, das Sterzeln und Fächeln ist ebenfalls unterscheidbar. In der Umgebung des Standes wird auch der Laie bei starkem Flug schon einen Klang wahrnehmen, zumindest den »Schwarmton«.

Und wer kennt nicht das »Tüten« oder »Quaken« der jungfräulichen Königin! (Es wird durch den Muskel- und Gelenkmechanismus der Flügel bewirkt.) Man hat es mit elektrischen Tongebern schon fertiggebracht, durch künstliche Tüt- oder Quaktöne Königinnen minutenlang zum »Gespräch« anzuregen. Auch mit einer Stimmgabel (Frequenz 440 Hz) kann das erreicht werden, wenn man sie gegen die Weiselkäfige oder deren Unterlage hält.

»Aus den Beobachtungen muß man schließen, daß das Gehör der Bienen äußerst schlecht ist. Wahrscheinlich handelt es sich überhaupt nicht um ein echtes Gehör, d.h. um die Wahrnehmung von Schallwellen der Luft. Vielmehr scheint die Lautwahrnehmung der Biene auf ihrer Empfindlichkeit für Erschütterungen des Bodens zu beruhen. Es handelt sich also mehr um einen *Vibrationssinn*" (Zander/Weiß).

Neuere Forschungen besagen folgendes: Die Bienen nehmen akustische Signale über Vibrationen des Wabenwerkes oder anderer harter Substrate wahr. Als reizaufnehmende Organe dienen dafür Rezeptoren, in den drei Beinpaaren gelegen, unterhalb des Gelenks. Schallschwingungen, übertragen durch das Medium Luft, werden aufgenommen über feinste Härchen zwischen den Facettenaugen und dem Hinterhaupt. Diese Härchen, nur 600 bis 700 Mikrometer lang, sind leicht gekrümmt. Sie geraten entsprechend der Schallintensität in Schwingung und lösen dadurch Nervenimpulse und im weiteren Reaktionen aus. Beim Tüten einer Königin beispielsweise verharren die Bienen dann in ihrer Bewegung, der Imker kann diese plötzlich schockartige Bremswirkung gut beobachten; man darf annehmen, daß sich dadurch der Schallpegel im Stock verringert und eine Verständigung zwischen den Weiseln begünstigt wird.

Zur Wahrnehmung der Schwerkraftrichtung verfügt der Mensch im Ohr über ein Gleichgewichtsorgan. Für die Biene trifft dieses nicht zu; ob in der Beute, beim Flug oder beim Besuch der Blüte, sie weiß dennoch, was »oben« und »unten« ist. Beim Bau der Waben bleiben die Tiere durch den Schweresinn sehr genau in der Vertikalen. Der Imker errichtet deshalb seinen Stand auch nicht ohne Wasserwaage. Die Kästen müssen lotrecht stehen (für den Abfluß des Kondenswassers mit einem geringen Gefälle nach vorn), sonst halten sich die Bienen beim Wabenbau nicht an die vorgegebenen Rähmchen.

Von den anderen Sinnesorganen werden wir im weiteren hören, wenn sich die Biene bei ihrer vielseitigen Tätigkeit von der jeweiligen Sinnesfunktion leiten läßt. Im besonderen ist das beim Außendienst der Fall. Was hätte es beispielsweise für einen Sinn, würde sie hier den gebotenen Nektar und Pollen nur allein ausbeuten wollen. Ein starkes Volk – mit großem Futterverbrauch – wäre so gar nicht aufzubauen. In ihrem Zusammenleben als Volk hat die Biene deshalb ein bestens funktionierendes Informationssystem entwickelt, um die Stockgenossen in großer Zahl schnell auf die Beine zu bringen, zielgerichtet ihnen den Weg zu einer ergiebigen Trachtquelle zu weisen. Der Stockgeruch am Flugloch, der Duft besuchter Blüten und körpereigene Duftstoffe auf ihrer Flugbahn erleichtern den Bienen die Orientierung. Und wenn sie auffällig zügig ausfliegen, dann lenkt sie nicht ein gewisser Herdentrieb, sondern im Stock schon, auf den Waben, wurden die als Arbeitsreserven bereitstehenden Bienen von dem Tanzgebaren der Suchbienen angeregt.

Das klingt etwas kurz und vereinfacht gesagt. Auf Symposien in den vergangenen Jahren (vgl. BIONA-report 6/1988) und in jüngeren Forschungsberichten trugen Wissenschaftler neue Erkenntnisse über die Orientierungsleistungen der Bienen bei Trachtflügen vor. Und da war über unsere »Sonnenvögel« beeindruckendes Neues zu vernehmen. Prof. Bärmann (Jena) gab thematisch Ähnliches in einer Arbeit über die »Sammelstrategie der Honigbiene« wieder. Sie wird komplex bestimmt durch eine Reihe besonderer Faktoren wie Lichthelligkeit, Temperatur, Luftfeuchtigkeit, Trachtentfernung, Nektarangebot nach Menge, Zuckergehalt und technischem Zugang, Konkurrenzverhalten der Sammelbienen auf den Blüten, Volksstärke, Brutstand u. a. Es gleicht einem Naturwunder, wie unsere Bienen – wir Menschen bedienen uns bei solcherlei Wirkungsfaktoren ganz einfach der Computer –, wie unsere Bienen da »rationell« kalkulieren: Aufwand und Trachtgewinn müssen in einem absolut lohnenden Verhältnis stehen. Sonst wird nicht ausgeflogen. Ruhe! Energie sparen! Einige Beispiele dazu: Nektar mit weniger als 10% Zuckergehalt wird nicht aufgenommen, der »lohnt« sich nicht. – Die Füllung der Honigblase ist abhängig von der Entfernung zwischen Tracht und Stock, bei einer Distanz von 2000 m wird sie mit etwa 52 mm^3 Nektar gefüllt, bei 100 m mit nur 38 mm^3. Die größere Menge bei größerer Entfernung läßt auf »Sicherheitsbedenken« schließen, aber auch: Oft macht man so einen weiten Flug ja nun nicht, und wenn schon, denn schon! Hierzu gibt es eine genauere wissenschaftliche Aussage: Bei einer Tracht bis zu 2000 m wird bis zu zehn Mal in der Stunde ausgeflogen, bis zu 100 m sind 40 Sammelflüge möglich. Dazu ließen sich schon gleich weiterführende Fragen stellen, so nach dem Wassergehalt des Nektars, nach der Invertase, der Fermentierung usw., jeweils abhängig von der Flugstrecke.

Für den Wanderimker ist auch wichtig zu wissen, daß sich über 90 Prozent der Flugbienen nicht weiter als 1,7 km vom Stand weg begeben. In diesem Radius wird eine Fläche von 9,1 km^2 beflogen, das wären rundgerechnet 9 000 000 m^2 oder 900 ha. Für eine optimale Bestäubungsleistung, wieviel Völker sollte man da auf einer Trachtfläche von 1 ha aufstellen? Man sagt ja immer: vier . . . Nun gut, lassen wir es dabei bewenden, sonst nimmt das Rechnen kein Ende . . .

Fragen könnte man noch, nach welchen Gesichtspunkten die Bienen die lohnenden Blüten in dem Meer von Blumen auswählen. Diesem Gedanken soll an anderer Stelle weiter gefolgt werden. Nur eines noch möchte ich hervorheben, um nicht noch mehr den nachfolgend dann genannten großen Leistungen des Forschers Karl von FRISCH über die »Tanzsprache« der Bienen vorzugreifen. Es geht um folgende wie mir scheint bislang nie genügend beantwortete Frage: Wir wissen, daß den im Stock auf Abruf stehenden Trachtbienen durch Tanzbewegungen erfahrener Bienen Richtung und Entfernung zum Ziel angezeigt werden. Jede ausfliegende Biene muß einen bestimmten »Mundvorrat« mitnehmen. Dieser für den Flug nötige Energieaufwand, von den Tanzbienen mitgeteilt, stellt das Entfernungsmaß dar. Und nun: Wie kann der Energieaufwand von den Bienen so genau bemessen und vorausgesagt werden? Auf einem Symposium hieß es dazu: »Hochempfindliche Spannungsrezeptoren in der Honigblase wurden entdeckt, die auf Grund der raschen Absorption des Reiseproviants den Abfall der mechanischen Wandspannung messen und so wohl als ›Kilometerzähler‹ wirken.«

Das nun ist die gesuchte Antwort auf die Frage nach der Entfernungsbemessung und wieviel Proviant danach für den Flug mitgenommen werden muß. Zum Schluß des Zitats sollte man aber das Wörtchen »wohl« nicht überlesen. Da schwingt bei allem, was der Forscher sagt, auch immer noch ein wenig Zweifel und Eingestehen des Noch-nicht-alles-Wissens mit. Ein Verabsolutieren auch wissenschaftlicher und selbst mit Zahlen belegter Beweise ist nicht gutzuheißen. –

In jahrzehntelanger Arbeit hat als erster Nobelpreisträger Prof. Karl VON FRISCH den »Tanz« der Biene, die »Bienensprache«, erforscht. Seit 1912 widmete er sich der Verhaltensphysiologie der Insekten, 1919 bereits lagen von ihm erste Veröffentlichungen vor über den Farben-, Formen- und Geruchssinn und über die Tänze der Bienen. (Eine sehr informative biographische Erzählung über Karl von Frisch schrieb der Moskauer Entomologe J. Chalifman – vgl. Zschr. »Sowjetliteratur« 7/1975.) Es gibt heute kaum ein Lehrbuch über die Bienen, wo nicht mehr oder weniger ausführlich ihre »Sprache« beschrieben wird. Dieses Signalsystem ist in der Tat ein bewundernswertes Phänomen – und groß ist auch die Leistung des Forschers, es zu enträtseln.

Man bedient sich für die Beobachtung der Bienen im Stock einer gläsernen Spezialbeute. Durch die Markierung ausgesuchter Tiere mit verschiedenfarbigen Farbtupfen auf dem Rücken und dem Hinterleib – mit 5 Farben schon lassen sich 600 Bienen unterschiedlich kennzeichnen – konnte man sie während ihres ganzen Lebens und bei allen Tätigkeiten beobachten. Hat eine Suchbiene eine lohnende Tracht entdeckt, verteilt sie nach ihrer ersten Rückkehr den mitgebrachten Nektar in kleinen Portionen, sie kommt dabei mit vielen Bienen in Fühlerkontakt. Diese Pfadfinder-Biene

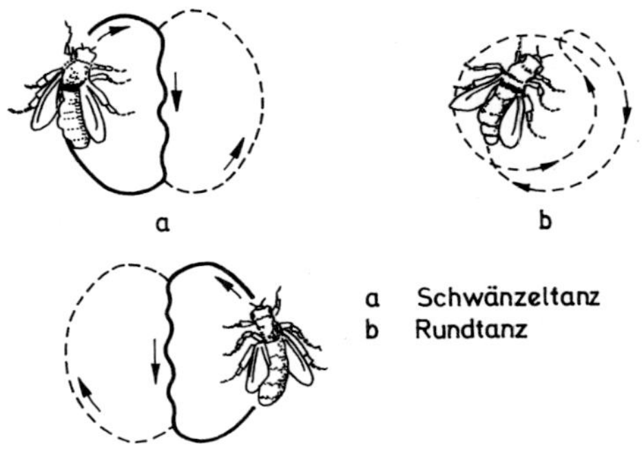

Tanzformen der Biene (nach v. Frisch)

fliegt gleich noch mal aus und führt danach im Stock entweder einen *Rundtanz* oder einen *Schwänzeltanz* auf. Auch Wasserholerinnen und Pollenträger informieren die anderen durch solch einen Tanz. Ein schönes Bild ist es, wenn die nun angeregten Schwestern zunächst hinter der begeisternden Kundschafterin einhertrippeln und dann selbst in den Tanz verfallen. Oft sollen die Mittänzerinnen dabei mit ihren Antennen den Hinterleib oder die duftenden Pollenhöschen der Trachtbienen betasten. Wer den Tanz verstanden hat, rennt mit leicht gespreizten Flügeln zum Flugloch, und hinaus geht's. Das erste Mal sind es vielleicht nur wenig Bienen, nach deren Rückkehr mit erneutem Tanz vervielfacht sich schnell das Gefolge. (Was ich hier so leicht dahinschreibe, sollte noch tiefer durchdacht werden. Wie ich selbst beobachtete, laufen hinter der Tänzerin etwa drei Bienen her, sie und andere fallen bald in den Tanz ein . . . Gut, aber wer die Trachtinformation verstanden hat, saust doch nun auch möglichst schnell hinaus. Oder? Ich frage mich: Was geht dann im Stock unter den auf Abruf stehenden Arbeitsbienen vor, welche »Informationsträger« werden da noch – außer den relativ wenigen Tänzern – so schnell wirksam, daß binnen kurzem Tausende Bienen informiert ausfliegen?)

Liegt die Futterquelle etwa 50 m vom Stand entfernt, dann macht die Biene einen Rundtanz, bei einer Entfernung über 100 m einen Schwänzeltanz. Bei einem Rundtanz läuft sie in schnellem und engem Kreis auf der Wabe herum. Anders der Schwänzeltanz: Halbkreis rechts herum, Wendung und in einer Geraden zurück zum Ausgangspunkt, dann Halbkreis links herum, Wendung und wieder über die Gerade zurück. Während des Durchlaufens der Geraden vollführt die Biene eine auffällige Schwänzelbewegung mit dem Hinterleib.

Die Intensität dieser Bewegung ist abhängig vom Grad der Erregung der Tänzerin, diese wiederum von der Quantität und Qualität des Nektars oder des Pollens, von Schwierigkeiten bei der Erlangung der Tracht oder der für die Bewältigung der Flugstrecke notwendigen Muskelarbeit. Der Kraftaufwand ist also das Streckenmaß, die Form des Tanzes und das Tanztempo geben die Entfernung der Futterquelle an: »Bei einem Abstand von 100 m genau 8,5 Runden in 15 Sekunden, bei 200 m/7,5, bei

500 m/6, bei 1000 m 4 bis 5. Je weiter der Weg zum Ziel, desto länger, langsamer und zugleich eindrucksvoller wird der einzelne Schwänzellauf. Er dauert bei einer Entfernung von 200 m rund ½ Sekunde, bei 500 m 1 Sekunde, bei 2 km 2 Sekunden. Versuche verschiedener Art haben uns zu der Überzeugung geführt, daß diese Schwänzelzeit das maßgebende Signal dafür ist, wie weit man fliegen muß. Sie ist nicht nur durch die Schwänzelbewegungen, sondern auch durch einen Ton scharf markiert, dessen Vibrationen von den Nachläuferinnen wahrgenommen werden.« Ja, es gibt noch eine besondere Lautäußerung, eigentlich sind es zwei, die von der Tänzerin ausgeht und von den nachtrippelnden Bienen aufgenommen wird. Sie übernehmen den Duft der beflogenen nektar- und pollenspendenden Blüten – und vernehmen einen sich in zeitlichem Abstand wiederholenden feinen Piepton. Daraufhin macht das ganze Tanzgefolge halt, und die Trippelbienen bekommen von der Tänzerin eine Kostprobe Nektar. Jetzt kennen sie den Geschmack des süßen Saftes, den sie zu holen haben.

Mit diesem besagten Piepton hat es etwas auf sich! Im Zoologischen Institut München hat man dazu interessante Experimente angestellt. Man versuchte »mit Attrappen den Schwänzeltanz nachzuahmen und sah auch, daß andere Bienen solch eine ›falsche Biene‹ verfolgten, daß sie aber von dieser Attrappe keine Nachricht aufnahmen. Es mußte also neben der Bewegung noch etwas sein, was als ›Sprache‹ wirksam war.« Und dazu beobachtete und hörte man nach Anbringung eines Mikrophons bei einer natürlichen Biene, daß bei bestimmten Schwänzelphasen ein differenziertes Geräusch erzeugt wird, also dieses Piepen, dieser Ton, der von Subgenualorganen, bei den Bienen an den Beinen liegend, aufgenommen wird. Phänomenal an der Sache ist, und das erbrachte nun dieser Versuch, daß Richtung und Winkel des Schwänzeltanzes angeben, wo die Trachtquelle draußen liegt, das Vibrationsgeräusch aber sagt etwas aus über die Qualität der Tracht. Durch diese doppelwertige Information ist das Bienenvolk in der Lage, eine neue Trachtquelle bestmöglich zu nutzen.

Neuere Forschungen haben diese Erkenntnisse um die »Tanzsprache der Bienen« nun noch weiter vertieft (Michelson, Dänemark). Man wollte wissen, wie und über welchen Weg unter den Bienen diese Kommunikation erfolgt, die Übergabe und Annahme der Informationen in unmittelbarer Nähe der Bienen zueinander bis hin zum Berühren des Hinterleibes der Tanzbienen mit den Antennen. Zum einen: Man glaubt nun als sicher erkannt zu haben, daß der Duft von der Tanzbiene besonders in einem durch Flügelschlagen bewirkten Luftstrom weitergegeben wird. Und diese Luftströmungen können die Empfänger-Bienen »sehr genau nach Amplitude und Frequenz unterscheiden . . . und daraus exakte Informationen über die Lage von Futterplätzen aufnehmen«. Zum anderen: Durch das Piepen entsteht ein Ton, ein Schall. Ihn hören die Bienen nicht, sie nehmen ihn wahr durch den sogenannten Schalldruck; über kleinste und feinste Mikrophone und Meßröhren um die Tanzbiene herum hat man ihn mit seinen differierenden Werten genau bestimmen können. *Luftströmung* und *Schall* sind als mit entscheidende Informationsübermittler, neben der Vibration, der Art und dem Tempo der Schwänzelbewegung usw.

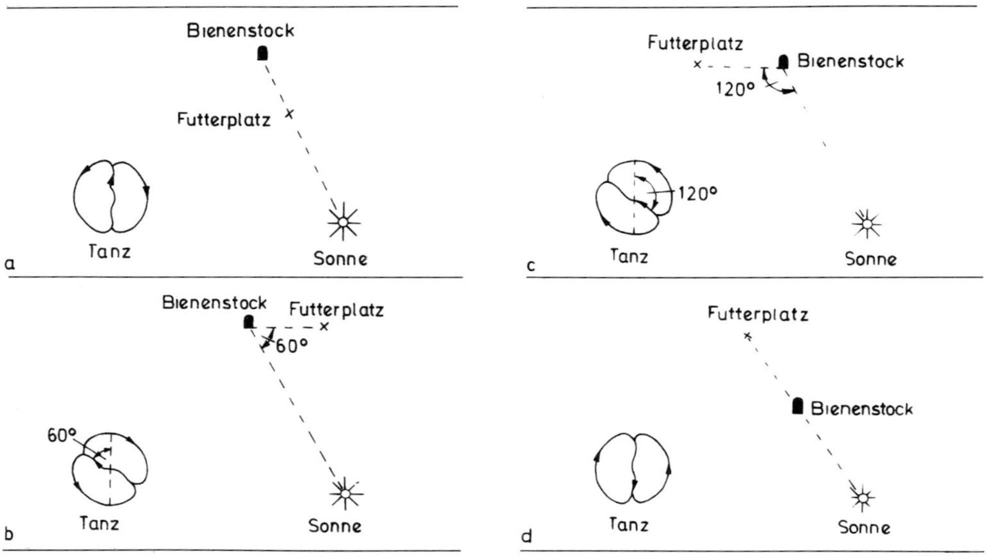

Richtungweisung durch den Schwänzeltanz nach dem Sonnenstand. Liegt der Futterplatz (Tracht) in Richtung der Sonne, zeigt der Schwänzellauf auf der vertikalen Wabe nach oben (a); weicht er 60° links von der Richtung der Sonne ab, dann weicht auch der Schwänzellauf 60° links von der Richtung nach oben ab (b), so auch c und d (nach v. Frisch).

Die Richtung zur Futterquelle, so sagte VON FRISCH in seinem Festvortrag auf dem XXII. Internationalen Bienenzüchterkongreß (München, 1969), werde beim Schwänzeltanz mit Bezug auf die Sonne wiedergegeben. Die Biene habe sich beim Flug den Sonnenstand gemerkt und würde auf einer horizontalen Fläche die gerade Strecke ihres anregenden Schwänzeltanzes genau auf die Trachtquelle ausrichten; auf dem Flugbrett und auf einer waagerecht gehaltenen Wabe könne man das gut beobachten.

Auf den im Finstern der Beute vertikal hängenden Waben gestaltet sich die Richtungsangabe etwas anders. Hier weicht die Gerade des Schwänzeltanzes von der Lotrechten der Wabe in einem Winkel ab, wie er auch zwischen Futterplatz – Bienenstock – Sonne gebildet wird. Der Imker könne auch, wenn er eine Wabe aus dem Stock nimmt und waagerecht hält – mit der Uhr in der Hand –, aus dem Tempo und aus der Richtung der Tanzgeraden die Trachtquelle genau lokalisieren. Man dürfe dabei nur nicht die Sonne direkt auf die Wabe scheinen lassen, die Biene werde sonst nervös. – Erwähnt sei noch, daß sich diese Angaben über die Tanzsprache nur auf die Carnica beziehen, bei den weiteren Apis-Arten und Unterarten gibt es erhebliche Unterschiede und Abweichungen.

Wenn der Himmel bedeckt ist oder die Sonne hinter einem Berg steht, können sich die Bienen ebenso zurechtfinden wie im Sonnenschein und jede Richtung im Tanz mitteilen. Im Unterschied zum Menschen orientiert sich die Biene mit Hilfe besonderer Sinneszellen in ihren Stirnaugen nach dem polarisierten Licht, nach Lichtstrahlen, die in besonderer Schwingungsrichtung nach dem Sonnenstand ausgerichtet sind. So trägt jede Biene ihren Kompaß in sich. Der sie lenkende »innere Regulator« ist aber noch sehr viel komplizierter. Wir wollen uns das, was man im weitesten Sinne bei der Biene unter Instinkthandlung verstehen kann, an der Funktion ihres »Zeitsinns« genauer verdeutlichen.

Die »innere Uhr« der Bienen

Das Aus und Ein am Flugloch lockt immer wieder zu Beobachtungen. Der Imker zieht aus der Verhaltensweise seiner Schützlinge bestimmte Schlüsse auf die Vorgänge im Volk; der Laie sieht vielleicht gerade nur, daß einzelne Bienen landen, andere abfliegen, manche tragen helle Pollenhöschen, andere scheinen »leer« heimzukehren, verharren auf dem Flugbrett, kehren um und fliegen nochmals neu an. Man kann am Flugloch eben vieles sehen, was uns bald so vertraut erscheint wie die Verhaltensweise eines uns nahestehenden Menschen, dessen feinste Regungen und Äußerungen ja auch Auskunft geben über sein Befinden.

Ein Volk setzt sich zu etwa zwei Dritteln aus Stockbienen und zu einem Drittel aus Flugbienen zusammen. Im Sommer sind demnach 20 000 Bienen – das sei nur eine Richtzahl – ständig unterwegs, sammeln Nektar und Pollen, tragen Wasser und Kittharz ein. Sie alle passieren das Flugloch, zügig und zielbewußt; denn sonst gäbe es bei einem Aufbruch von Tausenden ein unübersehbares Durcheinander, kostbare Zeit verstriche ungenutzt!

Und das eben ist nun so wundervoll, jede Biene verläßt den Stock in Sekundenschnelle und ist, wenn sie ausfliegt, mit allen nur denkbaren Informationen über die sie erwartenden Tracht- und Wetterbedingungen ausgerüstet. Und keine Biene kehrt unverrichteterdinge zurück. Ein Ausflug, der unökonomisch wäre, für den Bien als Ganzes nicht effektiv, wird gar nicht erst angetreten (abgesehen von den Suchbienen). So erklärt es sich, daß der Flugbetrieb mal schwächer und mal stärker ist.

Dieser Organismus »Bien« ist sehr kompliziert eingerichtet und wird feiner reguliert, als wir Menschen es uns aus der Erfahrung unserer Kooperation der Arbeit vorstellen können. Man fragt sich immer wieder, wie das Gesamtverhalten der Tiere gesteuert wird. Sowohl äußere (exogene) als auch innere (endogene) Faktoren bedingen sich gegenseitig und bilden ein alle Einzelwesen umfassendes Steuerungssystem. Es existiert als »Regulator« unter den Tieren aber auch ein Steuerungsimpuls, der nicht auf Umweltreize und auf die Wahrnehmung durch Sinnesorgane eingestellt ist. Anscheinend handelt es sich hier um eine Fähigkeit, die über das von uns Erfaßbare hinausreicht.

Solche »Wahrnehmungen« können an ein Zentralnervensystem gebunden sein, sie setzen es aber nicht voraus. Versuche haben ergeben, daß Einzeller positive und negative Elektrizität unterscheiden – Hunde, Katzen und Tauben kommen zu jeder Tages- und Jahreszeit über weite Entfernungen an ihren Ausgangsort zurück, auch wenn man sie völlig »blind« von dort fortgeschafft hat – Fische finden sich nach Jahren über das Weltmeer wieder an der Stelle ein, wo sie einmal aufwuchsen – Vögel überqueren sicher Kontinente – erkrankte Tiere suchen und finden mit Sicherheit die Pflanzen, die ein natürliches Antimittel enthalten – Tiere sind als Wetterpropheten sehr geschätzt, sie spüren Unwetter und Erdbeben im voraus – u. v. m.

Alle diese Erscheinungen begeistern den Nichtfachmann, sie beschäftigen ebenso den Wissenschaftler bei seinen ethologischen Forschungen und bei der Ermittlung der Vorgänge für die Informationsübertragung im biologischen Bereich.

Wir haben uns mit diesen Gedanken unserem Gegenstand, der Biene, etwas entfernt, aber nur scheinbar, denn auch sie stellt die Forschung immer wieder vor neue Aufgaben. Wir Imker wissen das gut aus Erfahrung: Es vergeht selten eine Spartenversammlung, wo nicht jemand nach dem Grund für einen bestimmten Vorgang fragt, den er bei seinen Bienen beobachtet hat, nach einer Erscheinung, die ihm unerklärlich ist. Die Literatur bringt dafür ebenfalls zahlreiche Belege. Oft allerdings muß man Abstriche machen, denn vieles läßt sich erläutern und verstehen, manches Verhalten der Bienen jedoch bedarf noch einer Klärung. Wir wissen beispielsweise nicht eindeutig, nach welchen Gesichtspunkten die Bienen schon unter Eiern und Larven oder unter verdeckelten Weiselzellen die Wahl für eine neue Stockmutter treffen, wann oder warum sie »umweiseln«, nach welchen Intuitionen sie in mathematischer Genauigkeit ihr Wabenwerk errichten oder im Stock kontinuierlich die gewaltige Aufgabe der Arbeitsteilung bewältigen.

Menschliche Leistungen sollen bei diesen Überlegungen nicht verkleinert werden, die des Tieres – trotz seiner uns Menschen übertreffenden Sinnesschärfe – möchten wir nicht überbewerten, dennoch: Manches erscheint uns zunächst rätselhaft, so beispielsweise auch der »Zeitsinn« der Honigbiene.

Bietet sich den Suchbienen eine neue Tracht, dann kehren sie bald in den Stock zurück und führen auf den Waben ihre Tänze auf. Wie wir bereits wissen, sind aus der Form und Intensität des Tanzes ablesbar die Richtung, Entfernung und Ergiebigkeit der Tracht. Jungbienen tanzen noch etwas zaghafter als ältere Trachtbienen. Nicht alle Tanzformen dienen der Trachtorientierung, manche Bewegungen ergeben sich auch aus Vergiftungserscheinungen, Schwarm- oder Begattungsvorbereitungen. Da es bei dem Nektar- und Pollenangebot einzelner Pflanzen im Tagesrhythmus bestimmte Minimumzeiten gibt, wechselt die Biene auch zu anderen Pflanzen über. Sie weiß genau, zu welcher Tageszeit »ihre« Pflanze honigt – und dann ist sie nach Abruf durch die Kundschafterinnen pünktlich zur Stelle. Das Zeitgedächtnis sagt ihr, wo und wann sie »Futter« findet, viel oder wenig, gutes oder minderwertiges. (Bei einer Normal- oder Volltracht bleibt die Biene bei ihren einmal gewählten Blüten, dann reagiert sie gar nicht auf andere Trachtmeldungen. Diese »Blütenstetigkeit« verliert sich aber bei abnehmendem Nektarfluß, auch bei einer Läppertracht wechselt sie natürlich die Pflanzen, sucht und wählt aus nach dem ergiebigsten Angebot.)

Man dressierte Bienen zu einer festen Tageszeit auf eine bestimmte Nahrungsquelle. An den folgenden Tagen erschienen sie immer wieder zur gleichen Zeit. »Es zeigt sich . . ., daß es unmöglich ist, Bienen auf einen deutlich von der Tagesperiode verschiedenen Rhythmus zu dressieren. Selbst nach wochenlanger Dressur sind sie nicht dazu zu bringen, alle 19 oder alle 48 Stunden zum Sammelplatz zu kommen, und zwar auch dann nicht, wenn sie bei konstanter Temperatur und Feuchte im Brutschrank geschlüpft sind und . . . nie einen 24-Stunden-rhythmischen Tag- und Nachtwechsel kennengelernt haben. Ihr Zeitsinn erschien unlösbar mit dem 24-Stunden-Zyklus verknüpft.«

Naheliegend war anzunehmen, daß äußere Faktoren diesen Zyklus bestimmen: Helligkeit, Temperatur, Sonnenstand, Luftfeuchte oder sogar ein zyklisches Hungergefühl. Man brachte deshalb ein Versuchsvolk in einen von der Außenwelt völlig abgeschlossenen Raum (7,20 × 2,35 × 2,70 m), und hier hielt man es mit ein und derselben Königin über drei Jahre, und das unter den verschiedensten Versuchsbedingungen, bei immer künstlichem Licht. Alle Bienen bewahrten sich ihren 24-Stunden-Rhythmus. Den unentwegt schlüpfenden Jungbienen mußte der Zyklus angeboren sein, denn sie hatten ja niemals einen natürlichen Tagesablauf erlebt. Um das Experiment noch zu vertiefen und die mögliche Wirkung von Luft- und Bodendruck, Ionisation der Luft und der Gravitation auszuschalten oder zu erkennen, verlegte man dieses Bienenvolk in einem Nonstop-Flug von Paris nach New York in einen gleichen Raum: Die Bienen verhielten sich auch hier ganz normal und dressurmäßig; der Ortswechsel war ihnen nicht bewußt geworden. Wurden sie aber freigelassen, dann richteten sie sich »bei ihrer Zeitorientierung unter normalen Bedingungen nicht nur nach ihrer inneren, wahrscheinlich ererbten Stoffwechseluhr . . ., sondern (sie berücksichtigten) auch äußere Faktoren, hauptsächlich den Tag- und Nachtwechsel . . .« (Zander/Weiß).

Dieses Wissen um den Zeitsinn der Bienen hilft uns die Frage klären, wie sie ihr Tagwerk verrichten, auch wenn die Sonne mal nicht scheint, und vor allem, daß sie im dunklen Stock zur rechten Morgenstunde als Aufforderung zum Ausflug Tänze aufführen. Wir müssen annehmen, daß ein über viele tausend oder schon Millionen Jahre wirkender Umweltfaktor, der 24-Stunden-Rhythmus, zu einem Erbfaktor geworden ist, dem Blührhythmus angepaßt und von großer Bedeutung für die Nutzung der Trachtpflanzen – und damit für die Existenz der Bienen überhaupt.

Worin sich die Bienen unterscheiden

Jeder Imker ist stolz auf seine Bienen; gern zeigt er dem Gast seinen Stand. Der Besuch bekommt schnell einen Hut mit Schleier übergesetzt, und die Angst, das Volk könnte über ihn herfallen, ist gebannt. Beim Öffnen der Beute läßt ein kurzer Rauchstoß einige doch auf dem Sprung sitzende Tiere zurückweichen. Dann öffnen wir das Fenster ganz und nehmen ein paar Waben heraus. Vielleicht haben wir es richtig getroffen, daß sich auf einer der Waben gerade eine Biene mit dem farbigen Rückenschild bewegt – die Königin! Trägt sie ein weißes Plättchen, dann wurde sie 1986 geboren, ein blaues, dann stammt sie schon aus der Zuchtserie von 1985. Fünf Farben werden verwendet – weiß, gelb, rot, grün, blau –, ihre Reihenfolge wird von allen Züchtern eingehalten. Mit geübtem Blick sieht der Imker unter den vielen Arbeitsbienen die Königin zwar ohnehin bald, aber das Rückenschild markiert sie doch noch mehr. Auf der Farbe ist meistens noch eine Nummer aufgetragen. Bei einer ordentlichen Buchführung weiß damit der Züchter sofort, sollte er zufällig mal eine Stockmutter tot und hinausgetragen vor dem Stand finden, aus welcher Beute diese gezeichnete Königin stammt. Ohne langes Suchen kann dann gleich bei dem betreffenden Volk Nachschau gehalten werden, damit es schnell wieder zu einer Weisel kommt.

Wir haben nun mal gerade nicht gleich die Wabe mit der Königin gefaßt. Wollen wir uns die Bienen genauer ansehen, dann muß es ja auch nicht zuerst die Königin sein. Zwar sichert allein sie mit ihrer Fähigkeit, Eier abzusetzen, den Bestand des Volkes, aber wir werden noch sehen, daß sie im Volke tatsächlich nichts zu beordern hat. Von unserer Wabe sind inzwischen schon einige Bienen abgeflogen, sicherlich Alt- oder Trachtbienen, sie waren ohnehin im Innern der Beute auf dem Weg zum Flugloch.

Einige Bienen fallen uns sogleich auf, die mit den gelben Höschen, sie suchen offensichtlich nach einer ihnen zusagenden Zelle, ihre Pollenlast darin abzustreifen. Andere haben das wohl schon getan und ruhen noch ein wenig aus. Oder sind sie vielleicht von einem anstrengenden Flug heimgekehrt, daß sie nun auf die Bienen vom Innendienst warten, die ihnen das Nektartröpfchen abnehmen möchten? Und wie ein dickes Polster bedecken unzählige andere den mittleren und unteren Teil der Wabe. Schieben wir sie doch mal mit dem Finger auseinander: Ja, in der Beute waren es knapp 35 Grad, im Bienenhaus zeigt das Thermometer erheblich weniger, und deshalb müssen die Brutzellen warm abgedeckt werden, ebenso auch die noch offenen Zellen, in denen wir die Rundmaden in ihrem Futtersaft liegen sehen. Auf unserer Wabe sind anscheinend alle Zellen besetzt; die Königin hält sich deshalb auf einer anderen auf, wo es für sie noch genügend freie Zellen zum Stiften gibt. Sie wird bei ihrer Tätigkeit von ihren Pflegebienen nicht über alle Waben zugleich dirigiert, wo sich gerade mal eine freie Zelle findet, vielmehr wird mehr oder weniger systematisch eine Wabe nach der anderen »bestiftet« und kugelförmig, so vor allem im Frühjahr, das Brutnest erweitert.

Eine Wabe mit Brut, um sie mal genauer zu betrachten, etwas länger aus der Stockwärme herauszunehmen, das muß für die Zellenkinder nicht gleich von Schaden sein, ich tu es dennoch nicht gern, denn so ein Temperatursturz wird von den Bienen gewiß nicht als angenehm empfunden. Außerdem, die Beute steht offen. Wärme geht verloren, die Stockbienen haben ja ohnehin alle Hände voll zu tun. Und nun dieser plötzliche Eingriff, da muß sofort der Arbeitsablauf für einen Teil des Volkes neu disponiert werden, alles kommt ein wenig durcheinander. Einige Bienen sind schon ganz erregt, man hört es an ihrem empörten Flugton. Kein Wunder, sie rannten von vorn stürmisch durchs Flugloch in die Beute hinein – und nun schon gleich wieder hinten hinaus? Da ist doch irgendwie etwas nicht in Ordnung, Durchzug ist auch! Wer hat denn da nur wieder alles so weit aufgesperrt?!

Bevor wir die Waben wieder ins Volk zurückgeben, wollen wir uns noch zweierlei ansehen: Das hier ist ein Drohn, er ist dicker und plumper als die Arbeitsbienen, schwerfälliger. In einem Volk gibt es ein paar hundert dieser »Nichtstuer« – so möchte man die Drohnen zwar nennen, aber das stimmt nicht ganz, obgleich sie sich, ganz im Unterschied zu Hummelmännchen, an den Arbeiten im Stock kaum beteiligen und schon gar nicht von außen Futter eintragen. Ihr Körper ist etwa 2 mm länger und doppelt so schwer wie der der Bienen, Kopf und Hinterleib sind mehr behaart. Alles weitere, was an ihnen auffällt und sie von den Bienen unterscheidet, ist zweckbedingt auf ihre eigentliche Funktion hin ausgebildet. Die Paarung setzt für die Drohnen meistens einen weiten, anstrengenden Flug voraus, deshalb sind ihre Flügel ausgesprochen lang und flächig. Die Fühler, wo die Geruchs- und Sinnesorgane sitzen, sind länger als bei der Königin und bei den Arbeitsbienen, die großen Facettenaugen haben eine stärkere Sehkraft. Drohnen haben keinen Stachel. Nach 15 bis 20 Tagen sind sie geschlechtsreif, dann verfolgen sie die Jungköniginnen zur Paarung über eine weite Entfernung. Wenn sie sich zuvor einfliegen, wechseln sie gern die Beuten, ohne von den Bienen daran gehindert zu werden. Ist die Zeit der Paarung und der Haupttracht vorbei, dann weist man sie unbarmherzig vor die Tür, sie werden von den Völkern »abgetrieben«.

Nun noch ein Augenmerk für jenen großen Vorgang, dessen Ablauf man nur mit einer Filmapparatur einfangen kann, die »Geburt« einer Biene: Eine junge Königin schneidet mit ihren scharfen Kiefern den Zelldeckel fast ganz auf und klappt ihn dann zum Aussteigen auf, er hängt wie an einem Scharnier. Die Arbeitsbiene kann das nicht, sie weicht deshalb den Zelldeckel schon tags zuvor mit etwas Flüssigkeit auf, am Tag des Schlüpfens reißt er an dieser Stelle ein. Im Nebeneinander der Zellen guckt aus der einen Öffnung erst die Zunge heraus, aus anderen schon der ganze Kopf. Die Fühler spielen kontaktsuchend hin und her. Hier trägt eine ältere Arbeitsbiene einen gerissenen Zelldeckel etwas ab, da legt eine Ammenbiene ihren Rüssel schon auf die ausgestreckte Zunge der noch in der Zelle steckenden Schwester. Erster Futteraustausch. Das kräftigt, und schon beginnt mühsam das Schlüpfen. Es ist mehr ein Drücken, Drehen, Ziehen, bis erst mal die Vorderbeine über den Zellrand fassen, dann geht es zügiger. Der ganze Körper des Bienchens sieht noch verklebt aus, es taumelt über die Zellen hinweg und drückt sich schutzbedürftig unter die Geschwister.

Mit dem Auge der Kamera gesehen

Vieles vermochten wir in der Kürze der Zeit nicht zu beobachten, manche Einzelheit konnten wir auch gar nicht erfassen, das kann aber das scharfe Auge der Kamera wieder besser. Die Abbildung zeigt eine Arbeitsbiene, scheinbar in Unbeweglichkeit,

Arbeitsbiene über offenen Zellen

von ihr geht eine große Ruhe aus. Fest und sicher stützt sie ihren Körper mit den beiden hinteren Beinpaaren auf den Zellrand, die Krallen und Haftläppchen verhindern ein Abgleiten. An den Hinterbeinen sind die abstehenden Borsten gut zu erkennen, mit ihnen reinigt die Biene ihr Haarkleid, herausgebürsteter Pollen wird im Pollenkörbchen des letzten Beinpaares festgedrückt. Die Vorderbeine und die waagerecht ausgestreckten Fühler regeln die Balance über der Zelle.

Auffällig ist die starke Behaarung des Körpers. Man könnte meinen, sie würde das Tier im Fluge bremsen. Aber dem ist nicht so, die Haare erfüllen wichtige Funktionen. Im Flug legen sie sich mehr oder weniger flach an den Körper, vor allem am Hinterleib, und geben ihm eine sichere Führung. Weiterhin nimmt ja das Haarkleid beim Besuch der Blüten eine große Menge Pollen auf, so wird er zur Bestäubung weitergetragen oder für den Eigenbedarf ausgebürstet. Bei niedrigen Temperaturen ist die Behaarung ein wirksamer Kälteschutz. Zwischen den Haaren umgibt die stehende Luft den Körper wie ein wärmendes Polster. In der Überwinterungstraube ist damit auch jede Biene mit einem Sauerstoffreservoir umgeben.

Auf unserem Bild richtet sich die Konzentration des Tieres ganz auf die vordere Zelle, an der es sich abstützt. Die Oberkiefer (Mandibeln) sind geöffnet; der Rüssel ist lang ausgestreckt. Bricht die Biene den im »Sozialmagen« aufbereiteten Honig aus? Reicht sie einer Larve Futter? Inspiziert sie vielleicht nur eine Zelle? Sehr schön gibt die Aufnahme die schon gekneteten und auf dem Zellrand abgelagerten Wachsklümpchen wieder, Baustoffe für den späteren Zelldeckel. Nach links im Bild, vor der Biene, sind wahrscheinlich noch – oder schon – Zellen verdeckelt. Aber in dieser offenen Zelle, in die das Tier hineinschaut . . . Nun, Genaueres wissen wir nicht. Das beinah fürsorgliche Verhalten läßt uns lediglich vermuten, diese Biene wäre im Begriff, eine junge Larve zu füttern. –

Jedes von der Königin auf dem Zellgrund abgesetzte Ei platzt nach 74 Stunden, und dann beginnt das für die drei Bienenwesen jeweils unterschiedlich lange Larven- und Nymphenstadium.

Die Königinnenlarven werden bis zu ihrer Verpuppung mit reinem Drüsensekret gefüttert, die Maden der Arbeitsbienen und Drohnen damit nur während der ersten drei Tage, dann erhalten sie ein Gemisch aus Drüsensekret, Honig, Pollen und Wasser. Die Futterumstellung ist wichtig für die zu hemmende Geschlechtsausbildung der Larve, damit aus ihr eine Arbeitsbiene wird. Man hat festgestellt, daß erst durch dieses Mischfutter die vollständige Ausbildung und Aktivität der Geschlechtsorgane gebremst wird. Ebenso wird die Entwicklung einer Königin unterbrochen, sobald in den königlichen Futtersaft Pollen hineingerät. (Sollte hiermit eine Erklärung dafür gegeben sein, daß die Königinnenzellen immer hängend, mit der Öffnung nach unten aufgezogen werden, weil so kein Pollen hineinfallen kann? Denkbar wäre es schon.)

	Tage		
	Königin	Arbeitsbiene	Drohn
Ei	3	3	3
Rundmade	5	5,5	7
Streckmade	2	2,5	4
Puppe	6	10	10
Tage insgesamt	16	21	24

Drohnen- und Arbeitsbienenmaden erhalten ein annähernd gleiches Futter, es wird in der Honigblase aufbereitet. Dieser Futtertropfen tritt bei der Ammenbiene zwischen den Mandibeln hervor, sie verstreicht ihn nahe dem Kopfende der Larve. Die Fütterung dauert etwa 10 Sekunden, die Besucherin verweilt aber gern auch länger in der Zelle. Die Larve schwimmt auf ihrem Futtersaft. Sie liegt dabei nicht still. Am 1. Tag soll eine vollständige Drehung 3 Stunden dauern, am 5. Tag nur noch 1½ Stun-

	Zeitaufwand für 1 Larve			Beteiligte Bienen
	Std.	Min.	Sek.	Anzahl
Fütterung	1 :	49 :	37	143
Besuche und Inspektionen	1 :	12 :	01	1926
Deckeln und Vorbereitung zum Deckeln	6 :	20 :	04	657
Zellenputzen (nach dem Bestiften)		54 :	26	59
Insgesamt	10 :	16 :	08	2785

den. Wie groß der Zeitaufwand für die gesamte Brutpflege einer Larve und die Anzahl der daran beteiligten Bienen ist, zeigt die tabellarische Übersicht.

Eine Larve wird 143mal gefüttert! Kein Wunder also, daß ihre Körperhaut, sie besteht aus Chitin und wächst nicht mit, in 6 Tagen viermal platzt und sich erneuert. Nach zwei Tagen wiegt die Made hundertmal und nach 3 Tagen schon 333mal soviel wie bei der Geburt. Am 6. Tag streckt sich die Made, und am 8. Tag ist es mit dem Füttern und Schlummern vorbei, jetzt beginnt die Arbeit: Die Made spinnt ihr Puppenhemd, den Kokon. Aus ihrer Unterlippe quillt Schleim, den sie zu einem Faden auszieht. Rundherum bepinselt sie mit ihm die Zellwand, bis eine feste, wasserun-

Putzen der Mundwerkzeuge

durchlässige Tapete entsteht. Dann ist für 10 Tage Ruhe, und in dem Zellkokon vollzieht sich jene wundervolle Metamorphose, wie wir sie uns als Kinder schon nicht erklären konnten, wenn aus einer ebenso eingesponnenen Raupe ein bunter Schmetterling herauskam.

Die andere Aufnahme zeigt eine Biene noch einmal deutlich und schön von vorn. Links und rechts am Kopf die großen Facettenaugen, er wirkt dadurch beinah keilförmig. Bei der Arbeitsbiene setzt sich solch ein Auge aus etwa 5000 Einzelaugen zusammen (beim Drohn 10 000!), die auch ebensoviel Teilbilder in das Gehirn weiterleiten. Auf der Stirn ist eines der drei Punktaugen gut zu erkennen. Sie dienen der Ermittlung der zu- oder abnehmenden Lichthelligkeit in der Dämmerung; so weiß die Biene, wann sie ihren Ausflug unternehmen kann. Interessant sind auch die zweiteiligen Antennen mit den Kugelgelenken. Diese beiden Fühler, sie werden von feinsten Geweben durchzogen und von Blut durchflossen, sind mit ihren Tausenden Poren, Öffnungen und Lamellen Träger der Geruchs- und Tastzellen. Sie müssen immer sauber und empfangsbereit sein und werden deshalb von der Biene sehr oft, ganz auffallend vor einem Ausflug, durch ein halbkreisförmiges Bürstchen der Vorderbeine gezogen. An beiden Füßen sind wieder die starken Krallen zu erkennen, dazwischen das etwas angewinkelte Haftläppchen, mit dem sich die Biene auch an einer glatten Fläche festhalten kann, mit den Krallen ginge das nicht.

Mit dem linken Fersenbein poliert die Biene gerade den ausgestreckten Rüssel, erst die eine Seite, dann – das zeigt unsere Aufnahme leider nicht mehr – mit dem zweiten Bein sicherlich auch die andere. Und zuletzt schlingt sie gewöhnlich sogar beide Beine um den Rüssel. Reinlichkeit geht der Biene eben über alles: Der Rüssel wird poliert, das Haarkleid wird gebürstet, die Flügel sind immer gestriegelt und blitzblank. Und wie ist es mit dem Füßewaschen?

Unsere Bienen sind sehr sauber und ordnungsliebend. Oft wird »die Frage gestellt, wieso im Stock, der doch voller fermentierter Substanzen ist, diese in gutem Zustand und bei erhöhter Feuchtigkeit und einer Temperatur von 30 Grad aufbewahrt werden können. Dieses ist wohl der Tatsache zu verdanken, daß der Bienenstock mit einem antibiotischen und fungiziden Film austapeziert ist, der die meisten biologischen Zerstörungsprozesse verhindert. Pollen, Honig, Propolis (Kittharz, das die Bienen von den Knospen sammeln), Weiselfuttersaft, selbst Wachs enthalten mehr oder weniger wirksame Antibiotika.«

Der französische Apidologe Chauvin unterscheidet bei den Bienen sechs zum Teil starke Antibiotika. Diese von Mikroorganismen gebildeten Substanzen hemmen oder töten Bakterien, Sporen und andere Krankheits- oder Fäulniserreger. Verhindern würden diese Hemmstoffe auch das Wachstum von Samen und Kartoffeln; in besetzten Bienenbeuten keimen diese nicht aus.

Experimentell wies man nach, daß die Bienenwohnung relativ keimfrei ist, ebenso auch der Körper der Biene. Man ließ beispielsweise verschiedene Insekten über Bakteriennährböden laufen. Mit jedem Fußabdruck wurden zahlreiche üppig wuchernde Bakterienkulturen hinterlassen, die Füße der Biene aber waren keimfrei!

Die gar nicht herrschaftliche Königin

Was geht da vor, daß aus einem Ei eine Arbeitsbienenlarve und schließlich eine Arbeitsbiene wird und aus dem Ei in der Nachbarzelle, das in gleicher Absicht und ebenso befruchtet abgesetzt wurde, eine junge Königin? Daß dieses »Wunder« immer wieder Interesse auslöst, ist verständlich. Die Frage, woher die Königinnen kommen, wie sie entstehen, wurde schon oft beantwortet und bewiesen, allerdings werfen weitere Forschungen immer wieder neu Fragen auf. Es ist doch nicht so einfach und so eindeutig klar, daß beispielsweise der Pollen als Zugabe für den Futtersaft die Entwicklung der jungen Made auf die Weiche in Richtung Arbeitsbiene umstellt, und unterbleibt die Pollenbeimischung, dann müßte es eine Königin werden. Man hat nämlich im Versuch Maden in künstlicher Aufzucht nur mit reinem Weiselfuttersaft gefüttert, und – es entwickelten sich nur Arbeitsbienen! Oder »häufig entstehen nur große Arbeiterinnen mit großem Fettkörper und fettigem, unklarem Eierstock oder Zwischenformen, äußerlich mit Arbeitermerkmalen, aber mit vergrößerten Ovarien und einer Samenblase . . .« (Zander/Weiß). Andererseits hat man ebenso in Völkern ohne Pollen und Honig, die sich also nur von Zuckerlösung nährten, normale Arbeiterinnen aufziehen können. Offensichtlich ist also zu einem Teil der besonders zusammengesetzte königliche Futterbrei, die »Ammenmilch«, für die Ausbildung einer Königinnenlarve bestimmend, aber sie muß noch einen besonderen Zusatz enthalten, man bezeichnet ihn als »Sexualwirkstoff«. Es zeigte sich auch, daß die Geschlechtsbestimmung einer Larve nicht auf einen festen Zeitpunkt beschränkt ist, die Determination (Moment der Festlegung) beginnt sofort nach dem Schlupf der Made aus dem Ei, aber zwei- oder dreitägige Arbeiterinnenmaden können auch noch »auf Königin umgestimmt« werden.

Die Maden der drei Bienenwesen erhalten nach dem Schlupf noch etwa drei Tage lang den selben reinen Futtersaft. Die Weiselmaden aber schon gleich etwas mehr, er wird ihnen von jüngeren Ammenbienen verabreicht. Vom dritten Tag an enthält er aber dann mehr Vitamine der B-Gruppe und zehnmal soviel Pantothensäure und Biopterin wie der Futtersaft der Arbeiterinnenmaden. Diese Vitamine also haben anscheinend eine besondere Bedeutung für die Bestimmung der Made – zur Weisel (vgl. Tabelle S. 267).

Der Zeitpunkt, wann eine Made in »königliche« Pflege genommen wird, ist sehr entscheidend für die Leistungsfähigkeit der späteren Weisel. Erfolgt die Umstimmung nicht bald nach der Geburt der Made, dann wirkt sich das beeinträchtigend auf die Körpergröße der jungen Königin aus, auf die Kopfform, die Länge des Rüssels und der Fersenbeine, auf die Zahl der Eischläuche (sie ist geringer, die Legetätigkeit nimmt ab), schließlich vermindert sich auch das Fassungsvermögen der Samenblase. Alle diese Zusammenhänge kennen natürlich die Züchter unter den Bienenhaltern gut, sie veranlassen deshalb ihre Bienen, schon aus dem Eistadium oder aus den jüngsten Maden Königinnen nachzuziehen.

Die Beziehung zwischen Volk und Königin ist, wie es sich vielfach bestätigt, recht kompliziert, also das Funktionieren dieses Organismus', seit alters her Bien genannt. Wieder gibt es dazu Fragen: Wodurch wird das Fehlen einer Königin vom Volk sehr bald wahrgenommen, so daß »Weiselunruhe« entsteht? – Wodurch wird der Bau von Nachschaffungszellen eingeleitet, in wie großer Zahl? – Wodurch wird die Schwarmvorbereitung und dann der Abgang des Schwarms ausgelöst? Als wesentlich für diese erfragten Vorgänge seien hier zwei Stoffe genannt, einmal der Sexualwirkstoff und dann ein bestimmtes Pheromon.

Der Sexualwirkstoff ist ein Hormon, es wird als Drüsensekret in den beiden Hirnanhangdrüsen (Copora allata) gebildet, und zwar bei 9 bis 16 Tage alten Ammenbienen. Der Wirkstoff kann aus deren Körper extrahiert werden, vor allem aus dem Kopf und aus der Brust. Er findet sich konzentriert in den Königinnenmaden und auch in sogenannten Afterweiseln, den eierlegenden (unbegatteten) Bienen, die für eine abhanden gekommene Stockmutter die Eiproduktion notgedrungen übernehmen. Man injizierte den Sexualwirkstoff als Extrakt auch in die zurückgebildeten Geschlechtsorgane von Arbeitsbienen und erreichte binnen drei Tagen eine aktive Ausbildung der Eierstöcke.

Hier ist also von einem Sexualwirkstoff oder Fruchtbarkeitsstoff die Rede, den die Ammenbienen mit dem königlichen Futtersaft (Gelée royale) abgeben. Bei ihnen, den Ammenbienen, wird durch diese Abgabe von Fruchtbarkeitsstoff die Aktivität des eigenen Legeapparates gebremst, die Eiproduktion unterbleibt, man spricht hier auch von einer »Futtersterilisierung«. Kommt es zu einem Verlust der Königin, oder sie stellt bei der Schwarmvorbereitung ihr Brutgeschäft ein, dann kann von den (königlichen) Ammenbienen nur noch weniger oder kaum noch Futtersaft mit dem besagten Fruchtbarkeitsstoff abgegeben werden. Die Folge ist ein Futtersaftstau, er führt zur Ausbildung der Eierstöcke, und es gibt sogenannte Afterweiseln oder Drohnenmütterchen, also (unbefruchtete) Eier absetzende Arbeitsbienen. Buckelbrut entsteht dann; Drohnen in Arbeitsbienenzellen, die wegen der Enge höher aus diesen Zellen hinauswachsen und buckelförmig überdeckelt werden.

Diesen Fruchtbarkeitsstoff, man spricht heute meist vom Sexualwirkstoff, darf man nicht mit einem Pheromon verwechseln, das den Körper der begatteten Königin wie ein Duftstoff umgibt und von ihr als »Hemmstoff« auf alle Stockgefährtinnen übertragen wird. Solange dieser Stoff im Volk kursiert, wissen die Bienen von der Anwesenheit der Stockmutter, selbst eine schon tote Weisel besitzt noch sehr lange eine genügende Attraktivität. Der Biochemiker benennt dieses »Pheromon Nr. 1« als 9-Oxotrans-2-decen-Säure, es wirkt anlockend auf die Arbeitsbienen. An Weiselattrappen, mit synthetischen Pheromonsubstanzen bestrichen, konnte man das Pflege- und Futterverhalten von Bienen gegenüber der Königin gut nachweisen und studieren. Diese »Königinnensubstanz« ist es, die jene ständige Hemmwirkung auf die Geschlechtsorgane der Arbeitsbienen auslöst – aus Untersuchungen weiß man, die Königin muß dafür mindestens 7 Stunden am Tag anwesend sein –, das Pheromon verhindert auch Unruhe und Stechlust sowie das Anblasen von Weiselzellen.

Erst vor drei Jahrzehnten etwa begannen vor allem englische Forscher, sich intensiver mit den insekteneigenen Wirkstoffen »als chemische Auslöser für innerartliche Reaktionen« zu beschäftigen. Zunächst sprach man von Ektohormonen, dann von Exo- und Soziohormonen, seit 1960 setzte sich der Terminus Pheromon durch. (Das Wort wurde gebildet aus griech. »pherein« = tragen und »horman« = organisieren.)

Man kennt heute bereits eine Reihe von Pheromonen, sie haben als »äußere Hormone« eine große Bedeutung für die soziale Struktur eines Bienenvolkes, für Verhaltensreaktionen und insbesondere für den Sexualvorgang staatenbildender Insekten überhaupt (Bienen, Ameisen, Termiten u. a.). Es gibt weiter noch Pheromone – auch über die Insektenordnung hinaus – für den Zusammenhalt einer Gruppe von Tieren, für die Alarmierung von Artgenossen durch Schreck- und Fluchtreaktionen, Pheromone zur Markierung und Abgrenzung bestimmter Lebensbereiche (Duftspuren und -fährten), zur Steuerung von Pflegehandlungen u. a.

Die körpereigenen Duft- oder Lockstoffe werden durch den Geruchssinn der Tiere gleicher Art wahrgenommen, bei den Insekten über die Antennen (Fühler) mit Tausenden »Riechplatten« (bei Arbeitsbienen 3000 Platten, bei Drohnen 15 000!). Gebildet werden die Pheromone in den verschiedenen Drüsenorganen.

Die queen substance (Königinnensubstanz) entsteht in der Mandibeldrüse der Königin, aber auch von der Körperoberfläche der Arbeitsbienen werden noch bestimmte Pheromone abgegeben, ebenso von den Arbeiterinnen und Drohnenlarven. (Das weiß und nutzt der Imker: Gibt er einem neu einlogierten Vorschwarm eine Wabe mit offener Brut, dann wirkt diese als »Bannwabe«, bei einer Wabe mit bereits verdeckelter Brut zöge der Schwarm wieder aus!)

Wir sehen, wie kompliziert der »Bien« aufgebaut ist und als soziales Gefüge zusammengehalten wird. Wir beginnen aber auch zu verstehen, wieviel Wissen notwendig ist, ein Bienenvolk über ein Jahr hinweg so zu »führen«, daß es über seinen eigenen Bedarf hinaus auch noch etwas für den Imker einträgt, Honig, den er dann im Spätsommer schleudern und als Ertrag verbuchen kann.

Das A und O für ein fleißiges Volk ist natürlich eine gute Königin. Sie zu pflegen und zu füttern ist nicht nur allein Aufgabe der Ammenbienen, das Volk als ständiges »Pflegevolk« bildet ein Ganzes aus vielen Einzeltieren, es muß stark, gesund und pflegefreudig sein. Und hinter dem Volk, hinter der Beute steht schließlich der Imker, er hat es zu seinem Teil in der Hand, guten Königinnen beim Aufbau starker Völker zu helfen.

Wie er das machen kann, das wird er seinen Fachbüchern mit den Arbeitsanleitungen entnehmen. Als Züchter werden ihn auch die verschiedenen Aufzuchtmethoden interessieren. Die »Zucht aus dem Ei«, das »Umlarven«, der »Bogenschnitt«, der »Zellstreifen«, das »Ei-Umbetten«, der »Anbrüter« und vieles mehr; das sind einige von bildlichen Namen und Bezeichnungen, die dem Imker bei Spartenversammlungen oder auf Zuchtlehrgängen nur so um die Ohren schwirren.

Komplizierter wird es noch, wenn von »diploiden Drohnen« die Rede ist oder vom »Heterosiseffekt«. Als Anregung für ein vertiefendes Studium zum letzteren noch eine Bemerkung, weil Imker diesen Effekt oft gern erwähnen und weil dieser Kreuzungsvorgang auch bei anderen Tieren und auch bei Pflanzen (Hybrid-Mais) eine Rolle spielen kann. Mit »Heterosis« bezeichnet man eine auffallende Vitalitätssteigerung, die nach Kreuzung bestimmter Inzuchtlinien – oder reiner Rassen – auftritt und die Leistungsfähigkeit der Eltern übertrifft. Man spricht vom »Luxurieren« der Hybriden. Bastarde, hervorgegangen aus verschiedenen Rassen, bezeichnet der Imker beim Auftreten der Heterosis als »Blender«.

Mit diesen genetischen Fragen beschäftigte man sich zuerst in Amerika. Bei den Bienen erzielte man mit der »Technik der Heterosisproduktion« nie dagewesene Erfolge. Das Prinzip beruht auf einer strikten Linienzucht. Eine Linie entwickelt man durch Inzucht, indem engverwandte Tiere untereinander gepaart werden. Diese Zuchtfolge führt zu einer rapiden Degenerierung, je enger der Verwandtschaftsgrad ist. Werden im weiteren zwei solcher Linien miteinander gekreuzt, so kann sich dann bei der Nachkommenschaft der Heterosiseffekt zeigen.

Im Vorhergehenden bezeichneten wir die Mutter des Bienenvolkes immer als »Königin«, betrachten wir dazu die Abbildung; hier sehen wir sie von ihrem »Hofstaat« umgeben. Beide Benennungen treffen aber nicht das biologische Wesen dieses Geschlechtstieres, auch nicht ihre soziale Stellung – gehen wir einmal von dem historischen Aspekt der Wörter Königin und Hofstaat aus: In feudaler Zeit bestanden despotische Beziehungen, Herrschaftsverhältnisse, wo eine Königin von ihren Hofdamen umgeben war, ihre Befehle an die Untergebenen austeilte. Das trifft für das Bienenvolk im Vergleich nicht zu. Auf unserem Bild scheint es allerdings so, als würden sich die Bienen huldvoll vor ihrer Königin verneigen und um Erlaubnis bitten, ihr

Stockmutter im Kreise ihrer Pflegerinnen

ergeben das Futter reichen zu dürfen. Sie bilden einen Kreis, zwei Bienen (links unten im Bild) strecken auch den Rüssel schon zur Futterübergabe aus. Aber Moment bitte, den Tropfen königlichen Saftes gibt es erst nach dem Bestiften der nächsten Zelle!

Dieses Bild – mit der Stockmutter im Kreise ihrer Pflegerinnen – dürfte in unserer Imkerliteratur wohl eines der beliebtesten und am häufigsten verwendeten Bilder sein. Es spiegelt Einvernehmen und Fürsorge wider, äußerste Harmonie. Aber das ist nur bedingt und vorübergehend so, solange wie die Königin mit dem »Stiften« ihrer Eier genau dem Wunsch der Artgenossen gerecht wird. Echte Spannungsverhältnisse bestehen, besonders gegenüber einer Jungkönigin in der Zeit der Paarung und bis zum Beginn der Eiablage sowie zur Zeit der Schwarmvorbereitung, wenn die Weisel für den Begattungsflug oder für den Schwarmauszug vorbereitet wird. Geht den Stockbienen aber mal alles gegen den Strich, dann wird die First Lady eben beseitigt. Dem Imker bleibt dann nichts weiter übrig, als dem Volk eine neue Stockmutter zuzusetzen. Aber ob sie gutgeheißen und »angenommen« wird? Gleich von Anfang an ist auch hier nicht immer alles eitel Freude!

Da es so üblich ist, wollen wir bei den Bienen weiterhin von der Königin sprechen; man nennt sie in der Fachsprache auch »Weisel« oder »Weiser«, weil man früher annahm, daß sie dem Volk beim Schwärmen den Weg weist.

Es ist treffender, statt Hofstaat Begriffe wie »Mutterfamilie« und »Pflegebienen« zu verwenden. Zehn Stockbienen sind es etwa, noch unter zwölf Tage alt, sie pflegen und füttern ihre Königin unermüdlich, in der Stunde 5- bis 10mal. Die Fütterung dauert ungefähr eine halbe Minute, dabei legt die Königin ihren Rüssel unter den der Arbeitsbiene und übernimmt das Futter. Wenn die Stockmutter in der Hauptlegezeit (Mai bis Juni) täglich 1000 bis 2000 Eier »stiftet« – das aufrecht stehende Ei ähnelt einem kleinen weißen Stift –, dann braucht sie auch kräftige Kost. 1500 Eier entsprechen schon ihrer Körpermasse. Es ist fast unglaublich: In jeder Minute ein Ei!

Damit wir uns nicht falsch verstehen, so wie beim Huhn funktioniert dieser Vorgang nicht. (Ich erwähne das Huhn, weil wir seinen Eierstock mit dem gut sichtbaren Eivorrat wohl am besten kennen.) Bei der Königin bestehen die beiden Eierstöcke aus je 160 bis 180 Eischläuchen, und in jedem dieser Schläuche wird alle 4 bis 6 Stunden ein Ei gebildet; es gleitet dann durch den Eileiter, vorbei an der Samenblase. Ein Spermium der etwa ein Dutzend mitgegebenen Spermien dringt blitzschnell durch eine sich sofort schließende Pore in das obere Ende des aufrecht stehenden Eies ein, und die Befruchtung ist erfolgt.

Zwischen der erwachsenen, begatteten Königin und ihren Töchtern entwickeln sich enge Beziehungen der gegenseitigen Abhängigkeit. Der eine Teil sorgt für den Nachwuchs, der andere für den Unterhalt und die Arbeiten im Stock. Ein Hummelweibchen ist noch ein echtes »Vollweibchen«, es baut selbst das Nest, legt Eier, brütet, schafft Futter herbei, wehrt sich gegen seine Feinde. Die Bienenkönigin dagegen ist recht »unvollkommen«, einige ihrer eigentlichen Aufgaben und Instinkte hat sie an ihre Töchter abgegeben, die damit einen wesentlichen Teil der Mutterpflichten erledigen. (Sie können im Notfall, wie wir bereits hörten, Eier ablegen, jedoch unbefruchtete). Erst beide, Königin und Arbeitsbienen, bilden somit ein lebensfähiges Ganzes, das wir deshalb als »Mutterfamilie« (nach Zander) bezeichnen.

In ihrer Leistung ist die Königin weitgehend von dem Pflegetrieb ihrer Töchter abhängig, das Verhalten der Bienen wiederum wird bestimmt durch das ihnen von der Mutter und vom Drohn mitgegebene Erbgut. Die Intensität der Pheromone bedingt den Grad der Bindung der Einzeltiere untereinander und an die Stockmutter. Züchterische Auslese und imkerliche Pflegemaßnahmen begünstigen die Qualität des Biens im Sinne der Erwartungen des Imkers. Allerdings, die durch die Zucht geförderten Erbanlagen sind der Königin bekanntlich nicht anzusehen; ihr Merkmalsbild läßt die Weitergabe auch bester Eigenschaften nur vermuten: Sammeleifer, Schwarmträgheit, Wabenfestigkeit, gute Brutpflege u. a. zeigen sich erst bei dem Nachwuchs der Königin.

Die Qualität einer Königin zu beurteilen bleibt nicht dem Imker allein vorbehalten. Schon von der Zellpflege an untersteht sie während ihres zwei- bis vierjährigen Lebens einer ständig strengen Zensur *aller* Bienen ihres Volkes. An Altersschwäche sterben weit weniger Königinnen, als nach dem Beschluß der Stockgefährten »umgeweiselt« werden; eine nicht mehr erwünschte Königin wird eingeknäult, abgestochen und dann einfach vor die Tür gezerrt. Sagt uns das alles nicht unmißverständlich, wer eigentlich Herr im Haus ist?

Was sie so treiben

In einem älteren Imker-Lehrbuch, sehr anschaulich illustriert, trägt ein Bild die Überschrift »Arbeitsvergabe beim Morgenappell«. Auf ihrem Thron sitzt die Königin, um sie herum geschäftig die Hofbienen. Einige putzen und striegeln noch ihre Majestät, andere erklären den aus allen Wabengassen herbeidrängenden Arbeitsbienen die an der linken Wand hängenden Geräte und deren Handhabung: Stubenbesen, Nudelhölzer, Milchflaschen, Maurerkellen, Schießprügel und Schlagkeulen und schließlich viele verschiedenfarbige Eimerchen. An der rechten Wand der Lebenskalender, eine Art Metermaß mit dem Vers: »Das Leben ist Müh' und Arbeit, und wenn es lange währt, dann sind es 55 Tage!« Auch hier wird den Umstehenden, manche haben schon ihre Gerätschaften in der Hand oder geschultert, nochmals genau der Lebenslauf erklärt: *Putzbiene* an den zwei ersten Lebenstagen, dann 11 Tage *Ammenbiene,* 5 Tage *Baubiene*, abschließend noch ein paar Tage *Wachbiene* am Flugloch, und dann geht's als *Trachtbiene* hinaus ins sonnige Leben.

Es ist ein farbenfreudiges, schönes Bild. Trotz allem Gedränge liegt dem morgendlichen Vorgang ein Prinzip der Ordnung und Harmonie zugrunde; man sieht es an den freundlichen Gesten und Gebärden der erwartungsvollen Bienen: Das Leben ist eingeteilt, auf den Tag genau begrenzt, und danach lebt man auch. Ich könnte mir das Bild gut in einem Kinderbuch vorstellen – oder auch als vielleicht unerwartete Prüfungsaufgabe für einen Jungimker.

Frage: »Entspricht dieses Bild unserem heutigen Wissen über die Arbeitsteilung in einem Bienenvolk?«

Antwort: »Ja, das Bild entspricht für den Normalfall dem Leben der Biene innerhalb ihres Volkes, ihre Entwicklung ist durch ihr Alter festgelegt. Bestimmte Arbeiten tätigt sie eben nach der altersbedingten Ausbildung der Futtersaftdrüsen oder der Wachsdrüsen. Aber von dieser Norm der Arbeitsteilung gibt es erhebliche Abweichungen, denn die Struktur des Volkes variiert ständig, es setzt sich nach Arbeitsgruppen so zusammen, wie auf Grund des Klimas, der Trachtlage, des Vorhandenseins von offener Brut und anderen nicht konstanten Gegebenheiten die jeweils notwendige Arbeit verrichtet werden muß.« So wäre die Antwort umfassend und gut. Nun würde man mit dem Prüfling in die Erörterung der Arbeitsteilung eintreten:

In kritischen Zeiten kann sich jede Biene einer Zwangslage anpassen, so daß sehr bald wieder die Normalsituation und die Harmonie im Volke hergestellt ist. Durch den sogenannten Umstellungsversuch hat man das schon vor Jahrzehnten bewiesen. Man nimmt einem Volk beispielsweise alle Stockbienen – unter 21 Tage alt – weg und sieht, daß die offene Brut dennoch nicht verhungert, die Trachtbienen aktivieren sofort wieder ihre Futtersaftdrüsen und fungieren als Ammenbienen. Oder, verstellt man ein Bienenvolk auf einen anderen Platz, so daß alle Trachtbienen auf die alte Stelle zurückfliegen und damit dem Volk verlorengehen, dann übernehmen junge Stockbienen vorzeitig die Aufgabe, Wasser und Futter einzutragen.

Diesen unnormal frühzeitigen Wechsel vom Innendienst zum vorübergehenden Außendienst kann jeder Imker im Sommer auch bei einsetzenden »Stoßtrachten« selbst beobachten. Jeden Tag schlüpfen ganz unterschiedlich viele Bienen, die Brut erfordert mal mehr oder mal weniger Ammenbienen. Und es gibt auch Zeiten, wo die Königin wegen der Wettersituation gar nicht stiftet und entsprechend lange – obwohl inzwischen schon wieder allerschönstes Trachtwetter eingesetzt hat – bis zum Aufplatzen neu abgesetzter Eier keine Brut zu pflegen ist. Werden die Pflegebienen solange untätig im Stock herumsitzen?

Oder man bedenke, wie wenig Bienen eigentlich nur den Wachdienst am Flugloch verrichten, sie sind darauf »spezialisiert«. Täglich werden aber 1000 oder auch noch mehr Bienen geboren, und drei Tage Wachdienst sollen angeblich für die Biene vor dem Trachtflug vorgesehen sein. Demnach müßten sich ja ständig 3000 Bienen am Flugloch drängeln und auf einen mal abzuwehrenden Honigräuber warten. Wir sehen also, daß nicht das Alter, sondern gerade anfallende Arbeiten die wechselnde Tätigkeit der Biene bestimmen und ihre Normalentwicklung sehr variieren.

Eine andere Frage wäre, ob die Biene bei einer einmal aufgenommenen Tätigkeit bleibt oder ob sie in einer bestimmten Altersperiode gleichzeitig mehrerlei Arbeiten ausübt. Gibt es für sie Haupt- und Nebenbeschäftigungen? Sobald die Biene auf Außendienst eingestellt ist, bleibt sie, sofern sich Ausflüge lohnen, bei dieser Tätigkeit. Sonst patrouilliert sie im Stock umher – oder sie sitzt auch tatsächlich müßig herum. Müßiggang verlängert ihr übrigens das Leben, jeder kraftzehrende Trachttag verkürzt es um einen ganzen Tag. Im Stock sitzende Bienen haben für das ganze Volk

Schwarm, an einem bevorzugten Platz in einer stützenden Astgabel

auch eine wichtige Funktion. Abgesehen davon, daß sie an der Wärmeregulierung, an der Gestaltung des Innenklimas beteiligt sind, bilden sie den schon erwähnten abrufbereiten Reservetrupp, der bei einer plötzlich gemeldeten neuen Tracht alarmiert werden kann. Man stelle sich nur einmal vor, alle Flugbienen wären weit im Gelände auf Erkundung, und dann träfe eine Biene von irgendwoher mit der Meldung ein: Riesentracht, selbst die Zaunpfähle honigen! Es muß eben jede Situation einkalkuliert werden. Die Bienen sind, wie wir bereits hörten, in ihrer Einsatzbereitschaft sehr disponibel.

Der letztgeschriebene Satz verleitet mich zu einer kurzen gedanklichen Abschweifung. Es gibt Zufälle. Eben schlage ich die Tageszeitung auf, in der Spalte »kuriose Welt« heißt es da: »Zu einem Entennest hat ein Kolchosbauer aus dem Rayon Kamanez seinen Bienenstock umfunktioniert. Er legte die Eier, die eine Ente nicht ausbrüten wollte, in einen Bienenstock, getrennt nur durch einen Mullvorhang. Nach einiger Zeit schlüpften dann die Entenküken aus.«

In ihrer Einsatzbereitschaft sind die Bienen also unübertroffen. Im Innendienst ist die Arbeitsfolge weniger beständig. Zusammenhängend etwa werden das Zellenputzen, der Ammendienst, die Nektarabnahme und das Pollenstampfen verrichtet, in einer späteren Etappe das Bauen, das Ver- und Entdeckeln der Zellen. Arbeit gibt es immer, auch nachts - leider, möchte man hinzufügen, und zwar dann, wenn der Imker noch spät abends, um Räuberei zu vermeiden, seine Bienen (ein-)füttert. Ganz naturwidrig wird ihnen damit eine schwere Arbeit aufgetragen. Man hat nämlich erkannt, daß tageszeitlich gebundene Ruheperioden den Bienen nicht fremd sind: Besonders die auf Außendienst eingestellten Sammelbienen verharren nachts am Rande des Brutnestes in Ruhestellung.

Wir fragen uns, wie es kommt, daß alles, was die einzelne Biene in jedem Augenblick tut, immer dem biologischen Bedürfnis des ganzen Volkes gerecht wird. Zahllose Instinkthandlungen Tausender Bienen, die alle durch bestimmte Reizsituationen ausgelöst werden, greifen reibungslos ineinander. Dieses vielseitige Problem ist für die Wissenschaft bereits zu einem interessanten Gegenstand geworden, vor allem für die Verhaltensforschung.

Der Hochzeitsflug der Königin

Mit der Nummer 1 begann es

Imkerliches Ansehen erlangt erst, wer bei seinen Völkern die Nachfolge der Königinnen nicht dem Selbstlauf überläßt, sondern »züchtet«. Zunächst wird es sich nur um eine gelenkte Vermehrung handeln. Aber ist so der Anfang gemacht, dann gewinnt man an der geübten Methode bald sehr viel Spaß, es folgt dem Probieren und genaueren Beobachtungen die vorsätzliche Auswahl von Zuchtstoff, also von Eiern einer vielversprechenden Königin, schließlich der Aufbau einer bestimmten Zuchtlinie, das Beschicken einer Belegstation ... Und damit beginnt die eigentliche Zucht, nämlich die planmäßige Auswahl rassetypischer Vater- und Muttertiere mit gutem, reinem Erbgut, die mit ihren Leistungen den Erwartungen in bestmöglicher Weise nahekommen.

Es gibt Imker, denen die züchterische Arbeit mit den vielen kleinen Kniffen so viel Freude macht, daß sie für andere imkerliche Dinge auffallend weniger interessiert sind. Diese Einseitigkeit zahlt sich aber wieder aus: Mit leistungsstarken Königinnen hat man geradezu den Schlüssel für einen hohen Ertrag in der Hand!

Meine Zuchtversuche bekamen einen entscheidenden Anstoß, als ich einmal eine vom Hochzeitsflug heimkehrende Königin beobachtete: Ende Mai hatte ich aus einem starken Volk einen Ableger gemacht und ihm eine Brutwache mit einer verdeckelten und schön »gehämmerten« Weiselzelle dazugegeben. Nach einer Woche suchte ich mir die bereits geschlüpfte Königin unter den vielen grauen Jungbienen heraus, zum Zeichnen. Und mochte sie sich auch noch so sehr winden und drehen, schließlich hielt ich sie doch fest zwischen Daumen und Zeigefinger – dann ein kleines Tröpfchen farblosen Nagellack auf den Rücken und darauf das farbige Plättchen mit der Nummer 1!

Gerade als die Robinie aufbrach, setzte kaltes, regnerisches Wetter ein. Auch bei den Bienen gab es eine Enttäuschung; nur die Wasserholer huschten schnell zur Tränke. Natürlich flog meine Jungkönigin auch nicht aus. Nach ein paar Tagen aber stieg das Thermometer schnell wieder über 20° C. Gegen 13 Uhr setzte ich mich in die Nähe des Ablegers, vermeintlich noch zeitig genug, das große Ereignis am Flugloch zu beobachten. Die Unruhe der Bienen stimmte mich optimistisch. Ich wartete 5, dann 10, dann 15 Minuten – doch jetzt kam alles ganz anders: In einem scharfen Bogen schoß die junge Königin schon herunter, ihr leuchtendes Rückenschild war nicht zu übersehen, sie landete auf dem Flugbrett und marschierte durch ein enges Spalier ins Haus hinein. Aus ihrer Stachelkammer ragte ein weißliches Fähnchen heraus, das Begattungszeichen!

Alles war blitzschnell gegangen. Und einen Augenblick später klatschte ein Drohn hart gegen die Vorderwand der Nachbarbeute. Ihm hatte aber nicht der Aufschlag das Ende bereitet, denn – sein schlaffer Begattungsschlauch war weit herausgezogen! Er war dem Anschein nach bei dieser Jungkönigin als letzter zur Begattung gekommen. Das Pärchen hatte sich »verhängt«, gegen die Regel schon so nahe dem Stand, daß der Drohn von der Königin bis kurz vor die Beute mitgerissen wurde. – Ich hatte also den Ausflug der Königin versäumt, erlebte aber ganz überraschend ihre Rückkehr.

Verhängte Pärchen hat man schon beobachtet und auch gefunden. Jedoch ist so etwas sehr selten. Aber da man bei mikroskopischen Untersuchungen an Begattungszeichen sogar feinen Sand und Schmutzteilchen feststellte, konnte man vermuten, daß sich Königin und Drohn erst nach dem Niedergehen getrennt haben werden, auf der Erde oder im Geäst von Bäumen.

Die Begattung ist entscheidend für die Zukunft des Bienenvolkes. Wird eine Jungkönigin nicht begattet oder kehrt sie gar von ihrem Ausflug nicht zurück, dann ist das Volk verloren, denn normalerweise verfügt es, wenn die Königin ausfliegt, nicht mehr über offene Brut; es kann sich also im Notfall auch keine neue Weisel nachziehen.

Flugtraining

Wie das ganze weitere Leben der Königin, so wird auch schon die Vorbereitung ihres Begattungsflugs von den Arbeitsbienen gesteuert: Einen Tag nach dem Schlupf aus der Zelle wird die Jungkönigin für die Stockbewohner interessant. Sie beginnt dann eine attraktive »Queensubstance« abzusondern, ihr Hinterleib wird spitz, der Körper schlank, und die glänzenden Chitinhüllen färben sich bräunlich, am Unterleib jedoch hell. Etwa vom 3. Tag an erreicht sie das Stadium der beginnenden Sexualreife. Die Bienen betasten sie ständig, reichen ihr auch eine besondere Kost, aber trotz aller Hungeranzeichen doch nur ein paarmal am Tag einen stecknadelkopfgroßen Tropfen.

Und dann folgt das »Flugtraining«: Die Königin wird angehoben, umgeworfen, gejagt, sie rennt über die Waben, wird eingeknäult und wieder freigelassen – ihr Hinterleib beginnt leicht zu zittern, sie »spreizt« und »buckelt«, öffnet dabei weit ihre Stachelkammer; jetzt bilden die Bienen um sie erstmals kranzförmig einen Hofstaat. Aber dann geht die rasende Jagd schon gleich weiter, die Königin streckt wieder und wieder ihren Rüssel aus, Hunger. Kurz vor dem anstrengenden Flug ist man mit dem »königlichen Saft« sehr freigebig, sie nimmt auch schnell noch selbst aus einer Zelle ein wenig Honig zu sich, schwirrt dann durch die Wabengassen und – hin zum Flugloch. Dort draußen stehen schon Bienen bereit und »sterzeln«, verströmen also einen Orientierungsduft für die jungfräuliche Prinzessin, wenn sie sich jetzt kurz einfliegt, in immer größer werdenden Flugrunden den Stand umkreist. Vielleicht ist es ihr nur heute, nur einmal in ihrem Leben vergönnt, die sonnige Freiheit zu genießen!

Das beinah feindliche Verhalten der Stockinsassen gegenüber der Königin vor deren Hochzeitsflug gehört zu den natürlichen Paarungsvorbereitungen. Die Erregung dabei erfaßt das ganze Volk, auch die sonst träge herumsitzenden Drohnen werden in ähnlicher Weise mobil gemacht und, sofern geschlechtsreif, zum Flugloch gedrängt. Die Intensität des Flugtrainings für die junge Königin ist desto stärker, je älter die Bienen um sie herum sind; Jungbienen treiben die Königin nicht, sie fliegt dann auch nicht aus. Die Quantität und die Qualität der Futtergaben sind für den bevorstehenden Ausflug ebenfalls von Bedeutung, nicht zuletzt auch die Vitalität der Königin, ihre Reaktionen auf die tolle Hetzjagd.

Erst nach mehreren hundert Metern Entfernung vom Stand wird die Königin von einzelnen Drohnen eingeholt. Ihre auffällige Größe, die besonderen Flugbewegungen im Zickzack-Kurs sowie der im Umkreis bis etwa 50 m wirkende Sexuallockstoff ziehen die männlichen Tiere an. (Drohnen haben stärkere Wahrnehmungsorgane als die Bienen. Sie reagieren blindlings auf Bewegungsreize, sogar auf hochgeworfene Steine, auf Schmetterlinge oder Vögel.)

Der erste Anflug einzelner Drohnen führt meistens noch nicht zu einer Paarung, vielmehr verfolgen sie die junge Dame dann weiter bis zu einem Drohnensammelplatz. In 10 bis 30 m Höhe halten sich hier in einem Areal von etwa 75 bis 200 m Durchmesser Drohnen in großer Zahl auf. Bei Annäherung einer Königin werden sie schwarmartig in einer »Drohnenkugel« oder in einem »Drohnenschweif« sichtbar, man kann ihren tiefen Summton sogar hören. – Solch eine Ansammlung (von Insekten) zur Paarung kennen wir auch von den Mücken her, an warmen Märztagen schon überraschen sie uns mit ihrem tanzenden Spiel. Hier finden sich ebenso wie bei den Bienen geschlechtsreife Tiere zusammen, allerdings im Verhältnis 1:1. Auch bei den Eintagsfliegen soll es ähnlich zugehen.

Die Königin bleibt für die Drohnen im Paarungsspiel nur attraktiv, solange sie nicht tiefer als etwa 6 m fliegt und innerhalb des abgegrenzten Areals bleibt; die sexuelle Erregbarkeit der Drohnen ist an eine Mindestflughöhe von 4 bis 25 m gebunden (abhängig von der Windgeschwindigkeit). Dieser Sammelplatz wird weither von Drohnen aus den verschiedensten Völkern angeflogen. Ihre Flugentfernung vom Heimatstand beträgt gewöhnlich bis zu 2 km, es konnten aber auch noch bis zu einer Entfernung von 16 km Annäherungen und Begattungen nachgewiesen werden. Drohnen und Königinnen wechseln auf ihrer Paarungssuche oft auch die Sammelplätze.

Alljährlich finden sich Drohnen in Erwartung der Königinnen immer wieder über demselben Gebiet ein (aber in Mitteleuropa scheint das nicht in allen geographischen Gebieten so zu sein, in England beispielsweise konnte man diese beständigen (!) Sammelplätze nicht feststellen). Man nimmt an, da aus dem Vorjahr keine Tiere mehr mit irgendwelchen lokalen Erinnerungen vorhanden sind, daß Bebauungen oder Anpflanzungen, Beziehungen von Farben und Formen des Geländes Richtpunkte sind. So verhindern Drohnensammelplätze auf natürliche Weise eine Begattung der Königinnen mit (nur) Geschwisterdrohnen, zum anderen fördern diese Ansammlungen erst die Mehrfachpaarung. Sie wird auf anerkannten Belegstationen durch die Auswahl rassetypischer Vater- und Muttertiere züchterisch genutzt.

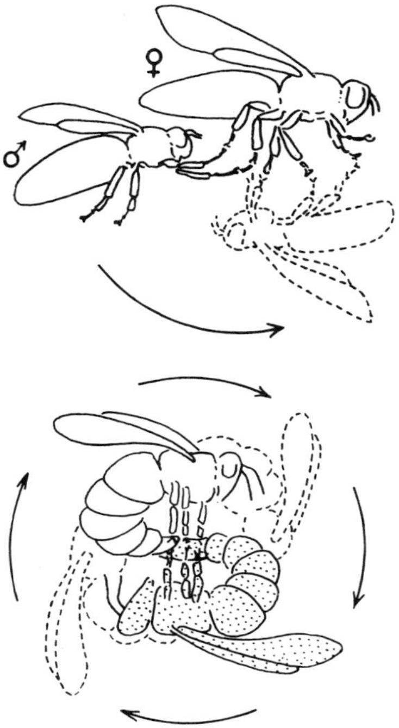

Beginn der Vereinigung (Copula)
♂ Drohn ♀ Königin

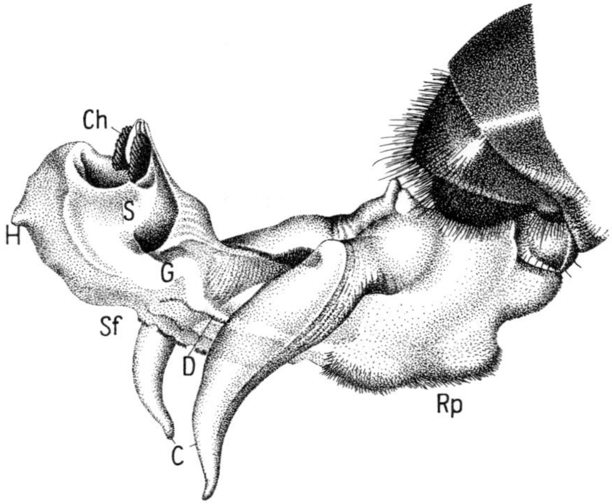

Begattungsschlauch eines Drohnen, zu 3/4 ausgestülpt. Die heraustretenden Chitinplatten (CH) der Zwiebel öffnen den Zugang (G) zum Spritzkanal (D). Sperma und Schleim werden ausgespritzt.
H = Höcker der noch inliegenden Zwiebel, S = Membranschleife, Sf = Spiralstreif, C = Hörnchen, Rp = Rautenplatte mit Borsten (nach Ruttner)

Paarung und Trennung

Die Vereinigung (Copula) von Drohn und Königin konnte bisher nur sehr selten direkt in Augenschein genommen werden. Der Vorgang ist nur vorstellbar anhand der genauen Kenntnis des Geschlechtsapparates der Tiere, der Art ihrer Verhängung, wie man sie auf dem Erdboden fand, und dem etwa 70 Prozent der zurückkehrenden Königinnen noch anhaftenden Begattungszeichen. Der Vereinigung geht wahrscheinlich ein kurzes Flugspiel voraus, das sich zu einer kreisenden Turbulenz steigert; dabei verhängen sich die Tiere in einer S-Form. Noch nicht eindeutig geklärt ist, ob der Drohn (♂) die Königin (♀) von oben oder von unten anfliegt.

Der Drohn hat nicht einen Penis als festen Schwellkörper, sondern einen Begattungsschlauch (Endophallus); er wird wie ein zuvor eingestülpter Finger eines Handschuhs nach außen geschoben und bei diesem Druck mit Luft gefüllt. Wenn die beiden Hörnchen (Cornu) frei sind, dringt der sich weiter ausstülpende Teil in die weitgeöffnete Stachelkammer der Königin ein. Sobald die Chitinplatten als Teil des

Zwiebelstücks den Samenkanal öffnen, beginnt das Einspritzen des Spermas mit dem nachfolgenden Schleim in die Geschlechtswege der Königin. Als letztes schiebt sich das kolbenartige Zwiebelstück aus der häutigen Hülle des Begattungsschlauches heraus, es wird in der Stachelkammer festgehalten.

Bei der Trennung der Tiere wird dem Drohn nicht der Begattungsschlauch ausgerissen, das brächte die nur 0,2 g wiegende Königin nicht fertig: Man hängte im Experiment an den ausgestülpten Schlauch des Drohnen schon 10 g, ohne daß er abriß – sondern es wird lediglich das verklemmte Zwiebelstück aus dem Begattungsschlauch herausgeschält, und nur dieses bleibt als Begattungszeichen in der Scheide der Königin zurück. Hernach platzt (!) der Begattungsschlauch, das Pärchen trennt sich.

In der Regel stößt die Königin durch muskelkräftige Bewegungen das Begattungszeichen noch im Fluge ab, damit weitere Begattungen erfolgen können. Möglich ist auch, daß nicht in jedem Falle solch ein Zeichen zurückbleibt oder daß es der nachfolgende Drohn mit den an der Basis des Begattungsschlauches befindlichen kleinen Borsten abstreift. Die Vereinigung des Pärchens dauert nur einige Sekunden. Die Königin kann während eines Ausflugs von etwa 20 Minuten 5- bis 10mal (und öfter!) begattet werden. Kommt es zu dieser »Mehrfachpaarung« nicht bei einem Ausflug, so folgen, meist am gleichen Tag, noch weitere Paarungsflüge.

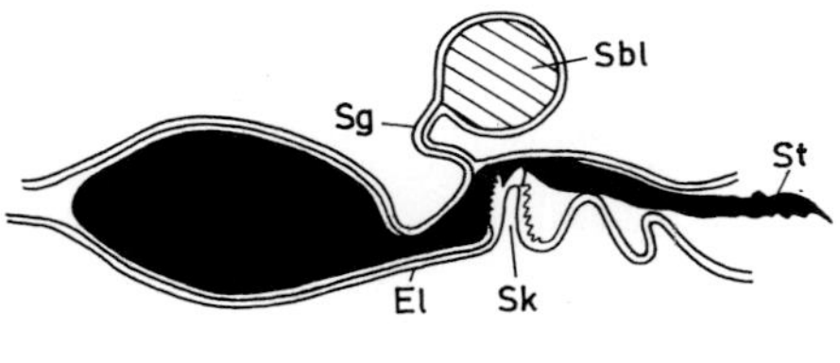

Füllung der Samenblase nach der Paarung. Schwarz = Samenmasse, El = Eileiter, Sbl = Samenblase, Sg = Samenblasengang, Sk = Scheidenklappe, St = abgestoßenes »Stiftchen« aus eingetrocknetem Schleim. Nur 10% des aufgenommenen Samens gelangt in die Samenblase; die Scheidenklappe schließt den Eileiter nur unvollständig ab (nach Ruttner).

Wie aus der Abbildung ersichtlich, gleitet die Masse des Spermas zunächst in die beiden Eileiter, sie wird hier deponiert und gelangt erst in den folgenden 24 Stunden zu nur 10 Prozent in die Samenblase; der weitaus größere Teil wird als »Stiftchen« abgestoßen. (Die heimkehrende Königin zieht gewöhnlich ein Fähnchen eingetrockneten Schleims hinter sich her, meistens wird dieser dann für das Begattungszeichen gehalten.) Und weil ein so großer Teil der Samenmasse abgestoßen wird, sind 8 bis 10 Begattungen für eine volle Besamung notwendig. Diese Zahl scheint manchem ein wenig hoch gegriffen (ich stützte mich hier auf Versuche und Messungen von Prof. Friedrich Ruttner, Oberursel); einige Wissenschaftler nehmen an, daß schon weniger Begattungen, beispielsweise sechs, ausreichend seien.

Im Anschluß an einen Vortrag über Vererbungsprobleme wurde gefragt, ob sich die Spermien verschiedener Drohnen in der Samenblase mischen würden. Prof. Meyerhoff, Hohen Neuendorf, als Vortragende antwortete darauf, eine Vermischung sei durchaus möglich. Man müsse aber ebenso annehmen, daß sich der Samen gewöhnlich nicht mischt, sondern paketartig in der Samenblase anlagert. Nur so könne man sich erklären, warum die Nachkommen einer Königin – falls sie von merkmalsmäßig auffallend unterschiedlichen Drohnen begattet wurde – meist kein buntes Durcheinander darstellen. Es kommt gar nicht so selten vor, daß die Nachkommen einer Weisel im 2. Legejahr anders aussehen als im 1. Legejahr. (In diesem Falle muß eine Schichtung des Spermas vorgelegen haben, wobei der Samen paketartig, nacheinander aufgebraucht wurde.) Diese Erscheinung wird häufig falsch gedeutet, nämlich dann, wenn sie zufällig mit einem Umgebungswechsel zusammenfällt: Man glaubt dann beim Muttertier an eine Änderung der Anlagen durch die veränderte Umwelt.

Eine Königin legt jährlich 100 000 bis 200 000 Eier, in drei Jahren etwa 500 000. Bei einem Samenblaseninhalt von 6 Millionen Spermien stehen für die Befruchtung eines Eies 12 Spermien zur Verfügung. Befruchtet werden nur die Eier, aus denen Arbeitsbienen oder Königinnen entstehen sollen. Unterbleibt der Austritt von Spermien aus der Samenblase, dann wird aus solch unbefruchtetem Ei bekanntlich ein Drohn; er hat also keinen Vater, sondern nur eine Mutter, die Königin.

Wie es kommt, daß die Königin in die Zellen der Arbeitsbienen immer befruchtete Eier legt und in die (größeren) Drohnenzellen unbefruchtete, diese Frage ist schon oft erörtert worden. Der von der unterschiedlichen Zellgröße ausgehende Reiz allein kann die Tätigkeit der Samenblase anscheinend nicht steuern, denn die Königin legt auch schon mal in Drohnenzellen befruchtete Eier. Diese Zellen werden dann von den Bienen etwas verengt. Versuche zeigen, daß die Inspektion der Zelle durch die Weisel der entscheidende Auslöser für das Absetzen des Eies ist. Verhinderte man diese Inspektion durch eine der Königin auf die Stirn geklebte, weit abstehende Nylonborste, dann unterblieb die Eiablage, und die Bienen zerrten ihre Königin bald unwirsch vor das Flugloch. Klebte man bei einem nächsten Versuch der Königin kleine Streifen Plastikfolie als abstehende »Fähnchen« an die Vorderbeine (sie konnte jetzt zwar mit den Fühlern am Zellrand die Weite der Zelle abtasten, aber nicht tiefer hinabtauchen), so verlief die Eiablage relativ normal; die Königin bestiftete jedoch dabei manche Zelle auch mehrmals, weil sie zuvor den Zellboden nicht inspizieren konnte. Eine versuchsweise dann vorgenommene Amputation bestimmter Glieder der Vorderbeine und Antennen bestätigte, daß erst durch das Betasten des Zellrandes und des Zellgrundes für die Befruchtung des jeweiligen Eies regulierende Impulse ausgelöst werden. Diese Auslöser werden aber nur dann wirksam, wenn bei der Königin die entsprechende »Legestimmung« vorhanden ist.

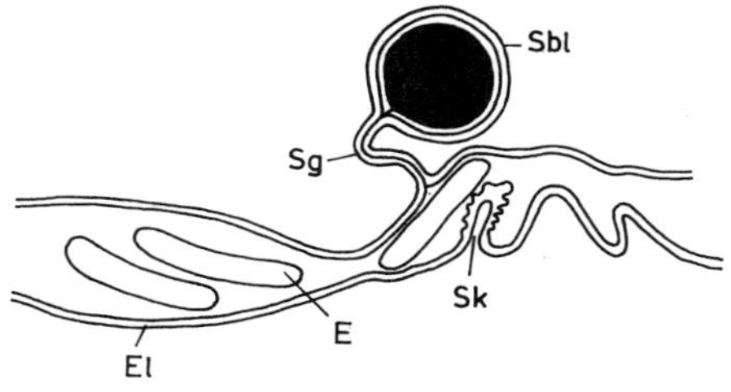

Befruchtung des Eies. Zunächst werden die Eier (E) in den Eileitern zurückgehalten (links). Beim Ausgleiten wird das Ei von der Scheidenklappe (Sk) gegen die Öffnung des Samenblasenganges (Sg) gedrückt und durch austretende Samenfäden befruchtet (nach Ruttner).

Nach den Ausführungen der Verhaltensforscher auf dem »VI. Kongreß der Internationalen Union zum Studium der sozialen Insekten« (Bern, 1969) sind über den Eilegevorgang bei Bienenköniginnen noch mancherlei Fragen offen.

Samen aus der Pipette

Wenn der hier vereinfacht dargestellte Paarungsvorgang für jemanden ans Wunderbare grenzen mag, ebenso bewundernswert scheint mir die Leistung der Wissenschaftler zu sein, dieses »Geheimnis des Bienenlebens« mehr und mehr aufzuhellen. Zu Beginn des 19. Jahrhunderts erkannte man schon richtig die Bedeutung des Hochzeitsfluges, aber erst seit etwa fünf Jahrzehnten weiß man von der Mehrfachpaarung und um den Vorgang der Paarung selbst; große Verdienste erwarben sich mit ihren Arbeiten die Forscher RUTTNER, F. und H. (Österreich), WOYKE (Polen), TRJASKO (Sowjetunion), PAIN (Frankreich), ALBER (Italien), BUTLER (England) u. a. Bahnbrechend waren die Versuche auf der bienenfreien Mittelmeerinsel Vulkano (Alber, Jordan, Ruttner, 1956), sie wurden seitdem vielerorts fortgesetzt. Man befestigte Königinnen an feinen Nylonfäden, ließ sie an Ballons aufsteigen und beobachtete dann die Annäherung der Drohnen. Extrakte aus Königinnen oder aus deren Mandibulardrüsen hatten die gleiche Lockwirkung. Auch bereits begattete Weiseln waren für die Drohnen noch anziehend. Mithin geht also die »Duftwolke« um die Königin von den ihr während des ganzen Lebens anhaftenden Pheromonen aus. Ältere, bereits legereife Weiseln wurden zwar angeflogen, jedoch nicht länger verfolgt, weil sich bei ihnen die Stachelkammer nicht öffnete und somit der unmittelbare Auslöser für eine Vereinigung fehlte. Öffnete man solcher Weisel die Stachelkammer durch ein eingeführtes Röhrchen, so setzten die Drohnen zur Kopulation an.

Viele Versuche und Beobachtungen machte man auf den Drohnensammelplätzen. Mit gekäfigten Königinnen holte man die umschwärmenden Drohnen herunter, fing und zeichnete sie, um zu ermitteln, von wo sie kamen, welche Entfernung sie zurücklegten und ob sie die Sammelplätze wechselten. Da die Feststellung von Drohnensammelplätzen mit aufgelassenen Königinnen sehr aufwendig ist, versuchte man Ortungen mit Radargeräten. Die Drohnen wurden dafür mit einem dünnen Streifen Alufolie markiert. Auch akustische Ortungen nahm man vor. Im Gelände weit verteilte hochempfindliche Mikrophone fingen aus einer beachtlichen Entfernung die Fluggeräusche der Drohnen ein. Versuche, Drohnen mit »naturgetreuen« Summtönen über Tonband und Lautsprecher an einen bestimmten Platz zu locken, führten bisher nicht zum Erfolg.

Ein Experiment besonderer Art stellt die Paarung in einem begrenzten Raum dar, in einem Käfig oder Glaskasten. Wenn man es fertigbrächte, daß sozusagen unter Verschluß eine Königin begattet wird, so wäre damit eine die Bienenzucht revolutionierende Möglichkeit für absolute Reinpaarungen und planmäßige Kreuzungen gegeben. Man sparte sich dann auch den Aufwand mit den Belegstationen und vieles

Weisel-Belegstation (Oberhof/Thüringen)

mehr. Der Königin brauchte man in den Behälter nur etwa ein Dutzend ausgesuchter Drohnen hineinzugeben, und der vorher errechnete Begattungserfolg, eine dem Merkmalsschema entsprechende Nachkommenschaft, dürfte nicht ausbleiben. Aber weil Königin und Drohn in der Frage ihres nur einmaligen Zueinanderfindens anderer Meinung sind und nicht wie gewünscht hochzeiten, blieb der Wissenschaft (bislang) nur die Möglichkeit der kontrollierten Zuchtwahl über die künstliche Besamung. Sie wurde schon im vorigen Jahrhundert versucht, glückte als »Spritzbesamung« aber erst 1926 dem Amerikaner WATSON. Heute ist sie technisch so weit entwickelt, daß sich Ergebnisse abzeichnen, die auf erhoffte Erfolge zielen, daß eine künstliche Besamung in ihrem Begattungserfolg der natürlichen Paarung gleichkommt.

Bei der instrumentellen Besamung wird den geschlechtsreifen Drohnen (14 bis 18 Tage alt) mit einer sehr feinen Inseminationsspritze das Sperma abgesaugt. Durch einen Druck auf Brust und Hinterleib, sicherer noch durch Abtrennen des Kopfes, erreicht man bei ihnen die Ausstülpung des Begattungsschlauches und den Austritt der Spermamasse (zartrosa gefärbte Spermakugel mit nachfolgend weißem Schleim). Die Königin wird in einem Haltegerät mit CO_2 betäubt, mit feinsten Geräten zieht man die letzte Bauch- und Rückenschuppe auseinander, öffnet die Scheide und injiziert dann etwa 5 mm^3 Sperma; das macht man zweimal im Abstand von zwei Tagen. Die zweimalige Narkose fördert den Beginn der Eiablage.

Der Vorgang setzt einen komplizierten technischen Aufwand voraus, er wird bei einer 25- bis 40fachen Vergrößerung unter Stereolupen vorgenommen. (Das schwierigste dabei ist die Abnahme des Samens von den Drohnen.) Fraglich bleibt immer, jedoch schmälert das nicht entscheidend den Wert der künstlichen Besamung, ob die Weisel in diesem Augenblick (Sonnenstand, Tageszeit!) wirklich brünstig war, ob das Sperma von besonders begattungsfähigen Drohnen genommen wurde, die auch im freien Flug die Begattung vollzogen hätten. Wird diese Königin nun von den Bienen angenommen und auch über längere Zeit gepflegt? Wie dem auch sei, von der technischen Seite her gesehen ist die künstliche Besamung heute längst kein Problem mehr. Da brachten es Imkerfreunde bereits zu hohem Können, in der Besamung wie auch im Eigenbau der nötigen Geräte.

Wie sehr der technische Vorgang »im Brautgemach der Königin« den Zuschauenden packen kann, das ist den Worten des Redakteurs unserer Verbandszeitung zu entnehmen, der in Hohen Neuendorf mal dabeisein konnte. »Ich muß sagen, mich fasziniert die Perfektion der Apparatur, die Meisterung und Beherrschung der Technik durch den Menschen, die Feinfühligkeit beim Einrichten und Einstellen der einzelnen Phasen für den Besamungsvorgang, das In-der-Hand-Haben der gewünschten Paarung zum Aufbau von reinrassigen und ingezüchteten Linien als Ausgangsbasis für Linienkombinationen und -rotation. Während mein Kollege hinter seiner Kamera hockt und Blut und Wasser schwitzt, weil er mit Schärfentiefe, Lichtstärke, irritierenden Reflexen bei Glas- und Metallteilen zu kämpfen hat – Frau Dr. Seifert geduldig und mit sicherer Hand die Manipulation an der Weisel vornimmt –, halte ich unwillkürlich die Luft an. Welche großartigen Leistungen unserer Forscher stecken doch dahinter! In wieviel schlaflosen Nächten mochten sie sich um eine immer vollendetere Technik das Hirn zergrübelt haben. Nicht nur mit dem Ziel, allein die Technik zu beherrschen, sondern sie nutzbringend für die Menschheit einzusetzen – in diesem Falle für eine noch leistungsfähigere Biene. Anerkennung und Dank gebührt all den Wissenschaftlern und Technikern sowie Praktikern, die mithalfen, die Forschung auf diesem Gebiet so weit voranzutreiben, daß sie nunmehr Früchte zu tragen beginnt.«

Sosehr den einzelnen (Klein-)Imker ein erhoffter höherer Honigertrag auch zu neuen züchterischen Versuchen anregen mag, es hat keinen Zweck, daß man nun allerorts mit der künstlichen Besamung anfängt. Sie muß vorerst Instituten und

Zuchtleitbetrieben vorbehalten bleiben – ihnen in erster Linie, weil hier das bereits durchgezüchtete und immer wieder geprüfte Ausgangsmaterial vorhanden ist.

Die künstliche Besamung stellt sich nicht die Aufgabe der massenhaften Vermehrung von sogenannten Reinzuchtweiseln – dafür und für den Aufbau von Wirtschaftsvölkern eignen sich bestens unsere Belegstationen und Belegstände –, die künstliche Besamung dient vorerst der Schaffung von Inzuchtlinien; über die relativ »unsicheren« Belegstationen mit ihrer nicht kontrollierbaren Paarung (Mehrfachpaarung, Fremddrohnen) ist der Aufbau von reinerbigen Linien nicht möglich.

Bei der Inzucht werden eng verwandte, zueinander passende Tiere einer Linienzucht miteinander verpaart. In der Folge davon erhält man durch weitere Inzucht Hybridtiere. Solche Königinnen eignen sich besonders für ausgesuchte Völker, die für Vermehrungszwecke gehalten werden. Hiervon dann abstammende Weiseln, auf einer Belegstation begattet (auch standbegattet), lassen auf gute Leistungen hoffen: Der Heterosiseffekt stellt sich dadurch ein, daß die durch Inzucht eingeengte Streuungsbreite des Erbgefüges durch die Kreuzung mit einer anderen Linie plötzlich gesprengt wird und zu höherer Volksstärke und Leistung führt.

Schon »1937 erschienen zwei für die ganze Imkerschaft hochbedeutende Broschüren, Professor Zanders ›Zuchtverfahren‹ und Dr. Goetzes ›Zuchtgrundlagen‹. Bald darauf kam das Buch ›Die beste Biene‹ von Goetze heraus . . . Jetzt begann allerorts ein emsiges Treiben und Lernen in neugegründeten Zuchtgemeinschaften . . ., der Gedanke der Zucht erhielt einen gewaltigen Aufschwung« (Imkerl. Fachkunde).

Und damals versuchte man auch die gelenkte Paarung – in der »Liebeslaube«, wie man, etwas abwertend, die Räumlichkeiten für das vorgesehene Paarungsspiel der Bienen nannte, also in Käfigen oder Zelten. Andere versuchten es – und versuchen es auch heute noch immer wieder – in größeren Glasbehältern oder Flaschen, selbst in Honiggläsern. Sobald sich dann Drohnen tot im Behältnis finden, mit ausgestülptem Glied, nimmt man an, die Weisel sei (natürlich) begattet worden, die Drohnen hätten

Versuch eines unverbesserlichen Optimisten: Paarung in Gläsern

kopuliert. (Dieser Schluß jedoch ist nicht zwingend, da Drohnen sogar ohne Anwesenheit einer Königin bei starker Erregung und unter Lichteinwirkung stülpen.)

Und wenn nun so eine scheinbar sicher eingesperrte Jungweisel in Eilage geht? Irgendwie, irgendwann muß sie zuvor mal ihren Käfig verlassen haben! Wenn eine Begattung unter sicherem Verschluß möglich wäre, also wenn es für die Königin wirklich keinen Ausgang gibt, auch nicht durch ein Absperrgitter (das für ein schlankes Tier eben kein Hindernis ist), dann müßten sich, zumindest bei schlechtem Wetter, die Paarungen auch generell im Stock vollziehen. Bei den Hummeln ist es ja so.

Von der Abteilung Bienenkunde der Humboldt-Universität Berlin (Hohen Neuendorf) nach genauen Hinweisen eines Imkerfreundes durchgeführte Versuche mit der »Gläser-Begattung« blieben wie erwartet ergebnislos. Prof. RUTTNER, nach seiner Meinung befragt, schrieb mir dazu: »Paarungen in einem Glasbehälter . . . Es gibt verschiedene Angaben von Imkern darüber, aber keinen einzigen Beweis. Ganz ausschließen möchte ich die Möglichkeit dazu nicht – wir haben schon genug Überraschendes bei der Biene erlebt –, aber wer so etwas behauptet, müßte es vor Zeugen vorführen und womöglich fotografieren.«

Die Imkerei wird erst dann wirklich interessant, wenn man sich ernsthaft mit der Zucht der für den eigenen Stand nötigen Königinnen befaßt. Hier hat man es zu einem gut Teil selbst in der Hand, der wertvollsten Biene, nämlich der Weisel, zum Leben zu verhelfen. Die Zucht von möglichst reinerbigen Stockmüttern macht besonders Freude und bestätigt imkerliches Können. »Wir haben schon genug Überraschendes erlebt«, wie Prof. Ruttner meint, diese Tatsache stimmt gewiß niemanden mißmutig, im Gegenteil, gerade Unvorhergesehenem gegenüberzustehen, Wetterunbilden und anderen Erschwernissen eigenes Wissen und Können entgegenzusetzen, erfolgreich, das bereitet Genugtuung und reizt zu Experimenten und zu immer neuem züchterischen Bemühen.

Wohnen in Holz und Stroh

Der »stoc« als Grundform

»Zahme Bienen!« So steht es schwarz auf weiß »Aus aller Welt« in der Tageszeitung: Jetzt sei es den Züchtern gelungen, durch Kreuzung ... Auslese ... ohne diesen Stachel ... ungeahnte Perspektiven! Fast möchte man gleich eine Bestellung aufgeben für solch eine Königin! Aber bei übertriebener Werbung ist Skepsis am Platze. Man will es den Bienen nicht wünschen, daß sie sich so weit degenerieren lassen, waffenlos – aus wäre es dann mit ihnen.

Kann man Bienen, nur weil sie der Mensch einigermaßen zu beherrschen und ihre Produkte zu nutzen weiß, als zahm bezeichnen? Gezähmte Tiere haben ihr ursprüngliches Verhalten teilweise aufgegeben, Nahrungsbeschaffung, Nestbau, Ernährung u. a., sie sind dem Willen des Menschen unterworfen oder haben sich dessen Lebensgewohnheiten angepaßt, durch gelenkte Zuchtauslese sind sie den Wildformen schon weit entfernt und in der Erhaltung ihrer Art auf den Menschen angewiesen. Nicht so unsere Bienen; obwohl wir sie, zwar etwas widerstrebend, zu den Haustieren zählen, verhalten sie sich nicht im eigentlichen Sinne domestiziert. Die Biene hat sich nicht dem Menschen, sondern umgekehrt, er hat sich der Biene angepaßt und versorgt sie mit allem Lebensnotwendigen.

Dem Menschen gelang es einst, Bienen-»Stöcke« in seine Nähe zu bringen; diese hohlen Baumstümpfe kamen dem biologischen Bedürfnis der Bienen entgegen. Sie benötigen als »Höhlenbrüter« für ihre Volkbildung immer einen genügend großen Hohlraum. Im Unterschied zu Hummeln, Wespen und anderen Solitärinsekten überwintern die Honigbienen nicht einzeln oder in einer Winterstarre, sondern als ganzes Volk in einer Traube und in ständiger Bewegung. In komplizierter Weise regelt es so, selbst bei strenger Kälte bis zu –40° C und darunter, seinen Wärmehaushalt. An seinen »Wohnraum« entwickelt es hierbei eine erstaunlich große Anpassungsfähigkeit. Das nun wieder nutzt der Imker aus: Er logiert seine Völker in Beuten ein und stellt diese meist in einem Bienenstand, in einem Bienenhaus oder Wagen zusammen. Zu einem »zahmen« Haustier wird damit die Biene nicht. Bestimmte Eigenschaften werden zwar züchterisch potenziert und genutzt, sie verlieren sich aber wieder unter für das Insekt freien Umweltbedingungen. »Obgleich die überwiegende Mehrzahl der Bienenvölker unter dem Schutz des Menschen lebt, besteht kein Unterschied zwischen den wildlebenden und den vom Menschen gehegten Bienen, da sie bei der Übersiedlung in die Nähe menschlicher Behausungen keine ihrer wesentlichen ursprünglichen Eigenschaften ablegen oder neue annehmen« (Zander/Weiß).

Das natürliche Milieu der Biene war in unseren Breiten ursprünglich der Wald. Sie errichtete in Baumhöhlen ihren Wabenbau. Sprachgeschichtlich geht hierauf das

Wort Bienen*stock* zurück, es kommt bereits aus den Anfängen unserer Sprache und bezeichnete den Stock oder den Stamm verschiedener Pflanzen, auch den Baumstumpf. Eine Gedichtzeile im Mittelhochdeutschen (um 1200) belegt sogar die literarische Verwendung dieses Wortes. Walther von der Vogelweide läßt den Papst von den Deutschen sagen: »ich hâns an mînen stoc gement, ihr guot ist allez mîn . . .«, er habe sie an den Opferstock gebunden, ihr Gut gehöre alles ihm. Der Minnesänger gebraucht hier das Wort *stoc* in doppelter Bedeutung: Es ist der Pflock, an den das Vieh gebunden wird, zum anderen meint er den für das Einsammeln von Geld in älteren Kirchen damals aufgestellten ausgehöhlten Klotz.

Uns heute sind »Klotzbeuten« nur noch vom Museum her bekannt (vgl. S. 68). Für die Honigentnahme waren sie recht schwer zugänglich. Entweder wurden die Waben von der (mit Lehm abgedichteten) Stirnseite des Klotzes entnommen oder durch eine eingeschnittene Öffnung seitwärts, die man gleichfalls mit Lehm zuschmierte oder mit einer Klappe versah.

Bevor es bei uns den Rohrzucker oder den Rübenzucker gab, verwendeten die Hausfrau und der Bäcker zum Süßen nur Honig, der Bedarf war groß. Aber die Beschaffung von Klotzbeuten war schwierig, ebenso das Imkern mit ihnen. Einen Schritt

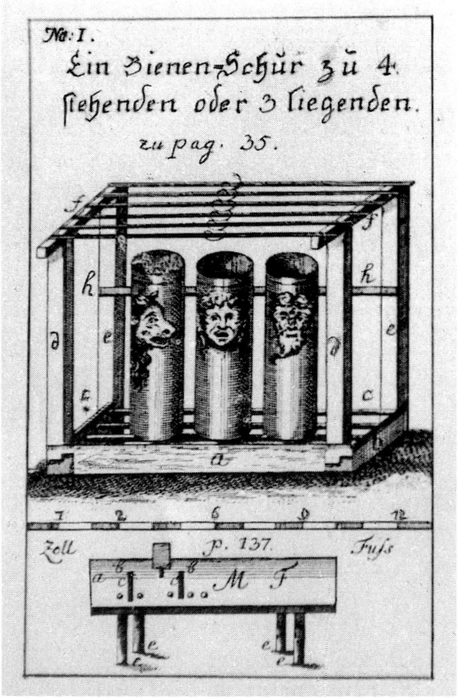

Bemalte Klotzbeuten.
(Aus: Johann Crüwel, um 1700)

Vereinzelt noch heute gebräuchliche Strohkörbe. Von links nach rechts: Lüneburger Stülper, Thüringer Walze, Gravenhorstscher Bogenstülper, Kanitz-Zweikranzer, Stülper

vorwärts bedeutete darum die Verbreitung schon seit dem Altertum bekannter Formen aus Ruten oder Stroh, Binsen oder Schilf, so der leichter herzustellende *Bienenkorb* oder die aus einem dicken Strohband gefertigte *Walze.*

Als ein Lehr- oder Anschauungsmittel findet man den Korb noch in größeren Imkereien, ein ganzer Stand mit Körben ist mir schon nicht mehr bekannt. In der Lüneburger Heide soll es noch Imker geben, die in der »Bienenlagd« ihre Körbe aufstellen; aber auch bei ihnen wird sich diese Tradition leider bald ganz verlieren . . . Der Bienenkorb, dazu auf älteren Bildern der schmunzelnde Bienenvater mit der Pfeife, sie werden dennoch weiterhin bekannte Assoziationen auslösen, die Vorstellung der Beschaulichkeit, des häuslichen Friedens sowie des Fleißes und des reichen Honigsegens.

Übergang zum Mobilbau

Die Bienen würden sich auch heute noch in dem Korb wohl fühlen, ihr Wabenwerk errichten, die Brut unter besonders temperaturgünstigen Bedingungen pflegen, Nektar eintragen, schwärmen . . .

Aber ihr Tun und Lassen in einem Strohhaus paßte dem Menschen nicht mehr. Verglichen mit der sehr viel leichteren Ertragssteigerung in den Bienenkästen, den Beuten, verlangte das Ausschneiden des (stabilen) Wabenbaus in den Körben vom Imker einiges Geschick. Die mit Honig gefüllten Waben sind leicht zerbrechlich und für das Ausschleudern in der Schleuder ungeeignet. Der *Stabilbau* wurde durch den *Mobilbau* abgelöst, durch eine Bienenwohnung mit beweglichen und vom Imker jederzeit und leichter auswechselbaren Waben.

Strohstülper mit Haube als Honigaufsatz; schematische Darstellung (nach Armbruster)

Bienenkorb von unten, »schwarmreif«

Zunächst bekam der Korb das abnehmbare »Honigkäppchen«, später einen Untersatz oder einen zweiten Ring als Aufsatz. Das waren erste Schritte zum Mobilbetrieb. Die Honigentnahme wurde dadurch einfacher, denn: die Bienenbrut befindet sich immer in Fluglochnähe und der eingedickte Honig in den dem Flugloch entfernten Waben. Nach einer Tracht oder im Herbst, wenn die Königin ihr Brutgeschäft einschränkt, brauchte man dann nur den mit Honig vollgetragenen Teil des Bienenkorbes wegzunehmen. Hierin erkennen wir ein grundlegendes Prinzip der zweiteiligen Bienenwohnung, nämlich die Trennung in Honig- und Brutraum. (In Strohstülpern und -körben mit einer »Haube« oder »Mütze« als Honigaufsatz imkerten schon Franken und Alemannen vor über 1000 Jahren. Aus seiner intensiven Forschungsarbeit berichtet hierüber – und über die Geschichte der Bienenwohnung überhaupt – Ludwig Armbruster in seinem Werk »Der Bienenstand als völkerkundliches Denkmal«, 1926.)

Von Nachteil war noch immer folgendes: In die einzelnen Etagen, bei stehenden Beuten auch Magazine genannt, legte man Stäbchenroste, Holzstäbe als Wabenträger; dennoch errichteten die Bienen über dem Rost einen jeden freien Raum ausfüllenden Wirrbau. Ebenso waren die Waben noch fest mit den Wänden des Kastens verbaut. Es muß schwierig gewesen sein, solche Waben allseitig loszutrennen. Und wenn dann gefüllte Wabenteile abbrachen oder hängenblieben und gar der frische Honig tropfte, Messer und Hände klebten . . . Man kann sich vorstellen, daß die Bienen solchem Hantieren nicht friedlich zusahen.

Ungünstig war weiterhin, daß Honig- und Brutraum noch nicht scharf voneinander getrennt waren, die Königin konnte ihr Brutnest in den ganzen Kasten ausdehnen, auch auf Waben, die man wegen ihres Honigs gern entnommen hätte. Und da machte um 1850 der Russe Prokopowitsch eine großartige Erfindung: das Absperrgitter (4,2 mm weite Schlitze). Jetzt ließen sich der Brutraum und der Honigraum sicher voneinander trennen – nicht für die Nektar eintragenden Arbeitsbienen, wohl aber für die Stockmutter. Sie bestiftete – und bestiftet in unseren heutigen Beuten ebenso – im Brutraum die Brutwaben, also die von den Putzbienen gesäuberten Zellen. Im Honigraum bevorraten die Bienen den während der Sommermonate über den eigenen Bedarf hinaus eingetragenen Honig. Diese Honigraumwaben, brutfrei, sind nach jeder Tracht mühelos zu entnehmen, und man braucht nicht zu fürchten, daß unter den ansitzenden Bienen, sie lassen sich mit einer Feder leicht abkehren, etwa gar die Königin wäre und bei schnellen Arbeiten oder beim Abstoßen der Bienen Schaden nähme.

So einfach wie heute gestaltete sich vor hundert Jahren die Wabenentnahme allerdings nicht, denn allein das Trageholz (von DZIERZON erfunden) veranlaßte die Bienen ja noch nicht zu dem für uns so selbstverständlich ebenmäßigen Wabenbau. Als revolutionierend wirkte sich aber dann die Erfindung des Rähmchens aus, eines aus vier 25 mm breiten Leisten rechteckig zusammengefügten Holzrahmens. Die Kastenbienenhaltung mit solch beweglichen Rahmen entwickelte VON BERLEPSCH, ein Anhänger Dzierzons.

Als 1880 in Köln der »Deutsche Bienenwirtschaftliche Zentralverein« gegründet wurde, einigte man sich dort, um dem Wirrwarr mit der Unzahl von Rähmchenmaßen Einhalt zu gebieten, auf das sogenannte Normalmaß von 18,0 cm × 22,5 cm. Zwei solcher zu einem Ganzrahmen oder Doppelnormalrahmen übereinandergestellten Rähmchen ergaben nun unser heute gebräuchliches Normalmaß von 37,0 cm × 22,3 cm = 825 cm^2 (755,4 cm^2 Wabenfläche). Es ist ein für unsere Klimaverhältnisse günstiges Maß. Neben ihm gibt es weiter als gängige Maße noch das von Kuntzsch (850 cm^2) und das von Freudenstein (674 cm^2). Abweichungen in der Größe oder nach dem Längen-Breiten-Verhältnis möchte ich nicht als »Formspielerei« abtun, sie haben in ihrer Relation zum Klima, zur Tracht und zur Betriebsweise des Imkers eine gewisse Berechtigung. Aber noch mehr leitet sich wohl diese nachgesagte Berechtigung aus der Gewohnheit des Imkers her. Jedoch auch mit dem Normalmaß sind alle Betriebsweisen möglich, wie man sie verwenden möchte – oder anwenden muß, den Umständen angepaßt.

Gerstung widerspricht Dzierzon

Dieses bewegliche Rähmchen, es bildet die Voraussetzung des Mobilbaus, erleichterte und beschleunigte das Hantieren mit den Waben ganz beträchtlich: Man faßt es an der oberen Leiste rechts mit der griffsicheren Wabenzange oder stirnseitig (bei Längsbau) mit einem Rähmchenzieher, und, an der anderen Ecke noch etwas unterstützt, im Nu läßt sich selbst die schwerste Wabe (2 kg) entnehmen.

Auch GERSTUNG schätzte das Rähmchen, er erfand für das sichere Einhängen und für den gleichmäßigen Abstand der Waben von 10 mm (bei 25 mm Wabendicke) den Abstandsbügel, einen zu einem stumpfwinkligen Dreieck geformten Blechstreifen. Dennoch sah er noch lange in den beweglichen Rähmchen ein störendes Moment für die organische Entwicklung des Biens. In seiner heftigen Polemik wendet er sich vor allem gegen die Ansichten »der mobilseligen Imker aus der Schule Dzierzons«. Jetzt halte man den Bien für »eine Gliederpuppe oder Hampelmann, mit dessen einzelnen Teilen (Rähmchen) man nach Lust und Willkür umspringen darf, wie man will, bei welchem es gar nichts schadet, ob man einmal mitten heraus ein Glied entnimmt und es ans Ende setzt oder oben den Kopf abschneidet und ihn an Stelle der Füße stellt . . .

Wer sich noch einen Blick und ein rechtes Verständnis für die Lebenseinheit des Biens und gar für die Zusammengehörigkeit und gesetzmäßige Ordnung all seiner Glieder bewahrt hat, dem stehen die Haare zu Berge, wenn er daran denkt, was sich alles der Bien hat von Leuten gefallen lassen müssen, die weiter nichts gelernt, als ihn ordentlich mit dem Blasebalg auszuräuchern und die Zange zu gebrauchen, um mittels der Rähmchen regelrecht seine anatomischen Glieder auseinanderzureißen und zumeist ohne Regel sie wieder zusammenzuschieben.«

In dem, was Gerstung hier fordert, steckt ein Grundgedanke, der mir in seiner Verallgemeinerung sehr gefällt: die Forderung nach der biologisch stimmigen, naturnahen Bienenhaltung. Und wie eingängig er das alles sagt, in seiner überzeugend bildhaften Sprache . . . Zusammenfassend dazu von ihm noch ein Wort: »Grundsatz sollte sein: Vermeidung aller Maßnahmen, die die Ordnung und Gesetzmäßigkeiten stören, die das Bienenleben beherrschen und regeln und nach denen es sich entwickelt!«

Gerstung und Dzierzon waren beide Pfarrer. Für sie und alle späteren Imker war von unschätzbarem Wert, daß sie exakte Forschungen anstellten und sich so gründlich für biologische Zusammenhänge interessierten. Die Realität war ihnen das Kriterium für ihre Ansichten, wobei Dzierzons Denkweise der Gerstungs oft hart entgegenstand. So wie für Gerstung aber dann doch das Praktisch-Notwendige wichtiger war als alles Polemisieren, so will und kann längst niemand mehr das bewegliche Rähmchen missen. In einem aber verdanken auch wir ihm noch einen grundsätzlichen Gedanken: Alle Kontrollen und Manipulationen werden vom Bien immer als unerwartete Eingriffe empfunden, sie lösen zunächst jeweils Zwangsverrichtungen für das Bienenvolk aus, wodurch es sein biologisches Gleichgewicht zu erhalten und sich den neuen Bedingungen anzupassen sucht. In der Hochform seiner Entwicklung, eigentlich nur in den drei Sommermonaten Juni bis August, bei zügigem Trachtangebot und schnellem Bienenumsatz, wird das Volk mit der Situation nach einem imkerlichen Eingriff relativ schnell und ohne größeren Nachteil fertig. Aber in der übrigen Zeit des Jahres, besonders im Frühjahr, ist der Bien geschwächt, und gerade dann wird er durch mancherlei Verrichtungen wie Einengen, Erweitern, Füttern, Reizen, Verstärken u. a. oft gestört. Ein Mehr an Energieaufwand durch Wärmeverluste und zusätzliche Stockarbeiten bedeutet stets eine ebenso zusätzliche organische Belastung des Biens, das schwächt ihn, wenn auch nur vorübergehend, und begünstigt die Ausbreitung von Krankheiten, Milbenbefall u. a. Um dem abzuhelfen, muß der Imker nun wieder eingreifen . . .

So vermeinen wir durch unsere minutiöse Betriebsweise und mit mancherlei Kunstgriffen die Honigproduktion zu steigern, sehr schnell geschieht das aber auch auf Kosten der Gesundheit des Volkes oder nur bei offenem Zuckersack und immer mehr technischem Aufwand, wodurch »zumeist nur schlimmer Schaden und Zerstörung angerichtet wird« (Gerstung).

Damit kluge Erfindungen, sie müssen zunächst immer zu einem gut Teil als ein zweischneidiges Schwert betrachtet und gründlich nach allem Für und Wider geprüft werden, dem Bedürfnis des Biens wirklich zum Vorteil gereichen, setzt erfolgreiches Imkern fundierte Kenntnisse um natürliche Vorgänge voraus, über biologische und bienenphysikalische Gesetzmäßigkeiten.

In meinem Bienenhaus

Diese Überschrift assoziiert für mich auch den Gedanken an das bereits erwähnte Buch von Ludwig Armbruster über den »Bienenstand als völkerkundliches Denkmal«. Es kostete einige Mühe, den vor etwa sieben Jahrzehnten geschriebenen Band (Reihe »Bücherei für Bienenkunde«) in die Hand zu bekommen. Armbruster war damals Direktor des Instituts für Bienenkunde an der Landwirtschaftlichen Hochschule Berlin-Dahlem. Er leistete eine immense Studienarbeit über die geschichtliche Entwicklung der Bienenwohnung in vornehmlich Mitteleuropa (Rußland, den Kaukasus und den Balkan einbezogen). Er stützte sich dabei auch auf Reisebeschreibungen und Beobachtungen vieler früherer »Imker-Autoren« und auf »gar manche Anregung« verschiedener Museen, insbesondere das Wiener nennt er, aber auch »das schöne deutsche Bienenmuseum in Weimar«. Eine vielseitige dokumentarische Bilderfolge und ein Verzeichnis über wertvolle alte Literatur bereichern den Band.

Und von hier aus, von diesem Buch spannt sich für mich der Bogen zu meinem eigenen Bienenhaus: In seinem Äußeren, in den Beuten, in den vielen Werkzeugen und Geräten, sie wurden ja nicht heute oder gestern erst erfunden, steckt ein Stück Vergangenheit, die ich als Imker lebendig um mich habe, in der Hand halte, Geschichte – zum Anfassen und Berühren.

Mit unserem Tun betreiben wir also auch ein Stück Erbe- und Traditionspflege, ganz das Überkommene von unseren Altvordern einbeziehend; mit unserer Arbeit reicht unser Blick zurück und ebenso voraus ...

Beuten, welche? Das war meine erste Frage, über das euphorische Vordenken nun schon hinaus, als ich mit allem begann. Weit verbreitet ist die »Magazinbeute«, weniger bei uns als bei unseren Nachbarvölkern. Sie hat, entsprechend der Volksstärke, bis zu drei Zargen mit jeweils acht bis zehn Rähmchen. Die Zargen, auch Magazine genannt, lassen sich als Ganzes abheben und, mit Honig vollgetragen, auch so in den Schleuderraum transportieren. Das geht relativ schnell, es ist aber eine körperlich schwere Arbeit.

Bei dieser frei und einzeln aufgestellten Beute verfliegen sich die Bienen weniger in fremde Beuten, das mindert die Gefahr der Übertragung von Krankheiten.

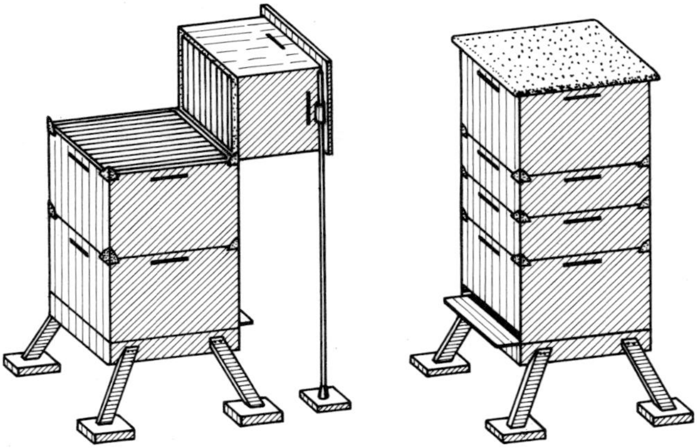

Frei stehende Magazinbeute. Für die Bearbeitung des Volkes wird die obere Zarge hochgeklappt und mit einem Kippstab abgestützt.

Als ich mit der Bienenhaltung begann, suchte ich lange nach dem richtigen Beutentyp. Ich hatte praktisch noch keine Erfahrungen gesammelt und war auf die Ratschläge von Imkerfreunden angewiesen; jeder schwor natürlich auf seine Beute. Aber ich verließ mich dann doch auf meine Beobachtungen und auf eigene Überlegungen. Die Magazinbeute schied für mich aus. Für ihre Aufstellung benötigt man einen größeren Garten mit schattenspendenden Bäumen. Jede Beute ist Wind und Wetter ausgesetzt, sie muß schon sehr gut gearbeitet sein und verlangt eine besondere Pflege; außerdem ist mir der Wärmeverlust solch frei stehender Beuten zu hoch. Das bedingt während des ganzen Jahres eine größere Zehrung – also zusätzlich Zucker oder Honig.

Vor- und Nachteile lassen sich am besten abwägen, wenn man immer den Arbeitsaufwand mit dem Honigertrag vergleicht. Vor allem die in physikalischen Zusammenhängen ermittelten Werte und Erkenntnisse der Wissenschaftler sind allgemeingültig, zuverlässiger und in den meisten Fällen auch nutzbringender als der gute Rat – vielleicht eines »schon ganz alten Imkers«.

Ich entschied mich für ein festes Bienenhaus, um darin dann die vorgesehenen 30 Beuten und 10 Ableger unterzubringen. Auf diese Zahl legte ich mich von vornherein nicht zufällig fest. Aus Umfragen und Berechnungen war für mich ersichtlich, daß man nebenberuflich – als Freizeitimker – 20 bis 30 Völker bearbeiten kann; vor allem erreicht man mit dieser Völkerzahl eine beachtliche Rentabilität.

Als ich mit dem Wandern begann, hätte ich natürlich lieber einen Wanderwagen gehabt statt des festen Hauses. Aber ich hatte es mir aus billigem Material erbauen können, denn auch die Kostenfrage spielt ja bei solchen Anschaffungen immer eine Rolle. Heute, da ich nicht mehr entlegene Trachten anwandern kann, bin ich sehr zufrieden. Das Haus ist gegenüber einem Wagen geräumiger, alles ist gut zur Hand, und der ganze Unterhalt beschränkt sich nur auf das Streichen der Bedachung und der Außenwände.

Bienenhaus in Winkelform. Grundriß, nicht maßstabgerecht

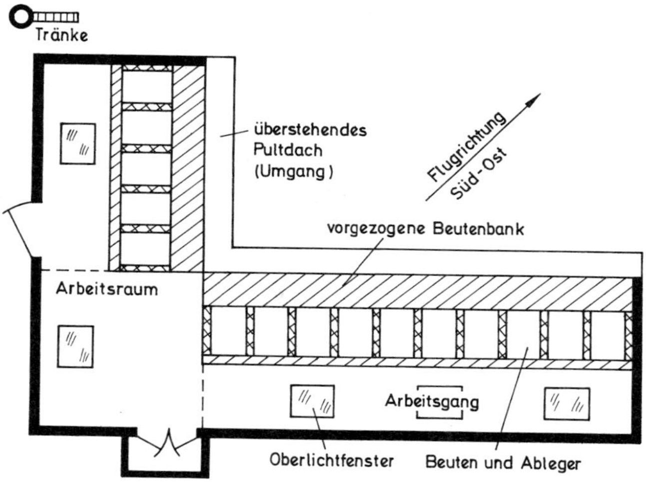

Es gibt wohl soviel verschiedene Bienenhäuser, wie es Imker gibt. Dennoch, mein Haus kennzeichnen einige wesentliche Vorzüge, die sich ohne Vorbehalt verallgemeinern lassen: Es steht auf trockenem, sandigem Unterboden, windgeschützt, ist rundum mit Pappe beschlagen und verfügt im leicht schrägen Pultdach über genügend große Oberlichtfenster. Die Beuten stehen 50 cm hoch und fest aneinander auf weit vorgezogenen Brettern. Der Fußboden ist befestigt. Das Dach reicht einen Meter vor und bildet vor der Beutenfront einen schützenden Umgang. Froh bin ich darüber, daß ich das Haus auch in Winkelform gebaut habe, also zweiflügelig. Die Flugrichtung weist nach Osten und Süden; kalte Winde und Schlagwetter werden so von den Bienen ferngehalten.

Auf Abbildungen bekommt man diesen Typ des winkligen Bienenhauses oft zu sehen. Gewiß ist vieles an und in ihm nach dem Gesichtspunkt der Zweckmäßigkeit gestaltet. Aber das darf nicht allein entscheidend sein, denn dann dächten wir ja nur an uns. Bei vielem muß man zuerst an die Bienen denken. Beispielsweise erwähnte ich die 50 cm hohe Beutenbank. Mancher möchte sie gern niedriger haben, um im Sitzen bequemer an den Beuten arbeiten zu können, ein anderer höher, weil er sich nicht so sehr bücken kann. Vom physikalischen Standpunkt aus gesehen sind die Völker in Beuten, deren Fluglochhöhe sich tiefer als 50 cm über dem Erdboden befindet, benachteiligt. Messungen des »Kleinklimas« vor dem Bienenhaus ergaben folgendes: Die Temperatur weist, vom Boden bis in etwa 2 m Höhe gemessen, unterschiedliche Werte von mehreren Graden auf, sowohl tagsüber (starke Erwärmung) als auch nachts (starke Abkühlung), ab 50 cm Höhe ist sie relativ ausgeglichen. Hier nimmt die Temperatur vor allem morgens sehr schnell Werte an, die den zeitigen Ausflug der Bienen begünstigen.

Von Bedeutung ist auch die Luftfeuchtigkeit. Die Bienen sind bestrebt, in der Beute die Feuchtigkeit unter 18 mg/l Luft zu halten. In der kühleren bodennahen Luftschicht (vor dem Bienenhaus) ist der Feuchtigkeitsgehalt der Luft nachts relativ hoch. Die Bienen müssen täglich, vor allem nach Einstellen des Fluges, große Mengen Wasserdampf aus den Fluglöchern fächeln. Diese Arbeit, das Eindicken des Nektars, wird ihnen sehr erschwert, wenn die übersättigten bodennahen Luftschichten die Feuchtigkeit aus den Beuten nicht mehr aufnehmen; als »Schwitzwasser« schlägt sie sich dann am Flugloch nieder und verdunstet nur zögernd.

Die Forderung, die Fluglöcher unserer Beuten aus den bodennahen Luftschichten herauszuheben, gilt für das Bienenhaus und noch mehr für frei stehende Beuten bzw. für den Wanderstand. Hier kann den Tragehölzern aufgelegte und nach vorn bis zum Boden abgeklappte Pappe das Kleinklima für den Bienenflug günstiger gestalten. –

Mit den Bienen wuchs mir auch das Bienenhaus ans Herz, mit seinen vielen Gerätschaften, den Wabenschränken, mit dem fast betörenden Duft nach – wonach eigentlich? Es gibt da, so empfinde ich es, ständig einen einmalig typischen Duft, besonders in den warmen Sommermonaten. Es sind aus Bienenprodukten, vornehmlich aus dem Kittharz entweichende ätherische Öle, die in der Beute schon das Bienenvolk vor schädlichen Mikroorganismen schützen und nun die ganze Atmosphäre im Bienenhaus anreichern.

Natürlich wird dieser besagte Duft auch von der jeweiligen Tracht mit bestimmt. Jetzt zur Maienzeit, da die Kirsche in voller Blüte steht und erster Nektar und Pollen in Menge eingetragen werden, duftet es, vor allem abends, wenn monoton, gleichmäßig surrend, die Bienen aus allen Fluglöchern die feuchte Stockluft fächeln. Es duftet wie nach warmem Brotsauerteig. Dieser Geruch ist mir aus meiner Kindheit in Erinnerung geblieben, wenn Mutter neben dem Kachelofen im großen Backtrog den gesäuerten Brotteig spätabends noch einmal mit Decken warm zupackte, damit er bis zum Morgen gut »ging« und sich dann schön ausformen ließ. Im Bienenhaus selbst duftet es ja immer nach Wachs und Honig und nach Propolis, dem Kittharz, das die Bienen gerade im Mai/Juni fleißig eintragen.

Wie die Beute, so die Betriebsweise

Wie im Wanderwagen stehen im festen Haus meistens zwei Reihen Beuten übereinander, darunter oder besser darüber die kleinen Ablegerkästen. Es gibt auch – früher mehr als heute – die Beutenbank mit der nur einen Reihe Kästen, den »Oberbehandlungsbeuten«, die man wie die Zargen der Magazinbeute nach Abheben ihres Deckels oder des ganzen Aufsatzes von oben bearbeiten kann.

Übereinandergestellte »Hinterbehandlungsbeuten« öffnet man wie einen Schrank oder klappt die untere Türhälfte als Arbeitstisch herunter, entnimmt die wärmenden Matten und dann das abschließende Fenster. Die Abbildung zeigt uns die verschiedene Einordnung der gewöhnlich 12 Waben in den Honig- und Brutraum. Sie lassen sich quer einschieben, man spricht dann vom »Querbau«, oder die Waben werden stirnseitig in den Brutraum eingestellt, im »Längsbau«. Auch der Nichtfachmann kann sich vorstellen, wie sich mit einer leicht abgebogenen Spitzzange die Rähmchen am oberen Querholz aus der Beute herausnehmen lassen. Die Waben im Brutraum werden, wie wir schon hörten, mit einem griffesten Rähmchenzieher entnommen oder, wenn sie auf einem Schlitten stehen, als Block herausgezogen. So hat man dann gleich das ganze Volk vor sich und kann die Waben ganz in Ruhe durchsehen.

Früher gab es viele Beutentypen, doch heute sind wir bemüht, möglichst nur einer Beute den Vorzug zu geben. Diese Standardbeute (Normalmaß) wird unterschiedlichen Betriebsweisen weitgehend gerecht. Die Vorteile einer Vereinheitlichung im Beutenbau sind unbestreitbar. Eine genormte Beute oder auch schon die Standardisierung einzelner Teile resultiert immer aus der verbürgten praktischen Erfahrung und aus wissenschaftlich ermittelten Werten bei der Prüfung neuer Materialien durch Herstellerbetriebe und Fachinstitute. Zu den bei uns allgemein verwendeten drei Rähmchenmaßen (Freudenstein, Kuntzsch, Normal) gibt es auch entsprechend drei Beutentypen, die sich geringfügig voneinander unterscheiden.

Normalmaß-Beute (Rückansicht, geöffnet, Durchstieggitter angehoben)

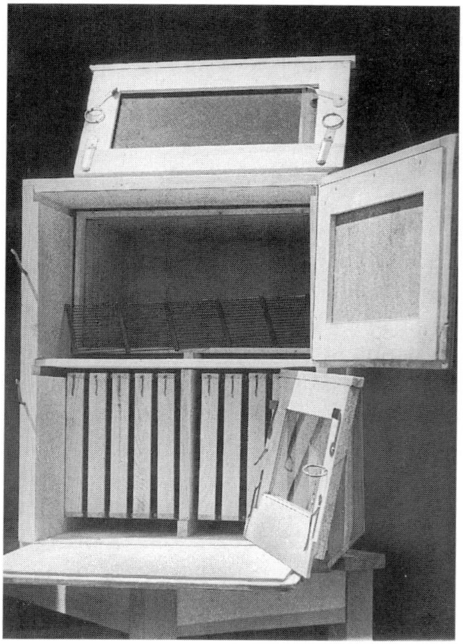

Normalmaß-Beute (Vorderansicht, Wandervorsatz abgenommen)

Mancher Imker probiert gern mal eine neue Betriebsweise aus, mit der ein anderer angeblich mehr erntet oder die ein einfacheres Bearbeiten der Völker erhoffen läßt. Dann heißt es wiegen und messen: Nur eine genaue Buchführung und Durchschnittserrechnung, über Jahre hinweg, können den Nachweis für die zu treffende Entscheidung erbringen, eventuell den ganzen Stand auf eine andere Beute oder Völkerbearbeitung umzustellen. Man sollte dabei kritisch vorgehen, nicht leichtfertig oder nur aus bloßer Freude an der Veränderung des Herkömmlichen.

Gewiß hat es seinen Grund, wenn ein Imkerfreund unter gleichen Bedingungen je Volk ein paar Pfund Honig mehr erntet. Uninteressant wird sein Erfolg aber dann, wenn man weiß, wieviel Zucker er im Herbst oder Frühjahr mehr verfüttert, wieviel Stunden kostbare Arbeitszeit er zusätzlich aufwendet für bestimmte, unter biologischem Aspekt vielleicht gar umstrittene Verrichtungen an den Völkern. Unterschiedliche Ansichten der Imker in Fragen der Beute oder des Rähmchenmaßes darf man nicht von vornherein verurteilen oder ignorieren: Biene ist nicht gleich Biene! Der Wanderimker stellt andere Forderungen an seine Völker als der Standimker, der Frühtrachtimker andere als der Heidewanderer.

Zurück zu unserer »Normbeute«. In der Vorderfront verfügt sie natürlich auch über das Honigraum- und über ein ausreichend weites Brutraumflugloch mit einem die ganze Breite einnehmenden Flugbrett. Dieses große Brett erleichtert den Anflug der Bienen, es läßt sich hochklappen und verschließt damit – als Teil des Wandervorsatzes – einen der Vorderfront der Beute entsprechenden Vorraum.

Wieviel schwieriger war es doch früher, zu wandern: Die Bienen wurden vor der Wanderung mit Rauch, Wasser oder Karbol in das enge Flugloch getrieben, der für sie gewohnte Vorderausgang versperrt, und dann begann es während des Transports zu rumpeln und zu rütteln. Die Tiere wurden unruhig, rannten wild durcheinander, drängten immer wieder zum Ausgang, kamen in Erregung, weil die Hitze mehr und mehr zunahm, beklebten und verschmierten sich mit Honig, das Wachs der Waben wurde weich, das Volk brauste, alles schien förmlich zu kochen und brach schließlich zusammen – wenn der Imker nicht durch Lüften durch die Hintertür oder mit mehreren Leerrähmchen einen zusätzlich kühlenden Raum gegeben hatte. Gerade beim Wandern kann man manches Bestürzende erleben! Es gibt wohl kaum einen schlimmeren Anblick als den beim Öffnen eines »verbrausten« Volkes. Und wenn man den dampfenden Klumpen aus Bienen, Honig, Wachs und Wabenresten dann auseinanderklaubt, nein . . . Das kann auch keine Versicherung ausgleichen.

Wie anders doch heute: Man klappt das Anflugbrett nur hoch (frühmorgens vor Flugbeginn) und lädt die Kästen auf. Das gummibereifte Fahrzeug fängt harte Stöße schon weitgehend ab. Die Bienen, die wegen der Erschütterungen doch mal nach draußen sehen wollen . . ., bitte sehr, das Flugloch ist weit offen. Zwischen dem Wandergitter – vor seinen Lüftungsschlitzen ist Gaze gespannt – und der Beutenvorderfront findet sich genügend Platz für alle. Es ist also gar kein Grund zur Aufregung geboten.

Früher verstand man unter dem Namen Wanderbeute eine dünnwandige und damit möglichst leichte Beute, durch bestimmte Einrichtungen wie das Gazefenster u. a. noch von der Rückseite her zu belüften; heute verdient sie ihren Namen schon durch das vorgesetzte Wandergitter, auch Wandervorsatz genannt. Das ist wirklich eine großartige Erfindung.

Diese Normalmaß- oder Normbeute heißt auch »Standardbeute für Hinterbehandlung«. Auch ich hatte sie auf meinem Stand, daneben aber, mit gleichem Rähmchenmaß, die große »Paschke-Beute«, ebenfalls wie die von Kuntzsch oder Freudenstein nach ihrem Erfinder benannt. Auf Grund meiner Erfahrungen und einer schon familiären Tradition – unter den Bedingungen auf meinem Stand und bei meiner Betriebsweise – habe ich mich unter dem Zwang einer Standverkleinerung für nur eine Beute entschieden: Ich wählte (nach kostengünstigen Berechnungen) die doppelwandige Paschke-Beute. Es sei aber nicht verschwiegen, daß andere Imkerfreunde im Ort aus ihren Kästen anderen Typus kaum weniger Honig schleudern.

Ein Versuch macht klüger

Informationen aus anderen Ländern über staunenswert hohe Honigernten wecken auch bei uns die Neugier nach den dort gebräuchlichen Bienenwohnungen. Es wäre natürlich nutzlos, wollte man sich ausländische Beuten mit den größeren Wabenmaßen anschaffen und meinen, die Honigmenge wüchse entsprechend. Großräumige Beuten bedingen starke Völker mit legefreudigen, frühbrütigen Königinnen, mit vollen Dauertrachten in ausgeglichenen Jahreszeiten.

Die amerikanische Großwabe im Langstroth- oder Dadantmaß ist um 24 bzw. 58 Prozent größer als unser Normalmaß. Sie scheint sich bei unseren Tracht- und Witterungsbedingungen im Einvolkbetrieb (mit nur einer Weisel in einer Beute) nicht durchzusetzen. Es ist eben nicht entscheidend »die Rahmengröße, sondern die Wabenfläche, die von den Bienen belagert werden kann«. In unseren engeren Beuten, manche verächtlich »Bienenquetsche« genannt, hat es der Imker gerade im wetterwendischen Frühjahr mehr »in der Hand, durch Einengen oder Ausweiten des bienenbesetzten Raumes die Wabenfläche den Erfordernissen anzupassen«.

Um über eine größere Volksstärke zu einem höheren Ertrag zu kommen, gibt es die Möglichkeit des 1½- oder 2-Volk-Betriebes. Hierbei werden in einer Beute zwei (voneinander getrennte) Weiseln überwintert, die Bienen von diesen zwei Völkern tragen dann in einen Honigraum ein, oder zwei Völker werden nach Entfernen der schwächeren Königin im Frühjahr zu einem Volk vereint. Mit solchen Methoden läßt sich anscheinend aus einer Beute mehr Honig schleudern. Aber ob das auch ein echter Erfolg ist, kann nur in Relation zum höheren Zeitaufwand für die Bearbeitung der Völker und für die größere Zahl der zu züchtenden Königinnen sowie zu der größeren Menge an Winter- und Reizfutter gemessen werden. Immer wieder heißt es also, alles gut zu bedenken und auch die eigene körperliche Leistungsfähigkeit nicht außer Acht zu lassen. Geschenkt wird dem Imker nichts!

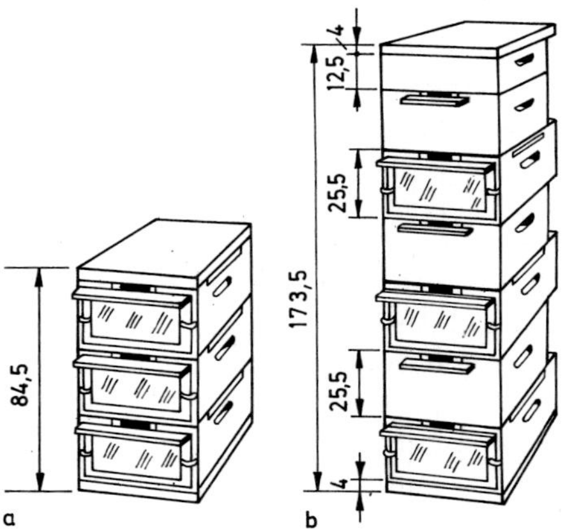

»Wolkenkratzerbeute«; drei Völker in Winteraufstellung (a) und im Sommer (b)

Aber wer Spaß daran findet und wem sich als erfahrenem Imker die Gelegenheit dazu bietet, der sollte doch mal den Mehrvolkbetrieb versuchen. Eine ungewöhnliche Anregung fand sich dazu in unserer Verbandszeitung vor Jahren unter der Überschrift »Eine Methode gewinnbringender Bienenzucht«.

Imkerfreund K. hielt, wie er berichtet, versuchsweise mehrere Weiseln in einer mehrstöckigen Beute, in einer sogenannten »Wolkenkratzer-Beute«. Nach den Anregungen eines französischen Bienenzüchters, Pater DUGAT (1948), setzte er nicht nur zwei, sondern gleich drei oder vier weiselrichtige Völker übereinander. Die Brutmagazine versah er statt der Holzwände mit Glasscheiben, die Honigraummagazine blieben ohne Glas, »da die Bienen den Honig lieber im Dunkeln ablagern«.

Über den angeblich ungewöhnlich großen Honigertrag in dieser Beute sei hier nichts weiter ausgeführt. Er soll auch nicht in Abrede gestellt werden. Es verbietet sich aber, solche »Erfolge« nur in Abhängigkeit von der Beute verallgemeinern zu wollen, statt die Bedingungen für den Glücksfall zu kennen und ihn auf das Zusammentreffen mehrerer günstiger Umstände, die meistens unbekannt bleiben, zurückzuführen. Es hat schon viele Wunderbeuten gegeben – und sie verschwanden wieder.

Was uns an jeder »Erfindung« dennoch imponieren sollte, das ist die Freude des Entdeckers an seinem Werk, sein Interesse, den Dingen auf den Grund zu gehen. Regt uns das nicht zu weiteren Versuchen an? Viele Neuerungen haben wir bekanntlich nicht den Wissenschaftlern, sondern gerade den Imkern selbst zu verdanken! Aber – Entwicklungen gehen auch mal falsche Wege ... Imkerfreund K. konstruierte also seine Turmbeuten überraschenderweise auch gleich noch als »Lichtbeuten«. Er sagt dem Einfall des Sonnenlichtes in die Wabengassen des Brutraumes gewisse Vorzüge nach.

Über die Praxis des Imkerns in Lichtbeuten hat ausführlich schon SKLENAR berichtet, er war zuerst ganz des Lobes voll, beließ es aber doch nur bei einigen Kästen. Heute hört man nichts mehr von dieser Beutenart. »Der Grund für das Versagen liegt darin, daß die unmittelbare Einwirkung der Sonnenstrahlen auf die an sich geringe Luftmenge in den Wabengassen und den dunkel verfärbten Wachsbau zu Schwankungen in der Temperaturverteilung und dadurch auch zu Änderungen im gesamten Kleinklima der Bienenwohnung führt, denen die Bienen nicht gewachsen sind« (Sklenar).

Die Turmbeute ist noch in Amerika im Gebrauch (Gebiete mit Dauertracht). Dort wird sie mit Geschwisterweiseln besetzt, die in einem besonderen Kreuzungsverfahren begattet werden. So bildet dieser Wabenturm zwar eine wesentliche Voraussetzung für die hohen Honigerträge – aber immer unter entsprechend klimatisch günstigen Bedingungen.

Statt der ausländischen Großraumbeuten dürfte sich bei uns vielleicht mal eine Beute aus Kunststoff durchsetzen (in der Größe den Trachtverhältnissen angepaßt). Sie wird leichter und transportabler sein, möglicherweise auch strapazierfähiger als die herkömmliche Beute aus Holz. Als besonders günstig bieten sich Schaumstoffe an, sie haben eine hohe Isolierwirkung; eine leere Beute wiegt nur etwa 2 kg. Solche Beuten werden ganzförmig aufgeschäumt, oder man setzt sie aus äußeren und inneren Schalungsteilen zusammen und gibt dazwischen eine wärmedämmende Schaumstoffisolierung.

Obwohl man schon seit Jahrzehnten mit der Kunststoff-Beute experimentiert, entspricht sie noch nicht den Erwartungen. Gewiß, sie ist trotz ihrer leichten Bauweise stabil, sie kann sich nicht verziehen, quillt nicht auf und läßt sich fugendicht stapeln, aber problematisch wird es in den Fragen der Hygiene und der Isolation. Die Innenwände vor allem müssen sauber, glatt und leicht zu reinigen sein, chemisch absolut neutral, hygroskopisch und gleichzeitig wärmedämmend, besonders bei stark schwankenden Außentemperaturen. Das Bienenvolk will warm und trocken sitzen, in *allen* Jahreszeiten!

Gezeigt hat sich auch, daß Bienen, Ameisen und Mäuse Schaumstoffe (Schaumpolystyrol) benagen. Eine zusätzliche Beschichtung oder Beschalung mit einer Epoxidharz-Folie, PVC oder Plexiglas könnte dem zwar abhelfen, doch würde durch eine Verdichtung des Materials die Schwitzwasserbildung begünstigt, das Innenklima der Beute also nachteilig beeinflußt.

Bisherige Veröffentlichungen und Aussagen über Beuten aus Kunststoff stützen sich im wesentlichen noch auf rein empirisch ermittelte Versuchsergebnisse. Materialnormen, von der Industrie mitgegeben, sagen noch nichts aus über die biologischen und physikalischen Werte, wie sie sich aus der Beziehung Biene – Beute ergeben. Wie sehr die Entwicklung von neuem, chemischem Material noch im Fluß ist, bestätigen beispielsweise die etwa 25 verschiedenen Kunststoffe, mit denen man in einem amerikanischen Institut Versuche allein für die industrielle Fertigung von Waben und Rahmen anstellte. – Aber dennoch, so wie die aus bearbeitetem Holz gebaute Beute die Bienenwohnung aus Stroh und Lehm verdrängte, so wird sich, wie schon angedeutet, eventuell doch mal die Kunststoffbeute durchsetzen. Für die Wertung ihrer Eigenschaften aus der Sicht breiter imkerlicher Praxis ergibt sich noch ein weites Feld. Und dieses Versuchen und Experimentieren kann lange dauern. Beispielsweise ergeht es so auch der Kunststoffwabe. Sie ist seit über zwanzig Jahren im Gespräch. Im Zusammenhang mit der Abwehr der Varroamilbe ergaben sich neue Perspektiven, weil man glaubte, sie, diese Wabe, fördere eine »Varroa-Eindämmung ohne chemische Mittel«. Nach einem dreijährigen Versuch in mehreren Ländern, auch in den USA, lautet nun (1990) im »Deutschen Imker-Journal« eine Überschrift: »ANP-Synthetik-Wabe getestet. Volksentwicklung in Kunststoffwaben problematisch«. Sie würden demnach langsamer und unregelmäßiger bestiftet, die Volksstärke wäre reduziert. Das ist die Antwort der Praktiker, der Imker in den Hausgärten, auf Farmen und in den Instituten auf das Angebot der technisch-industriellen Forscher.

Beuten und Körbe im Bienenmuseum

Ferdinand Gerstung und August Ludwig regten an und verwirklichten auf ihre Weise die Gründung von »Bienenmuseen«. Dieser Gedanke versteht sich wie in anderen historischen, künstlerischen oder naturkundlichen Bereichen auch aus dem Bemühen um eine nationale Traditionspflege, aus der guten Absicht, Vorzug und Bedeutung der Imkerei bekannt zu machen, Bildungsgut über den vielseitigen Nutzen der Bienen zu verbreiten. Vielerorts wurden, meist natürlich von den Imkern selbst, Sammlungen alter und neuer Gerätschaften für Ausstellungszwecke zusammengetragen. Weit bekannt war über viele Jahrzehnte beispielsweise das 1907 in Weimar eröffnete »Deutsche Bienenmuseum«.

Es steht zu hoffen, daß heute in Verbindung mit neu aufgebauten örtlichen Volkskunde- oder Bauernmuseen auch die Bienenhaltung noch mehr die ihr zustehende Beachtung und Würdigung erfährt. Auch hiermit läßt sich die Forderung nach Pflege des kulturellen Erbes wie der Verbreitung der Bienenhaltung verwirklichen.

Stellen wir uns solch ein Bienenmuseum einmal vor: Es wird in jedem Falle kein Ort für die Aufbewahrung von verstaubtem Urväterhausrat sein, vielmehr eine mustergültig gegliederte Sammlung ausgewählter Exponate, Altes und Neues im Nacheinander seiner Entwicklung, Vitrinen, Schaukästen und Modelle als Anschauungsmaterial. Der Körperbau der Biene wird demonstriert, ihre Bedeutung für die Bestäubung landwirtschaftlicher und gärtnerischer Kulturen erklärt. So wird dem Besucher als »Laien« dann auch bewußt, daß dieses Insekt nicht nur den Honig »macht«, seine anderen Produkte wie Wachs, Kittharz, Gift und Weiselfuttersaft sind in der Technik, der Pharmazie, der Medizin und für die Herstellung hochwertiger Nahrungsmittel nicht weniger wichtig.

Solch eine bienenkundliche Sammlung – man denke hier ebenso an noch oft anzutreffende gepflegte alte Bienenstände und -häuser – ist gleichzeitig auch ein Ort des Erhaltens, des Bewahrens und damit der Weitergabe. Manches Ausstellungsstück ginge sonst verloren oder würde zerfallen, wenn nicht handwerklich befähigte Imker als Restauratoren, eben als Tischler, Maler, Korb- und Strohflechter neue Schönheit dem allen verliehen, was zu sehen Natur- und Bienenfreunden so viel Freude macht.

Strohflechter? Ja, ein alter Bienenkorb – mir geht es immer so: Man muß ihn einfach berühren, ihn spüren, mit der Hand über ihn hinstreichen –, er verliert natürlich an einstmaligem Aussehen, das Material wird allmählich auch morsch. Aber Wachs und Harze helfen den Alterungsprozeß aufhalten. Und wer das Flechthandwerk noch versteht oder sich darin einmal versuchen möchte, der vermag mit hartem (!) Stroh, mit Tannenwurzeln oder Weidenruten einem brüchigen Korb auch wieder Halt zu geben. So wie wir in Haus und Hof oder in unserer modernen Wohnung noch manches Erbstück aufbewahren und gern zeigen – an dem einen oder anderen hängen wir sicher besonders –, so sollte auch der Imker heute, wenn sich nur irgendwo ein Platz dafür findet, einen Bienenkorb hinstellen, zur Freude, zur Erinnerung . . .

Alte Bienenwohnungen, dazu auch die Gerätschaften der Zeidler, lassen für uns Geschichte, sonst oft trockenes Buchwissen, lebendig werden.

Zeidler! Das Wort ist heute noch den Imkern allgemein bekannt. Ludwig Armbruster hat sich wohl als erster genauer mit der Etymologie, mit dem Herkommen des Wortes beschäftigt. In alten lateinischen Urkunden sei vom Zeidler die Rede mit den Wörtern Cidlarius, Cidelarius, auch Ceilarius, wahrscheinlich aus dem Slawischen entlehnt. Im Tschechischen gibt es den *Včelař*. Im Althochdeutschen gab es das Wort *zidal*. Der Zeidler in dieser Benennung findet sich in altfränkischen und sächsischen Rechtsbüchern, also wieder nahe dem slawischen Lebensraum.

Vor etwa einem dreiviertel Jahrhundert noch sprach man in der Lausitz und im Spreewald vom *Zeidler,* in Pommern und Ostpreußen vom *Büthener* oder vom *Biener.* So läßt also ein Wort aus seinem Herkommen und Umfeld auf die mit ihm benannte Sache selbst genauer schließen. »Wir fanden«, sagt Armbruster, und er beruft sich hier weit zurück auf Krünitz, Grüwell, Schirach und andere alte Gewährsleute, »daß die Slawen die Kunst der Waldbienenzucht beherrschten, die Germanen aber nicht. Dieser Fund gibt uns die Erklärung für kulturgeschichtliche und siedlungsgeschichtliche Dinge, die uns sonst sehr überraschen.« Der Germane benutzte die Wälder mehr, um in ihnen zu jagen oder sie zu roden.

Das 14. und 15. Jahrhundert gelten als die Blütezeit der Zeidelwirtschaft. »Der Zusammenschluß der Imker in . . . Genossenschaften reicht bis ins Mittelalter zurück. In der ›Goldenen Bulle‹ (1356) wurden die Zeidler des Nürnberger Reichswaldes den Waldbeamten zugerechnet und waren verpflichtet, den Wald zu beaufsichtigen und zu erhalten. Sie hatten besondere Rechte – wie Steuerfreiheit in allen Reichsstädten – und unterstanden einem besonderen Zeidlergericht; andererseits mußten sie jedoch hohe Abgaben an ihren Lehnsherrn entrichten und dem Kaiser mit Armbrust und Pfeil dienen« (Schwartz/Kaiser). Erst durch die Zeidelwirtschaft erlangte Nürnberg seinen Ruf als Honig- und Lebkuchenstadt.

Die Arbeit und die Zusammenschlüsse der Zeidler vermitteln uns Einblick in die Entwicklung handwerklicher und bäuerlicher Produktionsformen. Im Unterschied zu weit früheren Zeiten, als es nur den »Honigraub« gab, verbunden noch mit häufiger Vernichtung der Bienen mit Feuer und Rauch, setzt die Bienenhaltung der Zeidler bereits ein bestimmtes Wissen über die Pflege und die Biologie der Biene voraus. Solches Wissen um die besonderen Lebensgewohnheiten eines ebenso besonderen Insekts, empirisches Wissen, intuitiv gewonnen aus Beobachtung und Erfahrung, wurde zu Beginn und noch während der Neuzeit ein anregendes und zugleich kritisch prüfendes Moment für das sich dann entwickelnde akademische Wissen.

Einzelheiten über die Waldbienenhaltung lassen sich vielerorts aus alten Chroniken entnehmen. In märkischen Urkunden findet sich oft der Flurname »Die Klötze« – an diesen Stellen wurde ehemals Bienenzucht betrieben. Im Beeskower Erbregister von 1514 heißt es: ». . . wenn Beutenbäume verdorren, deren Rumpf auf jeder Seite, oben und unten, eine Spanne länger abgehauen wird, um sie als Klotzbeuten anderwärts aufzustellen, wie denn von alters her an allen anderen Orten gehalten ist und gehalten wird.«

Der Waldbienenstock im ausgehöhlten Baum, die Beute, wurde aus slawischer Zeit her auch »bruti« genannt, der Imker »brutniki« oder »bartniki«; im Landbuch von 1375 aus Schöpfurt (Oberbarnim) heißen sie »Die Bardesniker«. Die Beuten in ihren Kienbäumen (Kiefern) waren viereckig und hatten eine Tiefe und Breite von 50 cm, die Höhe maß 80 cm. Die »Beutkiefern« waren ausgearbeitet zu einem »hul«, mit einem oder mit zwei Türbrettern zugemacht.

Die Zeidler schlossen sich zu Zeidelgesellschaften zusammen, in der Niederlausitz (Spreewald), wo slawische Traditionen noch vorherrschten, zu »Starosteien«; sie bildeten wie die Gemeinden slawischer Fischer auf dem Kietz ihre Selbstverwaltung. An der Spitze stand der »Starost«, der als Zeichen seiner Würde »eyne Mistgabel an der Beuten« hatte. Er übte auch die untere Gerichtsbarkeit aus: Wurde ein Bienenräuber festgestellt oder beim Honigraub ertappt, daß er »Bienen ausstach«, so sollte mit seinen Därmen der Beutenbaum abschreckend umwickelt werden. Erzählt wird, daß diejenigen Hörigen, die auf Bienenstöcke achtgeben und die »Bienen-Meisen« wegfangen mußten, »Tieglizer« (von Tiegliza = die Meise) genannt wurden.

Die ältere Literatur weiß auch von Honigzehnten, Honiggülden, Beutzins und ähnlichen Abgaben an die feudalen Obrigkeiten zu berichten. Otto I. soll 965 dem Magdeburger Moritzstift den Honigzehnt in mehreren märkischen Gauen geschenkt haben. Drei Tonnen Honig wurden von den Zeidlern bei Fürstenwalde im Jahre 1368 verlangt. 1399 vermietet der Rat zu Cölln die Stadtheide, 1416 verleihen die Neuzeller Klosterbrüder »ihren 12 vorsichtigen Deditezen und Czidelern in der Starostei Crebisinchen« (Krebsjauche, heute Wiesenau im Kreis Eisenhüttenstadt) einige Freiheiten, wofür diese »seit alters« gewisse Abgaben zu leisten hatten.

Während des Dreißigjährigen Krieges und dann danach gerieten die Zeidler »in großes Elend«, im 18. Jahrhundert sanken ihre festen Zusammenschlüsse zur Bedeutungslosigkeit herab. Sofern die Bienenhaltung nun mehr zum Nebenerwerb wurde, meist für Schulmeister, Pfarrer, Kätner und Pächter – der Bedarf an Honig und Wachs war weiterhin groß. Sehr ausgelassen soll es zugegangen sein auf den Honigmärkten, aber sie durften »nur bis in den 4. Tag gehalten werden«. Die Bienenprodukte blieben begehrte Handelsware und bestimmten das Bild der Markttage, die mit Buden, Karussells, Tanz und Blasmusik zu mehrtägigen Volksfesten wurden, so die Wachsmärkte in der Niederlausitz. Die Wachslichtsproduzenten kamen als Käufer von weither. Da auf den Märkten unter den Imkern im Preis ihrer Erzeugnisse eine gewisse Solidarität spürbar wurde, zogen die Aufkäufer oft schon gern vordem über die Dörfer, um hier in Einzelabmachungen günstiger ins Geschäft zu kommen.

Mancherlei Einzelheiten über Wachsmärkte, Wachsbleichen, Kerzenziehereien u. a. sind alten Stadtchroniken, Amtsblättern und Urkunden zu entnehmen. Über den Markt in Schönewalde, Krs. Herzberg, heißt es: »Hier ist jährlich der Hauptwachsmarkt, auf welchem alles im Churkreis gewonnene Wachs zum Verkauf gebracht wird. Gewöhnlich sind es 20 bis 30 Centner, allein 1779 stieg die Summe bis zu 36 Centner.« In der »Geschichte der Kreisstadt Calau« (1833) steht zu lesen: »Nicht minder fand bis in die neueren Zeiten herab ein lebhafter Handel mit Wachs und Talg in Calau statt. Das Interesse der den Aufkauf dieser Produkte treibenden Personen fand es angemessener, auf den Dörfern ihr Geschäft zu machen, und zog sich dieserhalb allmählich ganz von hier weg, nach Raddusch und nach anderen Orten im Spreewald.«

Waldimkerei

Und nun zum Zeideln selbst. Wie man es sich vorstellen muß, das läßt sich nicht nur aus alten Schriftstücken entnehmen, auch Grafiken (Holzschnitte) belegen uns bildlich sehr gut die Verrichtungen des Zeidlers: Zweimal im Jahr ging es an einem sonnigen Tag zur Honigernte hinaus in den Wald. Der lange Wurfspieß, die Armbrust, gefiederte Bolzen und das Jagdmesser in lederner Scheide durften nicht fehlen, der großen Tiere wegen, besonders der Bären. Auf dem Wagen stand das Faß mit festschließendem Deckel, hinein kamen die dann ausgeschnittenen Waben. Der Eimer aus Weidenruten war auch dabei, der Rauchtopf mit Faulholz von der Pappel oder Weide, das lange Tau, die lederne Umhängetasche, das Beil, das Sitzbrett, die Hanfschnur, natürlich auch das Zeidelmesser und die zweizinkige Wabengabel. Für den Fall, daß es eine große Stecherei geben würde, die leinerne Kopfhaube mit dem Guckfenster aus Roßhaargeflecht und hirschlederne Handschuhe. Und wenn es gar hart auf hart ging, dann wurde graugrünes Pulver, zerriebene Boviste, auf die Glut im Rauchtopf gestreut, jetzt wichen die Bienen zurück!

Der Zeidler saß bei seiner Arbeit auf dem frei hängenden Sitzbrett, dem Kloben, in 4 bis 6 Meter Höhe; das starke Tau war über einen Ast geworfen. Hier oben hatte er den Stamm ausgehöhlt, auf der Ostseite das Beutenloch, verschlossen mit dem 3 Fuß langen und 1½ Fuß breiten Zeidelbrett, das Flugloch gegenüber. Sorgfältig und ruhig wurden die meist noch weißen Waben aus der Höhlung geschnitten, in diesem Jahr (mit ungerader Jahreszahl) die linke Hälfte, im nächsten Jahr (mit gerader Jahreszahl)

Zeidler bei der Arbeit (Aus: Krünitz, Enzyklopädie, 1774)

die rechte für den Wechsel der Wabenerneuerung, und mit dem Korb zu einem Helfer hinabgelassen. Köstlichen Scheiben-, Leck- und Seimhonig würde es geben. Am Michaelistag (29. September) waren der Honig- und Wachszins fällig.

Das Thema Zeidler weckt für mich eine Frage, ich kann sie mir nicht befriedigend beantworten, es geht um das Problem der »Einfütterung«. Die Zeidler nahmen den Bienen also einen Teil des Honigs, der im Stamm verbliebene diente als Winterfutter. Die Bienen überwinterten auf Honig! Und heute? Wir nehmen ihnen möglichst *allen* Honig weg und füttern sie mit Zuckerlösung ein. Aus Geschäftstüchtigkeit? Nein, man hört und liest darüber anderes: Aus gesundheitlichen Gründen für die Bienen tun wir es, sie würden den »schweren« Honig nicht vertragen, nicht über den langen Winter verdauen können.

Waren die Bienen, die Winter, der Honig oder welche Umstände auch immer vor ein paar hundert Jahren anders als heute? Haben wir unsere Bienen durch die »Haushaltung«, vielleicht gar als Haustiere physiologisch, organisch schon von ihrer naturhaften Art weggezüchtet? Daß ihnen der Honig aus dem »sterilen« Zuckerwasser im Winter besser bekommt? Mir bleiben meine Fragen.

Eine sonderbare Antwort fand ich in einer alpinen Bienenzeitung (1988): Durch mehrfache Aufnahme von Honigtauhonig werden bei den Bienen im Mitteldarm die peritrophische Membran zerrissen und die Darmepithelzellen beschädigt. Durch den hohen K-Gehalt der Honigtauhonige können sich pathogene Bakterien vermehren. Bei 60 Prozent der abgestorbenen Völker hatte das Winterfutter einen hohen Mineralstoffgehalt. Der Imker kann Vorsorge treffen durch Zuckerwasserfütterung und durch den Austausch von Zementhonigwaben gegen leere Waben.

Wer soll das verstehen ...?!

Klotzbeuten und Imkergeräte im früheren Weimarer Bienenmuseum

Der Zeidler nannte etwa 60 »Bienenbäume« sein eigen, sie trugen sein Zeichen. Jeder durfte im Jahr sechs neue Bienenwohnungen in die stärksten Baumstämme hauen; das machte man mit dem Meißel und mit dem Zeidelbeil. Bis in diese Höhe wurden dann die Stämme entästet, als Vorsichtsmaßnahme gegen Honigdiebe.

Das »Lochen« brachte vielen Bäumen den Garaus, sie wurden trocken, und der Wald nahm Schaden. Das wird im 18. Jahrhundert dann auch mehr und mehr der Grund dafür gewesen sein, das Zeideln aufzugeben und zu einer bequemeren, hausnahen Bienenhaltung überzugehen. Aus trockenen oder gefällten Bäumen wurde jeweils das gelochte Stammstück herausgeschnitten, mit nach Haus genommen und als »Klotzbeute« im eigenen »Bienengarten« verwendet, liegend oder stehend, auch unter einem Schutzdach.

»Neue Invention einer Bienen Hütte« (Aus: Johann Rudolph Schubarts nützlich und gründliches Bienen=Buch, Leipzig 1747)

Johann Rudolph Schubarts
nützlich und gründliches
Bienen=Buch,
worinnen von denen
emsigen Bienen
gehandelt wird,
besonders
von derselben vortrefflichen Ordnung,
ihrer Wartung, Vermehrung,
und guten Nutzung, rc.
ingleichen
wie man
einen Bienen=Garten anlegen,
gantze Schwärme in denen Stuben aushecken
und pflegen, auch ihnen zu einem neuen Weiser
verhelffen kan.
Meistens aus eigener Erfahrung
denen Bienen=Liebhabern zum Nutzen
vorgelegt.

Leipzig,
in der Großischen Handlung,
1747.

Schirachs »Bayerischer Bienen=Meister«, Titelblatt, 1770

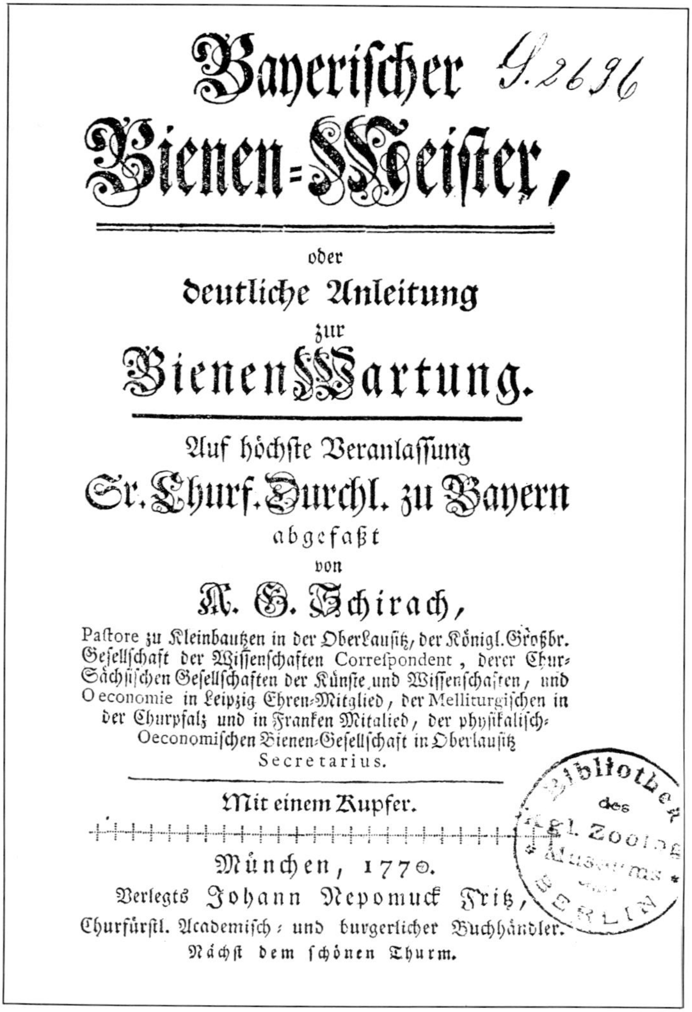

Bayerischer Bienen=Meister,

oder

deutliche Anleitung

zur

Bienen=Wartung.

Auf höchste Veranlassung

Sr. Churf. Durchl. zu Bayern

abgefaßt

von

A. G. Schirach,

Pastore zu Kleinbautzen in der Oberlausitz, der Königl. Großbr. Gesellschaft der Wissenschaften Correspondent, derer Chur-Sächsischen Gesellschaften der Künste und Wissenschaften, und Oeconomie in Leipzig Ehren-Mitglied, der Melliturgischen in der Churpfalz und in Franken Mitglied, der physikalisch-Oeconomischen Bienen-Gesellschaft in Oberlausitz Secretarius.

Mit einem Kupfer.

München, 1770.

Verlegts Johann Nepomuck Fritz, Churfürstl. Academisch- und burgerlicher Buchhändler. Nächst dem schönen Thurm.

Hiermit beginnt die Geschichte unserer Hausimkerei mit Hinterbehandlungsbeuten; Schnitzereien und Bemalung gaben ihnen anfangs ein vieldeutiges Aussehen. Solche Klotzbeuten zeigt die Abbildung aus dem Weimarer Bienenmuseum (S. 73); das Stammstück, 205 cm hoch, wurde um die Fluglöcher mit einem Mondgesicht versehen. Um den klopfenden Specht im Wald von der Beute fernzuhalten, befestigte man ein Reisigbündel an dem Verschlußbrett, gegen den Bären half man sich mit Dornengesträuch. Aber Meister Petz war gerissen und stieg dennoch empor . . .

Ein hervorragender Kenner des Zeidelns war »Adam Gottlob SCHIRACH, Pastore zu Kleinbautzen in der Ober-Lausitz, der Königl. Großbr. Gesellschaft der Wissenschaften Correspondent, derer Chur-Sächsischen Gesellschaften der Künste und Wissenschaften, und Oeconomie in Leipzig Ehren-Mitglied, der Melliturgischen in der Churpfalz und in Franken Mitglied, der physikalisch-oeconomischen Bienen-Gesellschaft in Oberlausitz Secretarius. Mit einem Kupfer. München, 1770.« (Soweit ein Teil des Haupttitels vom »Bayerischen Bienen-Meister«.

Schirach hat viel über die Waldimkerei berichtet. Er spricht dann später, wo es schon um die Bienenhaltung »am Haus« geht, auch noch nicht vom Imkern oder vom Imker, sondern immer vom Zeideln. Im besonderen benennt er damit auch die Honigentnahme, und zwar aus: **Läger, Ständer, »Brete-Beute«** und **Korb.** Nur einmal im Jahr. »Wir halten das Ende des Aprils und den Anfang des Mays für die beste Zeidel-Zeit.«

Um Schirachs originell-bildhafte Art des Schreibens zu zeigen – das Buch mit seiner schönen alten Fraktur ist als Dialog zwischen Vater und Sohn gestaltet –, gebe ich hier eine Textseite wieder.

Sohn: Erlaubet mir, euch in die Rede zu fallen. Muß ich nicht zuvor gewißes **Geräthe zum Zeideln** haben?

BienenVater: Du hast recht, zum Zeideln gehöret eine **Bienenkappe,** das **Rauchfaß,** ein **Flederwisch,** eine **Mulde,** oder ein Sieb, das leere Roß hinein zu legen, eine **große Schüßel** oder **Milchrahmen,** ein **reines Tuch,** ein **langer starker** und auf einer Seite **scharfer Drat,** ein **Fäßgen** mit **Wasser,** die Zeidelmesser darein zu werfen, und abzuwaschen, auch nach Gelegenheit die Hände zu waschen. Ein scharf **Zeidelmesser,** so länglich ist, und dergleichen **krummes.** Eine **starke Schabe,** das harte angedorrete Wachs, Moder und Schimmel aus den Krimsen rein heraus zu schaben; eine **hölzerne** oder **eiserne Gabel,** die Kuchen damit anzuspießen. Man braucht einen **Meißel,** den alten Lehm damit abzukratzen, und die Beutenbretter und Körbe damit aufzumachen. **Einen** guten **Vorrath** von trockenen **faulen Holze,** von Linden, Pappeln, Weiden etc. Denn bei einer Menge Stöcke braucht man dieses Dinges sehr viel. Besonders giebt der trockene Rindermist einen angenehmen Geruch für die Bienen, weil die Blumen durch die gelinde Verdauung ihre Kräfte und Geruch noch lange nicht verlohren haben. Schöne Modelle von nützlichem **ZeidelGeräthe** zeiget uns **Grüwel** in seiner Brandenburgischen Bienenzucht; weil sie aber mehr als zu bekannt sind, darf ich dir keine besondere Zeichnung davon machen.

Zeidelbäume gibt es noch heute im vielbesuchten Urwald von Bialowieza, einem 5000 ha großen Nationalpark nahe der polnisch-sowjetischen Grenze. Ein Tourist berichtete aus diesem naturwissenschaftlichen Kleinod über die Waldimkerei folgendes: »Schwere Prügel, wie wir einen im Urwald gesehen haben, sollten die Fluglöcher der Bienen enger gestalten, damit kleine Raubtiere, z. B. Marder, die Stöcke nicht ausrauben konnten. Einige dieser Stämme im Museum haben auch schwere, etwa 1,5 m lange Eichenbalken vor der Öffnung hängen. Sie sollten Bären daran hindern, die Bienenstöcke zu plündern. War der Bär den Baum hinaufgeklettert, so versuchte er den schweren Balken beiseite zu schieben, um an die Honigwaben zu gelangen. Der Eichenprügel schlug aber infolge seines Gewichts immer wieder zurück. Oft passierte es, daß der Bär den Baum wieder hinabrutschte. Unten aber hatten die Zeidler starke Pfähle mit der Spitze nach oben in das Erdreich eingerammt. Rutschte der Bär vom Stamm ab und sprang er hinunter auf den Boden, wurde er von den angespitzten Pfählen aufgespießt.«

Diese für uns schon längst historische Bienenhaltung findet man ähnlich so heute noch in afrikanischen und überseeischen Gebieten. Einem Forscherbericht aus Kenia war zu entnehmen, daß man dort ausgestemmte Holzklötze, 90 bis 150 cm lang, mit einem Durchmesser von 30 bis 60 cm, hoch oben in die Astgabeln der »Bienenbäume« einklemmt oder an Ästen mit Lederstricken waagerecht aufhängt. Zum Schutz der Beuten gegen Feinde umgibt man den Baumstamm mit einem alten Blechgefäß, dessen Ränder gezackt nach außen gebogen sind. Ein kaum abzuwehrender Honigräuber ist das Eichhörnchen. Gegen Ameisen wird Asche am Boden um den Stamm gestreut. (Von den Großtieren werden Büffel, Rhinozeros und Elefanten gefürchtet, für die Honigentnahme muß sich die Imkergruppe also gut bewaffnen.) Als Honiggefäße dienen Behälter aus Ziegenleder. Der Honig wird nur nachts entnommen, gern in mondscheinlosen Nächten.

Es gibt aber auch heute Länder, wo man wie von jeher Honig und Wachs ohne Beuten erntet, ganz im Freien. Ein Bekannter aus Bombay berichtete mir darüber folgendes: »Glück hat der Gartenbesitzer, bei dem auf ganz bestimmten Bäumen wilde Bienen heimisch sind. Die Bienen sind immer da, denn Blüten gibt es in Hülle und Fülle. Die eine an einem hohen Ast frei hängende Wabe (von *Apis dorsata,* der Riesenhonigbiene, G. G.) hat die Form eines Dreiecks, sie mißt in der Breite etwa 55 cm, in der Höhe etwa 75 cm. Der Teil, in dem der Honig eingelagert wird, ist ziemlich dick, der Brutnestteil flacher. Im Mai wird geerntet. Vom nahen Strand kommt der für bestimmte Gärten zuständige ›Koli‹, ein Fischer. Mehrmals schon hat er in den Wochen vorher die Wabe kontrolliert. Ihm geht es nicht um den Honig, sondern vielmehr um das Wachs. Vermutlich behandeln die Fischer mit dem Bienenwachs ihr Fangzeug oder mischen es auch mit Pech und Harzen (die ohne Wachs sehr spröde wären) zum Abdichten der Boote.

Der Fischer kommt nachts, bei Mondschein! Er entkleidet sich fast ganz und ölt seinen Körper mit einem insektenvertreibenden Mittel ein. Am Arm trägt er eine offene Lehmschale, gefüllt mit Kokosnuß-Bast. Hinauf geht es flink und behende. Auf halber Höhe entzündet er den Bast. Dann raucht und funkelt es. Es knistert. So nähert sich der Koli der großen Wabe. Das funkensprühende Gefäß stellt er in eine Astgabel. Mit bloßer Hand bricht der Fischer die möglichst brutfreien Wabenstücke ab; er legt sie in den an seinem Gürtel hängenden Henkeltopf und steigt wieder abwärts. Manchmal klettert er mehrmals nach oben.

Unten werden die Wabenstücke gewogen, mit einer Handwaage, 3 bis 4 kg Tropfhonig läßt er gleich zurück. Die Wabenstücke nimmt er dann mit nach Haus. In einer

Schleuder, ein Tongefäß mit einfachem Drahtkasteneinsatz, schleudert er sie aus. Wenn er dem Gartenbesitzer diesen Honig bringt, noch ein paar Kilogramm, dann werden der Wert des Honigs und des Wachses verrechnet.«

Habib Futehally, mein indischer Informant, erzählte mir auch noch, daß in den drei »Nestern« bei ihnen im Garten drei ganz unterschiedliche Bienenarten leben, kleine und größere, und in einem Nest seien sie gelb gestreift wie die Wespen bei uns hier. Auch der Honig soll unterschiedlich sein, im Geschmack und in der Farbe, je nach der Blütenart, die beflogen wird. Aber zum Honig hat man dort in Indien ein etwas gestörtes Verhältnis, aus Glaubensgründen. Habib sagte dazu: »Es gibt bei uns unter dem Volk einen Stand, den man ›Jains‹ nennt. Dessen Vertreter essen keinen Honig, weil bei der Herausnahme des Honigs viele Bienen oder auch schon Maden getötet werden.«

Soviel einmal zum Vergleich der Bienenhaltung bei uns – früher –, in afrikanischen und in anderen südlichen Ländern.

Zurück zu unseren alten Klotzbeuten, wie man sie in Museen für Volkskunst findet (Dresden, Werdau). Gern wurden sie auch schreckerregend bemalt. So vorsätzlich angewendeter Volks- und Aberglaube sollte Honigräuber verscheuchen. Im 17./18. Jahrhundert, in der Zeit des Barock und des Rokoko, wurden die hölzernen Bienenstöcke oft zu lebensgroßen höfischen Figuren ausgearbeitet. Türken-Figuren erinnern an den Levantehandel und an die Türkenkriege, die Figuren-Beuten ergänzen Reiseberichte aus überseeischen Ländern, sie symbolisierten auch traditionelle oder patriotische Gedanken oder die Abhängigkeit von einer bestimmten Person.

»Immenwächter« glichen topfähnlichen Gebilden, aus einer Strohwulst rund aufgebaut und mit Lehm geglättet, dann farbig bemalt, gleichsam über den Bienenbau

Figuren-Klotzbeuten

Alte Beute im Bienenweidegarten von Swarzedz/Poznań (Poznańer Rathaus)

gestülpt, ebenso der aus Ruten geflochtene »Stülper«; wegen seines Flechtwerks wurde er auch Korb genannt. Aus Stroh geflochtene Walzenkörbe sind der Form der Klotzbeute nachgebildet. Aber die Behältnisse aus Stroh ließen sich weniger gut ornamental gestalten, das Schmuckelement wurde immer mehr aufgegeben. Dafür begann man der Bienenwohnung nach praktischen und rationellen Gesichtspunkten eine mehr handliche und leichter zugängliche Form zu geben.

In jüngster Zeit wurden Figurenbeuten in unserer Verbandszeitung wiederholt mit »Skansen« benannt. Dieses Wort ist in den skandinavischen Sprachen gebräuchlich, auch im Polnischen und Tschechischen. Im Schwedischen bezeichnet *skans* eine Schanze, ursprünglich eine Feldbefestigung mit Gräben und Wällen für Verteidigungszwecke. Heute ist Skansen der Name für ein landeskundliches Freilandmuseum auf der Djugarden-Insel bei Stockholm, gegründet 1891.

Wer einmal in die Tatra reist, wird in ihrem westlichen Vorland (Zuberec, Krs. Dolni-Kubin) im Tal eines schmalen Gebirgsflusses auch einen Skansen entdecken: ein Dorfmuseum. Ställe, Backöfen, 38 alte Bauernhütten und ein Bienenhaus; volkskundlich wertvolle Gebäude wurden andernorts, wo sie nicht erhalten werden konnten, sorgsam abgetragen, restauriert und in Zuberec wieder aufgebaut. Im südöstlichen Polen gibt es in Sanob am Flusse San ein ausgedehntes Freiluftmuseum, ebenfalls Skansen genannt. Die Anlage, 38 ha groß, umfaßt etwa 1000 Objekte.

Beuten (Skansen) im Bienenweidegarten von Swarzedz/Poznań (Polen)

Im Polnischen bezeichnet man mit Skansen allgemein ein »ethnographisches Museum unter freiem Himmel« für Veranstaltungen oder Lehrschauen, wo volkstümliche Exponate, seltene Pflanzen, Tiere oder andere naturkundliche Sammlungen gezeigt werden. Interessanterweise bezeichnet man neben dem Freiluftmuseum als Ganzes aber dort nun auch eine einzelne Beute als Skansen, sofern sie ein Ausstellungsstück ist.

Eine beeindruckende Sammlung solcher Beuten kann man in Swarzedz bei Poznań kennenlernen. Der Direktor des »Veterinärmedizinischen Instituts für Krankheiten der Nutzinsekten« trug hier viele kostbare Skansen aus dem ganzen Land zusammen und stellte sie im gepflegten Park und Bienenweidegarten des Instituts für Anschauungszwecke auf, einige wurden wieder mit Bienenvölkern besetzt. Die Skansen jüngeren Datums sind so reich verziert und bemalt, daß man in ihnen wirklich keine Beute vermutet: das originalgetreue Poznańer Rathaus en miniature, die Kathedrale, Schlösser, Bauern- und Blockhäuser. Und dann Figuren-Beuten: Bauern, Schäfer, Hirten, Geistliche. Die Figur einer Bäuerin in einer farbigen Tracht mißt über 2 m, nicht viel weniger der Kopf eines Chinesen. Pan, aus den Bergdörfern der Goralen stammend, hockt auf dem Weinfaß und bläst Flöte.

Alle diese überdimensionalen (Beuten-)Figuren entstanden im 19. Jahrhundert. In ihre kastenförmigen Aushöhlungen wurden schon Rähmchen eingehängt; die rückwärtige Tür ist genau eingepaßt, kaum erkennbar. Die im Park vereinzelt stehenden noch älteren Beuten sind unbesetzt, liegende Klotzbeuten mit einem Giebeldach aus Borke, mehr aus dem flachen Land stammend, und stehende Klotzbeuten aus den Bergen, sie tragen einen Spitzhut aus Stroh oder Rohr. Sehr dicke Baumstücke, etwa 1,5 m lang, haben sogar zwei Räume, also: Zwei-Volk-Betrieb! Ein ganz alter »Stock«, nicht mal zu zweit läßt er sich umfassen, ist schon über 500 Jahre alt. Vier senkrecht ausgehauene Fächer, jedes hat sein Flugloch, wurden zugleich mit einer Strohmatte verschlossen, dann mit Lehm verschmiert.

Neben der noch weiter verwendeten Klotzbeute bildete dann zu Beginn unseres technischen Zeitalters immer mehr der Korb den Übergang zur modernen Mobilimkerei mit der Beute aus Holz. Man darf also nicht meinen, daß der Korb die Klotzbeute, den ausgebohrten »Stock«, ablöste. Vielmehr bestanden beide Formen über Jahrhunderte nebeneinander, eigentlich schon zu allen Zeiten, denn die geflochtene Bienenwohnung gab es ja bereits im Altertum, dazu auch die Frühformen einer mehrteilig zusammengesetzten Kasten-Beute.

Klotzbeuten, liegend oder stehend, mit verschiedenartigen Abdeckungen, geflochtene Beuten, die Verwendung von Stroh, Schilf, Wurzeln oder Ruten sowie auch Röhren aus einer Mischung von Lehm oder Ton mit Kuhdung, diese Vielfalt in der Fertigung von Bienenwohnungen erklärt sich aus klimatischen Bedingungen und auch aus dem Vorhandensein des jeweils günstigsten Materials. Stroh und Holz sind bienengenehm. Dieser »Baustoff« paßt in natürlicher Weise zu ihnen, aus wärmetechnischen und akustischen Gründen. Eisen, Stein und Plast lassen sich für uns »vom Gefühl her« nicht recht mit den Bienen in Beziehung bringen.

Beuten, unter kulturhistorischem Aspekt betrachtet, können ein Stück lebendige Geschichte werden. In ihrer figürlichen und farblichen Gestaltung gehen sie weit über ihren eigentlichen Verwendungszweck hinaus. Alte Bienenwohnungen belegen uns die enge Beziehung der Menschen zu den Bienen, sie sagen uns, daß Bauern und einfache Handwerker auf dem Dorfe Naturfreunde und zumeist auch echte Volkskünstler waren.

Es geht nicht ohne Theorie

Das Flugloch, der »Puls des Biens«

Man könnte die Wohnung der Bienen fast ein »Polylabor« nennen, denn hier vollziehen sich viele biologische, chemische und physikalische Vorgänge, gleichzeitig und kontinuierlich. Der Bien muß sich immer dem Klima, dem Wetter und den Verrichtungen des Imkers anpassen, ebenso auch den Vorgängen in der Beute, die sich vorrangig aus der Volksstärke und aus der Konstruktion der Wohnung ergeben.

Früher habe man angeblich mehr Honig geerntet, sagt man, obgleich nach heutigen Erkenntnissen die Bienenkästen damals Fehler aufwiesen. Solche »Fehlkonstruktionen« schadeten offensichtlich den Bienen nicht. Daraus nun zu schlußfolgern, die »Bienenphysik« heute wäre graue Theorie und würde nur einem unbiologischen (?) Lebenszwang der Bienen Vorschub leisten, ist falsch. Der Ertrag des Imkers hängt ab, wie wir bereits wissen, von der Leistung der Königin, von der Tracht, der Arbeits- und Betriebsweise, von den klimatischen Bedingungen – und nun fügen wir noch gesondert hinzu: von den physikalischen Gegebenheiten.

»Die Bienenphysik hat die physikalischen Voraussetzungen für einen zuverlässigen pannenfreien Erfolg der Bienenhaltung zu erschließen« (Büdel/Herold). Auf Grund (bienen-)physikalischer Erkenntnisse werden ständig neue Bienenwohnungen konstruiert, Baustoffe und technische Neuerungen getestet. Allein von der Honigmenge her kann man sich bei der Beurteilung einer Beute nicht leiten lassen, denn die Biene ist weitgehend in der Lage, regulierende Fähigkeiten zu entwickeln, technische Unzulänglichkeiten der ihr gebotenen Wohnung auszugleichen und Schädigungen durch Eingriffe des Imkers in das Volksleben entgegenzuwirken. Aber meistens geschieht das auf Kosten eines zusätzlichen Energieverbrauchs, also doch wieder einer Ertragseinbuße, der Störung des biologischen Gleichgewichts und damit der Gesundheit des Bienenvolkes.

Selbstgebaute Beuten können sehr sauber gearbeitet und leuchtend gestrichen sein, die Bienen fliegen fleißig ein und aus ... Schaut man sich aber die Isolierung der Wände oder der Vorderfront etwas genauer an, die Größe des Fluglochs und die des Absperrgitters zwischen Brut- und Honigraum, dann erkennt man schon, daß eine Ertragsminderung nicht ausbleiben kann. Wenn wir uns eine Zentralheizung bauen lassen, dann können wir die Heizkörper auch nicht so anbringen, wie es nach dem Stand der Möbel und des in Reserve gehaltenen Kachelofens am besten paßt. Vor den Installateuren muß der Heizungstechniker kommen und die notwendige Größe sowie den Platz der Heizkörper, die Weite des Schornsteins und anderes genau berechnen, sonst pulvern wir nutzlos in den Ofen! Und weil vergleichsweise das Problem der Temperaturregelung auch in der Wohnung der Bienen so kompliziert ist, darf man deshalb keinen Bienenkasten nach dem Gefühl und dem Augenmaß allein bauen, will man seinen Bienen bestmögliche Lebensbedingungen schaffen.

Sofern wir neue (Standard-) Beuten kaufen, nur die wenigsten bauen sie selbst, werden wir an ihnen keine grundlegenden Veränderungen mehr vornehmen, sie sind durchkonstruiert. Aber bei der Wahl älterer, also gebrauchter Kästen sollte man – das möchte besonders für den Anfänger gelten – sehr genau darauf achten, daß sie technisch in Ordnung sind. Und um das zu sehen, braucht man einige physikalische Grundkenntnisse. Ich bin in dieser Hinsicht leider erst durch eigene Erfahrung und durch unnötige Ausgaben klüger geworden: Als ich meinen Stand aufbaute, habe ich zwar mit einem einheitlichen Rähmchenmaß angefangen, aber mit verschiedenen Beuten. Die einen waren im Frühjahr vollständig trocken, auf keiner Wabe gab es eine Schimmelecke, und bei den anderen lief im März/April das Wasser von der gequollenen Tür, die Beschläge rosteten, und die Beuten ließen sich nicht mehr schließen. Ich richte bei der Beurteilung eines Bienenkastens meinen Blick immer auf drei Dinge: auf das Flugloch, das Durchstiegsgitter und auf den Wärmeschutz.

Das *Flugloch* steht oft zur Diskussion, und »Fluglochbeobachtungen« sind ein beliebtes – und wichtiges! – Vortragsthema in den Spartenversammlungen. Durch das Flugloch, »jahraus, jahrein pulsiert durch diese Spalte des Bienenvolkes Leben. Hier atmet es ein, hier wirft es aus, was es in seinem Bereiche nicht duldet. Hier spricht es eine beredte Sprache für den, der sie versteht, denn hier vor allem ist die Stelle, an der es durch sein Benehmen zu erkennen gibt, ob es ihm wohl ergeht oder ob es leidet, ob es des Imkers Hilfe in irgendeiner Weise benötigt oder nicht« (Storch).

Wer also alles Wohl oder Wehe des Bienenvolkes an der Fluglochöffnung ablesen kann . . . Aber dieses Können bedarf großer Erfahrung. Durch regelmäßige Beobachtungen, am Flugloch und am Rückfenster der Beute – zu allen Tages- und Jahreszeiten kann man seinen Blick schulen, und Notizen über das Besondere der Beobachtung ermöglichen Vergleiche und Schlußfolgerungen. Aus der einzelnen Beobachtung erwachsen so Vermutungen und schließlich Erkenntnisse, die das Imkern bald erleichtern. Man erkennt von außen die Volksstärke, den Gesundheitszustand, den

Nach der Haupttracht werden die Drohnen »abgetrieben« (siehe auch S. 217).

Ablauf der Tracht, wir nehmen den Finger zu Hilfe und spüren an der Reaktion der Bienen am Flugloch, ob das Volk weiselrichtig oder drohnenbrütig ist, wir riechen abends, ob tagsüber Nektar eingetragen wurde, und hören am Summton, wie zahlreich sich die Fächler bis ins Flugloch staffeln, um überschüssige Feuchtigkeit hinauszuventilieren.

Dem geübten Auge entgeht nicht, ob wirklich nur standeigene Bienen in die Fluglöcher schlüpfen oder ob fremde Trachtbienen zugeflogen sind. Jungbienen zeigen sich im wiegenden Vorspiel. Schmarotzer und Räuber werden überall abgewehrt oder stürzen aus der Flugöffnung, die Torwachen reißen, zerren an den Flügeln und Beinen der meist dunkleren Eindringlinge. Wenn im Juli am Flugloch das große Geschubse mit den Drohnen beginnt, dann neigt sich die Haupttracht ihrem Ende zu. Die Bienen drängen und stoßen die nur noch unnützen Fresser vor die Tür, reiten auf ihnen hinaus, hängen sich an sie, und der Imker weiß: das Volk ist weiselrichtig! Wo die Drohnen jedoch noch länger geduldet werden, da stimmt etwas mit der Königin nicht.

Larve der Großen Wachsmotte (Rankmade)

Wachsteilchen, tote Bienen und gesundheitsgefährdende Rückstände werden von den Ordnungshütern vor die Tür gebracht und hier abgelegt, vor allem während der Nacht oder wenn es das Wetter nicht erlaubt, den häuslichen Unrat weit hinauszutragen. Es bewährt sich immer eine vorgezogene Beutenbank, dem Imker gibt das von den Bienen Ausgekehrte oftmals wichtige Fingerzeige. Hier findet man auch hinausgeschaffte Rankmaden, die eigentlichen Wachszerstörer, aus denen sich die Wachsmotten entwickeln. Der Transport solcher Maden gehört zu den schwersten Arbeiten der Biene. Zuerst zückt die Biene ihren Stachel. Und dann: Die Beine, die Mundwerkzeuge und die genau die Last des Madenkörpers taxierenden Fühler, alles ist in Aktion, in einer unerhörten Anspannung. Die Biene bewältigt hier das Mehrfache ihrer eigenen Körpermasse, mit dem letzten Einsatz ihrer Gliedmaßen und aller Körperpartien, ohne Hilfsmittel. Sie läßt nicht locker, sie muß und wird es schaffen!

Zu den ungebetenen Gästen am Flugloch gehören im Spätsommer und Herbst vor allem die Wespen. In einer Veröffentlichung bezeichnete jemand sie als »Bienen- und Menschenfeinde, Aas- und Kadaverfresser«. Bei ihrer Namensgebung hätten die Wespen wahrhaft Glück gehabt, den Namen »Geschmeiß« verdienten sie usw. Ich habe zu ihnen, den Wespen, ein etwas anderes Verhältnis, denn mir und meinen Bienen zeigten sie sich noch nicht feindlich. Ihre Belästigung halte ich für erträglich, ihr Nutzen ist in normalen Jahren doch wohl ungleich größer: Die Beutenbank vor den Kästen ist immer wie gefegt, jedes Zuckerkrümchen verschwindet, tote Bienen werden in Windeseile zerlegt und meist aufgezehrt, in Fluglochnischen sitzende fette Wachsmotten sind für die Wespen geradezu Leckerbissen. Weil bei Vorträgen über Fluglochbeobachtungen das Wespen-Thema immer wieder anklingt, müssen wir auch diesem Insekt unsere Aufmerksamkeit schenken. Wir zählen Wespen nicht zu den Bienenfeinden. Natürlich sind sie nicht gänzlich harmlos und ungefährlich. Ein Wespenstich schmerzt mehr als ein Bienenstich, der Einstich führt oft zu bakteriellen Verunreinigungen und Entzündungen. Wespen sind geradezu Allesfresser und gehören auf dem Frühstückstisch im Freien, im Bäckerladen oder in der Mosterei zu den höchst ungebetenen Gästen. Es gibt aber auch Jahre mit einer wahren Wespenplage, wenn durch kühle Witterung von Mai bis Juli der Brutgang gebremst und im August bei großer Hitze die verzögerte Entwicklung um ein Vielfaches aufgeholt wird. Dann besonders wird sich natürlich auch der Imker mit Fangflaschen an der Bekämpfung der Plagegeister beteiligen und in seinem Anwesen wie auch beim hilfesuchenden Nachbarn gegen die Wespennester mit Schwefel oder mit Insektenspray vorgehen.

Tritt der Arzt zu einem Patienten ans Bett, dann fühlt er ihm meist als erstes den Puls und erkennt am Herzschlag schon den Gesundheitszustand. Um über das Befinden meiner Bienenvölker mehr zu erfahren, als die Fluglochbeobachtung mir sagt, vor allem zu einer Jahres- oder Tageszeit, wenn kein Flug ist, baute ich mir ein »Bienenstethoskop«. Seine Hörmuschel sitzt fest in einem mit dünnem Filz überzogenen Ansetztrichter aus Holz. Den schiebe ich dicht an das Flugloch heran, und so habe ich dann wirklich das Ohr dicht am »Herzschlag« des Biens (vgl. Oeser).

Kontrolle mit dem »Bienenstethoskop«

Im zeitigen Frühjahr vernehme ich durch die zunehmende Stärke des Summtons, daß Futter umgetragen wird, daß die Stockmutter mit der Eiablage begonnen hat usw. Sind die Völker im Mai/Juni stark, gerade dann kann man sich mit Hilfe solch eines Stethoskops manche zeitaufwendige Nachschau ersparen. Man muß nun nicht hochmusikalisch sein und unbedingt das »absolute Gehör« haben, Übung und Erfahrung bringen es schon mit sich, man weiß jetzt: Ein zufriedenes Volk stimmt sein Konzert, sein Summen, so würde es der Musiker bezeichnen, auf die Tonlage *fis* ein, für den Physiker wären es 180 Hertz. Mit dieser »Harmonie in Fis« geht es zu Ende, sobald mit der Königin etwas nicht in Ordnung ist, vor allem wenn Schwarmstimmung aufkommt. Steigt der sonst gleichmäßige Summton um eine große Terz höher, auf *cis* etwa (260 bis 300 Hz), dazu noch ein verdächtiges Trillern, dann sollte man solch ein Volk sehr bald öffnen und nach der oder nach den Weiselzellen gucken . . . (Ein findiger amerikanischer Toningenieur offerierte vor Jahrzehnten schon so einen »Apidiktor«, im Grunde nur ein hochempfindliches Mikrophon mit Verstärkerstufen und Kopfhörer - auf großen Bienenständen vor allem sehr notwendig und bestens geeignet für »Anti-Schwarmkontrollen«.)

Das Flugloch hat für die Wärmeregulierung sowie für den Luft- und Feuchteaustausch eine große Bedeutung. Nur das Bienenvolk bildet unter den Insekten einen »Organismus«, der seinen Wärmehaushalt zu regulieren vermag; er muß es, weil die Brut fest in den Zellen liegt und nicht transportiert werden kann. Beispielsweise Ameisen dagegen beeinflussen die Temperatur ihres Nestes, indem sie es als »Kugelbau« errichten, so ergibt sich einseitig ein günstiger Sonneneinfallswinkel; auch Baumstämme oder von der Sonne angestrahlte größere Steine bedingen eine die Bodentemperatur übersteigende Erwärmung. In dem Nadelhaufen der Ameisen erkennt man bei genauerem Hinsehen trichterförmige Vertiefungen, Öffnungen von

Luftschächten, sie werden von den Tieren für die Regulierung der Temperatur und Luftfeuchtigkeit im Nest geöffnet oder geschlossen. Soweit dieser Mechanismus unzureichend bleibt, schleppen die Ameisen ganz auffällig ihre Brut in die temperaturgünstigeren Nestbereiche. Das können die Bienen nicht, sie müssen das günstigste Kleinklima im Stock selbst schaffen und sind dabei auf das Flugloch angewiesen.

Wie groß soll das Flugloch sein? Gewöhnlich ist die Öffnung – bei älteren Beuten – zu klein, besonders für die Sommermonate. Es müßte 25 bis 35 cm^2 groß sein; es kann auch über die ganze Breite der Beute gehen. Beuten mit Waben im Querbau sollten eine größere Öffnung haben. Längs zum Flugloch stehende Waben aber erleichtern das Eindringen der kälteren Außenluft in die Beute und die Wabengassen, der untere Teil der Bienentraube wird abgekühlt, die Ausdehnung des Brutnestes gehemmt; bei dieser Wabenstellung wäre ein engeres Flugloch günstiger.

Ein mittleres Bienenvolk benötigt stündlich etwa 1,5 m^3 Luft, sie muß in die Beute hinein – und auch wieder hinaus und dazu noch eine gewaltige Menge Feuchtigkeit, die durch das Eindicken des Nektars frei wird. Sie wird nicht als klares Wasser aus dem Stock hinausgetragen, sondern als »feuchte Luft« durch das Flugloch hinausventiliert. Ein großes Flugloch und ein breites Anflugbrett erleichtern den Fächlerinnen die Arbeit. Sie ordnen sich dabei genau in Reih und Glied hintereinander. Propellergleich wirbeln die durchsichtigen Flügel in rasendem Tempo und überspannen die Bienenkörper wie mit einem bogenförmigen Schleier. Hebt man eine Fächlerin aus ihrer Reihe heraus, so entsteht im Luftstrom ein Unterbrecher, wo die Luft plötzlich nicht mehr fließt, sondern turbuliert: Sofort rückt eine andere Biene als Ersatzmann an die Stelle und ordnet sich in den Luftstrom ein.

Beim *Fächeln* ist der Hinterleib flach ausgestreckt, die Biene steht mit breit gestellten Hinterbeinen und mit gesenkten Fühlern. Anders beim *Sterzeln,* das der Duft-

Fluglochwächter und sterzelnde Bienen

stromerzeugung dient und mit bekanntem Lockduft heimkehrenden Bienen über eine Duftstraße den Weg zum Landeplatz weist. Die Sterzelnde stellt den Hinterleib mit geöffneter Duftdrüse steil nach oben, das hintere Beinpaar wird dabei leicht graziös nach innen geknickt und zusammengestellt, die Fühler sind prüfend erhoben.

Ein verengtes Flugloch empfiehlt sich im Herbst wegen der Gefahr der Räuberei und im Winter, auf 8 mm Höhe reduziert, gegen Eindringlinge (Mäuse). Bei strenger Kälte und bei scharfem Ostwind wird man einen Fluglochschutz anbringen. Sollte die Öffnung einmal ganz zuschneien, so tut das nichts. Selbst monatelang unter lockerem (lufthaltigem und ebenso luftdurchlässigem) Schnee überwinternde Völker nehmen keinen Schaden. Eine Gefahr ergibt sich erst, wenn tote Bienen das Flugloch verstopfen, wenn tauender Schnee oder Schwitzwasser in der Öffnung gefrieren.

Die Wärmeverluste durch ein Flugloch sind gering, sei es durch das untere im Brutraum oder durch das obere im Honigraum. Bedenklich wird die Sache, wenn beide Fluglöcher für längere Zeit gleichzeitig offenstehen.

Die Luftbewegung in der Beute dürfen wir uns nicht als eine gleitende, fließende vorstellen, bestimmte physikalische Gegensätze bewirken mehr eine turbulierende Bewegung. Wichtig ist deshalb nur die Größe des Fluglochs, seine Form ist für den Luftaustausch von untergeordneter Bedeutung (Rechteck, Rundloch, »L«-Form); das Rundloch bietet den geringsten Luftwiderstand.

Wir wollen hier im besonderen nach der Existenzberechtigung des Honigraumflugloches fragen. Man sieht es in Kinder- und Bilderbüchern meistens offenstehend gezeichnet; aber in der Tat, auch mancher Imker hält in den warmen Sommermonaten mehrere Wochen lang beide Fluglöcher geöffnet. Das Obenflugloch muß natürlich geöffnet sein, wenn der Honigraum mit einem Ableger oder mit einem zweiten Volk besetzt ist, wenn ein- oder zweimal wöchentlich im Honigraum auf umgehängten Waben geschlüpften Drohnen der Abflug gewährt wird und wenn man vor dem Schleudern ein Glasröhrchen als »Bienenflucht« einsetzt. Sonst aber sollte das Honigraumflugloch immer fest geschlossen bleiben, also auch seitlich kein Licht einlassen.

Wir dürfen bei diesem Anliegen nicht von irgendwelchen Spekulationen oder von menschlichen Gefühlswerten ausgehen; unsere gute Absicht, das Volk vor Überhitzung zu schützen und ihm das Oberstübchen zu kühlen, müßten wir sonst teuer bezahlen. Das Offenhalten des Obenfluglochs ist für das Eindicken des Honigs im Honigraum nicht nötig, es würde nur die Temperaturverhältnisse in den Wabengassen des Brutraumes ungünstig beeinflussen. Die mit der Brut in den Honigraum umgehängten Jungbienen fühlten sich durch das nun eigene Flugloch vom Brutraum getrennt und zögen oben schneller Weiselzellen nach (Schwarmgefahr). Durch das offene Obenflugloch werden der ganze Wärmehaushalt und das Brutnest in Unordnung gebracht, die einheitliche Wärmeglocke der beiden zusammenhängenden Räume aufgerissen und das Innenklima der Beute empfindlich gestört.

Wärme ist eine Energieform, sie entspricht der Bewegung der kleinsten Teile (Moleküle und Atome) eines Körpers. Das Maß für den Wärmezustand des Körpers ist die Temperatur. Wärmeenergie, die Wärmemenge, wird in Kalorien ausgewiesen.

Energieverlust durch offenstehende Fluglöcher, a bei nur offenem Brutraumflugloch, b bei geöffnetem Brut- und Honigraumflugloch, c bei zusätzlichem Obenflugloch im Brutraum, d und e bei Beuten mit Unterboden (nach Büdel)

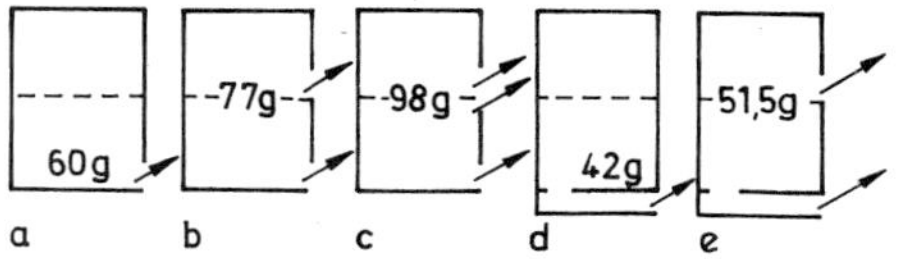

Eine Kilokalorie (1 kcal) ist die Menge, die erforderlich ist, 1 kg Wasser von 14,5° C auf 15,5° C zu erwärmen, also um 1° C.

Nahrungsmittel werden im Körper wie die Brennstoffe im Ofen »verbrannt«; sie haben damit einen Heizwert. Unsere Bienen »heizen« nicht nur ständig ihren Körper, sie geben darüber hinaus auch noch viel Wärme an ihre Umgebung in der Beute ab. Diese Wärmemenge wollen wir hier mal nicht in Kalorien messen, sondern praxisbezogen und zum besseren Verständnis gleich in »Zuckerzahlen« wiedergeben. Diese besagen, wieviel »Heizzucker« die Bienen vergleichweise zehren müssen, um den Kalorienverlust einer Beute durch die geöffneten Fluglöcher an einem Tag bei 15° C Außentemperatur wieder auszugleichen. (Mit 1 kg Zucker können 2 000 kcal erzeugt werden.) Die Zeichnung verdeutlicht den Wärmeverlust.

Nehmen wir an, der Imker läßt bei seinen 20 Standardbeuten an insgesamt 60 Tagen (Juni/Juli) die Honigraumfluglöcher offenstehen, dann ergibt sich folgende Verlustrechnung: 20 × 17 g Zucker = 340 g Zucker täglich; 60 Tage × 340 g = 20,46 kg Zucker, sie kosten 32,73 DM. Wer also das Obenflugloch stets offenhält, erweist mit seiner gewiß guten Absicht den Bienen und sich selbst doch nur einen schlechten Dienst.

Über die Existenzberechtigung und über physikalische Gesichtspunkte der Fluglöcher, über die Frage der Überwinterung, ob im unteren oder im oberen Raum, u. a. gibt es immer wieder unterschiedliche Ansichten und gegensätzliche Anregungen. Manche Einrichtung der Beuten befriedigt eben nicht jeden. Wie wäre es, mal in einer Beute zu imkern, die nur ein Obenflugloch besitzt? Von früher her kennt man es so im Gravenhorstschen Bogenstülper und im Lüneburger Stülper. Mir scheint, gewisse Vorteile solch einer Beute lägen auf der Hand, von Versuchen polnischer und tschechischer Imkerfreunde her sind sie uns bekannt.

Körbe und Beuten oder Magazine mit hochgelegenem Flugloch sagen uns, daß früheres »intuitives Wissen« heutigen physikalischen Kenntnissen eigentlich schon voraus war: Im Sommer regulieren die fächelnden Bienen durch jedes Flugloch den Abfluß des Dampf-Luft-Gemisches, aber im Winter erschwert ein Untenflugloch, wie es unseren jetzigen Beuten eigen ist, diesen notwendigen Lüftungsvorgang, da ein von der Bienentraube ausgehender geringfügiger Wärmeauftrieb der erzwungenen Strömungsrichtung zum tiefgelegenen Flugloch entgegenwirkt. Bei einem Obenflugloch lägen der Wärmeauftrieb und der Diffusionsstrom in einer Richtung.

Bekanntermaßen besitzen größere Beuten, wie sie in der Sowjetunion verwendet werden, mehrere Fluglöcher. Auch im Winter hält man ein unteres und ein oberes offen, vorrangig aber das obere, weil man so der Nässebildung am besten entgegenwirkt und sich bei der oft sehr langen Überwinterung (bis zu 6 Monaten und länger) das Flugloch nicht durch Totenfall verstopfen kann.

Zieht man in Betracht, was bisher über die Lage des Flugloches in Erfahrung gebracht werden konnte, wenn Bienen einmal in hohlen Bäumen oder anderswo wild ihren Wabenbau errichteten, dann kommt man nicht umhin, das Untenflugloch in unseren Beuten vom Standpunkt der Bienenphysik aus kritisch zu bedenken.

Durchstieg zum »Obergeschoß«

Wir erkannten, daß Wärmeverluste und zusätzlicher Energieaufwand von den Bienen durch eine erhöhte Futteraufnahme ausgeglichen werden. Scheinbar unbedeutende technische Einrichtungen an den Beuten können sich im großen gesehen in Tausenden Kilogramm Honig auswirken, den die Bienen »in den Schornstein verheizen« müssen, um den Wärmehaushalt zu regulieren. Durchdenken wir nach der Fluglochbetrachtung nun einmal die Frage nach der bestmöglichen Lage und Größe des Absperrgitters, das bekanntlich Brut- und Honigraum trennt und nur den Bienen den Durchstieg erlaubt, nicht aber der Königin. Nach seiner Erfindung (von Dzierzon, Hannemann, Schulz) bezeichnete man das Gitter noch lange Zeit als »Marterinstrument« (Gerstung), dann wurde es aber doch jedem Kasten-Imker unentbehrlich; es trennt und verbindet zugleich die beiden Räume in idealer Weise. Die Erfahrungen, »besonders die des Mehrvolkbetriebes, bestätigen, daß die Einheit der Bienengemeinschaft durch das Absperrgitter so nachhaltig unterbunden werden kann, daß sogar zwei Königinnen diesseits und jenseits solch eines Gitters unbehelligt ihren eigenen Staat gründen und ordnungsgemäß ›beherrschen‹ können« (Büdel).

Man brachte bei Institutsversuchen in die Beute, selbst zwischen die Waben, kleine Temperaturmesser und konnte damit während des ganzen Jahres in jedem Bereich der Bienenwohnung die Temperatur bestimmen. Wir wollen uns im nachfolgenden an zwei Beispielen die Bedingungen genauer ansehen, die sich in Abhängigkeit von dem Absperrgitter ergeben. Wiedergegeben sind die Temperaturwerte, wie sie auf einer Wabe gemessen wurden, die Mitte Mai mit Brut in den Honigraum gehängt wurde und hier auch über den Winter verblieb (Honigraumüberwinterung).

Die Zeichnung auf S. 91 links zeigt die Temperaturverteilung auf der Querwabe im Honigraum Ende Mai. Die 33° C lassen auf vorhandene und gerade geschlüpfte Brut schließen. Deutlich erkennbar ist, daß die höchste Temperatur nicht an der Decke des Honigraumes gemessen wurde. Es gibt in der voll besetzten Beute keine nach oben steigende warme Luft! Ein Temperaturausgleich, auch der zwischen Brut- und Honigraum, erfolgt durch die sogenannte Turbulenz, also durch eine Umwälzung der sich dabei mischenden Luftmasse, wie sie sich durch die ständige Bewegung der Bienen ergibt. Sie erzeugen durch Atmung und Bewegung abstrahlende Wärme und transportieren sie auch gleichzeitig. »Jede einzelne Biene ist eine wandelnde Wärmequelle mit einer sogar wechselnden ›Heizkraft‹ « (Büdel/Herold).

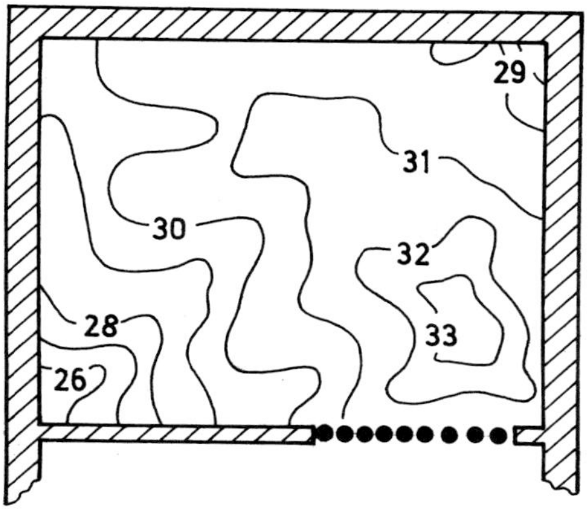

Temperaturverteilung auf einer Querwabe im Honigraum Ende Mai (nach Büdel)

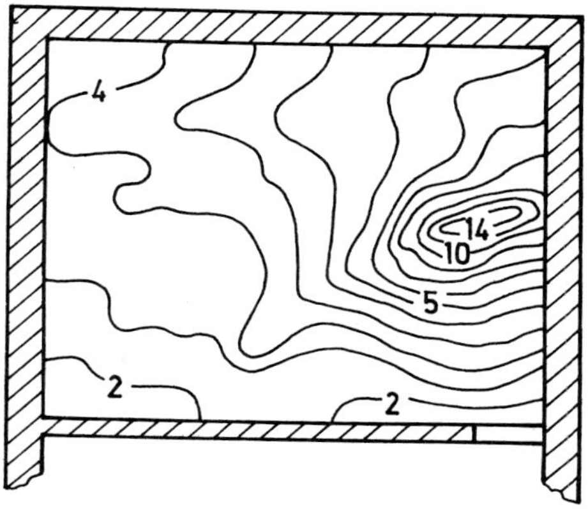

Temperaturverteilung auf einer Querwabe im Honigraum Ende Januar, bei Frostwetter (nach Büdel)

Wenn im Honigraum keine Brut mehr schlüpft, schwanken dort in Abhängigkeit von der Tracht die Temperaturen etwa zwischen 35 und 24° C. Immer besteht in der Wärmeglocke über dem Absperrgitter ein Temperaturgefälle hin zur Beutenwand, das 10° C und mehr betragen kann. Daraus ergibt sich, daß das Absperrgitter in der Richtung der Honigraumwaben liegen sollte, zum anderen muß es möglichst groß, also zwei Deckbrettchen breit sein, so bemessen, daß es die bebrüteten Wabengassen des Brutraumes überdeckt und die Breite der nach oben gehängten Brutwaben nicht unterschreitet. (Kunststoffgitter sind sicherer als solche aus Holzstäben.) Nur ein *großes Gitter* ermöglicht es den Bienen, die Honigraumtemperatur der des Brutraumes voll anzugleichen! So wird den Bienen die Luftumwälzung im Brut- und Honigraum, in beiden Räumen zugleich – als einem geschlossenen Klimabereich – erleichtert.

Neben dem Absperrgitter sinkt im Honigraum die Temperatur auf 30° C und darunter. Daß das für die im Honigraum schlüpfende Brut, ebenso für die Nektarverarbeitung und beim Wasserfächeln für die Bienen von Nachteil ist, darf man als sicher annehmen. Aber auch bei sommerlicher Überhitzung und bei Wanderungen sind die Bienen für ein großes Absperrgitter dankbar, weil sie damit die erhöhte Temperatur zwischen Brut- und Honigraum leichter ausgleichen können.

Die Zeichnung Seite 91 rechts zeigt die Temperaturverteilung auf einer Querwabe (nicht auf der Königin-Wabe) Ende Januar, bei Frostwetter. Die Luftzufuhr durch den möglicherweise zu engen seitlichen Aufstiegschlitz drängt das Volk an die eine Seitenwand. Das Temperaturgefälle ist sehr hoch; ein großer Teil der einseitigen Futtervorräte liegt in einem für die Bienen nur schwer zugänglichen Temperaturbereich. Von Vorteil ist dabei, daß die vollen und damit sonst als »Kühlschiede« wirkenden Futterwaben zum Teil aus der Bienentraube seitwärts hinausragen und nicht ständig erwärmt zu werden brauchen – was mehr Zehrung notwendig machte –, aber gleichzeitig ergibt sich auch ein Gefahrenmoment: Das Volk vermag bei gerade notwendiger größerer Zehrung das Futter nicht mehr zu erreichen. Ungünstig ist weiterhin, daß sich das Nachbarvolk zur Rechten ebenfalls an seine rechte Innenwand anlehnt und die beiderseitige Temperierung einer Wand damit nicht mehr gegeben ist.

Diese bekannten physikalischen Mißverhältnisse lassen sich teilweise beheben. Man könnte nach dem Wärmeprinzip des Kuntzsch-Zwillings bei Einzelbeuten in dem einen Honigraum den Aufstieg links, in der links danebenstehenden Beute den Aufstieg rechts einrichten. So lehnen sich beide benachbarten Völker möglicherweise an eine gemeinsame Doppelwand, was für die Durchwärmung der Beute gerade bei Brutbeginn im Frühjahr vorteilhaft ist.

Man sollte einmal versuchen, unter dem oben überwinternden Volk ein schmales Deckbrett (etwa das mittelste) einfach wegzulassen. Im Herbst (August/September) hängt das Volk noch lange bis in den Brutraum durch, und im Frühjahr wächst es förmlich nach unten in den Brutraum hinein. Wer nach der Linde keine Tracht mehr hat, kann die Herbstreizung und Einfütterung kombinieren: Man stellt unter das durchhängende Volk ein größeres Gefäß mit Maische (Honig – Zucker 1:10). In etwa vier Wochen wird so der gesamte Wintervorrat aufgenommen. So ist dann dieses Volk, das sich an keine Wand anlehnt, gut mit erreichbaren Futtervorräten versorgt. (Wenn Ende April die Königin nach unten in den Brutraum gehängt wird, legt man das Absperrgitter wieder ein.)

So lassen sich bienenphysikalische Messungen und Erkenntnisse praktisch nutzbar machen. Wer danach verfährt, imkert »bienengemäß«, er erspart sich Arbeit und Ausgaben sowie den Bienen Aufregung und Zehrung.

Luftfeuchtigkeit und Temperatur

Im Sommer wollen wir es in unserer Wohnung kühl und schattig haben. Im Winter heißt es die Türen schließen, angebrachte Filzstreifen und vorgehängte Decken helfen die kalte Zugluft abhalten, und dazu wird tüchtig eingeheizt. Wir können es uns nach Belieben warm machen und ziehen uns »mehrschichtig« an. Die Bienen müssen sich da anders einrichten. Sie haben zwar auch ihre Vorräte für den Winter einlagern können, notfalls für sieben Monate ausreichend, aber mit der Winterfestmachung ist es nicht weit her. Wenn sie im Herbst ihr Flugloch etwas verkitten und verengen, meint man, sie träfen vorsorglich Vorbereitungen für kalte Tage, was außerdem auf frühe und strenge Kälte schließen ließe. Aber diese Deutung ist erwiesenermaßen unzutreffend.

Die Herrichtung des Wabenwerkes für den Wintersitz der Bienen ist Aufgabe des Imkers. Er muß seine Völker »verpacken« und für den Wärmeschutz der Beute sorgen. Er muß im Winter und im Sommer Vorkehrungen treffen, die der Wärmeregulierung des Bienenvolkes entgegenkommen. Die Frage, ob man die Völker warm oder kalt, also mit dickerer oder nur lockerer Verpackung überwintern soll, läßt sich nicht ohne Vorbehalt beantworten. Naturgemäß könnte jede Verpackung fehlen, denn im Winter, in der brutlosen Zeit, besteht für die Bienentraube nicht die Notwendigkeit einer gleichbleibenden Temperatur. Die Bienen geben über die ihnen nächste Luftschicht kaum Wärme an den übrigen sie umgebenden Raum ab. Die Traube wird durch die sich in einer Zitterbewegung befindenden äußeren Bienenschicht und durch den Stoffwechsel (Zehrung) auch unter extremeren Verhältnissen genügend warm gehalten; die Temperatur der Randzone mißt ziemlich konstant 10 bis 12° C. Als störend werden von den Bienen nur Geräusche durch Klopfen oder unrhythmische Erschütterungen empfunden (erhöhte Futteraufnahme!), aber ebenso Zugluft sowie Temperaturschwankungen. Relativ schnell wirken sich Temperaturveränderungen dahingehend aus, daß sich die Bienentraube lockert oder daß sich die Zitterbewegung der äußeren Bienenschicht wechselseitig verstärkt. Dabei wird der Kugelmittelpunkt (er sinkt bis auf 10° C), das braucht nicht unbedingt der Sitz der Königin zu sein, ständig verlagert.

Mit dem Wärmeproblem steht der Wasserdampfhaushalt der Beute in engem Zusammenhang. In einer vollbesetzten Beute ist der Wasserdampfgehalt der Luft im Beuteninnern überall nahezu gleich. Im Sommer kann man keinen Feuchtigkeitsniederschlag beobachten, die Tröpfchenbildung auf den Flugbrettern im Frühjahr kann uns nur recht sein, zeigt sie uns doch den Brutbeginn an. Besorgt wird aber der Imker sein, wenn das Schwitzwasser aus dem Flugloch herausläuft und gefriert, wenn sich gar am Fenster Eis bildet oder wenn an der Innenseite der Beutentür das Wasser regelrecht herabläuft, das Holz quillt, beult und reißt – ein Zustand, der sich durch ein »Lüften« der Beute kaum ändert oder bessert, ihn womöglich noch verschlimmert. Wie läßt sich dieser Feuchtigkeitsniederschlag erklären?

In der Luft ist immer Wasserdampf vorhanden. Mit der *maximalen* Luftfeuchtigkeit bezeichnet man eine in Gramm gemessene Wasserdampfmenge, die in 1 m^3 Luft bei einer bestimmten Temperatur enthalten sein kann. Die mögliche maximale Sättigungsmenge beträgt bei –10° C 2,1 g/m^3, bei 0° C = 4,8 g/m^3, bei +12° C = 10,7 g/m^3, bei +16° C = 13,6 g/m^3, um nur einige Werte zu nennen.

Die *absolute* Feuchtigkeit drückt die in Gramm gemessene, tatsächlich in 1 m^3 Luft enthaltene Dampfmenge aus. Die Luft kann beispielsweise bei +16° C in Form von Dampf 13,6 g/m^3 Wasser aufnehmen; ist sie aber nur mit 10,7 g/m^3 angereichert, so entspräche das einer Sättigung von etwa 75 Prozent (gleich *relative* Feuchte). Das besagt, daß noch kein Grund für den Niederschlag besteht, also für die Abgabe von Wasser aus der Luft. Kühlt sich aber in unserem Falle die Luft auf + 12° C und geringer ab, dann nimmt auch der Grad der »maximalen Feuchtigkeit« ab. Die Luft kann den Wasserdampf in seiner bisherigen absoluten Konzentration nicht mehr tragen, und das Wasser wird niedergeschlagen. In der Natur erleben wir diesen Vorgang als Regen; an Fensterscheiben und Beutenwänden, sowohl innen wie außen, erkennen wir die Tröpfchenbildung.

Die Temperaturverhältnisse des Biens – in der Beute – sind im Sommer annähernd konstant. Bei niedrigerer Außentemperatur, eine Abkühlung wirkt sich erst nach mehreren Stunden über das Flugloch auf das Kasteninnere aus, verringern die Bienen ihre Ausflüge, die Trachtbienen bleiben zusätzlich im Stock, helfen die Brut wärmen und geben Körperwärme ab, um im Brutnest die Temperatur auf etwa 35° C zu halten.

Schwieriger, viel schwieriger zu halten als die Temperatur ist die Luftfeuchte. Im Kasten ist es erheblich wärmer als draußen, folglich besteht auch gegenüber der Außenwelt ein Diffusionsgefälle, und Wasserdampf entweicht aus der Beute. *Die relative Feuchte darf aber in der Beute nicht unter 40 Prozent absinken,* soll die Brut keinen Schaden nehmen und »austrocknen«. Um dieser Gefahr zu begegnen, sorgen die Flugbienen ständig für einen Wassernachschub. Leider ist das nicht immer ohne witterungsbedingte Unterbrechungen möglich. Hierauf beruht übrigens auch das ganze Problem des Wassereintragens im zeitigen Frühjahr, worüber wir Imker uns im Zusammenhang mit der heizbaren Tränke, der Reizung u. a. immer wieder Sorgen machen, wenn es im März oder gar im April nochmals kalt wird und schneit.

Es geht also nicht – oder nicht nur – um den Wasserbedarf der offenen Brut, um das Verdünnen des eingedickten Futterhonigs, um die Verdauung des fest und relativ trocken eingelagerten, eingestampften Pollens, vielmehr geht es darum, daß es den Bienen immer gelingt, den Feuchtigkeitsgehalt der Luft im Kasteninneren auf mindestens 40 Prozent (relative Feuchte) zu halten. Diesen Gedanken wollen wir unter einem praktischen Gesichtspunkt noch weiter verfolgen, um danach das Einengen und das Erweitern der Bienenvölker auch richtig zu handhaben:

Die Bienen wollen und müssen gerade im Frühjahr, wenn ihnen das Wasserholen beschwerlich ist, die Abgabe von Wasserdampf aus dem Brutnest möglichst gering halten. Das erreichen sie durch ein engeres Zusammenziehen zu einer kleineren Kugelform, bis die relative Feuchte durch die Eigenwärme und durch die Verdunstung über die Atmung einigermaßen konstant bleibt. »Dieser Umstand ist sicher ein wichtiger, vielleicht der entscheidende Faktor für die Größe des Brutnestes im zeitigen Frühjahr vor Flugbeginn. Sitzen die Bienen zu locker, dann entweicht die Atmungsfeuchte so schnell, daß die notwendige relative Feuchte . . . ohne zusätzliche Wasserzufuhr nicht gehalten werden kann. Mit Einsetzen regelmäßigen Flugbetriebes besteht die Möglichkeit, zusätzlich Wasser einzutragen und damit auch bei lockerem Bienensitz die nötige Feuchte zu erreichen . . .«; erst dann kann kontinuierlich das Brutnest erweitert werden.

Der Wasserbedarf steigt naturgemäß in den heißen Sommermonaten und bei starken Völkern enorm an. Wird es den Bienen bei hoher Außentemperatur im Kasten zu heiß, können sie also die Brutnesttemperatur nicht zwischen 35 und 36° C halten, und sinkt bei steigender Temperatur auch in den Randbezirken der Beute die relative Feuchte bedrohlich, so müssen zusätzlich immer mehr Trachtbienen zum Wasserholen ausfliegen. Im Kasteninnern wird weiter von den Bienen überall Kühlwasser ausgebreitet, das durch seine Verdunstung die Wärme mindert. Diesen physikalischen Vorgang erleben wir im Sommer ja auch an uns selbst, wenn wir schwitzen.

Dann wird die Körperoberfläche durch Schweiß feucht gehalten. Seine Verdunstung kühlt die Haut und das in den Adern pulsierende Blut.

Der Kühlung in der Beute dient auch das »Rüsselschlagen«. Nach mehrmaligem Ausklappen des Rüssels tritt zwischen ihm und dem unteren Mundteil ein Wassertröpfchen hervor, das die Biene schließlich mit vorgestrecktem Rüssel filmartig auszieht; so entsteht eine Verdunstungsfläche. Die Tiere beginnen mit dieser kühlenden Tätigkeit bei einem Temperaturanstieg über 30° C. Durch diese Art des Rüsselschlagens dicken die Bienen übrigens im Stock auch den dünnflüssigen Nektar ein. Sie lassen ihn durch den Rüssel hin- und hergleiten. Das Aus- und Einziehen des Nektartröpfchens fördert die Verdunstung des Wasseranteils.

Gegen Abend volle Bärte

Aber was geschieht nach einem heißen Tag, abends und nachts, wenn kein Wasser mehr herangeschafft werden kann? Ein großer Teil des Volkes verläßt dann die Wohnung, die Bienen bedecken die Vorderwand der Beute und hängen sich auch noch als dicken Bart an das Flugbrett. Durch diese Bartbildung unterbleibt die Wärmeabgabe der Tiere in der Beute, die Wabengassen werden bienenfrei, die Innenluft kann besser zirkulieren. Es verwundert, daß die vorlagernden Bienen nicht fächeln und auch noch den Flugkanal – statt ihn weit zu öffnen – so verschließen, daß man kaum einen Finger in das Flugloch stecken kann. Der Grund dafür ist leicht zu erkennen: Die relative Feuchte der (kühleren!) Außenluft liegt erheblich niedriger als im Kasten. Bei weit geöffnetem Flugloch und zusätzlichem Fächeln würde der kostbare Wasserdampf nach außen entweichen. Sofort entstünde die Gefahr, daß die relative Feuchte in der Beute unter 40 Prozent absinkt.

Bald wird der »Bart« immer größer

Mancher Imker hält die Bartbildung für einen bedenklichen Notzustand, er meint den Bienen zu helfen, indem er das Obenflugloch öffnet. Daß das falsch ist, zeigt sich sogleich: Zunächst versuchen die Bienen auch dieses zweite Flugloch abzudecken. Gelingt ihnen das nicht ausreichend, dann ziehen sich alle Tiere in die Beute zurück, weil in der Beute durch die beiden offenstehenden Fluglöcher eine völlig andere Luftzirkulation entstanden ist; sie wird von den Bienen als anomal empfunden, da das Brutnest und die Honigablagerung nach den neuen Gegebenheiten nicht ausgerichtet sind. Die ganze Masse der Bienen wird sofort benötigt, um diesem fremden Zustand vereint entgegenzuwirken. Die Bärte der bis dahin ganz ruhig vorlagernden Bienen sind so zwar bald verschwunden, aber das zweite überraschend geöffnete Flugloch hat dafür – für alle Bienen – einen ganz unerwarteten Einsatz in der Beute ausgelöst. Das kostet zusätzlich Energie – und Futter! Des Imkers gutgemeinte Hilfeleistung war wieder mal umsonst und den Bienen sogar lästig. Will man ihnen einen Gefallen tun, dann ändere man an den Beuten nichts, man besprühe nur die Vorderfront der Kästen und die Bärte mit kühlem Wasser, vorsichtig, es darf keinerlei Erregung geben. Die benetzten Bienen ziehen sich dann ganz gemächlich ins Beuteninnere zurück. In diesem Zustand sind sie dort gern gesehen, die von ihnen mitgebrachte Feuchtigkeit hilft sofort kühlen, den Wärmehaushalt und die Luftfeuchtigkeit zu regulieren; in der Brutpflege gibt es keine Unterbrechung.

Im Winter liegen die Dinge anders, dann sind die Temperaturverhältnisse des Biens den Schwankungen der Außentemperatur unterworfen und auch der äußeren Luftfeuchte durch das Flugloch. Hinzu kommen weitere Wasserdampfquellen in der Beute wie offener, auf Vorrat entdeckelter oder nach der vielleicht späten Einfütterung nicht mehr gedeckelter Honig, vor allem die Atmung der Bienen u. a. Im Winter fächeln die Bienen nicht, und solange sie noch nicht brüten, ergibt sich ein Wasserdampfüberschuß. Außerhalb der Traube liegt ein kühlerer Bereich mit einem zur Beutenwand hin zunehmenden Temperaturgefälle bis auf $\pm$ 0° C und darunter.

Leider liegen die kalten Stellen oft dem Flugloch entfernt, also in Fensternähe. Hier, im hinteren Teil der Beute, ergibt sich dann auch der größte Wasserniederschlag. Wer in der brutlosen Zeit wegen einer Feuchtigkeitsansammlung – und oft aus bloßer Neugier – die Beutentür öffnet sowie die Verpackung lüftet, führt wieder kältere Luft in den hinteren Teil der Beute. Die dabei entstehende Luftbewegung oder gar Zugluft, sofern die Bienen im Herbst nicht mehr alles ordentlich verkitten konnten, führt gegebenenfalls zu einer Ruhestörung für die Bienen oder zumindest zu einem Temperaturabfall mit nachfolgend noch höherem Feuchtigkeitsniederschlag. (Kuntzsch-Imker lassen bei Honigraumüberwinterung gern die untere Verpackung weg und heben das Fensterschied etwas an, damit ein trocknender Durchzug vom Flugloch her entsteht. Andere erfinden sogar für das Honigraumfenster die luftdurchlässigsten Verpackungen. Für die Wintermonate mag das angehen, sobald aber das Volk in Brut geht, ist eine gut schließende Abdichtung vonnöten.)

Die Nässebildung wird auch begünstigt durch ein zu weit sitzendes Volk, durch das Entfernen der Verkittung, durch Ritzen in der Beutenwand u. a. Bei strengem Frost und dann eng und fest sitzender Bienentraube ist die Nässegefahr erheblich geringer als bei feuchtwarmem Wetter. Alles »Lüften« ist (bei Brutbeginn) nicht nur zwecklos, sondern sogar verkehrt. Da der Niederschlag nicht nach oben steigt, ergibt sich auch gar nicht die Gefahr einer Verwässerung oder Versumpfung der Bienentraube. Den Bienen schadet Stocknässe also unmittelbar nicht, bei einsetzender Brut wird sie ohnehin nach und nach aufgebraucht. Aber bis zu diesem Zeitpunkt richtet sie unter Umständen doch erheblichen Schaden an: Zufrieren des Fluglochs, Verquellen der Beute, das Schwarzwerden der Rähmchen, Schimmelbildung auf den Wabenecken und auf dem Totenfall, Wärmeentzug für die Verdunstung des stehenden Wassers, verbunden mit erhöhter Zehrung und Heizung durch Bienen.

Um die Stocknässe zu vermeiden und die Beute trockenzuhalten, soll das – verstellte, windgeschützte – Flugloch auch im Winter nicht zu sehr eingeengt werden, damit durch den ungehinderten Gasaustausch kontinuierlich eine Verdunstung erfolgen kann. Die Verpackung muß gleichmäßig, dicht und fest sitzen und Zugluft verhindern; Futtergeschirre müssen natürlich entfernt sein. Es dürfen sich keine dem Flugloch entlegenen Kältepunkte ergeben.

Mit Beginn des Brutgeschäftes soll eingeengt werden, weil nun der Wasserdampfgehalt der Stockluft rasch ansteigt. Nur bei genügendem Einengen vermögen die Bienen das gesamte Kasteninnere auf mindestens +15° C aufzuheizen, von wo ab die Nässebildung auf natürliche Weise unterbleibt.

Und darum ging es uns, das komplizierte Warum und Wie der Nässebildung und die Möglichkeit für deren Verhinderung zu erkennen. Nasse Beuten, übermäßige Zehrung, mangelhaftes Futter, Schimmelbildung, Futtermangel, Nosema, Ruhr oder wie die Reihe der Folgeerscheinungen auch lauten mag: Für Vergiftungen, Weisellosigkeit oder manchen biologischen Vorgang im Bienenvolk ist der Imker nicht unmittelbar verantwortlich, aber die Herrichtung der Bienenwohnung und des Bienensitzes ist vorrangig seine Sache. Und er vermag durch seine Mühe und Überlegungen auch den Verlust des einen oder anderen Volkes über den Winter zu verhindern. Es lohnt! Wäre es durch Beherzigung vieler guter Ratschläge, die sich der einzelne Imker bemühte in die Tat umzusetzen, möglich, die Verlustquote jährlich um ein Prozent zu senken, und das bei nur mal angenommen 1 Million Bienenvölker im Landesmaßstab – was gäbe das für einen Bestäubungsnutzen und dazu die Honigmenge, gingen 10 000 Völker mehr in die Frühjahrstracht!

Bienenphysik? Dem Imker bekannt. Wer wollte noch sagen, sie wäre nur graue Theorie?! Theorie schon, aber abgeleitet aus genauen Beobachtungen und Messungen – aus der Praxis der Wissenschaftler in den Labors und den physikalischen Instituten. Wir machten uns deren Erkenntnisse hier in vereinfachten Überlegungen deutlich, verwertbar für die Arbeit an unseren Bienen, auf unserem Stand.

Baumeister ohne Lot und Meßstab

Der Wabenbau unserer *Apis mellifera* richtet sich in den Beuten nach der Zahl und Größe der Rähmchen. Meist sind es zweimal 10 bis 12 gleichgroße Waben. Errichten die Bienen aber im Freien ihren Wabenbau, so nimmt dieser etwa die Form des hängenden Schwarms an. Die Waben sind dann in sich etwas gedreht, die äußeren kürzer als die mittleren. Der Schwarm zieht sich in einer der Kugel angenäherten Form zusammen. Sie bildet eben jene Form, die eine gegebene Masse mit der kleinsten Oberfläche umspannt und somit den Verlust an Energie durch Abstrahlung gering hält. Die Formen des Schwarms, des Wabenbaus und selbst der einzelnen Zelle bestätigen, »daß der Bien mathematisch von der Kugelform, geometrisch vom Kreis beherrscht wird. Kugel und Kreis sind das mathematisch-geometrische Formgrundgesetz des Biens« (Gerstung).

Das für den Wabenbau nötige Wachs »schwitzen« die Bienen bekanntlich aus ihren Wachsdrüsen, oder sie errichten die Zellen auf einer im Rähmchen vorgegebenen Wachsplatte, die sie ausziehen. Die Wachsplatte, Mittelwand genannt, etwa 65 g schwer, hat ein vorgeprägtes Zellmuster, sie bildet die Stützwand der Wabe inmitten des beiderseitigen Zellenwerkes. Die Zellen liegen nicht waagerecht, sie sind, um der Brut, dem eingelagerten Pollen und vor allem dem eingetragenen dünnflüssigen Nektar Halt zu geben, um etwa 5 Grad schräg nach oben gestellt. Die Honigzellen im oberen Teil der Wabe stehen etwas mehr aufgerichtet als die tieferen Brutzellen.

Bemerkenswert sind in manchen Waben Löcher. Sie ermöglichen einen Durchgangsverkehr von Wabe zu Wabe und ersparen den Bienen das Übersteigen der Wabenränder bzw. der Rähmchen. Im Winter kann so die Bienenkugel leichter dem Futter nachrücken, ohne sich auflösen zu müssen.

Seine typische Farbe erhält das Wachs erst durch Beimengungen: Färbende Mandibel-Sekrete; von unterschiedlichen Honigen, auch vom Pollen rührt die wechselnd weiß-, voll- oder rötlichgelbe Farbe her; die frisch aufgebaute Wabe wird mit farbigem, antibiotischem Kittharz überzogen, und nicht zuletzt geraten während des Bauens auch noch dunkelnde Schmutzteilchen in das Wachs. Werden die Waben bebrütet, dann färben sie sich schnell hellbraun, schließlich immer dunkler, nach drei bis vier Jahren sind die Waben schwarz. Jetzt wird es Zeit, solche Altwaben einzuschmelzen. Die allmähliche Dunkelfärbung ergibt sich durch die jedesmal in den Zellen verbleibenden und sie immer mehr einengenden Puppenhäutchen und durch die Kotreste der Brut.

Der normale Durchmesser frisch gebauter Zellen für Arbeitsbienen beträgt 5,37 mm, nach 35 Generationen kaum noch 5 mm. Damit bleiben auch die Larven und die geschlüpften Bienen kleiner, ihre Masse von etwa 120 mg verringert sich proportional der Zellverengung. Man muß annehmen, daß kleinere Bienen weniger eintragen, die Flugleistung nimmt ab, ihr Rüssel ist kürzer . . .

Der Vorgang des Bauens ist schon oft beschrieben worden. Und immer wieder geht es um die gleichen Fragen: Wie nimmt die Biene die Wachsschüppchen aus den Hin-

Und all' die wackern Handwerksleute
Die hauen, messen stillvergnügt,
Bis daß die Seite sich zur Seite
Schön sechsgeeckt zusammenfügt.

Wilhelm Busch (1832–1908). Zellenbaumeister »In Imker Dralle's Bienenhaus«. (Aus: Schnurrdiburr oder Die Bienen)

terleibsdrüsen heraus – wann zerkrümelt sie das Wachs, wie speichelt sie es dabei ein – trägt jede Wachs ausschwitzende Biene ihr Produkt selbst an den Bauplatz, wie wird es dort zu einem Zellgebilde aufgeschichtet – wer regelt auf den verschiedenen Arbeitsplätzen das Zusammenwirken der zahllosen Bienen? Da darf niemand den Arbeitenden im Wege stehen, alles muß zügig und Hand in Hand gehen, wenn in 24 Stunden eine Wabe mit etwa 5000 Zellen fertig werden soll. Nichtstuer sind unerwünscht, und wer sich alt oder krank fühlt, sucht schon von sich aus durch das Flugloch das Weite. Das ganze Volk wird von dem Rhythmus des Baugeschehens erfaßt, und nicht nur das: Wenn am Wabenwerk gearbeitet wird, dann ist auch Trachtzeit, eines bedingt das andere, und die Königin sucht für ihre Verpflichtung immer mehr und neue Zellen. Der Bien erlebt die Hoch-Zeit seiner Entwicklung, wächst auf 50 000 bis 80 000 Tiere an. Das Tun eines jeden einzelnen ist Teil eines mit Präzision ablaufenden Vorganges.

Die baukünstlerische Tätigkeit der Bienen löst für uns Bewunderung aus – geschieht doch alles in der völlig dunklen Behausung, ohne Wasserwaage, Zirkel und Meßstab, reguliert durch viele Faktoren, möglicherweise durch thermische Spannungsverhältnisse oder erdmagnetische Einwirkungen. Wer weiß es genau. Ist das Insekt in seinem Können dem Menschen überlegen?

Was der Vogel beim Nestbau, die Spinne mit ihrem Netz und die Bienen mit ihren kunstvollen Waben fertigbringen, übersteigt zwar die Fertigkeit der Hände des Menschen, seine Fähigkeit aber ist ungleich größer. Er schafft sich gewaltige Hilfs- und Arbeitsmittel, die Quantität und Qualität seiner Arbeit nimmt zu von Generation zu Generation, und schon heute vermag er sich seine noch in der Zukunft liegenden Vorhaben in ihrer höheren Kompliziertheit und Vollendung genau vorzustellen. Nicht so das Tier. Es handelt auf immer gleicher Entwicklungsstufe, spontan-instinktiv, seine »Werke« lösen zwar Staunen und für die Wissenschaft großes Interesse aus, aber dennoch, tierische Leistungen verdienen für ihre richtige Bewertung und Beurteilung statt ehrfürchtiger Bewunderung besser eine mehr sachliche Betrachtungsweise. Eine Biene beschämt durch den Bau ihrer Wachszellen zwar »manchen menschlichen Baumeister, was aber von vornherein den schlechtesten Baumeister vor der besten Biene auszeichnet, ist, daß er die Zelle in seinem Kopf gebaut hat, bevor er sie in Wachs baut. Am Ende des Arbeitsprozesses kommt ein Resultat heraus, das beim Beginn desselben schon in der Vorstellung des Arbeiters, also schon ideell vorhanden war.«

Die Genauigkeit des Zellenbaus der Bienen wurde lange Zeit überschätzt, was sich aus der Begrenztheit früheren menschlichen Wissens erklärt. Erste Berechnungen der Zelle machte der französische Physiker und Zoologe RÉAUMUR (1683–1757). Seit 1910 etwa liegen über die Bautätigkeit der »Biene als Meßkünstlerin unter den Gelehrten« wissenschaftlich fundierte Arbeiten vor. Seitdem ist uns auch die »Idealgestalt der Zelle« im Hinblick auf ihre Genauigkeit und Zweckmäßigkeit gut bekannt.

Ich habe mir, um den komplizierten Aufbau des Zellenwerkes besser zu erkennen, ein Stück bebrütete Wabe ausgeschnitten und mit Benzin überstrichen. Das Wachs löste sich auf, und zurück blieben die Kokons, die Puppenhüllen. Neben einem anderen Stück unbebrüteter Wabe liegen sie vor mir, die jetzt der Zellform entsprechenden Larvenhüllen, flimmernde Häutchentapete. Sie ist mehrschichtig, entsprechend der Zahl der in der Zelle herangewachsenen Jungbienen. Mit einer großen Leselupe habe ich schon die Bienen bei ihrer Arbeit im Baurahmen beobachtet, jetzt betrachte ich so das vor mir liegende kleinste Ganze ihres Werkes, eine einzelne Zelle.

Den sechsseitigen zylinderförmigen Zellenkörper kann sich jeder gut vorstellen, schwieriger ist es beim Boden der Zelle: Er setzt sich aus drei flachgedrückten Vierecken zusammen (Rauten). Ein Drittel des Bodens einer Zelle ist auch gleichzeitig wieder ein Drittel, also Teilstück des Bodens einer Gegenzelle auf der anderen Seite der Wabe.

Denken wir uns nun den Boden der Zelle einmal abgeschnitten, dann bildet er eine dreiseitige stumpfe Pyramide, deren sechs Eckpunkte nicht in einer Ebene liegen! C1–C3 sind die drei Bodenflächen der Zelle, der Neigungswinkel *a* Bodenfläche – Seitenfläche sowie der Neigungswinkel *b* der Bodenflächen betragen 120°, *c* ist ein stumpfer Rhombenwinkel von 109° 8′, *d* ein spitzer Rhombenwinkel von 70° 18′. Diese Form einer Honigbienenzelle ist in ihren Maßen nicht konstant. Die Tiefe der Zellen schwankt zwischen 10 und 12 mm, die Stärke einer Brutwabe zwischen 21 und 26 mm.

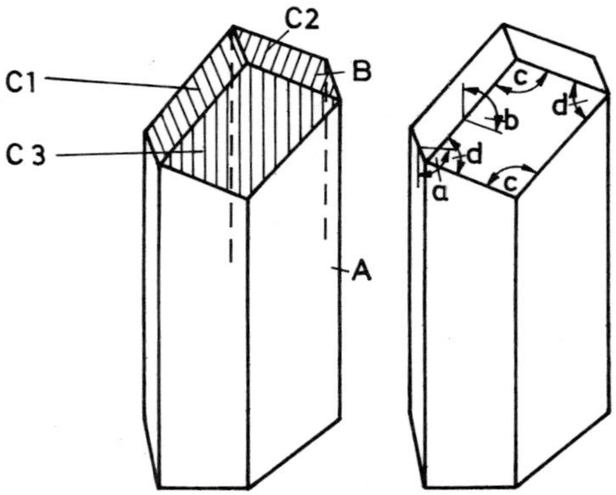

Arbeitsbienen- und Drohnenzellen. A = zylinderförmiger Zellkörper, B = Zellboden in der Form einer flachen dreiseitigen Pyramide, C_{1-3} = Bodenfläche; a = Neigungswinkel Bodenfläche – Seitenfläche 120°, b = Neigungswinkel der Bodenflächen 120°, c = stumpfer Rhombenwinkel 109° 8′, d = spitzer Rhombenwinkel 70° 18′ (nach Zander/Weiss)

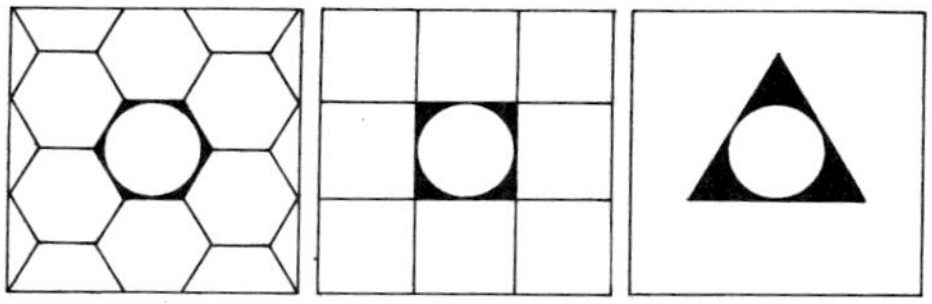

Die biologisch ideale kreisförmige Zelle paßt sich dem sechsseitigen Zellenbau am besten an (nach Büttner).

Werden die Zellen nur für das Einlagern von Honig ausgezogen (Dickwaben), dann sind sie einige Millimeter tiefer. Die Zellenwandstärke (bei einer neugebauten Wabe) von etwa 0,07 bis 0,09 mm, diesem Maß entspricht auch die Dehnbarkeit oder Elastizität, steht genau in Relation zu ihrer Belastung durch den eingelagerten Honig oder Pollen.

Da die Schrägstellung der Zellen nicht einheitlich ist, ergeben sich Abweichungen bei den Winkeln des Zellbodens, auch die sechsseitige Zellform ist nicht absolut: Heft- oder Befestigungszellen an den Rähmchenhölzern sind fünfseitig, so liegen sie fest an dem Holz an, andernfalls entstünde zwischen zwei Zellen immer ein dreikantiger leerer Raum. Die die Wabe am Außenrand tragenden, haltenden oder stützenden Zellen sind aus etwas dickerem, stabilerem Material gebaut (Beimischung von Propolis). Im Übergang von Arbeitsbienenzellen zum Drohnenbau finden sich Flick- oder Übergangszellen, allmählich größer werdende Zwischenzellen, vier- oder fünfkantig, die auch zur Honigspeicherung dienen, aber nicht bestiftet werden.

Worin besteht nun die Besonderheit der Struktur einer Zelle? Für einen Zellenbau – ohne leere Zwischenräume – sind nur das Dreieck, Viereck oder das Sechseck möglich. Die Biene macht aber das Sechseck zur Grundform ihrer Zelle, weil dieses weniger Umfang im Verhältnis zu seiner Bodenfläche hat als das Dreieck und das Viereck: Das Verhältnis des Umfangs zum Inhalt mindert sich mit der Zunahme der Seiten einer geometrischen Figur. Wegen der stumpfen Winkel im Inneren der Zelle ergibt sich eine dem Zylinder mehr angenäherte Form als beim nur drei- oder vierseitigen Prisma, der wachsenden Brut wird mehr Raum gegeben. Mit dem Sechseck wird die maximale Zellenzahl auf einer Wabe erreicht. Verdeutlichen wir uns das durch die drei schematischen Zeichnungen. Auf einem jeweils gleich großen Wabenstück sind bei einer angenommenen viereckigen und dreieckigen Zellenform weniger Zellen möglich als bei einer sechseckigen. Und noch etwas Beachtenswertes läßt sich den Zeichnungen entnehmen: Das Sechseck entspricht bei fast gleichem Flächeninhalt der Kreisfläche (Rundzelle) am besten. Und nur beim Sechseck können sechs gleich große Zellen mit je einer Begrenzungsfläche um einen gleich großen Kreis angeordnet sein. Gegenüber einer Kreisfläche beträgt die prozentuale Vergrößerung bei einem Sechseck nur 10 Prozent, bei einem Viereck etwa 27 Prozent, bei einem Dreieck etwa 58 Prozent. Der also schwarz gezeichnete Teil verstünde sich als die jeweils aufzuwendende größere Menge Wachs und zugleich als »ungenutzter« Raum.

Warum die Biene die sechsseitige Zellenform wählt, dazu läßt sich folgendes sagen: Aus dem engen Aneinander der Zellen ergeben sich beim Bauen schon vom Ansatz der Wülste und Verdickungen her gewisse Druck- und Spannungsverhältnisse. Zwar scheinen die Anfänge der Zelle durchaus rund und der Boden kesselförmig zu sein, aber nach dem Abtragen überschüssigen Wachses ergeben sich Kanten, Ecken und glatte Flächen. Das Raum- und Bewegungsgefühl sowie das eigene Körpermaß der Rundmaden und der bauenden Tiere mögen ebenfalls die Symmetrie der Zellform beeinflussen. Aus der Form der Zelle erklärt sich auch ihre Stabilität und die Belastbarkeit der ganzen Wabe. Sie vermag bis zu 2 kg Honig zu fassen, jede Zelle also 0,8 g.

Außer den bisher gemeinten Arbeitsbienenzellen gibt es noch auf fast jeder Wabe Drohnenzellen; ihre Öffnung mißt im Durchschnitt 6,91 mm. Sie dienen auch für die Speicherung des Honigs, nicht aber für die Ablage des Pollens. Vermutlich ermöglichen es die weiten Drohnenzellen den Bienen nicht recht, sich die Pollenkügelchen von den Beinen zu streifen, zu zerkneten und festzustampfen.

Weiselzellen ähneln, senkrecht an den Waben hängend, einer Eichel, sie sind 20 bis 25 mm lang und dort, mitten auf der Wabe, aus Arbeitsbienenzellen entstanden (Umweiselungs- oder Nachschaffungszellen). Meist am Rande der Wabe befinden sich die Schwarmzellen. Ihnen gehen napfartige Gebilde voraus, die die Weisel bei Aufkommen des Schwarmtriebes bestiftet.

Die Weiselzelle wird nur einmal verwendet und dann abgetragen. Auf ihrer Außenseite läßt die Königinzelle ein waffelartiges Muster erkennen. Dem Imker erscheint bei besonders ausgebildeten Zellen die Oberfläche dann »wie gehämmert«. Es handelt sich um Verstärkungen, die die Tragfähigkeit und Festigkeit der Zellwand erhöhen – und dabei noch eine Einsparung an (Wachs-) Masse ermöglichen, also eine Leichtbauweise. Die Weiselzelle ist eine Rundzelle. Sie wird nicht im Zellverband, sondern als Einzelzelle errichtet, und da ist der Kreis die vorteilhafteste Form. Sie erspart Baumaterial und benötigt am wenigsten Raum.

Das war in Kürze einiges über die Weiselzelle. Mir scheint, gerade über sie ließe sich noch mehr in Erfahrung bringen: Läßt sich allein aus mathematisch-physikalischen Gründen die Rundform der Weiselzelle erklären, statt der Sechseckform wie bei den anderen Zellen? Nach welchem Prinzip, wo, auf oder an den Waben werden Weiselzellen errichtet? Warum werden sie nach dem Schlupf der Weisel wieder abgetragen, wo bleibt dieses Wachs? Kann es zutreffen, daß es außer Druck- und Span-

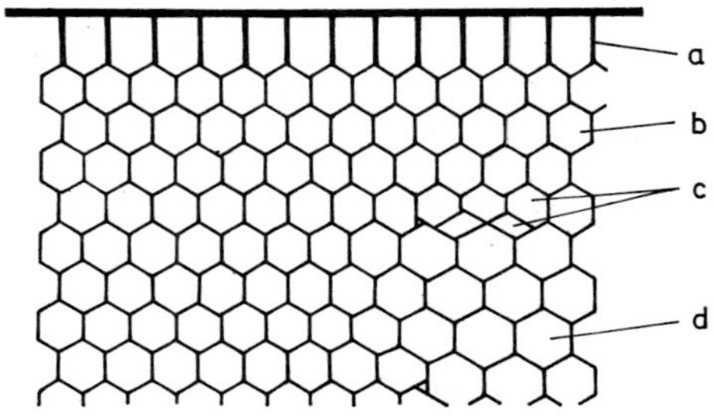

Schematische Darstellung von Zellarten. a = Heft- oder Befestigungszellen, b = Arbeitsbienenzellen, c = Übergangszellen, d = Drohnenzellen

Weiselzelle, »wie gehämmert«

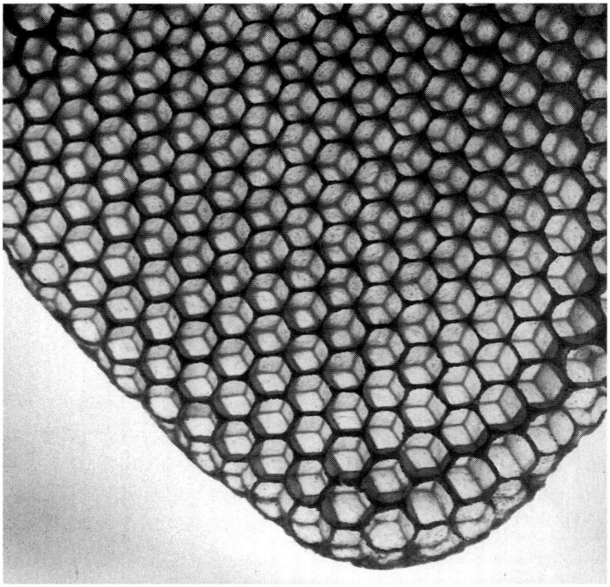

Geometrie des Zellmusters; rechts Übergangszellen zum Drohnenbau

nungsverhältnissen auch noch Kraftfelder oder Strahlungseinflüsse gibt, die über den Bien und über die Beute hinausreichen und von dorther wirken?

Wie dem auch sei, die verschiedenen Zellen, nach menschlichem Ermessen rationell und in höchster Stabilität errichtet, bestätigen, daß das Bienenvolk mit dem Wabenbau seinem biologischen Bedürfnis in vollkommenster Weise gerecht wird. Sieht man sich eine ausgebaute, noch unbebrütete Wabe genauer an – man möchte sie als schön, als ästhetisch vollkommen bezeichnen.

Und so ein Stück Wabe (nahezu herzförmig, aus dem Baurahmen) hängt vor mir an der Wand über dem Schreibtisch. Sauber und hell sieht das Zellenwerk aus, noch nicht »bestiftet«. Die Zellen wurden also auch noch nicht einbalsamiert; das nämlich geschieht, bevor die Königin ihre Eier absetzt. Ja, hier spricht man vom Einbalsamieren. Die Jungbienen vom Innendienst gewinnen dazu einen sogenannten Pollenbalsam aus dem klebrig-öligen Überzug des Blütenstaubs – nicht aus dem leichten Windpollen, sondern aus dem schweren, gehöselten Pollen. Ein wenig Kittharz kommt noch dazu, und das ergibt dann den besagten Balsam.

Aus ferner Zeit klingt es herüber …

Der gläserne Sarg

Durch die Bewegung der Wellen reibt feinkörniger Sand scharfen Steinen alle Kanten ab, handlich werden sie, wie farbige Muscheln, Donnerkeile oder andere fossile Reste von Kalktieren. Für manchen Urlauber sind sie eine Erinnerung an die schönen Sommertage. Einige haben immer wieder besonders Glück, sie finden – Bernstein! Seit Jahrtausenden suchen ihn die Menschen. Die Bernsteinfischer verkauften und vertauschten ihn an Händler, selbst aus dem Orient. In den Gräbern der Pharaonen fand man ihn als fein bearbeiteten Schmuck, Bernstein von der Ostseeküste. Schon griechische und römische Juweliere entwickelten die Kunst der Bearbeitung des echten »Brennsteins« zu hoher Blüte. Sie vermochten aber bereits auch in löslichen Harzen Einbettungen eigens dafür präparierter Tiere vorzunehmen; erst so eine Imitation oder Fälschung hatte dann als wahrhaft seltenes »Naturspiel« ihren besonderen Reiz.

Wenn wir Bernstein im Schaufenster eines Juweliergeschäftes ausgelegt sehen, dann suchen wir ein ganz bestimmtes Stück, solch eines nämlich, von dem in den Schullesebüchern berichtet wird: Ein Insekt, vielleicht vom langen Flug müde geworden, hatte auf einem Blatt oder Ast ausgeruht und war von einem herabfallenden Harztropfen überrascht worden, zugedeckt, fest eingeschlossen in die goldglänzende klebrige Masse. Als Bernsteinfossil wurde dieses Insekt der Nachwelt über Millionen Jahre hinweg erhalten. Könnte das auch eine Biene sein?

Ja, auch Bienen hat man so in Bernstein eingeschlossen gefunden, wie in einem gläsernen Sarg, aus der Zeit des Tertiärs, vor etwa 60 Millionen Jahren, als die Braunkohlenlager entstanden. Am Ende dieses Erdzeitalters gab es schon einen Großteil unserer heutigen Tier- und Pflanzenwelt. Es entwickelten sich Blüten und Blumen, sie spendeten Nektar für die Insekten, auch für die ersten Bienen. Aber sie waren den heutigen Honigbienen nur ähnlich, waren nicht mal deren Vorfahren, sondern nur Verwandte aus einem früheren gemeinsamen Stamm. Diese ersten Wildinsekten lebten noch allein, so wie wir es heute von Solitärinsekten her kennen. Hummeln, Hornissen und Wespen überwintern auch noch einzeln (Königinnen), aber bei ihnen gibt es im Laufe des Sommers bereits einen Familienverband mit biologisch-organischer Differenzierung und Arbeitsteilung. Ein aus dem Volk-Verband herausgelöstes Einzeltier ist allein nicht lebensfähig.

Die Frage nach dem Beginn der Bildung des Bienenstaates der Gattung *Apis* läßt sich nicht eindeutig beantworten; der Zeitpunkt läßt sich nur rückläufig und vergleichend bestimmen aus Lebensformen den Bienen verwandter, noch lebender oder schon ausgestorbener Hautflügler. Aufschlußreich sind auch die unterschiedlichen Entwicklungsstufen der uns heute gut bekannten vier Bienenarten:

Apis dorsata
Riesenhonigbiene, Indien
Apis florea
Zwerghonigbiene, Indien

Apis cerana
Indische Honigbiene, Indien – China – Japan
Apis mellifera
Gemeine Honigbiene, Europa – Asien – Afrika

Im Unterschied zu Apis mellifera und Apis cerana als Höhlenbrüter – deswegen erst vermag man sie in den ihr vorgegebenen Behausungen (Körbe, Beuten) domestiziert zu halten – bauen andere Arten ihre Wabennester frei hängend, senkrecht, bis zu zwei Metern; manche neigen zu ständiger Bildung von Wanderschwärmen. (Wespen, Hummeln und Meliponen bauen waagerecht.) *Meliponen* in Südamerika sowie in subtropischen Gebieten der östlichen Erdhälfte und *Trigonen* in Mittelamerika und Afrika sind stachellose Bienen, von ihnen gibt es etwa 200 Arten.

Die Zugehörigkeit der Honigbiene zu den Insekten zeigt sich in der deutlichen Dreiteilung des Körpers: Kopf – Brust – Hinterleib, im Vorhandensein von drei Beinpaaren und zwei Flügelpaaren und der im Verhältnis zur Körpermasse großen Körperkraft. Ist es nicht interessant, daß unsere Biene sowohl Flüssigkeit saugen als auch noch Holz und andere feste Stoffe benagen kann? Und damit gelangen wir ihrer eigentlichen Vorgeschichte und ihren Urahnen weiter auf die Spur. Vor dem Tertiär, der ältesten Etappe der Erdneuzeit, liegt das Erdmittelalter (Mesozoikum, vor etwa 100 bis 300 Millionen Jahren), und in dieser Zeit gab es schon Farne und Schachtelhalme, Insekten, Vögel, Reptilien und Muscheltiere. Aber Blumen und Pflanzen mit Nektar enthaltenden Blüten fehlten noch. Die Insekten und ersten Hautflügler hatten deshalb noch keinen Rüssel zum Saugen und keine Zunge, sie ernährten sich von Blättern, Holz, Knochenmehl, Fleisch oder Humus. Und dazu benötigten sie sehr scharfe Mundwerkzeuge, Zähne, Sägen, Kneifzangen, Scheren, Stacheln – wohl auch tötende Gifte oder spaltende Fermente, Lösungsmittel, Reiz- und Klebstoffe ...

Solche Insekten kennen wir heute noch, sie selbst haben sich wenig verändert und lassen uns die Anfänge der Insektenwelt sehr deutlich ahnen: Ameisen, Termiten, Heuschrecken, Käfer, Schaben u. a. In manchem haben sich auch unsere Honigbienen einige primitive Merkmale bewahrt, sie können mit ihren Mundwerkzeugen (Mandibeln) noch beißen, kneifen, reißen, zerren, nagen, also manches mehr, als nur mit der pinselartigen feinen Zunge den Nektar aus den Blüten tupfen.

»... wo Milch und Honig fließen«

Die ältesten Kulturen, die Lebensweise der Menschen im Niltal und im Zweistromland sind uns aus Funden und von geschriebenen Überlieferungen her gut bekannt. Im Gebiet des Euphrat und Tigris bestanden tausend Jahre vor unserer Zeitrechnung große Reiche, Babylonien und danach Assyrien. Bedeutsam war die schon entwickelte Feldarbeit, es gab bereits Werkzeuge aus Metall und Bewässerungsanlagen. In den

Königsgärten wuchsen Gemüse, Obstbäume und Heilkräuter. Man pflanzte Olivenbäume, den »Balsambaum« und einen »Baum, der Wolle trägt«, und man hielt – Bienen!

Wie die Bienenhaltung im einzelnen betrieben wurde, kann aus Funden nicht mehr ermittelt werden; Imkergeräte aus so alter Zeit gibt es in keinem Museum. Aber in Ninive gruben Archäologen eine Bibliothek aus, sie stammt aus dem 7. Jahrhundert v.d.Z. (König Assurbanipal). Bibliothek, Bücher? Nein, Zehntausende Tontafeln! Sie standen hier einstmals in Regalen des königlichen Palastes, getrocknete oder gebrannte Tafeln, geordnet je nach der Wichtigkeit ihrer Aussagen, kleine von 3 cm mal 4 cm Größe, etwa 5 cm stark, auch solche im Format unserer heutigen Bücher. (Sie sind größtenteils im Britischen Museum und in Paris im Louvre aufbewahrt. Ausgrabungen von heute verbleiben in Bagdad.) Geschrieben aber wurde auf den weichen Tontafeln nicht, dafür drückte man mit einem dreikantigen Griffel Schriftzeichen, die Keilschrift, in den weichen Ton; königliche Befehle, Steuerforderungen, Sternbeobachtungen, Verträge, Rezepte ...

Staunenswert war für den Besucher dieser Bibliothek die Ordnung und Übersicht. Es gab schon »Nachschlagewerke« und an jedem Regal eine kleine Tafel mit Hinweisen. Eine wird möglicherweise die Aufschrift getragen haben: Honigbedarf – Honiglieferanten – Honigverwendung. In diesem Regal standen Tafeln, auf denen der König u. a. folgendes hatte mitteilen lassen: »schicke mir entweder zehn sila honig oder sechzig sila gute datteln als geschenk.« Der betreffende Statthalter antwortete darauf: »es gibt hier keinen honig, wir werden bescheid geben nach Ursu, und man wird honig bringen.«

Auch für des Lebens schöne Seiten diente vergleichsweise der Honig:

»mit honig gefüllt ist das schlafgemach des königs« –
»würziger als honig sind die liebkosungen der braut« –
»groß ist deine schönheit, süß wie honig« –

Andere Tafeln enthalten Hinweise für den medizinischen Gebrauch des Honigs, er sollte gegen Erkältung unter die Nase gerieben werden, er wurde gemischt mit Öl und besonderen Drogen und dann ins Ohr geträufelt, mit Honig sollte man auch gurgeln. Folgendes Rezept war wohl gegen Darmbeschwerden gedacht: »man mixt zehn shekel honig und ein drittel sila büffelmilch-butter und gießt es in seinen mastdarm, und man wird gesund.« Für rituellen Gebrauch wurde ebenfalls Honig angefordert, auch für die Bereitung von Salben und Parfüm. Genannt werden verschiedene Honigarten: dunkler und heller Honig, Dattelhonig, Weintraubenhonig, unvermischter Honig, ebenso Bienenwachs. Honig spielte also im Volksleben eine beachtliche Rolle.

Daß die Biene im östlichen Mittelmeergebiet für die Menschen in noch früherer Zeit bedeutsam gewesen ist, bestätigen Wandgemälde, über 7000 Jahre alt, die man bei Grabungen in der Türkei entdeckte (Ausgrabungen am Berg Catal Hüyük, seit 1961). Auf einer künstlich errichteten Wand ließen sich Darstellungen von Bienenwaben, Blumen und Schmetterlingen erkennen, auch »heilige Tiere« wie Stiere, Hirsche, Leoparden und Geier. Die Menschen waren mit ihrer Umwelt noch sehr eng verbunden: »Die Natur war in allem ihr Lehrmeister und Vorbild. So wußten sie auch genau über das Leben der Bienen und von der Existenz einer Bienenkönigin. Es scheint daher nicht ausgeschlossen, daß ihnen diese ein Vorbild für ihre Muttergöttin war! . . . Daß die Waben nur des Honigs wegen abgebildet wurden, wäre abwegig gedacht . . . Wir können uns daher nicht dem Gedanken verschließen, daß auch die Bienen im Leben der frühen Menschen in deren rituelle Vorstellungswelt einbezogen waren.«

Dieses hier beschriebene Gemälde (vgl. »Deutsche Bienenwirtschaft« 8/1966)

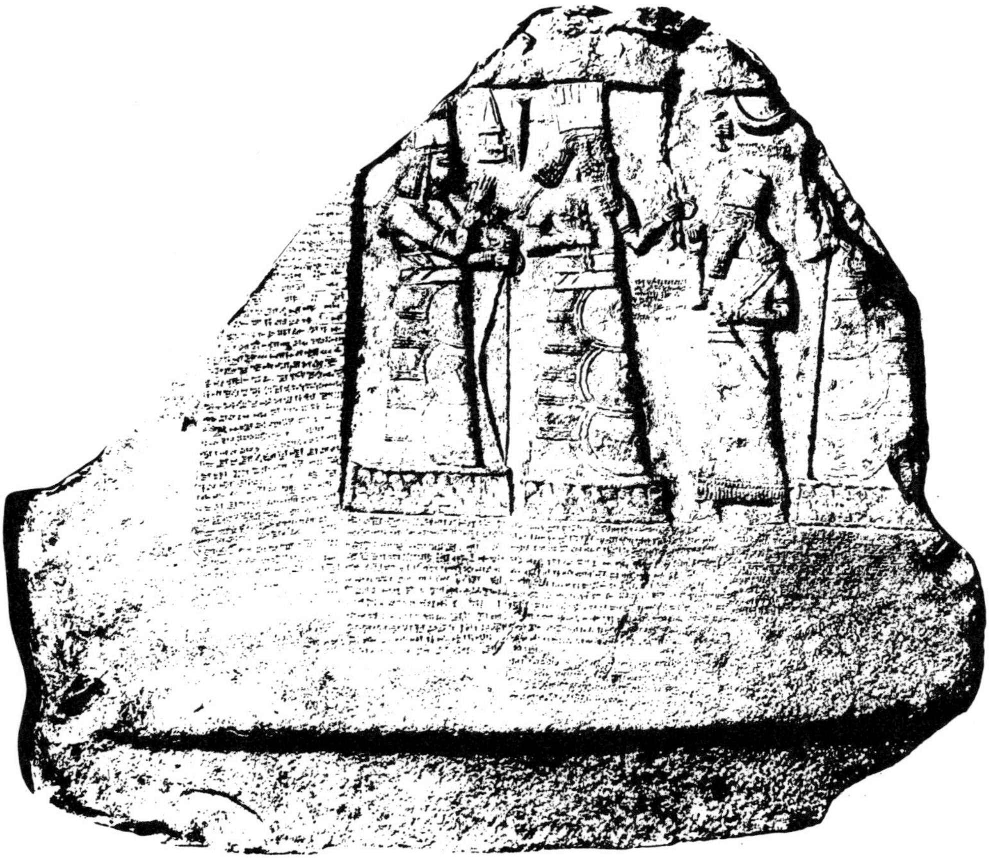

Der Statthalter Schamach-Resch-Usur berichtet den Göttern von seiner Bienenhaltung. Relief aus dem 8. Jh. v. u. Z. (Vorderasiatisches Museum, Berlin)

möchte man als einen der ältesten Nachweise über die Bienenhaltung ansehen – in der Türkei. Die allgemein bekannte steinzeitliche Felszeichnung aus Bicorp/Valencia zählt ein paar tausend Jahre mehr, etwa 12 000 Jahre. In Indien entdeckte man kürzlich im Unionsstaat Madhya Pradesh in einer Höhle ein Gemälde, das ebenfalls den Menschen im Umgang mit Bienen zeigt, bei der Honiggewinnung, auf der Jagd nach einem Schwarm; es stammt aus dem 11. Jahrhundert v. Chr. So lassen sich auch aus bildlichen Darstellungen in einer bestimmten Region die Anfänge der Bienenhaltung aus fernster Zeit herleiten.

Ein kostbares kulturhistorisches Dokument, das uns Imker besonders interessiert, findet sich in der Vorderasiatischen Abteilung der Staatlichen Museen zu Berlin. Durch den Pergamon-Altar ist dieses Museum weltbekannt. Beeindruckend die Prozessionsstraße mit dem Ischtar-Tor von Babylon, dann das Markttor von Milet, in einem anderen Raum die wuchtigen Säulen des Inanna-Tempels, Königsbilder aus Stein, Skulpturen, Kultvasen, Tontafeln. Und rechts in Raum 6 ein Relief aus dem 8. Jahrhundert v. Chr., ein Duplikat, das Original befindet sich in Istanbul. Eine Kante ist abgebrochen, einer der drei Götter beschädigt. Zu den zwei anderen in königlicher Haltung, dem Wettergott Adad mit einem Bündel Blitze und der Göttin Ischtar mit dem Venus-Stern, wendet sich der Statthalter, um sich zu rechtfertigen. In der Keilschrift heißt es: »Ich bin Šamaš-rêš-ûsûr . . . Bienen, welche Honig sammeln, die seit meinen Vätern und Vorfahren niemand gesehen und zum Lande Suhi hatte herunterbringen lassen, ließ ich vom Gebirge der Habha-Leute herunterbringen, und in den Gärten . . . machte ich sie heimisch. Honig und Wachs bringen sie zusammen. Die Zubereitung von Wachs und Honig verstehe ich, und die Gärtner verstehen sie. Wer auch immer in Zukunft aufstehen wird, möge die Ältesten seines Landes fragen: Ist das wahr, daß . . . der Statthalter von Suhi Honigbienen im Lande Suhi eingeführt hat?«

Mit den Produktivkräften entwickelte sich auch allmählich die nach unserer Vorstellung geschriebene Schrift. Frühe Dokumente dann, so die Bibel und das Alte Testament, enthalten zahlreiche Hinweise auf Honig und Wachs und damit auf die Bienenhaltung. Palästina, hier wohnten die Kanaiter, Hethiter, Amoriter . . ., galt als jenes »Land, darin Milch und Honig fließt«. Dieses heute schon geflügelte Wort findet sich in der Bibel, und zwar dreimal (2. Mose 3,8 und 17 / 4. Mose 13,27) in der Beschreibung der Rückkehr jüdischer Stämme aus der ägyptischen Unterdrückung in die Heimat, in das »gute und weite Land« Kanaan. Wenn man bedenkt, daß allein in der Bibel an etwa 60 Stellen vom Honig die Rede ist, läßt sich verstehen, daß er ein wichtiges Volksnahrungsmittel war, neben der Milch und der Manna, dem Fruchtsaft. Da der Honig so oft in der Heiligen Schrift erwähnt wird, steht er in enger Beziehung zu den Worten und Taten der Propheten und des Messias. Auch im Jenseitsleben dann würde er zum Verzehr geboten werden. Und so erhob man ihn zu einer gottgeschenkten heiligen Speise, bei den Griechen zu einer Speise der Götter.

Im Land der Hebräer also aß man viel Honig, er wurde natürlich auch verabreicht als Arznei, ebenso verwendete man ihn zum Einbalsamieren. Vermutlich bot sich

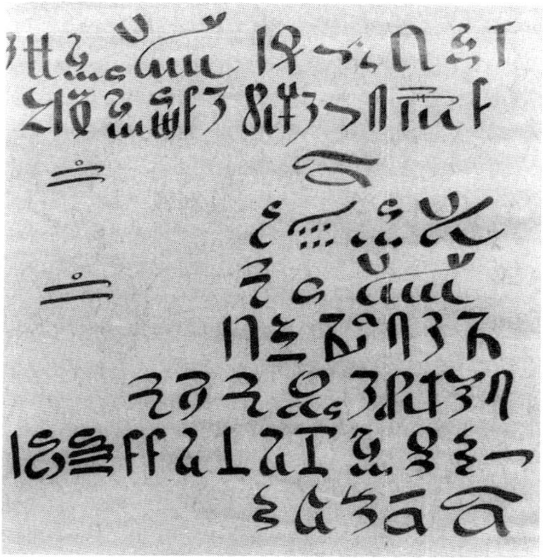

Ägyptische Hieroglyphen, mit einem Pinsel auf Papyrus geschrieben; schwarze und rote »Tinte«. Der Text ist von rechts nach links zu lesen. Mitte der 1. Zeile und zu Beginn der 5. Zeile das Zeichen für Honig: eine stilisierte Biene, 4 (!) Beine, die beiden Flügel und Fühler. (»Papyrus Ebers«, Seite X, Rezeptur eines Heilgetränks)

»wilder Honig« in Menge an. »Honig aus dem Felsen und . . . aus dem Gestein«, wo sich zahllose Schwärme in Spalten und Klüften des Kreidekalks ansiedelten. –

Aus dem Ägypten der Pharaonen ist uns von imkerlicher Tätigkeit wenig bekannt, lediglich ein Steinrelief mit einer Imkerszene aus dem Sonnentempel des Ne-user-re (aufbewahrt im Berliner Ägyptischen Museum). Was wir über die ägyptische Biene und ihre Produkte wissen, läßt sich der Bilderschrift entnehmen, den mit einem weichen Pinsel gemalten Hieroglyphen auf den Papyri.

Papyrus ist eine armstarke, schilfähnliche Pflanze. Das Mark des Stengels wurde in Streifen geschnitten, kreuzweise übereinandergelegt und gepreßt, getrocknet und in langen Rollen als Schreibmaterial genutzt. Die ägyptischen Priester waren schreibfreudig. Die Biene wurde als Hieroglyphenzeichen sehr oft verwendet; sie spielte auch als Wappentier und in der Mythologie eine Rolle.

Aus über zwei Dutzend Papyri wissen wir, für welche medizinischen Zwecke der Honig Verwendung fand. Unzählige Heilmittel werden angegeben für alle nur denkbaren Krankheiten, so vor allem auf dem 20 m langen Papyrus Ebers (Universitätsbibliothek Leipzig), im »Buch vom Bereiten der Arzneien für alle Körperteile«, im »Buch vom Bereiten der Arzneien, um Wunden zu heilen, die den Gliedern geschlagen worden sind« und in anderen »Büchern« dieses Papyrus. Die Pharmazeuten hielten Mittel zur Verhütung der Empfängnis bereit, gegen Kindergeschrei und Durst, Mittel gegen das Ergrauen der Haare, gegen faltige Haut, Körpergeruch, bösen Zauber und gegen Dämonen.

Medizinische Rezepte sollen hier nicht genannt werden, es könnte ja heute noch jemand meinen, nach ägyptischer Art schneller wieder auf die Beine zu kommen. Dafür aber ein paar vielversprechende kosmetische Empfehlungen.

Gesichtspflege: Wasser der Pflanze; Mehl von Alabaster; Gummi; grüner Glasfluß; werde gemischt mit Honig; werde zu einem Teig gemacht, werde zerschlagen in Milch des Menschen, werde das Gesicht damit gesalbt.
Haarpflege: Zahn eines Esels; werde zerschlagen in Honig; werde gesalbt.
Schönmachen der Haut: Mehl von Alabaster; Mehl von Natron; unterägyptisches Salz; Honig; werde gemischt zu einer Masse mit diesem Honig; werde die Haut damit gesalbt.
»Der Honig ist mit seinen rund 500 Belegstellen weitaus die am häufigsten verwendete Droge ... In den vielen Einnehmemitteln könnte er neben seiner therapeutischen Wirkung auch als Süßstoff gebraucht worden sein, um den bitteren Geschmack einer Droge zu verdecken.«

Besonders erwähnt wird auch Bienenwachs, »zur inneren Anwendung und in drei Räuchermitteln, sonst ausschließlich in Salbmitteln und Verbänden ... das feste Wachs (wurde) in erwärmtem Öl oder Fett aufgelöst ...« (Deines/Grapow).

Den Papyri entnehmen wir auch, daß man Bienen auf dem Nil in Trachtgegenden transportierte, nach welchen Einheiten Honig gewogen wurde, wie teuer er im Tausch war oder welche Lieferungen die Tempelpriester von den Steuerpflichtigen erwarteten.

Daß der Biene und ihren Produkten in der Antike große Bedeutung beigemessen wurde, bezeugen die Epen Homers, die Schriften Aristoteles', Vergils landwirtschaftliches Lehrgedicht »Georgica«, dazu Abhandlungen weiterer griechischer und römischer Autoren über die Methoden der Bienenhaltung. Sie waren, verglichen mit unserer heutigen Praxis, bereits sehr weit fortgeschritten. »Es muß eine Art Mobilbau verwendet worden sein, wie im 18. Jahrhundert französische Autoren nachgewiesen haben. Schon damals wurde das Tanzen der Bienen beobachtet und beschrieben ... Die eigentlichen zoologischen Schriften des Aristoteles bilden nur einen kleinen Teil seiner naturwissenschaftlichen Schriften. Aber sie sind so reich an Beobachtungsmaterial und systematisch so klar durchgearbeitet, daß sie bis ins 16. Jahrhundert hinein als unübertroffen zu gelten haben, wenn auch römische Schriftsteller ... manche weiteren Angaben beizutragen vermochten, so über Mobilbau, Oberbehandlung, Feglinge, das Zeichen der Bienen und die Pflege der Bienenweide.

Man kann sagen, daß die klassische Periode bis ins Mittelalter reichte ... Wendepunkt zu einer neuen Zeit naturwissenschaftlicher Forschung und in der Folge auch für die Bienenuntersuchung sollte u. a. die Konstruktion des Mikroskopes durch Galilei werden« (Crompton).

Zu den eben genannten Autoren ist hinzuzufügen der römische Kulturhistoriker VARRO, Marcus Terentius (116–27 v. Chr.). Er verfaßte etwa 60 Bücher, vollständig erhalten blieben davon nur die von ihm noch im 80. Lebensjahr geschriebenen drei Bücher über die Landwirtschaft, breit dargestellt darin die Bienenhaltung.

Und hervorheben möchte ich nochmals den wohl bedeutendsten Schriftsteller des Altertums, den römischen Universalgelehrten VERGIL, Publius Vergilius Maro (70–19 v. Chr.). Sein Lehrgedicht »Georgica« schrieb er im Auftrag des Kaisers

Augustus mit der Absicht der Verbreitung bester Beispiele und Kenntnisse im Landbau. Im vierten Teil dieses bekannten Werkes der Weltliteratur befaßt er sich in 566 Versen mit den Bienen. Wie hoch müssen sie doch damals im Ansehen gestanden haben, sie und ihre Produkte, vor allem das Wachs! Vergils Epos wurde, ins Deutsche übersetzt, erstmalig 1502 gedruckt, in Straßburg. Ein Illustrator zeichnete dazu viele ganzseitige Bilder, szenische »Gartenbilder mit Pflanzen, Tieren, Bienenständen und Menschen in Aktion« (Armbruster).

Einfangen von Bienenschwärmen. Kupferstich von Michiel van der Gucht (1600–1725) zu Vergils »Georgica«

Wilhelm Busch (1832–1908). Vergil vertreibt mit seinen Bienen die Legionäre (Aus: Schnurrdiburr oder Die Bienen)

Vermutlich hat auch Wilhelm BUSCH, nun schon wieder ein paar Jahrhunderte später, Vergils »Georgica« zur Hand gehabt. Im »Schnurrdiburr« erzählt er in seiner bekannten humorvollen Versform, wie sich Vergil mit Hilfe seiner Bienen vor zudringlichen Legionären zu schützen wußte:

»Die Immen sind ja ein Vergnügen,
»Wie sie so umeinander fliegen;
»Und standen auch in großem Ruhme
»Bereits im grauen Heidentume.
» – So zum Exempel hielt Vergil,
»Der ein Poet, von ihnen viel;
»Denn als die römischen Legionen,
»Die ja bekanntlich nichts verschonen,
»Am Ende auch bei ihm erschienen,
»Wer half ihm da, wie seine Bienen?«

Das Bienenwachs war im Altertum so begehrt, daß sich darauf ein ganzes Gewerbe begründete. In Alexandria und Rom blühte die Kunst der »Wachsbildner«. Sie formten alle Arten von Früchten naturgetreu aus Wachs, ebenso Puppen und Kränze als dekorativen Schmuck, auch Opfertiere. Wachsbilder der Ahnen und der Götter wurden bei Familienfesten aufgestellt. Beim Begräbnis trugen Sklaven vor dem Kondukt Wachsmasken des Verstorbenen. Auf Wachstafeln schrieb man, mit Wachs versiegelte man Briefe, Bienenwachs war Hauptbestandteil für Schminken, Salben und Farben.

Wir sehen, daß die Bienenhaltung, die Bienenwirtschaft bei den Griechen und Römern höher entwickelt war als in Ägypten und in den vorderasiatischen Staaten. Dieser Fortschritt erklärt sich hier aus den günstigen Auswirkungen der Massensklaverei gegenüber der Haus- und Tempelsklaverei. Das größere Mehrprodukt aus der Arbeit der Sklaven ermöglichte auch eine immer größere Freistellung von Menschen für die wissenschaftlich-kulturelle Arbeit. Römische Autoren treten uns deshalb schon als »Bienenwissenschaftler« gegenüber; die Verrichtungen an den Bienenständen selbst oblagen den Sklaven, denn der »freie« Römer arbeitete bekanntlich nicht. Die sich vertiefende Arbeitsteilung unter den Sklaven führte zur Ausbildung von besonderen Kenntnissen. »Die aus orientalischen Gebieten mit hoher Kultur stammenden Sklaven sowie die Griechen waren im Römischen Reich den Römern an Bildung meist überlegen, oftmals sogar deren Lehrer. Sie waren es auch, die die gesamte Arbeit verrichteten, sie waren die Imker und bestimmten damit mehr und mehr den allgemeinen Bildungsstand.«

Über die Symbolik der Bienen

Wir sind heute nicht mehr dem Druck abergläubischer Vorstellungen ausgesetzt und fühlen uns in schwierigen Situationen, bei Krankheit oder Not nicht mehr auf die Hilfe außerweltlicher Kräfte angewiesen. Aus früheren Zeiten jedoch reichen zu uns noch mancherlei Symbole und Bilder aus Vergangenem herüber. Diese meist mythologischen Motive begegnen uns als Sprichwort, als Wappenbild, als Schmuckstück oder Souvenir oder auch als Darstellung auf Münzen und Briefmarken. Hinter ihnen verbarg sich für unsere Vorfahren die Wirklichkeit als Inspiration für das Phantastische und als Vorahnung; daraus erwuchs oftmals eine durchaus positive Triebkraft zu gutem menschlichem Tun und Verhalten. Für uns lösen Symbole nur noch bedingt religiöse Gefühle aus; Symbole sind unter fortgeschrittenen gesellschaftlichen Bedingungen die vereinfachende Formel für zuverlässiges menschliches Denken oder ein Bild der aufstrebenden und aus geistiger und sozialer Bedrängnis befreiten Menschheit.

Unendlich vielseitig und noch heute lebendig ist die Tiersymbolik. Aus Städtewappen, Bilderbüchern, Fabeln und Märchen und nun auch aus Funk- und Fernsehsendungen kennen wir Löwe, Bär, Fuchs und Schlange, Ameise und Grille und noch viele andere Tiere als Verkörperung bestimmter Eigenarten oder menschlicher Tugenden.

Bei bildlichen Darstellungen der Bienen hat sich im Laufe der Zeit ein gewisser Bedeutungswandel vollzogen, eine Bedeutungsverengung. Ist sie heute nur noch ein Symbol des Fleißes und der Emsigkeit, so verkörperte sie früher – entsprechend dem geistigen Privileg der sozial Bevorrechteten – das »gesetzmäßige« Leben in der Klassengesellschaft, den königlich geforderten Untertanengeist, die männliche Wehrhaftigkeit, die Treue des Volkes gegenüber seinem Herrscher u. a.

In überlieferter Literatur über die Symbolik der Biene heißt es: Den Indern ist die Biene von alters her als Haustier bekannt, in den Dörfern gibt es zahlreiche Bienenvölker. Vielerorts wird deshalb auch besonders die Biene einbezogen in die nach altem Glauben sprechende und fühlende Natur der Pflanzen- und Tierwelt, in den »Bund der Weltenseele« zwischen Natur, den Menschen und den Göttern.

Der Gott Vishnu, Allerhalter der Welt, wird als blaue Biene abgebildet, er ruht im Kelch der Lotosblume. Sie ist die Verkörperung der Natur und wird immer aufs neue belebt durch die aufgehende Sonne. Und so wird mit dem Entfalten ihrer Blüte die Biene zum Symbol der Geburt und der Fruchtbarkeit. Dieses Moment überträgt sich auf den Honig. Bei Hochzeitsfeierlichkeiten werden der Braut unter Segenswünschen Stirn, Augenlider, Mund, Ohren und die Blöße mit Honig bestrichen. Auch »für den indischen Totenkult ist der Honig unentbehrlich. Nach dem *Rigveda* mußte er den Totengeistern als Opfer dargebracht werden. Zum Leichenmahl gehörte er stets als Beilage zum Fleisch. Honig und Butter galten als die Lieblingsspeisen der Verstorbenen im Jenseits« (Lerner). In der Lotosblume, eng neben der Biene, schläft auch der indische Liebesgott Kama. Wie der griechische Eros zielt er mit Pfeil und Bogen auf Liebende. Die Sehne des Bogens besteht aus einer Kette mit Bienen, die Pfeile tragen an der Spitze einen Bienenstachel, und deshalb verursachen die Pfeile des Liebesgottes natürlich Schmerzen, wenn auch »süße Schmerzen«. Und in dieser symbolischen Funktion kennen ja auch wir Amor, den römischen Liebesgott. Er gehört überall im Genre der Unterhaltungskunst zur »heiteren Muse«. Kama, Eros und Amor im gleichem Metier – ist das Zufall?

Im 4. Jahrhundert v. Chr. vereinte König Menes Ober- und Unterägypten zu einem Staat, dennoch wurde die Zweiteilung in dem Titel »Herrscher von Ober- und Unterägypten« beibehalten. Beide Reichshälften haben in der Hieroglyphenschrift ihr symbolisches Zeichen: Oberägypten die Lotosblume, Unterägypten die Biene, also ähnlich wie in Indien ein Doppelbild, Lotos und Biene. (Biene und Lilie bildeten auch in Frankreich das Zeichen des Hauses der Bourbonen.) Die Blume symbolisiert wieder die Fruchtbarkeit, die (wehrhafte) Biene Herrschermacht und staatliche Ordnung; so steht es auf Statuen und Obelisken geschrieben. Ägyptische Herrscher und Götter bekommen zur genaueren Benennung oft das Zeichen der Biene (dazu eine stilisierte Lilie); wollten die Ägypter ein dem König gehorsames Volk »schriftlich« bezeichnen, dann malten sie ebenfalls eine Biene (vgl. S. 109).

Römische Dichter, sie waren meist selbst Imker, machten die Bienen auch gern zum Symbol der Rede- und Dichtkunst, sie nannten sie »der Musen heil'ge Vögel«; Apollo, Lenker der Musen, gab sich selbst aus als Beschützer der Bienen. Der Grieche Xenophon und sein Lehrer Sokrates erhielten wegen ihrer flammenden Redekunst den Beinamen »attische Biene«. Es war also nicht unehrenhaft, von der sprichwörtlichen »attischen Biene« gestochen zu sein. (In einem heiteren Gegenwartsroman wird dieser Musen-Bienenstich einem sich durch Scharfsinn und Mutterwitz auszeichnenden Studenten nachgesagt. Augenzwinkernd schwingt er sich zum Disput auf die Redner-Kanzel, hebt die Hand zur klassischen Pose, und dann steigt empor sein »attischer Bienensang«. Beifall! – Ein echter Berliner hätte daraufhin vielleicht so reagiert: »Mensch, wat macht der bloß fürn Gesummse.«)

Den Drohnen gaben die Römer den Namen »Spitzbuben« (furos). Aristophanes läßt in seinem Schauspiel »Die Wespen« den Chorführer sagen: »Freilich haben Drohnen sich auch eingenistet unter uns, welche keinen Stachel führen, aber müßig nur die Frucht unseres Ertragen hier verzehren, ohne Arbeit und Beschwerd'.« Sie, die Drohnen, symbolisierten demnach also Dummheit und Schmarotzertum.

Daß die Biene als das Symbol des Fleißes und der Sparsamkeit, der Reinheit und Keuschheit und bei allen Völkern West- und Osteuropas auch als das Symbol der Liebe galt und gilt, läßt sich vielfältig belegen, denn: Die Literatur ist dafür bekannt, sie ist überreich an feinsinnigen Gedanken, an Gedichten oder Sprichwörtern. Knappe Redewendungen sind es oft, die in kürzester Form imkerliche Lebensweisheiten beinhalten, auch Witz und pointierenden Humor:

»Wer de honnig äten will, müt ok lien, dat em de beien stäken« (Niederdeutsch).

»Es summt ihm eine Biene unter der Kappe« (= »Er hat einen Sparren«, Englisch).

»Der Honig im Bienenkorb des Glücks wird leicht sauer« (Arabisch).

»Wer Honig will sammeln und Rosen will brechen, muß leiden, daß Bienen und Dornen ihn stechen.«

»Das Herz des Kindes ist ein Wachs, darein kann man drücken ein Rösel oder einen Esel« (Abraham a Sancta Clara).

»Da lat de immeken vor sorgen.« (Ein alter Invalide, der in Amerika unter englischen Fahnen gekämpft hatte, sprach nach seiner Rückkehr mit seinen Landsleuten gern darüber, wie »in der neuen Welt drüben« alles so viel größer gewesen sei als in der Heimat, besonders wären die Bienen so groß wie hier die allergrößten Hummeln. Ein Zuhörer fragte darauf, wie groß denn dort die Bienenkörbe seien. Da ging dem Alten der Faden aus. Er mußte gestehen: »Ebenso groß wie hier.« Als man weiter in ihn drang: »Wie kommen aber die großen Bienen durch das kleine Flugloch in ihren Stock hinein?« half er sich mit der Ausrede: »Da lat de immeken vor sorgen.«)

Sprache und Dichtung bewahren das Erbe

Worte und grammatisch-syntaktische Fügungen bilden unsere Sprache. Sie ist uns etwas Selbstverständliches. Ihr Wortbestand ist der Träger unserer Gedanken, er bietet uns die Möglichkeit der Fixierung und Weitergabe von Erfahrungen. Was seit eh und je und täglich neu an Arbeit und Forschung geleistet und an Erkenntnissen gesammelt wird, im Wortbestand unserer Sprache spiegelt es sich wider.

Jede Wissenschaft hat ihre besondere Aufgabe und darum auch eine eigene Fachliteratur mit entsprechendem Wortschatz. Imker sind keine weltabgewandten Träumer, auch dem vielleicht irgendwo abgeschieden lebenden »Bienenvater« ist längst bewußt geworden, daß mit einem »Lat-de-Immen-det-mal-alleen-maken« heute kein Honig mehr zu ernten ist. Die Bienenhaltung ist zu einer Wissenschaft geworden, zumindest in den letzten Jahrzehnten, sie will sehr ernst studiert sein! Fachzeitungen und Bücher geben Anleitung für die praktische Arbeit auf dem Stand. Aber wir dürfen uns nicht im Nur-Praktischen verlieren. Wer viel liest und viel dazulernt, erleichtert sein eigenes Tun, er erkennt besser Zusammenhänge, der Vorgänge Ursache und Wirkung.

In einem Gespräch über vermeintliche Wißbegierde auch der Imker entgegnete man mir einmal: Die verstehen nichts von deiner Theorie. Meinst du, da schlägt einer mal ein Buch auf? – Solch eine Äußerung stimmt nicht nur nachdenklich, sie verletzt, ich halte sie für eine Unterstellung, sie unterschätzt die heutige Imkergeneration ganz gewiß und trägt auch nicht bei zum Lesen und Verstehenwollen unserer reichhaltigen Bienenliteratur.

Neben dem Fachbuch als Vermittler mehr berufspraktischer Kenntnisse zählt zur Literatur insbesondere die poetische Dichtung, Poesie und Prosa. Sie macht mit ihren Geschichten, Gedichten, Erzählungen, Märchen u.a. auch die Biene und des Imkers Mühen zu ihrem Gegenstand; das Sachliche, Fakten und Zahlen, tritt dabei etwas zurück, dafür sprechen mehr des Imkers Gemüt und Empfinden, also die Wirkung des Erlebens im Umgang mit Bienen. Wir hören von seinen Freuden und Leiden, vom Glück und Einssein des Menschen mit der Natur. Daß mancher Vers in guter Absicht manchmal zuviel Belehrendes enthält oder schon Bekanntes auch mal mit erhobenem Finger kundgetan wird, soll uns nicht weiter stören, das überlesen wir. Größer wird uns die Freude am Buch selbst sein, das Vergnügen, etwas aufzunehmen, aufzuheben im Sinne von Aufbewahren und schließlich Gutes und Wertvolles von dem weiterzugeben, »was die Alten sungen«.

Auch von der Sprachforschung her läßt sich manch Interessantes über das Alter und über die Ausbreitung der Imkerei sagen; imkerliche Begriffe lassen sich aus unserer Gegenwartssprache, dem Neuhochdeutschen, zurückverfolgen bis in das Mittel- oder Althochdeutsche. Sofern uns dafür nicht schriftliche Quellen vorliegen, anfänglich von Mönchen geschrieben, wissen wir allerdings oft sehr wenig über die Bienenhaltung aus frühdeutscher Zeit.

Vor tausend Jahren sprach man bei uns – bis zur Elbe und Saale wohnten vordem

Russisches Imker-Latein. Lithographie von Wilhelm Camphausen (Aus: Düsseldorfer Monatshefte, 1850)

die Slawen – Althochdeutsch, wir können es heute nicht mehr verstehen. Die Veränderung der Wörter seit dieser Zeit verlief nicht zufällig, sondern ganz systematisch, gesetzmäßig. Bestimmte Laute wandelten sich so, daß ihre stufenweise Veränderung als »Lautverschiebung« in unserem gesamten deutschen Wortbestand nachweisbar ist. Sprachwissenschaftler entdeckten überraschenderweise Ähnlichkeiten bei Wörtern im indischen Sanskrit und dem Germanischen und bei weiteren zwischen Indien und Europa früher oder auch heute noch gesprochenen Sprachen. Eine Reihe von

Wörtern in diesem indoeuropäischen Sprachenbereich läßt gemeinsame Wortwurzeln erkennen, sie regen an zu dem Schluß, daß vom Himalaja bis an den Atlantischen Ozean kulturhistorisch enge Beziehungen bestanden. Sofern nun Wörter wie Biene, Honig, Met oder Wachs jeweils eine gemeinsame Wortwurzel haben, kann man daraus auf die ebenso verbreitete Nutzung der Biene schließen. Die Bienenhaltung ist bei den Indogermanen (in der Steinzeit) als sehr wahrscheinlich anzunehmen, möglicherweise ist sie ja überhaupt älter als die Zucht aller unserer Haustiere. Nachstehender Vergleich – die Auswahl erfolgte willkürlich – läßt die Sprachverwandtschaft unter einigen indoeuropäischen Sprachfamilien gut erkennen.

	Biene	Wachs	Honig	Met/Süßigkeit
Griechisch	melissa	keros	meli	oinomeli (Honigwein)
Lateinisch	apis	cêra	mel	
Sanskrit				madhu
Althochdeutsch	bini	wahs	honang	mëto/milska
Altslawisch	bičela	vosku		medu
Russisch	ptschelá	wosk	med	
Englisch	bee	wax	honey	
Französisch	abeille	cire	miel	
Litauisch	bitis	waszkas	medùs	
Niederländisch	bij	was	honing	
Schwedisch	bi	woks	honning	
Altirisch				mid

Die Bienenwohnung heißt im Althochdeutschen *piutta.* Hans Sachs dann sagt: *»Der ber friszt aus den binpeuten.«* Beute ist sprachgeschichtlich verwandt mit Bütte, Beutel und backen (Backtrog!); die Wortwurzel lautet *briti,* daraus wurde *bohren* ebenso *barc* (polnisch), *brt* (böhmisch), *bort* (russisch).

Mehrdeutig und in verschiedenen Verbindungen wurden die Worte Biene und Honig verwendet. Die Biene heißt in den Anfängen des Deutschen *piâ,* es wird im »Deutschen Wörterbuch der Gebrüder Grimm« von *pi* = bauen hergeleitet (vgl. Biber). Wie heute noch im bayrischen Dialekt hieß sie im Mittelhochdeutschen *bîe* oder *beîe; bin* oder *imme* entstammen dem schwäbischen Dialekt. Verwandte indogermanische Formen sind *bitis/bith.*

In einem sehr bildhaften Vers aus dem 13. Jahrhundert heißt es:

alters freude und âbentschîn
mugen gelîche einander sin
sie troestent wol und varnt hin (vergehen)
als in dem regen ein müde bin.

Biene, diese Form – *ie* als Dehnungszeichen – steht im Frühneuhochdeutschen fest seit Luther: *»Die biene ist ein kleines vögelein und gibt doch die allersüßeste frucht.«*

Oft sind *imme* und *bin* gleichbedeutend; aber in einer Abgabeforderung gibt es eine bemerkenswerte Stelle, die einen Unterschied ahnen läßt: *»Es soll beim sterbefall genommen werden ein bin und nicht ein imme.«* Man unterschied also deutlich zwischen Einzeltier und ganzem Volk.

Im Volksbuch über Till Ulenspegel heißt es nicht *imme,* sondern *ym: ». . . und sie kamen zu dem stock, da Ulenspegel innen lag, der was der schwerste, da sprachen sie: das ist der ym.«* – Mit »Bienenbaum« (binbaum, angerbinbaum) bezeichnete man früher Bäume, auf denen die *bienen honig sammeln,* besonders Feldahorn, Linde und Esche.

»Bienenbrot« (*beobread, biebrot)* heißt auch *immbrot, was die bienen zur eigenen nahrung eintragen, das sie zu dem honig backen.*

»Bienenerz« kommt aus der Bergmannssprache, das Wort benennt ausgewittertes, löchriges Erz, aussehend wie eine geschnittene Bienenwabe.

»Bienensaug« (Althochdeutsch *pinisûgar* ≦ *binsuge),* ursprünglich Benennung für Thymian und Melissenkraut, später für *alle von den bienen gern besuchte kräuter und blumen.*

»Bienenschauer«, das Bienenhaus, der Stand (*schur* = Schuppen).

»Bienenzehnt«, eine (Steuer-)Abgabe für die Zeidler. Die Zeidler (als *zîdalari* bekannt seit 950 u. Z.) nannte man auch *biener* oder *beutner.*

In einem Fastnachtspiel lesen wir:

ach der weiber freundlichkeit
ist der honig dieser zeit,
süszer kan auf erden
über sie nichts werden.

Luthers Sprache ist als derb und bildhaft bekannt: *»Der böse geist hat ein verleckert maul, frist gern das allerbest, das niedlichst, das auszerweltest, wie der ber das honig.«*

Um 1600 schreibt Ritter Hans von Schweinichen in seinen »Denkwürdigkeiten«: Einem Honig ums Maul (oder um den Bart) schmieren, ihm schmeicheln, hieß *honic in den munt strichen.* – Von einer schweren, unangenehmen Arbeit sagt man obersächsisch: »Das ist kein Honiglecken.«

Der »Honigmonat« (auch »Honigmond«) benennt einmal den *monat, in dem die bienen honig einsammeln,* dann aber auch die erste Zeit der Ehe, die Flitterwochen. In Frankreich und England sagt man für Flitterwochen »Honigmond« (lun de miel, honey-moon). Goethe warnt ein wenig vor den Kuß- und Flitterwochen: *». . . junge gatten, die . . . mit nicht genugsamen gütern versehen, in diese zustände sich einlassen, mögen ja sich keine honigmonde versprechen.«*

Von dem Regensburger Domherrn Conrad von Megenberg stammt das älteste deutschsprachige Naturgeschichtsbuch über die Bienen (1350), das »Buch der Natur«.

Es war mit Bildern geschmückt. Einem sehr frühen Druck (Augsburg, 1475) sind »mehrere Sammeltafeln als Holzschnitte beigegeben« (Armbruster). Über die Entstehung der Bienen schreibt der Domherr: ». . . es werden peinen aus frischen waldrinderbäuchen, die man urochsen nennt, so man zu Latein bubuli heißet; aber man muß die bäuch mit mist bedecken, so kommen die peinen davon. Es werden auch peinen aus ochsenhäuten, die man in der erde vergräbt.« Wahrscheinlich wurde von ihm die Entwicklung von Bienen wespenähnlichen Schlammfliegen, die sich angeblich aus faulenden Substanzen entwickeln, gleichgesetzt; in ihrem Ursprung übernahm er seine Theorie von römisch-griechischen Autoren.

Über das vor 500 Jahren erschienene Bienenbuch eines Thomas Cantipratensis heißt es in der »Luxemburgischen Bienenzeitung«: »Es wurde in Köln im Jahre 1472 gedruckt. Als Handschrift entstand es um 1230 unter dem Titel ›Bonum univers. d. apibus‹. Das Buch ist in Lateinisch geschrieben. Jede Seite hat zwei Kolonnen, die erste spricht über das Leben der Bienen, die zweite Parallel-Kolonne behandelt theologische Überlegungen über das, was man von Bienen durch Meditation erlernen kann.«

Seit der Erfindung des Buchdrucks (Johannes Gutenberg, um 1450) gab es dann bald mehr solch gelehriger Hinweise über die »Klugheit« der Bienen. Vieles über die imkerliche Praxis läßt sich auch aus alten Weistümern, feudalen Abgabeforderungen und Rechtsordnungen herauslesen. Brauchtum und Gewohnheitsrecht einst freier Bauern fand hier, in herrschaftlichen Forderungen oder in Zugeständnissen verbrämt – gegenüber den Zeidlern –, seinen Niederschlag.

Nochmals zu Thomas Cantipratensis. Im Teil II seines Buches gibt es eine Textstelle, die besonders beachtenswert ist. Hier wird etwas über den Anspruch nach körperlicher, sittlicher Sauberkeit des Imkers gesagt, wie wir es auch aus einem »Calender« gleich noch hören werden, ein Gedanke, der sich in anderen frühen literarischen Quellen wiederholt findet und auf die Stellung des Imkers als eine damals sich aus der Allgemeinheit abhebende Person schließen läßt, ähnlich dem Ansehen des Müllers, Schmieds, Schäfers oder Fischers: »Von den wahren Bienen besitzt ein Teil einen

Trunkene Männer werden von Bienen angefallen. (Holzschnitt aus Olaus Magnus: Historia de gentibus septentrionalibus, Rom 1555)

Niederländische Rutenstülper zwischen Feldblumen. (Kopfleiste vom Titel der Leidener Cantipratensis-Ausgabe, 1515)

Stachel. Mit diesem schaden sie aber nicht dem Sanftmütigen. Wer aber einen schlechten Geruch hat oder von Natur schmutzig ist, den verfolgen und stechen sie« (Deutsches Jahrbuch).

Mit Vergnügen liest man über die Immen in dem besagten Calender aus dem Jahr 1738. Über ihn »ist vermeldet aus Erfurt auf einem Samstag-Markt am Dom eine ergötzliche Erregung. Herangereist aus Leipzig ist Samuel Benjamin Walthern Commissarius, mit einem Karren Büchers endlich zur Stell', schwingt sich auf derer Kisten und rufet aus in einen Trichter: Kaufet Leute, kaufet ihr schöne Frauen. Des curiosen und immerwährenden Astronomisch-Meteorologisch-Oeconomischen Frauenzimmer-Reise- und Hand-Calenders, Zweyter Theil, Worinnen zu finden die Krankheiten derer Menschen und derselben eigentliche Kur, ingleichen was das Jahr hindurch im Hause, Blumen-Küchen- und Baumgarten, wie auch im Felde ordentlich und insbesondere in acht zu nehmen ist, sonderlich auch derer Pferde, Rind und andern, Federvieh und Immen, zufällige Krankheiten und Hülfsmittel wider dieselben . . .«

Soweit ein Teil (!) des Titels. Auf den Seiten 306 bis 311 findet man »Alles von den Bienen, was ihrer Art und Natur anlanget« – »Von den Feinden der Bienen« – »Was den Bienen angenehm ist« – »Was ihnen sehr unangenehm und als Feinde«. Über letzteres steht zu lesen: ». . . so da sind die Schwalbe, der Storch, die Mäuse, die Spechte und Baumhacker, Schlangen, Ameisen und alle Vögel, die ihre Jungen mit Würmern atzen, der Bär als Honigschlecker, das Schafvieh, das die Blumen verunreinigt, der Rauch von gebrannten Krebsen. Die Trunkenbolde und versoffene unflätige Menschen sind die Bienen zu Schaden, wie auch geile Männer und Weiber, desgleichen auch, die so Zwiebeln und Knoblauch gegessen, die Wermuth-Bier oder Branntwein getrunken. Solcher Gestank den Bienen ist zuwider . . .« (Wäre es unzeitgemäß, könnte es von Nachteil sein, dieses Handbuch noch einmal neu aufzulegen?)

Im 17./18. Jahrhundert wurden die Bienen und ihre Produkte in der bürgerlichen Aufklärungsliteratur oft erwähnt. Bei LESSING, GELLERT und GOTTSCHED finden sich in Fabeln und satirischen Anmerkungen Ansätze für eine realistische Wiedergabe gesellschaftlicher Mißstände. So beschwerte sich Lessing schon über verfälschten (verschnittenen?) Honig: ». . . um in ermangelung des corsischen honigs, unserer gemeines honig mit zerquetschten buxbaumblättern oder blüthen abzureiben.«

GELLERT kritisierte in seinem Lehrgedicht »Die Bienen« die Eitelkeit und Anmaßung einzelner Vertreter des bürgerlichen Standes und der überheblichen, »stachligen Partei«; solches Gebaren sei der Harmonie in einer »Republik« nicht zuträglich!

Daß Johann Wolfgang VON GOETHE ein großer Bienenfreund war, nahe seinem Gartenhaus Bienenstöcke aufgestellt und in seiner Bibliothek mehrere Bücher über die Behandlung der Bienen stehen hatte, außerdem gerade über die imkerliche Tätigkeit sehr genau Buch führte, ist uns von Nachforschungen eines Weimarer Imkers bekannt.

Es fällt schwer, aus Goethes Werk einen unserem Anliegen entsprechenden Vers auszuwählen, der diesem großen deutschen Dichter besonders zur Ehre gereicht. Wir wissen, daß ihn auch die Biene zu lyrischer Dichtung anregte, eine Poesie, die bei ihm erhaben ist über konventionelle Reimerei, unendlich höhersteht als alle Versemacherei nur um des schönen Reimes willen. Goethe war auch kein Hofmann: »Die Leute, mit denen ich umgeben war, hatten keine Ahnung von Wissenschaften; es waren deutsche Hofleute, und diese Klasse hatte damals nicht die geringste Kultur.«

Ein Gedicht von ihm ist uns aus der Schulzeit noch gut in Erinnerung, es gehört neben vielen anderen heute zur Weltliteratur: »Ich ging im Walde so für mich hin . . .« Ihm läßt sich ein zweites, jedoch weniger bekanntes an die Seite stellen, das dem erstgenannten ähnlich ist:

Ein Blumenglöckchen
vom Boden hervor
war früh gesprosset
in lieblichem Flor;
da kam ein Bienchen
und naschte fein: –
Die müssen wohl beide
füreinander sein.

Mit Goethe und anderen Klassikern gut bekannt war der Lyriker und Prosadichter NOVALIS. Man sagt ihm, dem Frühromantiker, eine mystische Diesseitsfreude nach. Aber von dorther verstehen sich seine Gedanken über das »Vorgefühl froher Tage« wohl kaum, eher empfindet man diesen Text als Ausdruck hoffnungsvollen Einsseins mit der Natur: *»Es sind nicht die bunten Farben, die lustigen Töne und die warme Luft, die uns im Frühling so begeistern. Es ist der stille weissagende Geist unendlicher Hoffnungen, ein Vorgefühl vieler früher Tage des gedeihlichen Daseins so mannigfaltiger Naturen, die Ahndung höherer ewiger Blüten und Früchte und die dunkle Sympathie mit der gesellig sich entfaltenden Welt.«*

Friedrich SCHILLER hatte nicht diese enge Bindung zur Natur, seine Lyrik erwuchs mehr aus gedanklicher Reflexion. Sein Leben war schwer an Entbehrungen und Krankheit, es mangelte ihm oft an innerer Ruhe und Ausgeglichenheit, die Natur auf sich wirken zu lassen. In dem Schauspiel »Die Jungfrau von Orleans« verwendet er die Bienen als Symbol des kriegerischen Angriffs:

Und wie der Bienen dunkelnde Geschwader
den Korb umschwärmen in des Sommers Tagen,
so goß sich eine Kriegswolke aus
von Völkern über Orleans' Gefilde.

Im vorigen Jahrhundert erweiterte sich das Wissen über den Lebensrhythmus des Biens erheblich, die Mobilimkerei verlangte höhere technische und biologische Kenntnisse als die vorausgegangene Zeidelwirtschaft. Bedeutende Imker des In- und Auslands wurden als Praktiker und Theoretiker zugleich Wegbereiter der heute international kooperierenden Bienenwissenschaft. Zumindest dem Namen nach sind sie uns gut bekannt, in Fachbüchern und Zeitschriften werden uns ihre bahnbrechenden Leistungen in ehrender Weise oft in Erinnerung gebracht: DZIERZON (1811–1906), DATHE (1813–1880), v. BERLEPSCH (1815–1877), VOGEL (1824–1897), PREUSS (1848–1910), GERSTUNG (1860–1925), LUDWIG (1867–1951), LANGSTROTH (1810–1895, Amerika), PROKOPOWITSCH (1775–1850, Rußland), HUBER (1750–1832, Schweiz), v. HRUSCHKA (1819–1888, Böhmen) u. a.

Es käme einer Lebensaufgabe gleich, wollte man das allein von ihnen nachgelassene Schrifttum aufbereiten. Nimmt man die Bienenliteratur bis zur Gegenwart hinzu, so wird sie ihrem Umfang nach geradezu unüberschaubar; denn »wohl 50 000 Schriften bezeugen seit ältesten Zeiten die zahllosen Anregungen, die naturwissenschaftliche Forschung und Praxis, kulturelle und wissenschaftliche Tätigkeit allein der Honigbiene verdanken« (Crompton).

In jahrzehntelanger Arbeit hat Frau Dr. Droege, Berlin, eine umfassende Bibliographie deutschsprachiger Bienenliteratur zusammengestellt: Fachbücher, Bildwerke, belletristische Literatur, Zeitungen, Kalender u. a., für Wissenschaftler, Autoren, literarisch Interessierte, nicht zuletzt für – Imker. Die Literatur über die Biene hält sie für das »wahrscheinlich umfangreichste Spezialschrifttum über eine Tierart überhaupt«. In deutscher Sprache allein seien bislang über 1550 Bücher geschrieben worden. Seit dem ersten periodisch erscheinenden Journal 1845, der »Nördlinger Bienenzeitung«, gab es fast 200 deutschsprachige Bienenzeitungen, unübersehbar und zahlenmäßig nicht mehr zu erfassen die darin veröffentlichten Einzelaufsätze.

In der nun schon über einhundert Jahre alten »schönen« Bienenliteratur gibt es einige Kostbarkeiten, die uns schmunzeln lassen, weil es diesen Dichtern gelang, die »erprobten Imkerregeln nicht langatmig und trocken, sondern möglichst kurz und treffend, dabei heiter und einprägsam auszusprechen«. Vom Praktischen ausgehend, enthält manches auch heute noch geläufige Sprichwort immer einen Kern Wahrheit und hintergründig einen tiefen Sinn:

»Ein Schwarm im Mai, ein Fuder Heu;
Schwarm im Jun', gebratenes Huhn;
Schwarm im Jul', ein Federspul.«
»Halt Immen und Schaf, leg di nieder und schlaf.«

Leider fast unbekannt ist uns heute das von F.W. Knoblauch (1838–1883) amüsant geschriebene Büchlein »Imkerregeln in Knittelversen«. Er »hatte erkannt, daß sich auch ernste Wahrheiten humorvoll sagen lassen und daß einem innerlich frohen Menschen die Arbeit leichter von der Hand geht. Er wußte, daß auch Humor zum Lehrmeister werden kann.« Über die Ablegerbildung reimelte er:

Ableger zu machen
Sind herrliche Sachen,
Nur muß auch da draußen
Die Blumenwelt lachen.
In magerer Zeit
Hat's jeder bereut.
Geschah auch ganz recht ihm:
Er war nicht gescheit.

Mit diesen Versen ergibt sich eine Brücke zu Wilhelm Busch (1832–1908), auch ihm muß der Wert der Ablegerbildung zur Vermehrung der Völker – und um dem Schwärmen zuvorzukommen – bekannt gewesen sein:

» »Wenn man de Schwarmeri nich wör!« «
Sagt Dralle – » »Datt is dat Malör!« «
»Mein lieber Freund, das ist zum Lachen;
Ableger, Nachbar, müßt Ihr machen;
So habt Ihr, ehe man's gedacht,
Aus einem Stocke zwei gemacht;
Ableger, Freund, das heißt Methode!!«
» »Adje! Dat is de nie Mode!!« «

Man fragt sich, ob Wilhelm Busch seine Verse und Bildergeschichten »erfunden« hat oder ob er . . . So ist es, er hatte eine enge Beziehung zu den Bienen! »In den fünfziger Jahren des vorigen Jahrhunderts wurde ich durch einen Bruder meiner Mutter, den berühmten Pastor Kleine, theoretisch und praktisch in die Bienenzucht eingeführt, zu einer Zeit, als die Entdeckungen Dzierzons, für die mein Onkel sehr eifrig kämpfte, uns alle in Aufregung versetzten.« In diesem Brief sagte der alternde Wilhelm Busch auch, daß er früher mal nach Brasilien auswandern und dort eine Bienenfarm gründen wollte, aber es kam anders.

Pfarrer Dzierzon ist uns bekannt als Erfinder der »beweglichen Wabe«, Pastor Kleine in Ebergötzen bei Göttingen war Herausgeber des »Bienenwirtschaftlichen Zentralblattes«. Hierin und in den »Fliegenden Blättern« veröffentlichte Wilhelm Busch kurze Bienengeschichten mit lustigen Zeichnungen (um 1870).

Und genau hundert Jahre später kamen mir diese Zeichnungen – endlich, ich hatte mich schon lange vergebens um sie bemüht – auf beinah kuriose Weise in die Hand. Man möchte es nicht glauben, aber es gibt scheinbar noch Wunder: Beim Altpapierhändler fand ich es, eine Kostbarkeit, fast zerschlissen, ich ließ es neu binden, es wurde wieder ein Buch, und nun bereitet es mir immer wieder Freude: »Schnurrdiburr oder Die Bienen«. Da wird zum Schaden des Käufers Hans Dralles Schwein durch Bienenstiche »fett«. Und wenn der Schwarm loszieht:

»Den Besen schwingt die alte Grete,
Der Kirmesanton bläst Trompete.
Ernst, Fritz und Wilhelm pfeifen, schrei'n;
Der Schwarm läßt sich darauf nicht ein.
Jetzt ist er oben am Kamin,
Der Schornsteinfeger sieht ihn zieh'n . . .«

Der volkstümliche Humor in diesen heiteren Versgeschichten ist allerfeinste Situationskomik, eine wahre Kunst der Charakterisierung des Spießbürgertums in seiner frömmelnden Heuchelei und Einfalt. Wort und Bild ergänzen sich, köstlich die Zeichnungen.

Ob Wilhelm Busch selbst immer so froh und ausgeglichen war, wie er mit seinen Zeichnungen und Versen in uns Freude weckt? Von ihm kann man es wohl nicht sagen, denn er führte in seinem Geburtsort Wiedensahl (bei Hannover) ein zurückgezogenes Leben. Auch er spürte die allgemeine Depression nach der gescheiterten achtundvierziger Revolution und manche Beeinträchtigung durch staatliche und kirchliche Institutionen (»Der heilige Antonius« – »Die fromme Helene«). Er schrieb und malte, isoliert als Einsiedler und ohne weltanschauliche Bindung zu progressiven Kräften seiner Zeit, für glücklichere Menschen, als er es selbst war.

Ähnlich so Theodor STORM (1817–1888), der große bürgerliche Realist. In der Literatur hat er seinen Platz neben Theodor FONTANE, Gottfried KELLER und Wilhelm RAABE. Für seine Novellen und Gedichte fand Storm die Stoffe und Anregungen am Meer, in den Marschen und der dahinterliegenden Heidelandschaft. Nachdenklich stimmt uns sein Gedicht »Abseits«. In dessen Versen sind viele Einzelheiten »eingebettet in das Ganze einer unendlichen Landschaft, in die weithin sich dehnende

Heide, mit der für den Blick scheinbar unbegrenzten blauen Sommerluft, dem aus der Höhe tönenden Lerchengesang und dem aus der Ferne herüberhallenden Schlag der Dorfuhr ... Jedes die Einheit störende Element fehlt, die Verwirklichung des Ideals von Harmonie und Frieden ist in diesem Gedicht anscheinend gelöst. Und dennoch stellt sie der Dichter in den Schlußzeilen wieder in Frage ... Jenseits des Schauplatzes meldet sich eine ganz andere Welt; die Volkserhebung von 1848, der Industrialisierungsprozeß ...«:

Es ist so still; die Heide liegt
Im warmen Mittagssonnenstrahle,
Ein rosenroter Schimmer fliegt
Um ihre alten Gräbermale:
Die Kräuter blühn; der Heideduft
Steigt in die blaue Sommerluft.

Laufkäfer hasten durchs Gesträuch
In ihren goldnen Panzerröckchen,
Die Bienen hängen Zweig an Zweig
Sich an der Edelheide Glöckchen,
Die Vögel schwirren aus dem Kraut –
Die Luft ist voller Lerchenlaut.

Ein halbverfallen niedrig Haus
Steht einsam hier und sonnbeschienen;
Der Kätner lehnt zur Tür hinaus,
Behaglich blinzelnd nach den Bienen,
Sein Junge auf dem Stein davor
Schnitzt Pfeifen sich aus Kälberrohr.

Kaum zittert durch die Mittagsruh
Ein Schlag der Dorfuhr, der entfernten;
Dem Alten fällt die Wimper zu,
Er träumt von seinen Honigernten.
– Kein Klang der aufgeregten Zeit
Drang noch in diese Einsamkeit.

Auf seinen Wanderwegen rund um Berlin in den Dörfern der Mark hat Fontane manchen Imker kennengelernt. Meist waren es Lehrer oder Pfarrer, von ihnen besonders erfuhr er Wissenswertes aus der Orts- und Heimatgeschichte. In seinem Roman »Der Stechlin« erzählt er von einem Schulmeister, der, von den Bienen sehr eingenommen, seine Besucher auf dem Stand in amüsanter Weise über die Immen und Trachtverhältnisse informiert.

Im Band IV der »Wanderungen durch die Mark Brandenburg« findet man das sehr lesenswerte Reisefeuilleton »Kienbaum«. Dieses Dorf zwischen »dem Lande Lebus und dem Nieder-Barnim« wird damals für Fontane als Historiker eine touristische Attraktion gewesen sein. Er sagt: »Was uns aber heut und noch um die Sommerzeit diesem Heidedorfe zuführt, das ist nicht die Poesie seiner stillen Häuschen, das ist einfach die Tatsache, daß Dorf Kienbaum vor hundert Jahren und noch weiter zurück ein *Kongreßort* war, wo die *märkischen Bienenzüchter* oder doch jedenfalls die Bienenwirte von Lebus und Barnim zur Betrachtung ihrer Angelegenheiten zusammenkamen.« Fontane muß dort einen miteilsamen, klugen Gewährsmann gefunden haben, denn seine Niederschrift über das Bienenkundliche dieses Dorfes der »Beutner und Zeidler« setzt geradezu in Erstaunen. –

Bei unserem Weg durch die Literatur, wo wir dem vielfältigen Motiv der Biene nachspürten, blieben Märchen und Fabeln bisher unerwähnt. Aber auch Märchen sind ein Teil unserer Nationaldichtung, ebenso wie Schwänke, Lieder und Sagen, lustige Lügengeschichten oder Spotterzählungen aus Volksbüchern. Fabeln und Tiermärchen (Hase und Igel) sind wie das Tierepos (Reineke Fuchs) literarische Glanzleistungen und als volkstümliche Dichtungen im 18. und 19. Jahrhundert offensichtlich ein Mittel, menschliche Schwächen humorvoll zu karikieren oder Besitzstreben und Herrschsucht der Privilegierten bloßzustellen. So blieb auch das Märchen lange Zeit kein Kontrastbild, sondern ein Wesensbild der Wirklichkeit.

Zu Beginn unseres Jahrhunderts jedoch vollzog sich ein Wandel. Märchen wurden kaum noch geschrieben, weiterhin aber Tiererzählungen. Doch ihnen fehlt nun oft der realistische Gehalt. Sie werden fast ausnahmslos dem illusionären Empfinden des auf gesellschaftliche Harmonie bedachten Bürgers angepaßt. Besonders Ameisen und Bienen liefern wegen ihrer Emsigkeit und wegen ihres einträchtigen Zusammenlebens für phantasievolle Darstellungen den gleichnishaften Stoff. Das mag auch Anregung gewesen sein für den deutschen Kinderbuchautor Waldemar BONSELS (1881–1952). Seine märchenhafte Naturdichtung »Die Biene Maja und ihre Abenteuer«, für uns heute immer noch ein Buch von auch literarischem Wert, erfuhr 32 Übersetzungen; aus deutschsprachigen Auflagen allein wurden von ihm seit 1912 eine Million Exemplare verkauft.

Läge es in unserer Absicht, im weiteren auch noch die ins Deutsche übersetzte ausländische Bienenliteratur zu werten, wir würden wahrhaft Großes entdecken! Beeindruckend und unübertroffen in ihrer Art ist beispielsweise »Die Bienenfabel« von dem englischen Autor Bernard MANDEVILLE (1670–1733), eine Erzählung über die einstige englische Gesellschaft, wo er in charakteristischen Skizzen Minister und Scharfrichter, Anwälte und Dirnen, Soldaten und langhaarige Ganoven, also die ganze »Ober- und Unterwelt« Revue passieren läßt. Mandeville ist wegen dieser Satire auf die englische Gesellschaft angegriffen worden, man warf ihm Zynismus und Übertreibung vor und unterstellte ihm »unanständige Absichten«. Sein Text war für damalige gutbürgerliche Verhältnisse zu realistisch, was ihm fehlte, das waren Schmeichelei und höfisches Verbeugen, und das paßte Schöngeistern und reichen Bürgern eben nicht. Königin – Drohnen – Arbeitsbienen, diese Rangfolge verlockte zum Fabulieren. Mandeville war sich der zu erwartenden Folgen seines Tuns voll bewußt. Er wollte Egoismus und Gewinnsucht als Triebfeder menschlichen Handelns charakterisieren und mit seiner Kritik Mitmenschen von Blindheit befreien.

Mandevilles Texte von der zwar ungerechten, aber Nutzen bringenden Arbeitsteilung im Nebeneinander von Drohnen und Arbeitsbienen haben selbst die Nationalökonomen beeindruckt. In England hatte die Bienenfabel zu Lebzeiten Mandevilles sechs Auflagen, dazu drei Übersetzungen ins Französische, in Deutschland erschien sie 1817. Auch bei uns heute wurde sie wiederaufgelegt – mit Zeichnungen William Hogarths, eines jüngeren Zeitgenossen; seine Bilder und Mandevilles Scharfsinn ergänzen sich.

Bekannt ist auch »Das Leben der Bienen« von dem flämischen Dichter und Philosophen Maurice MAETERLINCK (1862–1949), Nobelpreisträger für Literatur (1911). Er lebte in Paris, schrieb Dramen und Essays, beobachtete die Natur und gab seine

Empfindungen sehr feinsinnig wieder. »La Vie des Abeilles« (Das Leben der Bienen) erschien 1901 erstmals in Deutsch, es wurde in mehrere Sprachen übersetzt; hier als Kostprobe eine Textstelle: »Die Bienen schenken dem Menschen Honig und duftendes Wachs, aber was vielleicht mehr Wert ist als Honig und Wachs: Sie lenken seinen Sinn auf den heiteren Junitag, sie öffnen ihm das Herz für den Zauber der schönen Jahreszeit, und alles, woran sie Anteil haben, verknüpft sich in der Vorstellung mit blauem Himmel, Blumensegen und Sommerlust. Sie sind die eigentliche Seele des Sommers, die Uhr der Stunden des Überflusses, der schnelle Flügel der aufsteigenden Düfte, das Lied der sich dehnenden, ruhenden Luft, und ihr Flug ist das sichere Wahrzeichen, die deutliche musikalische Note der tausend kleinen Freuden, die von der Wärme erzeugt sind und im Lichte leben. Sie lehren uns die zarteste Stimme der Natur verstehen, und wer sie einmal kennen- und liebengelernt hat, für den ist ein Sommer ohne Bienensummen so unglücklich und unvollkommen wie ohne Blumen und ohne Vögel.«

Maeterlinck schrieb nicht nur sehr einfühlsam und anschaulich, er verstand auch das Bildhafte satirisch zu nutzen. Seine Bienentypen haben oftmals einen gesellschaftskritischen Zug an sich, verfolgen wir das mal im Porträt der Drohnen: »Sie tragen einen Helm aus riesigen schwarzen Perlen mit zwei hohen lebendigen Federn, ein Wams von falbem Sammet mit lichten Perlen, ein zottiges Fell und einen vierfachen, starren, durchsichtigen Mantel. Sie gebärden sich im Stock wie die Freier der Penelope im Palast des Odysseus. Sie tafeln und schmausen und führen das müßige Leben von verschwenderischen und rücksichtslosen Liebhabern. Selbstzufrieden und breitspurig versperren sie die Gänge, verstopfen die Tore, stören die Arbeit, rempeln und werden gerempelt und stehen blöde und wichtig da, von blinder, gedankenloser Verachtung aufgeblasen. Um nach Herzenslust zu schlafen, wählen sie sich die wärmste Ecke zur Ruhestätte, erheben sich lässig, um aus den offenen Honigzellen, die am schönsten duften, nach Belieben zu saugen, und beschmutzen die Waben, auf denen sie sitzen, mit ihrem Unrat.« –

In der Lyrik und Prosa unserer Gegenwartsliteratur fällt auf, daß Imker und Bienen zwar Erwähnung finden, aber nicht allein das Thema bilden, mehr wird die Natur in ihrer Ganzheit erfaßt, wo des Menschen Hand natürliches Werden lenkt und schützt. An die Stelle früheren Eins-sein-Wollens mit der Natur tritt deren Betrachtung und mehr wertende Beschreibung. Tier oder Pflanze werden zum Symbol uns bewegender gesellschaftlicher Vorgänge. Im Mittelpunkt steht immer der Mensch in seinen vielfältigen Beziehungen.

Es mangelt aber auch nicht an jener Dichtung, wo Vorgänge und Gegebenheiten in der Natur zum Vergleich und zur Zielstellung für gesellschaftliche Veränderungen anregen. In jüngerer nationaler Dichtung vieler Völker begegnen uns solcherlei Stimmen oft, als Beispiel dafür die »Ode an die Biene« von Neruda. Der chilenische Dichter, Nobelpreisträger, hat Hunderte von Oden geschrieben, meist in reimloser Form, in denen er die Erhabenheit der Natur in ihrer Vielfalt und den Fleiß einfacher Menschen besingt. Aus der Bienen-Ode hier ein Auszug:

Bienen,
nichts als Arbeiterinnen,
spitzbogige Werkfraun,
zarte, funkelnde Proletarierinnen,
vollkommene
tollkühne Milizen,
die angreifen,
selbstmörderischen Stachels,
im Kampf summet,
summt über die Güter der Erde hin,
goldenes Geschlecht,
Geschwärm du des Winds,
schüttelt der Blumen Feuerbrand,
den Durst der Blütenfäden,
den durchdringenden Faden Duft,
der die Tage zusammenfügt,
und,
die feuchten Kontinente,
die fernsten Inseln überfliegend,
des westlichen Himmels,
mehret den Honig.

Wohl wenig bekannt ist, daß Hummeln und Bienen auch Textdichter und Komponisten zu Liedern und größeren Musikstücken angeregt haben. In Kindergärten und in der ersten Klasse singen die Schulkinder die Verse von Hoffmann von Fallersleben: Summ, summ, summ! Bienchen summ herum! Such in Blumen, such in Blümchen dir ein Tröpfchen, dir ein Krümchen! . . . Es ist mit seinen fünf Tonschritten ein leichtes, sehr eingängiges Lied. Und wenn für uns Ältere die Schulzeit schon lange zurückliegt, auch zu folgendem Text haben wir die Melodie noch immer im Ohr: Ich bin die Frau Hummel und bitt' dich, Kathrinchen, komm mit mir zum Bummel, du fleißiges Bienchen. Summ sumserum summ . . . Weiter ließe sich der »Hummelflug« von Rimski-Korsakow nennen, ein Solostück für den Violinvirtuosen. Aber darüber hinaus soll uns mehr und Genaueres der versierte Musikliebhaber sagen. Hören wir dazu Jossif Chalifman (Moskau), was er uns in seinem »Bienen-Rondo« mitteilt:

Es wird manchem Verehrer der schönen Musen entfallen sein, daß die Biene Gegenstand und Anreger vieler Kunstschöpfungen ist. Wie wenigen zum Beispiel ist bekannt, daß die Dürersche Nachbildung der anakreontischen Fabel »Cupido, von Bienen verfolgt« von Daniel Friederici vertont wurde oder daß in der Oper »Berenice« wiederholt Melodien und Motive erklingen, die Händel den Bienen ablauschte, daß Strawinski in seinem Opus 3, dem »Scherzo fantastique«, eine viele Seiten umfassende Naturgeschichte der Bienen in die Sprache der Musik übertrug, daß Brahms in seinem Opus 6 ein Idyll von einer Biene und einer Lindenblüte verewigte. Wir denken auch an das Lied »Die Biene« von Franz Schubert. Wir erwähnen fernerhin Hugo Wolf, der die illustrative Liedfassung des Gedichts »Der Knabe und die Biene« von Möricke schuf. Taubert, der die Musik zu Heckers »Das Bienchen« komponierte, Robert Franz, der das berühmte Gedicht von Heine »Die Lehre« vertonte, eine folgenschwere Geschichte von einer unvorsichtigen Biene und einer brennenden Kerze. Gustav Mahler . . .

Das Verzeichnis jener Dichter, die in ihren Werken der Biene gedachten, ist nahezu unerschöpflich. Von den russischen Dichtern, nur um die namhaftesten zu nennen, wurde sie von Puschkin und Nekrassow, Majakowski und Essenin, Block und Twardowski besungen.

In der schöngeistigen Literatur sicher aller Länder und Sprachen: Romane, Erzählungen, Gedichte – über unsere Bienen, auch Hörspiele, Bühnenstücke und Fernsehsendungen für Kinder. Und immer geht es irgendwie um das Verhältnis Biene und Blüte, Mensch und Umwelt.

Die Biene in der Malerei

Es gibt sehr viele bildliche Darstellungen über die Biene. Bienenstände mit Körben, Walzen, Klotzbeuten oder imkerliche Verrichtungen wie das Wandern, das Einfangen eines Schwarms sind oft das von bekannten Malern gewählte Thema, seit dem 15. Jh. schon, seit dem Beginn des Buchdrucks. Solche Bilder bereichern unsere Kenntnis über die Bienenhaltung früher, besonders über die Waldbienenzucht und Korbimkerei.

»Könnte man über das Thema Biene – Malerei nicht mal in der Sparte einen Vortrag halten?« So wurde ich gefragt. »Im Dezember, die letzte Versammlung, zum Jahresende!« Und die Kerzendreher unter den Imkern, ebenso die Maler, Versemacher, Kunsthandwerker und die Frauen mit ihren Handarbeiten sollten auf dem langen Tisch alle »ihre Werke« auslegen. Das wurde dann auch so. Es waren Stücke dabei, die auf beachtliche Weise zeigten, wie der Mensch seine Welt und die der Bienen sieht, umsetzt, in künstlerischer Form wiedergibt. Die Teilnehmer an dieser Weihnachtsversammlung, und viele kamen gerade diesmal, auch Gäste, waren beeindruckt und des Lobes voll.

Ja, und ich nun mit meinem Bildervortrag. Die beiden Bildwerfer für Großformatiges und für die Dias, in Tüten und Kästen dazu die ausgewählten Vorlagen und Rähmchen. Und noch zwei Bücher: von Rüdiger »Ihr Name ist Apis« und von Armbruster »Alte Graphik der Imkerei«. Anderthalb Stunden sollte der Vortrag dauern, aber die Bilder auf der Leinwand regten zu immer weiteren Fragen an, man entdeckte bestimmte Einzelheiten und vor allem »Ungenauigkeiten«. Das schärfte bei den Betrachtern die Aufmerksamkeit. Ob nun Lucas Cranach, Brueghel, Wilhelm Busch und wer noch, keiner dieser Künstler nämlich hat seine Zeichnung, sein Gemälde mit Imkeraugen gesehen und so gemalt, dann hätte vermutlich jedes Detail gestimmt. Jeder Maler hat sich mehr von seinen künstlerischen Intentionen leiten lassen und von dorther, auch dem Zeitgeist nach diese oder jene Einzelheit verstellt, überbetont, mit anderen Symbolfiguren ins Verhältnis gesetzt oder vielleicht auch ganz weggelassen.

Nachfolgend möchte ich nicht Fragen und Antworten im einzelnen wiedergeben, aber aus diesem Abendvortrag hier nun in erweiterter Form nur auf ein paar »bildliche Darstellungen der Biene« eingehen, die ins Gespräch kamen.

Albrecht Dürer (1471–1528) malte 1514 »Amor, von den Bienen verfolgt«. Von einer Bienenbank mit drei Körben hat Amor, wahrscheinlich wollte er naschen, den einen Korb heruntergerissen. Nun fallen die Bienen im Schwarm über ihn her. Er

Albrecht Dürer (1471–1528). »Amor, von den Bienen verfolgt«, 1514. (Federzeichnung zu Theokrits »Idyllen«)

möchte Pfeile und Bogen von sich werfen und bei einer Jungfrau, sie ist nur leicht bekleidet, umgürtet und trägt eine Fackel, um Hilfe nachsuchen. Jedoch die Schöne hebt nur warnend den Finger, als wollte sie sagen: Siehst du, mein Lieber . . .?!

Bei einer allegorischen Darstellung dieser Art ist jedes Detail von Bedeutung. Es ist dazu bestimmt, den Betrachter auf Konventionen und Bräuche des täglichen Lebens hinzuweisen; in ihrer Gesamtschau lassen sie die tiefere Absicht des Künstlers erkennen. Die dramatisierte Szene auf Dürers Bild mit dem umgeworfenen Korb, mit den sich rächenden Bienen und dem gepeinigten Eros kann man etwa so deuten: »Ein glücklich Volk soll man in Ruhe lassen!« oder: »Wer mit Gewalt verfähred / der wird durch Gewalt versehret!« – Die Fackel gilt einmal als Tugendsymbol und zum anderen verbreitet als ein Instrument aus der imkerlichen Praxis: »Räuchere deine Bienen aus, eh' du sie beschneidest!«

Lucas CRANACH d. Ä. (1472–1553) hat das Amor-Motiv ebenfalls aufgegriffen. »Amor, der Honigdieb, und Venus«, dieses Bild lehnt sich gedanklich an die Komposi-

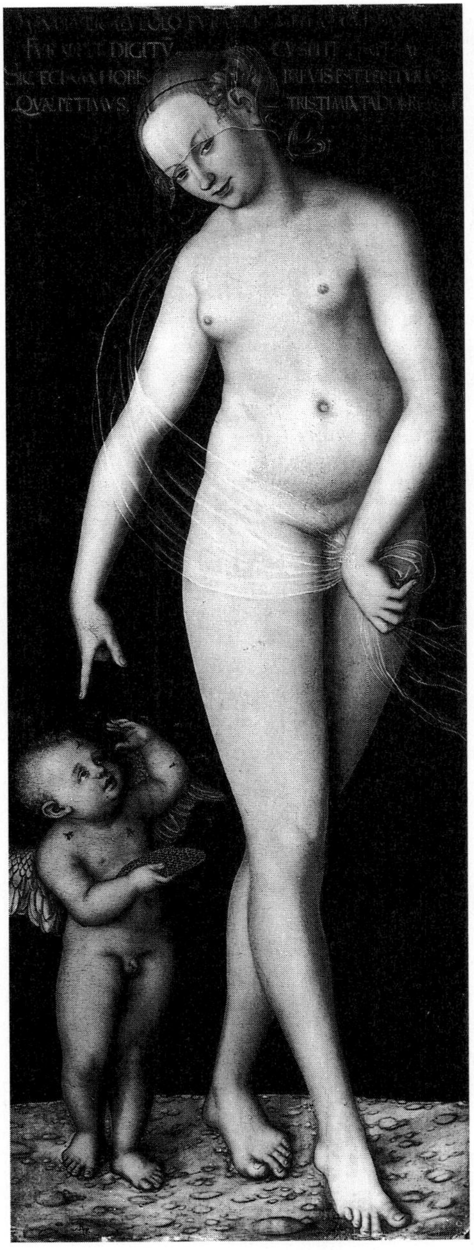

Lucas Cranach d. Ä. (1472–1553). »Amor, der Honigdieb, und Venus«

tion Dürers an. Hier hat Amor bereits ein Stück Honigwabe in der Hand. Eine Biene hat ihn in den Finger gestochen, er hebt flehend die Hand. Venus, seine Mutter, möchte den Schmerz lindern, sie sieht ihn jedoch gar nicht an, zeigt auf den jammernden Honigdieb, sagt nichts, aber denkt sich ihr Teil.

Das Bild enthält etwas Schmeichelnd-Belehrendes, weniger für Amor als für uns, den Betrachter, denn auf ihn richtet sich der Blick der Venus. Die Zuordnung der beiden Figuren läßt den Renaissance-Charakter des Gemäldes erkennen. Typisch sind die betont langen Gliedmaßen, die S-Form des schlanken Körpers und die entgegengesetzte Bewegung der kreuzweise korrespondierenden Körperteile (Ober- und Unterkörper, Arme und Beine). Die Darstellung und Verkörperung der Liebe in dieser Weise entsprach dem damaligen Schönheitsideal. Das Anliegen des Bildes erfahren wir von dem griechischen Dichter Theokrit, anscheinend waren seine Gedanken Anlaß für Cranachs Motivwahl:

Einst ward Eros, der Dieb, von
den zornigen Bienen gestochen,
Als er Honig dem Korb entwendete.
Vorn an den Händen
Hatten sie all' ihm die Finger durchbohrt;
er blies sich die Hände,
Schmerzvoll, sprang auf dem Boden und
stampfte. Jetzo der Kypris
Zeigt er das schwellende Weh' und
jammerte, daß so ein kleines
Tierchen die Biene nur sei und
wie mächtige Wunden sie mache.
Lächelnd die Mutter darauf: »Bist du
nicht ähnlich dem Bienlein?
Schau, wie klein du bist und wie
mächtige Wunden du machest!«

Lucas Cranach d.Ä. (1472–1553): »Venus und Amor«, 1527

Eine Replik, ein ähnliches Gemälde von Lucas Cranach d. Ä. – »Venus und Amor«, 1527 – befindet sich in den Kunstsammlungen des Staatlichen Museums Schwerin. Beide Figuren stehen sich auch hier symbolisch gegenüber. Das liebreizende Fräulein, nur mit einem großen samtenen, roten Hut und mit reichem Halsschmuck angetan, präsentiert sich in recht koketter Pose, eben als verführerische Liebesgöttin. An dem besorgt zu ihr aufblickenden Amor, er streicht sich fast verzweifelt über die Stirn – vielleicht hat ihn ja auch dort gerade eine Biene gestochen –, nimmt sie wenig Anteil. Mit der Rechten hält sich die Dame fest an einem Ast, der zu einem überreich mit Äpfeln behangenen Baum gehört. Dieser Baum versteht sich als ein allgemein bekanntes Sinnbild. So wird der heidnische Legendenstoff mit der christlichen Legende vom Sündenfall des ersten Menschenpaares eng verschmolzen.

Das Thema Liebe und Anmut wird in der Renaissance oft zum Motiv für den bildenden Künstler. Er stellt es szenisch dar aus der Welt der Götter. Gerade bei Cranach bestätigt das Umsetzen des Göttlichen ins Menschliche sehr deutlich das Bemühen um Realität. Wie mit einem aufgeklebten Etikett versah er dieses Gemälde in der oberen linken Ecke (über dem Apfelbaum) mit einem Spruchband, um den irdischen Bezug der Darstellung noch hervorzuheben. Der Text bestätigt, daß Theokrits Vers Cranach als Vorlage diente.

Von Pieter BRUEGHEL d. Ä. (1568–1625) stammt die Federzeichnung »Die Bienenzüchter« (20,3 × 30,9 cm), gezeichnet um 1565, im Französischen benannt mit »Les Apiculteurs«. Zunächst sucht man Einzelnes zu erfassen: drei Männer mit »Bienenhemd« und Schutzmaske, konische, abgeplattete Stülper, im Obstbaum ein Junge, im Hintergrund ein langgestreckter, überdachter Stand, am Ende mit je einem Korb, dahinter am Hang ein Kröpelwalm mit Taubenschlag, ein Glockenturm, links abwärts der Pfad zum schilfumstandenen Bach, unter Kopfweiden eine Wassermühle. Die Vegetation deutet auf das Frühjahr hin, dickblättrig im Vordergrund eine Agave.

Etwas ließ schon gleich aufmerken. Links unten im Bild wie aufgeklebt ein Zweizeiler:

dye den nest Weet dye Weeten
dyen Roft dye heeten

Sinngemäß übertragen:

Wer das Nest kennt, der kennt es /
wer es ausnimmt, der hat (besitzt) es.

Es fällt schwer, den Sinngehalt dieses Verses aus dem Vorgang auf dem Bild herauszulesen, der Text gibt kaum einen Hinweis auf die Darstellung. Und auch nicht auf den Jungen oben im Obstbaum. Oder doch, ist mit *nest* ein jetzt schon hängender Schwarm gemeint, ein Raupennest oder ein Vogelnest? Daß vielleicht im Baum wie auf der Erde alles Störende weggeschafft werden muß, damit die Bienen frei fliegen können?

Viele Einzelheiten des Bildes lassen sich nur deuten und das Ganze im Sinne des Malers werkgetreu erschließen, wenn man zum Vergleich ähnliche zeitgenössische

Pieter Brueghel d. Ä. (1525–1569). »Die Bienenzüchter«

Bildwerke und vor allem beschreibende Texte über die Imkerei damals heranzieht. Fast scheint es, als habe Brueghel hier mehr einzelne Figuren typisiert zusammengeordnet, statt eine zielgerichtete Handlung wiederzugeben. Wird ein Stand auf- oder abgebaut? Bereitet man sich auf eine Wanderung vor? Sind hier (bei Tage?!) überhaupt Bienen in den Körben drin, wo man doch keine fliegen sieht? Warum dann die Schutzkleidung – aber nicht so der Junge?

Man vermißt auf dem Bild den roten Faden, der die Motive erzählend miteinander verknüpft. »Von den vier Personen kümmert sich keiner um den anderen. Jeder bleibt auf sein eigenes Tun beschränkt . . ., so daß es schwer wird zu entscheiden . . ., ob der Arbeitsvorgang ein gemeinsamer ist, ob er als gleichzeitig oder in einer zeitlichen Abfolge aufgefaßt werden muß oder nur als eine aneinandergereihte Aufzählung von Einzelhandlungen« (Deutsches Jahrbuch).

Auch Armbruster kommt nur wenig zu einer anderen Deutung, wenngleich es ihm zutreffend scheint, aus den Details eine Darstellung der Imkerei am Niederrhein herzuleiten. Er meint, »betriebstechnisch ließe sich das Bild so deuten: Imker vom westlichen Niederrhein sind im Begriff, einen Wanderstand im Frühtrachtgebiet zu beziehen.« Weiter heißt es aber dann doch einschränkend: »Der Bauern-*Brueghel* hat offenbar einmal Skizzen gemacht, als er bei einem Wanderbetrieb und wohl auch mal beim Schwarmfang zusah, und diese Skizzen sind hier zu einem Blatt verwendet, das durch seine geschickte Komposition von guter, bildmäßiger Wirkung ist.« –

Nach Brueghels Federzeichnung mußte es im Vortrag nun aber zügig weitergehen. Ich ahnte ja schon, wo es das nächste Verweilen geben würde. »Bitte halt, darüber müssen wir sprechen« – bei Wilhelm Busch (1832–1908). Ich hatte sein »Schnurrdiburr oder Die Bienen« zwar zur Hand, aber daraus legte ich doch nur das eine Bild unter: »Die Rettung des Honigsuchers durch den Bären«. Es handelt sich um ein Motiv estnischer Volksüberlieferung, das Wilhelm Busch bei seinem Onkel, dem Pfarrer Kleine in Lüethorst, zu lesen bekam.

Dieser Bildvorgang über die Rettung eines Jungen als Honigsucher hat nun seine Vorgeschichte, und die erzählte ich: Im Jahre 1523 kam Demetrius Erasmus, ein lateinkundiger Gesandter des Moskauer Großfürsten, nach Rom. Er erhielt in der Engelsburg »prunkvolles Quartier«. Demetrius war als Gesandtschaftsreisender welterfahren. Der römische Bischof Paolo Giovio hörte seinem Erzählen gern zu und schrieb alles ihm bis dahin Unbekannte aus den »östlichen Ländern« auf. Weil es von dort nach Rom bereits einen sehr regen Wachshandel gab (für Wachslichter und Siegelwachs), aber bislang niemand mitgeteilt hatte, wie man im Moskowiterreich zu

»Ach! – wie erschrak der Jüngling da,
Als er das Tier von hinten sah.
Uhuu! – mit schrecklichem Geheul
Faßt er des Bären Hinterteil.
Dem Bären fährt es durch die Glieder,
Der Schreck treibt ihn nach oben wieder.
Er reißt den Knaben aus den Ritzen,
Doch beide Stiefel bleiben sitzen.«

Wilhelm Busch (1832–1908). »Die Rettung des Honigsuchers durch den Bären« (Aus: Schnurrdiburr oder Die Bienen)

Honig und Wachs gelangte, war für den Bischof die Information darüber höchst wichtig. Sein aufgeschriebener Text erschien als Bericht erstmalig 1537 in Basel, aber bald danach gab es durch Übersetzungen in andere Sprachen bis 1600 schon mehr als dreißig Neuauflagen.

Mit dem hier nachfolgend wiedergegebenen kurzen Auszug (aus einer neuen Übersetzung nach dem Original-Text von 1545) erfahren wir Genaueres über die russische Waldbienenhaltung, Honig- und Wachsgewinnung, dann auch über den Vorgang mit dem Bauern und dem Bären (vgl. Deutsches Jahrbuch). Diese Geschichte nun, wiederholt variiert, erschien über die Jahrhunderte in vielen estnischen Büchern und von hier aus auch in der westeuropäischen und sogar amerikanischen Literatur. Und so kam sie auch Wilhelm Busch bei seinem Onkel, dem »seine Schulerziehung übertragen war und mit dem er auch später eng verbunden blieb«, in die Hand. Wir lesen da, was der römische Bischof hörte und aufschrieb:

»Aber Wachs und Honig ergeben die zuverlässigste Ernte, denn das ganze Land ist voll von sehr fruchtbaren Bienen, die den trefflichsten Honig nicht in handgefertigten Bienenbehältnissen der Landleute, sondern in Baumhöhlen erzeugen. Daher sieht man in den Wäldern und dunkelsten Waldschluchten zahlreiche und edle Bienenschwärme an den Ästen der Bäume hängen, die nicht mittels Metallgeläut geschöpft werden dürfen. Oft findet man ungeheure Wabenklumpen an den Bäumen haften und von Bienen verlassen alten Honig, weil die wenigen Bauern in den ausgedehnten Wäldern selten die einzelnen Bäume absuchen, so daß sie oft ungeheure Honiglachen in den bewundernswert dicken Baumstämmen finden. Der Legat Demetrius hat unter vielem Gelächter aller berichtet – wie er eben ein geistreicher und kurzweiliger Mann ist –, daß einige Jahre zuvor ein Bauer aus seiner Nachbarschaft, um Honig zu suchen, von oben in eine sehr große Baumhöhlung sprang, und daß er bis zur Brust im Honig versank, [und] zwei Tage sein Leben nur durch Honig erhielt, da in dieser Waldeinsamkeit die Stimme des um Hilfe Flehenden nicht an die Ohren der Vorübergehenden dringen konnte. Schließlich aber, als er an der Rettung verzweifelte, wurde er durch einen wunderbaren Zufall, durch die Hilfe eines gewaltigen Bären, herausgezogen. [Er] kam frei, da das Untier sich zufällig hinabließ, um nach Menschenart Honig zu essen; er packte die heraushängenden Nieren [soll heißen: Hoden] mit den Händen, brachte ihn, mit vielem Geschrei plötzlich erschreckt, zum Hinausspringen. So wurde er herausgezogen.« (Hier in der Demetrius-Erzählung ist der Honigsucher ein Bauer, bei Wilhelm Busch ist es Eugen: ein »Jüngling«.)

Brueghels Zeichnung betrachteten wir aus ikonographischer Sicht, bei dieser hier von Wilhelm Busch interessierte uns die Bild-Geschichte, der historische Hintergrund – und wer ihn nun kennt, der sieht mehr als nur das vordergründige Humorvolle der Rettung Eugens durch den Bären im VI. Kapitel des »Schnurrdiburr«. –

Im Vortrag nun weiter: Ludwig ARMBRUSTER. Bescheiden stellte er seinem Graphik-Buch eine kurze Notiz voran: »Das folgende soll zugleich ein Beitrag sein für ›die Biene in der *Kulturgeschichte*‹, also in der Kunst, in der Literatur und im Geistesleben überhaupt. Es wurde insbesondere deutsche Graphik im weiteren Sinne herangezogen. Fast immer gehört zu den Bildern auch ein Text, er wurde mehr nur beigezogen, um das Bild zu erläutern . . .«

Das alles hört sich sehr vereinfacht an, aber Armbruster weiß sehr wohl, worum es geht, was er erreichen will – ein Gedanke, der auch hier unserem Bemühen entgegenkommt: »Das Kapitel ›Biene in der Kunst‹ ist zugleich . . . ein Kapitel zur *Geschichte* des *Beobachtens* dieser spez. Naturerkenntnis.« Er will uns also lehren und befähigen, über die Kunstwerke die Biene und die Imkerei zu sehen – und umgekehrt!

In meinem Bilder-Vortrag konnte ich auf Armbrusters großes Thema »Die Biene in der griechischen Malerei, Juwelierkunst und Plastik« nicht mehr eingehen. An Graphiken und Illustrationen gab es in seinem Buch ohnehin so viel Sehens- und Wissenswertes, daß die Anwesenden in ihrer Bewunderung und Hochachtung gegenüber den Buch- und Malkünstlern im Mittelalter unsere heutige Bienen-Bildkunst als thematisch »übertechnisiert« und einfallslos bezeichneten.

Etwa zwei Dutzend ausgewählte Darstellungen über Bienen, Imker usw. legte ich noch aus Armbrusters Graphik-Sammlung unter den Bildwerfer, Abbildungen als Wiedergabe aus Gartenbüchern, Fabelbüchern und Kalendern. Noch viel mehr wäre zu zeigen gewesen, hätte es nicht an Zeit gefehlt: Tier- und Kräuterbücher, Honigbücher, Wortbücher, Stundenbücher, Rechtsbücher und dazu noch »Emblemata«, »Exlibris«, »Wasserzeichen« u. a.

»Einfach bewundernswert, wie vielfältig die Einbeziehung der Biene in die Literatur und Malkunst früherer Jahrhunderte«, sagte einer der Anwesenden. »Wie groß doch die Leistung dieser Künstler.«

Bienenwanderwagen (Holzschnitt aus Olaus Magnus: Historia de gentibus septentrionalibus, Rom 1555)

»Aristäus, Erfinder des Honigs« (Nach einer Zeichnung des Frans Floris von Hendrick Goltzius in Kupfer gestochen, um 1600)

Seite 140: Der heilige Ambrosius, Erzbischof von Mailand, gestorben 397 (Dekorative Ofenkachel aus einem süddeutschen Kloster, 18. Jh.)

Jetzt gab es eine spürbare Ermüdung. Aber dafür hatte ich mir ja zum Schluß das »Apis-Buch« parat gelegt. In dem Vorwort darin sagt K.A. Förster, daß ihn erstaunte, immer wieder aufs neue zu erfahren, welch »wichtige Rolle die Biene seit den ältesten Zeiten nicht nur in wirtschaftlicher, sondern auch in kultischer Hinsicht gespielt hat«. Ein halbes Jahrhundert lang habe er alte Stiche, Bilder und Bücher über das Bienenleben gesammelt, die nun den Grundstock zu diesem Buch bildeten. Und was für Bilder! In Schwarz-Weiß meist als Buchschmuck, beeindruckend die großformatigen in Farbe.

Zu später Stunde nun war leider keine Zeit mehr zum längeren Erklären. Ich begann mit dem kraftstrotzenden »Aristäus, Erfinder des Honigs«, Sohn des Apollo und der Nymphe Cyrene, zeigte als vorletztes Bild schließlich eine dekorative »Ofenkachel aus einem süddeutschen Kloster (18. Jh.)« mit dem Bild des »Heiligen Ambrosius, in Trier geboren, Erzbischof von Mailand, Schutzpatron der Imker, 397 gestorben«. Und dann, endlich, als das wirklich letzte und für diesen Abend für manchen wohl schönste Werk: Leonardo da Vincis berühmte »Flora«-Büste (Staatliche Museen Berlin-Dahlem). Die lächelnde Flora, ein »fast lebensgroßer Hohlguß in Wachs, das in der Renaissancekunst häufig als plastisches Material verwendet wurde«.

Ein Bildervortrag. Ein Abend, von dem aus mancher Imkerfreund befriedigt heim ging, so glaube ich, und seine Bienen fortan auch mit ein wenig anderen Augen sah.

Numismatik und Philatelie

Viele Wissenschaftler arbeiten heute in Forschungsinstituten im Bereich der Bienenwirtschaft, ihre Publikationen vermitteln so viel Wissenswertes, daß der einzelne Imker nicht alles zu lesen vermag oder gar versuchen könnte, für ihn dargestelltes Neues einmal selbst auszuprobieren. Und mehr noch als das geschriebene Wort regen uns Gespräche an, wenn wir hören oder sehen, was es auf weniger bekannten Gebieten der Freizeitbeschäftigung Interessantes gibt. Da kann sehr schnell der begeisternde Funke überspringen . . .

Lange Zeit beschäftigte ich mich wenig mit geschichtlichen Dingen der Bienenhaltung (wohl deshalb, weil mich allein die Praxis des Imkerns anfangs sehr in Anspruch nahm). Bis ich eines Tages einen passionierten Briefmarkensammler kennenlernte. Da ich mich natürlich für eine bestimmte Thematik seiner Sammlung besonders interessierte, legte er mir Alben mit Postwertzeichen vor, die allerschönste Bienen-, Hummel- und Pflanzenmotive erkennen ließen.

Und als ob der Zufall es wollte, sein Sohn, ein angehender Münzsammler, hatte auch gleich eine norwegische Kupfermünze von 1962 – zehn Öre – mit einem Bienenmotiv zur Hand. Damit begann es . . .

Seite 141: »Flora«-Büste von Leonardo da Vinci (Ein fast lebensgroßer Hohlguß in Wachs. Staatliche Museen Berlin-Dahlem)

Mein Weg führte mich dann bald nach Berlin, in das Münzkabinett, in das Ägyptische Museum, in das Pergamon-Museum – zu Philatelisten, zu Numismatikern, Ägyptologen und Kennern der assyrisch-babylonischen Keilschrift.

»Können Sie mir vielleicht sagen, ob die Bienen auch schon im Altertum . . .?« Überall genügten die Stichworte »Biene« und »Honig«, und neben umfangreicher Literatur lernte ich Quellen und manches Belegstück als stumme Zeugen aus dem Altertum kennen – als Beweise für eine schon beachtlich entwickelte Bienenhaltung vor mehreren tausend Jahren.

Eine Frage sei im voraus noch hervorgehoben und kurz beantwortet: Besteht zwischen dem lateinischen Wort *apis* (Biene) und Apis, dem Namen für den in Ägypten einst verehrten Stier, ein sprachgeschichtlicher Zusammenhang, welcher Art könnte die Beziehung zwischen Rom und dem ägyptischen Apiskult gewesen sein?

Die »Bugonie-Fabel« (Stierfabel) hat ihren philosophischen Ursprung in der Lehre des Euhemerismus (Alexandria). Danach sollten sich unter Einwirkung des Sonnenlichts aus der feuchten Erde nicht nur Pflanzen, sondern auch die Ausgangsstoffe der Tierwelt entwickeln, so auch die für den Stier und für Insekten. Die Beziehung zwischen Bienen und Stier ist vor allem mythologisch gefördert worden durch Verknüpfung der aus Indien her bekannten göttlichen Symbolik der Biene mit der Funktion des ägyptischen Stiers. Man nahm an, die Bienen entwickelten sich aus dem Kadaver eines Stiers, die »Königsbienen« aus dem Gehirn und Rückenmark, aus dem Fleisch die Arbeitsbienen. Dabei würde die Kraft des Stiers durch die Metamorphose des Verwesungsprozesses auf die »stiergezeugte Biene« übergehen. Auch Ovid erzählt diese Bugoniefabel, er begründet dabei die Weitergabe der Stier-Seele: »Die Seele des Stiers geht, weil er so viele Pflanzen gefressen hat, zur Strafe in unzählige Bienenseelen über, welche die Pflanzen liebkosen, ohne sie zu verletzen.«

Die Bugoniehypothese geisterte nun anscheinend durch die Weltliteratur. Ein Beispiel: In Straßburg wurde 1502 Vergils großes Vers-Epos »Georgica« gedruckt, ein versierter Illustrator zeichnete dazu handlungsreiche Szenen. In einem Graphikbuch gibt Armbruster daraus eine Zeichnung wieder, mit folgendem Text: ». . . sonst sind noch drei Stierköpfe zu sehen und ein Stierhinterteil. Zum Teil scheinen die Stiere vergraben, zum Teil in Auflösung begriffen . . . Beim vordersten derselben steht ein Mann; der mit Ruten auf den Stierkopf zuschlägt. Es ist die Erfindung des ARISTAEUS dargestellt, wie man *aus toten oder getöteten Stieren Bienen hervorzaubern kann.«*

Die einleitend gestellte Frage nach der Beziehung von *apis* und Apis ließe sich dann so variieren: »Die Bienen aller Art, die Apiden, als Kinder des Apis-Stiers? Der Stier – der Urvater der Bienen, der ›pater apium‹? Ein philologisch verlockender – Kurzschluß« (Rüdiger). Eine zuständige Fachabteilung der Leipziger Universität gab zum Sprachgeschichtlichen folgenden Hinweis: Der Name Apis für den ägyptischen Stiergott ist die gräzisierte Form der ägyptischen Namensform *hp;* die Etymologie ist umstritten. Die lateinische *apis*-Biene kann damit sehr wahrscheinlich nicht in Zusammenhang gebracht werden. Ihr Name geht über das griechische Wort für »Mücke« o.ä. auf eine indogermanische Wurzel zurück.

Viele griechische Städte haben die Biene als Prägesymbol verwendet. Eng damit zusammen hängt der Kult der griechischen Jagdgöttin Artemis, auch sie wird wieder durch die Biene symbolisiert. Die Ephesische Artemis erhielt den Beinamen *Mylitta* (Geburtsgöttin), ihre Begleiterinnen hießen *Melittai* (Bienen). Hier bestehen Zusammenhänge mit ganz alten Glaubensvorstellungen, wie sie weit im Orient und bis nach Afrika, Indien und Asien verbreitet waren.

Griechische Münzen tragen zahlreich diese Tiersymbole. Statt des Stiers findet sich auch vereinzelt ein Damhirsch, auf der Vorderseite einer Drachme von Elyros auf Kreta sogar eine kretische Ziege, auf der Rückseite dazu eine Biene zwischen den Buchstaben MI. Diese Großbuchstaben benennen meistens die Stadt, wo das Geldstück geprägt wurde. Auf einigen Münzen sind Apollon und der Kopf des jugendlichen Helden Herakles abgebildet. Ein Bild zeigt in beinah idyllischer Weise Zeus und vor ihm, aus einem Blumenkelch saugend, eine Biene.

Das Berliner Münzkabinett ist eines der größten der Welt, es enthält über 100 000 griechische Münzen, 50 000 römische, 155 000 mittelalterliche und neuzeitliche, 35 000 orientalische sowie 80 000 Papiergeldscheine. Die Sammlung kehrte zusammen mit den Schätzen der Dresdner Kunstsammlung im November 1958 aus der Sowjetunion zurück, wo sie seit Kriegsende verwahrt »und gut betreut wurde«.

Die Sammlung enthält aber auch noch viele tausend Medaillen und Gemmen (Edelsteine für Ringe und Anhänger mit eingeschnittenen Bildnissen). Mehrere Gemmen zeigen kleine Szenen: Eine Biene führt einen von zwei Käfern gezogenen Pflug; zwei Bienen ziehen selbst einen Pflug, der von einer Heuschrecke, die eine Peitsche schwingt, gelenkt wird; in einer lustigen Weinbergszene vergnügen sich Amoren unter vielen Tieren bei der Weinlese.

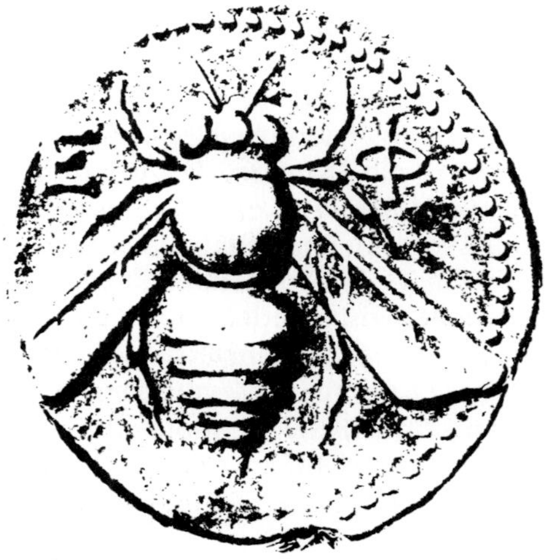

Griechische Münze aus Ephesus in Ionien, 3. Jh. v. Chr. (Stilisierte Biene mit den Anfangsbuchstaben der Stadt)

Hieroglyphen, alte ägyptische Schriftzeichen

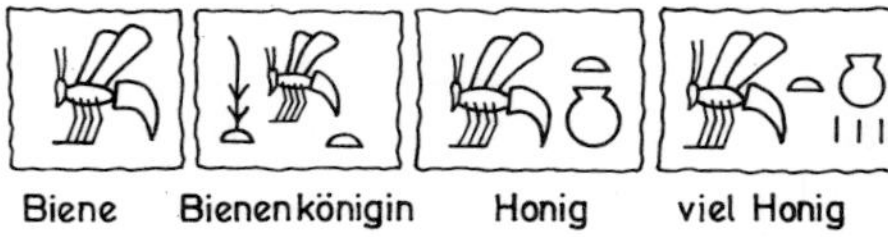

Auch auf Medaillen, ehemals von Fürsten, Städten, Bankinstituten u. a. an besondere Ehrengäste, Ehrenbürger oder verdiente Mitarbeiter vergeben, sieht man Bienen sowie den Bienenkorb als bekannte Motive mit besonderem Symbolgehalt.

Aus Ägypten kennen wir ein naturgetreu gemaltes Bild der Biene noch nicht; auf den Papyri mit der vereinfachten Bilderschrift ist sie stilisiert, aber sehr gut erkennbar. »Die Biene heißt bei den Ägyptern *ab-en-ebio*, d. h. Fliege vom Honig. Wollte man in der jüngeren ägyptischen Bilderschrift die Weisel bezeichnen, so wurde neben dem Bild der Biene das Zeichen des Pharao angebracht, wobei die Zeichen unter den Bildern das weibliche Geschlecht bedeuten. Man kann daraus schließen, daß die Ägypter die Weisel als den Herrscher im Bienvolke betrachteten und auch über die Geschlechtsverhältnisse unter den Bienen orientiert waren« (Imkerl. Fachkunde). –

Freude bereitet es, das Thema Biene in der bunten Welt der Briefmarke näher zu betrachten. Marken mit Motiven aus der Imkerei gibt es seit den ersten Jahren nach dem zweiten Weltkrieg; Rumänien und die UdSSR machten hiermit den Anfang. Wir wollen unser Thema Biene nicht zu eng sehen, die verschiedensten *Motivreihen* zeigen, wie vielseitig es aufgegriffen werden kann: »Ein beliebtes Gebiet des Motivsammelns ist das Sammeln von Tieren . . . Schon allein die Vielfalt dieses Motivs, die Schönheit und Mannigfaltigkeit der Verwendung ein und derselben Tiere im Markenbild, reizt den Sammler, sich näher damit zu beschäftigen.«

Solch eine Motivreihe wäre beispielsweise gut möglich über die Honigbiene (Apis mellifera) mit Marken aus der früheren DDR, aus Polen, der ČSFR, Rumänien, der Schweiz, aus Spanien, Italien, Istrien, Triest und Südkorea. Ebenso ließen sich Motivreihen aufbauen mit Bienenweidepflanzen, mit Abbildungen verschiedener Arten des Klees, verschiedener Weidengewächse, des Apfelbaums, der Kirsche, des Pfirsichs, der Linde, der Robinie, der Kornblume (!) u. a.

Motivreihen dürften auf Ausstellungen für die Philatelie sehr werbewirksam sein. Um die Bedeutung der Biene mit der von ihr besorgten Pflanzenbestäubung hervorzuheben, scheint mir aber eine *thematische Sammlung* geeigneter. Ein größeres Thema regt den Sammler zu echter Forschungsarbeit an und erlangt somit einen besonderen Bildungswert. Die thematische Sammlung umfaßt mehrere Motivreihen, sie erschließt den Lebensbereich des einzelnen Tieres in seiner größeren Gemeinschaft; denkbar wären folgende Themen: »Pflanzenbestäubende Insekten« – »Bienen und Blüten« – »Bienenweidepflanzen« – »Windblütler« – »Stein- und Beerenobst« – »Apimondia-Kongresse«. Unsere Honigbiene gattungsmäßig zu erfassen ist möglich unter dem Thema »Die Familie der Bienen (Apidae)«; zu den bereits genannten Wertzeichen mit Darstellungen der Biene sollte man die Glanzhummel *(Bombus lucorum* – Finnland) und die Erdhummel (*Bombus terrestris* – Polen, Schweiz) dazuordnen. Die *Abbildung* auf S. *146* zeigt solch eine thematische Zusammenstellung (aus Japan). Oft gibt es dazu noch einen Begleittext, so auf Ausstellungen meist üblich, der auf einen besonderen Gesichtspunkt der Sammlung verweist.

Ausgesprochen schön sind die sehr farbigen Marken mit dem »Bienenfresser«; diese 14 Postwertzeichen wurden und werden überwiegend in afrikanischen Staaten

Postwertzeichen einer (kulturhistorischen) thematischen Sammlung: Wandzeichnung Bicorp/Valencia – Biene in der ägyptischen Mythologie (Hieroglyphen; 50jährige Wiederkehr der Ausgrabung der Statue des Pharaos Tutenchamun) – Orden der Arbeit, Italien – Papstwappen mit Bienenkorb – Korbimkerei, Polen – Teile bemalter Klotzbeuten, ČSFR – Münze, Malta

herausgegeben. So gehören im LIPSIA-Markenkatalog zur Familie dieses Bienenfeindes *(Meropidae)*: Bienenfresser, Blauwangenspint, Scharlachspint, Müllers Feldspint, Zwergfeldspint, Rotkehlspint, Schwalbenschwanz-Bienenfresser.

Von vielen Apimondia-Kongressen her kennen wir ebenfalls Marken mit imkerlichen Motiven (beispielsweise ČSFR, 1963 – Rumänien, 1965, u.a.), Sonderstempel mit Bienenmotiven anläßlich internationaler Bienenzüchterkongresse verwendete man z.B. in Wien (1956), Rom (1958), Moskau (1971).

Es gibt heute in aller Welt nahezu 350 000 verschiedene Postwertzeichen mit allen nur denkbaren Motiven. Erfreulicherweise wurde der Lebensbereich der Biene bei der Themenwahl für die Markengestaltung auch seitens der deutschen Post schon oft und immer wieder aufs neue berücksichtigt.

Blüten und Bienen gehören zusammen

Das entdeckte Geheimnis

Bei der Würdigung des Bienenfleißes verweist man in Illustrationen, Kinderbüchern oder Honigwerbungen gewöhnlich nur auf den Nahrungserwerb der Biene: Sie sammelt für uns Menschen den Honig. Diese einseitige und außerdem unrichtige Vorstellung über den Nutzen der Biene ist sehr verbreitet. Bekanntlich sammelt sie nicht Honig, sondern Nektar und verwandelt diesen erst zu Honig; ihre weitaus größere Leistung besteht in der Bestäubung der Blüten. Der Bestäubungsnutzen ist bei uns wertmäßig etwa zehnmal so groß wie der des Honigs und des Wachses. In Ländern mit Monokulturen, wo Bienenvölker nur für die Bestäubung gehalten, verkauft oder für diesen Zweck gegen hohes Entgelt ausgeliehen werden, beträgt der Bestäubungsnutzen das Fünfzig- bis Hundertfache des Honigertrages.

In der Presse und bei Werbungen, besonders im Schulunterricht sollte man diese enge Beziehung zwischen Bienen, Blüten und der Nahrungsgüterproduktion mehr bekanntmachen. So würden die Leistungen der Bienenhalter höher bewertet, und bei vielen Menschen weckte man ein größeres Verständnis für die Bienenzucht.

Die *Ökologie* beschäftigt sich als Wissenschaft mit den Wechselbeziehungen zwischen Lebewesen und ihren Organen einerseits und ihrer sowohl leblosen als auch lebenden Umwelt. (Ökologie, griech. *oikos* = Haus, Haushalt, *logos* = Lehre.) Über den Vorgang der Frucht- und Samenbildung weiß man erst seit der Entdeckung der Sexualität auch der Pflanzen, etwa seit Beginn des 18. Jahrhunderts. Der Direktor des Tübinger Botanischen Gartens, Rudolf Jakob Camerarius (1665–1721), sagt in seiner »Epistola de sexu plantarum« 1694 über Experimente zum Nachweis der Sexualtheorie der Pflanzen, daß die Frucht das Zusammenwirken der beiden Geschlechtsteile voraussetzt.

Joseph Gottlieb Kölreuter (1733–1806), Botaniker in Karlsruhe, nennt in seinen »Vorläufigen Nachrichten von einigen das Geschlecht der Pflanzen betreffenden Versuchen« neben dem Wind als Bestäuber auch bereits Nektar sammelnde Insekten.

Bedeutsam für die Kenntnis der Blütenbestäubung war die »Blumentheorie« des Berliner Lehrers, Naturfreundes und Forschers Christian Konrad Sprengel. Anläßlich seines 150. Todestages veranstaltete die Deutsche Entomologische Gesellschaft ihm zu Ehren eine Festsitzung in der Humboldt-Universität zu Berlin. In Festansprachen würdigte man die Leistungen Sprengels, des Begründers der Bienenbiologie. Im Botanischen Garten in Berlin trägt ein großer Stein folgende Inschrift:
Dem Entdecker des Geheimnisses in der Natur, im Bau und in der Befruchtung der Blumen, Christian Konrad Sprengel, geboren 22. 9. 1750 in Brandenburg a. d. Havel, gestorben 7. 4. 1816 in Berlin

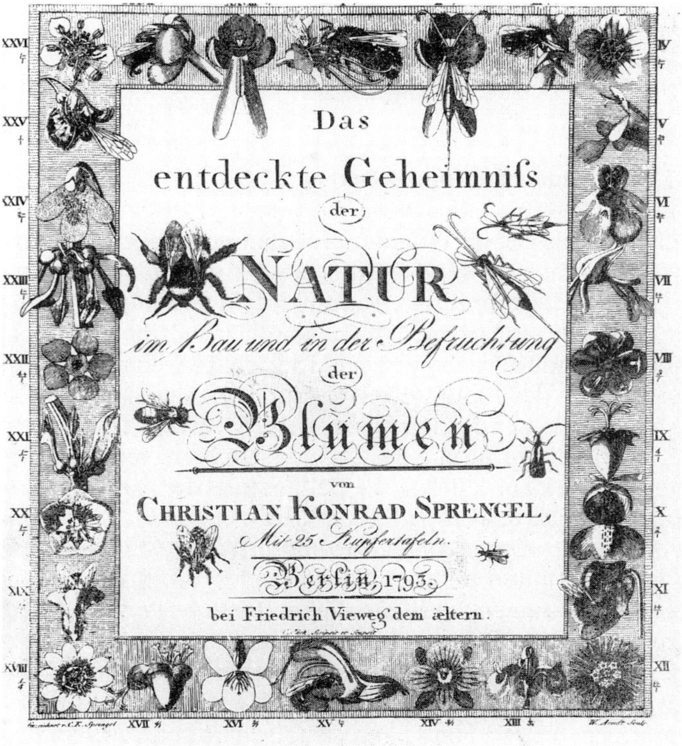

Titelblatt des Hauptwerks von Christian Konrad Sprengel

Umrahmt wird diese Inschrift von stilisierten Blüten, wie sie sich auch auf dem Titelblatt seines Hauptwerkes finden. Sprengel war von Hause aus kein Naturwissenschaftler, er hatte (als 15. Kind eines Geistlichen) gegen seine Neigung Theologie und Philologie studieren müssen und war in Berlin als Lehrer und dann als Rektor einer Spandauer Schule tätig. Es ist anzunehmen, daß Sprengel mit Dr. Ernst Ludwig HEIM, nach dem das Heim-Krankenhaus in Berlin-Buch benannt ist, befreundet war. »Dieser erfolgreiche Arzt, Dr. Heim, sollte für Sprengel noch eine besondere Bedeutung erhalten. Heim war nicht nur Arzt, er besaß auch botanische Kenntnisse . . . Neben seiner umfangreichen Praxis hatte er in Tegel den achtjährigen Alexander VON HUMBOLDT in die Pflanzenkunde eingeführt und damit wohl auch den Grund zu dessen späterer Entwicklung als Naturforscher gelegt. Heim hatte bei seinem schwächlichen Körper selbst die Annehmlichkeit des Botanisierens empfunden und riet nun Sprengel, der ihn als Arzt konsultierte, das gleiche im Hinblick auf seine Gesundheit zu tun, nämlich Pflanzen zu sammeln und sich dabei tüchtig zu bewegen, damit die ›faulenden Säfte im Körper in Bewegung kommen‹ und der Mensch ein anderer wird! So weckte Heim in dem jungen Sprengel eine ursprünglich vorhandene Neigung zur Naturbeobachtung.« Heim war es auch, der Sprengels großes Lehrbuch über »Das entdeckte Geheimnis der Natur im Bau und in der Befruchtung der Blumen« als erster zu schätzen wußte: »Sein Werk ist ein Meisterstück, ein Original, welches ihm Ehre macht . . .« Von seinen Zeitgenossen wurde Sprengel meist verlacht. Erst durch den englischen Naturforscher DARWIN fanden seine Erkenntnisse volle Anerkennung.

Sprengel untersuchte alle ihm zugänglichen Pflanzen, von 488 fertigte er genaue Beschreibungen an, dazu 1076 Abbildungen. Er systematisierte Pflanzen und Blüten nach ihrem Aufbau und erkannte Gesetzmäßigkeiten bei den Bestäubungs- und Befruchtungsvorgängen. Insekten wurden nach seiner Meinung angelockt durch den Duft der Blüte, durch ihre Farbe und andere Saftmale, wie er die Wegweiser zum Nektar nannte. Er unterschied Windblütler und Insektenblütler. Der Beweis für die Notwendigkeit der Insekten als Blütenbestäuber ergab sich für ihn aus folgendem: Bei Pflanzen derselben Art entwickeln sich in zwittrigen Blüten die Staubgefäße und der weibliche Blütenteil zu unterschiedlicher Zeit, entweder zuerst die Staubbeutel und dann der Griffel mit der Narbe, oder es entfaltet sich bereits die Narbe, und erst später reift der Pollen. Eine Selbstbefruchtung (Autogamie), die Verschmelzung von Blütenstaub und weiblichen Zellen einer Blüte, ist deshalb nicht möglich. Auf Grund dieser Narben- oder Pollenvorreife muß also der Pollen aus einer männlichen Blüte im Reifezustand auf solch eine Blüte übertragen werden, bei der im voraus der weibliche Blütenteil ausgereift ist. Bei Klee, Rübsen, Mohn u. a. Pflanzen ist der blüteneigene Pollen selbststeril; es muß demnach der Samenbildung eine Fremdbefruchtung (Allogamie) vorausgehen. Und hier verrichten nun die Insekten, besonders die Bienen, ihren Dienst. Bei vielen Obstarten beispielsweise besorgen fast allein sie die Bestäubung.

Im Jahre 1811 schrieb Sprengel: »Die Nützlichkeit der Bienen und die Notwendigkeit der Bienenzucht«, sein zweites Buch. Es enthält die Nutzanwendung seiner Erkenntnisse aus jahrzehntelangem Suchen und Forschen, es lehrt und zeigt, wie sich die Theorie mit der Praxis vereinen läßt; auch wir können ihm heute noch lohnende Hinweise für die Pflanzenproduktion entnehmen.

Als die Berliner Bauern über ihre Buchweizenernte in der Hasenheide und auf dem Tempelhofer Feld klagten, sie schoben alle Schuld auf das Wetter und den mageren Boden, bewies ihnen Sprengel, daß der dürftige Ertrag auf fehlende Bienen zurückzuführen ist. Zum Nachweis seiner Behauptung überspannte er insektenblütige Pflanzen mit feiner Gaze; sie erbrachten einen geringeren oder gar keinen Samenertrag. Solch ein Experiment wird die Bauern von der Notwendigkeit des Bieneneinsatzes augenscheinlich überzeugt haben.

Den meisten seiner Zeitgenossen war Sprengel mit seinen Ansichten über den Wert der Bienenhaltung voraus. Er meint, die Bienen seien »weit nützlichere Tierchen, als man bisher geglaubt hat«, sie gehörten »zu den vorzüglichsten und unentbehrlichsten Haustieren«. Die Bienenzucht diene »nicht nur dem Wohlstand einzelner Personen«, sondern der »Wohlfahrt aller Einwohner eines Landes«. Sprengel sieht in der Tätigkeit des Imkers fast eine soziale Verpflichtung. Er erteilt auch praktische imkerliche Hinweise. Bemerkenswert und außerordentlich bedeutsam ist seine Erkenntnis über den indirekten, über den Bestäubungsnutzen der Biene: »Die Gewinnung an Honig und Wachs ist nicht der Hauptzweck der Bienenzucht, sondern nur eine Nebensache, ein bloßes accidens. Der Hauptzweck ist die Befruchtung der Blumen und die Beförderung reichlicher Ernten. Die Bienenzucht würde betrieben werden müssen, wenn auch jener Nebenzweck nicht stattfände; sie darf in Jahren, in welchen wenig Honig oder gar kein Honig oder Wachs genommen wird, keine Verringerung erfahren.«

Sprengels Hinweis, daß die Natur Selbstbefruchtung vermeide und somit eine Übertragung, ein Transport des Pollens von Blüte zu Blüte vonnöten ist, schloß schon den Gedanken der Kreuzung und der Auslese unter den Arten mit ein. Darwin hat ihn Jahrzehnte später erneut aufgegriffen und in seiner Selektionstheorie ausgeführt.

Mit der Kenntnis von den die Zuchtauslese im Tierreich steuernden Faktoren verband sich auch die Vorstellung, daß im Pflanzenreich Form, Duft und Farbe der Blüten keinen Selbstzweck haben und bedingt in Hinsicht auf den Bestäubungsvorgang ausgebildet seien. Vorgefaßte Meinungen und ein noch unzureichend experimentelles Vorgehen führten aber zu mancherlei Fehlschlüssen. Heute weiß man, daß bestimmte Eigenschaften verschiedener Blüten ohne sinnesphysiologische Funktion für die Bestäubung durch das Insekt sind.

Verhaltensforscher und Entomologen stellten dann bald die Frage nach den »Sinnesleistungen« des Insekts. Hier bot sich nun die Biene geradezu an. Ihr wurden alle nur denkbaren menschlichen Eigenschaften nachgesagt. Wo dem Erklären und Beweisen Grenzen gesetzt waren, da half die Phantasie weiter. Sie schöpfte aus dem Quell der Mythen und Sagen, die Biene wurde fast zu einem Wundertier gemacht, ihr scheinbar reibungslos funktionierender Organismus als »Volk« und »Staat« bekam für den königstreuen Bürger eine symbolische Bedeutung.

Auf bereits vorliegenden Erkenntnissen älterer namhafter Entomologen und Zoologen aufbauend, erforschen junge Wissenschaftler immer weiter die Verhaltensweise der Bienen. Wir sehen damit, wie sehr der Fragenkomplex nach den Besonderheiten der Blüte mit dem der Leistungen der Biene zu einem einheitlichen Forschungsgegenstand verschmilzt und so der Blütenökologie weite Möglichkeiten eröffnet.

Der Anbau von Raps, Wicke, Luzerne oder Rotklee auf den landwirtschaftlichen Flächen, vor allem in den norddeutschen Landesteilen, jeweils oft mehrere hundert Hektar, ist heute ohne einen gelenkten Bieneneinsatz nicht mehr vorstellbar. Da werden dann mit einemmal tausend und mehr Völker benötigt. Sie vertraglich zu binden (Transport, Bestäubungsprämien, Versicherungen u. a.) heißt die Wandervölker einer ganzen Stadt oder vielleicht eines ganzen Kreises und noch darüber hinaus von einer Leitstelle aus zu erfassen. Ein beachtlicher Fahrzeugpark und ein bis ins letzte funktionierendes Organisationssystem sind dann vonnöten, eine so große Zahl Völker (nachts) zu transportieren und im genügenden gegenseitigen Abstand um die blühenden Flächen zu verteilen. Solche Einsätze fordern, wie es SPRENGEL zu seiner Zeit schon erkannte, das »notwendige enge Zusammenwirken von landwirtschaftlichen Anbaubetrieben und Imkern«. Da geht es dann nicht mehr nur um den Vorteil des einen oder des anderen, hier muß hilfsbereit Hand in Hand gearbeitet werden, denn es geht dabei um die Mehrung der Produktion für alle auf sparsamste und einfachste Art, sowohl in der Feld- und Gartenwirtschaft wie auch in der Bienenzucht.

Wer alles die Blüten bestäubt

Bestäubung und Befruchtung bilden den Vorgang bei der geschlechtlichen Fortpflanzung im Pflanzenreich. Aus der weiblichen Samenanlage, der Blüte allein, kann – in der Regel – keine Frucht hervorgehen, erst muß in den Fruchtknoten der männliche Pollen eindringen und hier mit der weiblichen Eizelle verschmelzen. Diese Vereinigung heißt *Befruchtung*. (Nicht mit der »Besamung« verwechseln!) Sie ist ein biologisch eindeutiger Ablauf, wie wir ihn aus dem gesamten Pflanzen- und Tierreich kennen, einbegriffen die Gattung Mensch. Jedes biologische Lehrbuch in der Schule gibt – dem Alter der Schüler angepaßt – in Wort und Bild hierüber Auskunft und widerlegt damit einstige Vorstellungen von der Urschöpfung fertiger Formen und Wesen auf der Erde. Die unendliche *Vielfalt* des Lebens und seine Erhaltung setzt diesen Vorgang der Verschmelzung erster Zellen voraus und belegt damit im philosophischen Sinne auch die materielle *Einheit* alles Lebenden.

Unter *Bestäubung* versteht man das Auftreffen des Blütenstaubes, der Pollenkörner, auf die Griffelnarbe. Damit ist die Befruchtung noch nicht gewährleistet, denn zunächst muß der Pollen auf der Narbe »keimen« und einen Pollenschlauch durch den Griffel treiben – und das geschieht nicht in jedem Falle.

Uns interessiert, wer den Pollen auf die Narbe überträgt, denn im »Gegensatz zu den tierischen Samenfäden, die sich zu den Eiern hinschlängeln können, gibt es bei den pflanzlichen Pollenkörnchen keine Eigenbewegung. Sie sind nicht imstande, von ihrer Bildungsstätte an den Enden der Staubfäden auf die Narbe des weiblichen Griffels zu wandern. Daher müssen sie an ihren Bestimmungsort übertragen werden« (Zander/Weiß). Die Übertragung des Pollens kann so erfolgen, daß er – bei zwittrigen Blüten oder *einhäusigen* Pflanzen – innerhalb einer Blüte oder bei den Blüten auf einer Pflanze von den Staubfäden auf die Narbe gelangt (Individualbestäubung), bei *zweihäusigen* Pflanzen erfolgt die Übertragung des Pollens aus entfernten männlichen Blüten (Fremdbestäubung).

Selbstbestäubung einer Blüte mit dem eigenen Pollen ist in den meisten Fällen wegen der Selbststerilität nicht möglich; entweder keimt der Pollen nicht, oder die Pollenschläuche wachsen nicht bis zur Samenanlage im Fruchtknoten. Von Natur aus ist damit einer Inzucht vorgebeugt. Selbst bei den zweigeschlechtlichen Blüten unserer Obstbäume wirkt vielfach der Pollen nicht befruchtend, wenn er auf einem Baum von

Blüte zu Blüte getragen wird. Die Fremdbestäubung überwiegt in der Natur und so die Möglichkeit der ständigen Neukombination von Gattungsvertretern. Sie ist überhaupt die Voraussetzung für eine natürliche oder für die vom Menschen zielstrebig durchgeführte Zuchtauslese, sowohl im Pflanzen- wie im Tierreich.

Wir wissen, daß nicht nur unsere Bienen allein den Pollen übertragen. In Mitteleuropa werden 80 Prozent der Blütenpflanzen von Insekten bestäubt. Die Angaben hierüber schwanken, denn entscheidend für den Insektenbesuch ist die Pflanzenart, die Tages- und Jahreszeit, vor allem aber die Stärke der Bienenvölker oder die Population der Hummeln und anderer Insekten. Von den Blütenbesuchern sind etwa

75 Prozent Honigbienen,
20 Prozent Hummeln,
5 Prozent Wespen, Fliegen, Ameisen, Käfer und andere Insekten.

Außer den Insekten leisten den Bestäubungsdienst auch der Wind, das Wasser, Vögel und Säugetiere. Bei den Wasserpflanzen *(Hydrogamen)* werden die Pollenkörner durch das strömende Wasser transportiert (Seegras, Hornblatt, Nixkraut u. a.). In tropischen Gebieten verrichten bei großblütigen Pflanzen auch Säugetiere die Bestäubung, meistens nur zufällig beim Nisten oder Klettern (Affen, Fledermäuse, Beuteltiere). Von größerer Bedeutung sind schon Vögel, sogenannte Nektarvögel (105 Arten) und Zuckervögel (etwa 2000 Arten), ebenfalls vorwiegend in wärmeren Zonen. Auch Insekten können natürlich »Vogelblumen« bestäuben. Von Vögeln werden sie besucht wegen des Nektars und Pollens, fleischiger Blütenblätter halber oder wegen der in den Blütenbechern sitzenden Insekten und Spinnen. »Gewiß nehmen auch viele Arten aus anderen altweltlichen Singvogelfamilien, etwa Bülbüls, Blattvögel, Stare, Honigfresser und Blütenpicker, diese Säfte auf und versehen dabei die Bestäubung der besuchten Blüten; die Nektarvögel haben sich indessen viel stärker darauf eingestellt.«

Der Blütenstaub, den die Vögel übertragen, haftet an ihrem Kopf. Die Tiere halten sich an den Zweigen fest und stecken ihren meist langen Schnabel mit pinselartiger Zunge in die Blüte hinein. Wegen der kurzen Blühdauer vieler Pflanzen wechselt für die Vögel oft die Nahrungsquelle, sie müssen in ein anderes Areal dann weite Strecken zurücklegen. Ungeeignet für große Flugstrecken ist der uns von Bildern und Filmen her bekannte Kolibri. Nicht wenige seiner Arten passen sich mit den leuchtenden Farben ihres Federkleides sogar denen der Blüten an. Manche jagen Insekten, andere saugen nur Nektar; dabei stehen sie fast lotrecht vor der Blüte, tauchen blitzschnell ihren Schnabel in den Blumenkelch, schleierartig umspannt sie der sirrende Flügelschlag, ruckartig wechselt der Kolibri seine Position, schlägt einen eleganten Bogen und schießt von Blüte zu Blüte. –

Aber der größere Bestäuber ist doch der Wind, in unserem Gebiet bei 19 Prozent aller Blütenpflanzen. Er trägt den trockenen, leichten Blütenstaub, der in großer Menge gebildet und der Luft als »Aeroplankton« beigemischt ist, zu den weiblichen Blüten; sie sind meist weniger auffällig, duftlos und erscheinen häufig schon vor der Blattentwicklung. Im Unterschied zu den *Tierblütlern* bestehen bei den *Wasser-*

blütlern und bei den *Windblütlern* zwischen der Blüte und dem Bestäuber, dem Wasser oder dem Wind, keine bedingten Beziehungen.

Zu den Windblütlern zählen Haseln, Erlen, Birken, Eichen, Ulmen, Pappeln, Nadelbäume, Gräser, die verschiedenen Getreidearten u. a. Windblütler-Pollen unterscheidet sich von dem der Tierblütler durch fehlende Kittstoffe. Den Bienen fällt es deshalb schwerer, ihn zu höseln, hinzu kommt, daß seine Oberfläche glatt und damit wenig anhaftend ist – klumpenförmig könnte er durch die Luftbewegung nicht weit genug fortgetragen werden. Er ist stark hygroskopisch, aber noch schneller gibt er Feuchtigkeit ab und fällt dann wie feines Mehl aus den Staubbeuteln.

Im März, wenn wir schon ungeduldig auf den Reinigungsflug warten, darum täglich durch den Garten gehen und nach den Bienen sehen, ist es immer wieder interessant, die Kätzchen vom Haselstrauch leicht durch die Hand gleiten zu lassen: Gelber Blütenstaub erhöht unsere Vorfreude auf den Frühling. Alljährlich hoffe ich, daß die Bienen einmal zeitig genug zur Stelle wären, den Haselpollen zu höseln, aber soweit ich mich erinnere – vergebens. Die Haseln blühen immer sehr schnell auf, noch bevor der letzte Schnee der wärmenden Sonne weicht und die Bienen erste Ausschau halten. Die langen männlichen Kätzchen sind unverkennbar, aber nach den rotgefiederten weiblichen Blüten muß man schon etwas suchen.

Über die Pollenmenge der Windblütler können wir uns kaum eine rechte Vorstellung machen, selbst wenn wir den Blütenstaub des blühenden Roggens in Schwaden über das wogende Getreide hinwegziehen sehen, das Straßenpflaster sich gelblich färbt oder Wasserpfützen ringförmige Markierungen von dem angeschwemmten Pollen zurücklassen. Auf der Wasseroberfläche eines Teiches treiben Wind und Wellenschlag den Pollen manchmal an eine Uferseite, wo er sich dann in hellen Streifen zusammenschiebt. Durch unsere Atmung gelangt der Blütenstaub auch auf die Schleimhäute, und wer allergisch ist, wird zur Blütezeit »seiner« Pflanzen den Heuschnupfen nicht mehr los.

Die Anzahl der Pollenkörner kann schon bei einfachen Blüten bodennaher Pflanzen viele hundert Millionen übersteigen, bei großen Bäumen Milliarden. Bei einer einzeln stehenden Stieleiche stellte man fest, daß innerhalb von zwei Stunden auf eine 60 mm^2 große Fläche in einem Abstand von 3 m vom Stamm 871 und bei 9 m Abstand noch 297 Pollenkörner fielen.

Die Schwebfähigkeit der trockenen Pollen ist unterschiedlich; seine Sinkgeschwindigkeit beträgt bei Windblütlern kaum einige mm/s, bei der Roßkastanie 0,26 cm/s bei Mais 13,35 cm/s, aber bei Kürbis bis zu 40 cm/s. An warmen Tagen tragen Aufwinde den Pollen noch über 2000 m hoch, er kann wochenlang in der Luft bleiben. Seewärts 55 km von der Ostseeküste entfernt konnten je Quadratmillimeter noch acht und mehr Pollenkörner nachgewiesen werden. Der Eichenpollen über Helgoland würde für eine volle Bestäubung ausreichen, obgleich die nächsten Eichenbestände auf dem Festland weit entfernt sind. Meteorologische Schiffsstationen haben festgestellt, daß Pollen aus England und Mitteleuropa sogar 2000 km weit über das Meer getragen wird.

Windblütler sind vornehmlich Frühjahrsblüher, ihre Blüten haben nur einen geringen Nektarwert. Ein Zufall? Man möchte meinen, auch diese Erscheinung belege die große Symbiose in der Natur, die feine Abstimmung, eine Absprache zwischen den Blüten und Insekten: Wenn Hummeln, Käfer, Bienen und andere Hautflügler noch nicht aus der Winterruhe erwacht sind, dann springt der Wind als Bestäuber in die Bresche. Er verteilt den Blütenstaub in Hülle und Fülle und wahllos, en passant.

Doch in den Bienenvölkern gibt es dann schon erstes Leben, die jungen Larven benötigen »Bienenbrot«, den Pollen! Schneeglöckchen und Krokus sind auf ihre Besucher vorbereitet, natürlich auch die Weiden. Diesen bekannteren Frühjahrsblühern stehen die etwas bescheideneren versteckt blühenden durchaus nicht nach: Blaustern und Buschwindröschen, Leberblümchen, Huflattich und mit den dicken Blütenkolben die Pestwurz am Bach, erst später entfaltet sie ihre übergroßen rhabarberähnlichen Blätter.

Bei einigen Frühblühern müssen wir noch etwas verweilen. Auf sie richten wir unser besonderes Augenmerk, denn sie eröffnen mit ihrem leuchtenden Flor das neue Jahr, wecken Hoffnung . . . Mit ihrer »Überlebensstrategie« setzen sie uns geradezu in Erstaunen. »Wenn die Tage schon warm, die Nächte aber noch empfindlich kalt sind, nehmen die Pflanzen nur tagsüber Nährstoffe auf. Licht und Wärme genügen, um den chemischen Vorgang der Photosynthese in Gang zu halten: Mit Hilfe des Blattgrüns bildet sich aus dem Wasser und Kohlendioxid Zucker. Doch die Nachtkälte unterbricht den Stoffwechselvorgang. Der Zucker kann nicht vollständig in Stärke verwandelt werden. Dieser unverbrauchte Zucker und ein Überschuß eben-

Schneeheide, zeitiger Frühjahrsblüher

falls nicht weiter verarbeiteter Mineralstoffe wirken in den Zellen und Gefäßen der Pflanzen nun wie ein Frostschutzmittel im Autokühler. Das Gemisch aus diesen Halbfertigprodukten besitzt nämlich einen sehr tiefen Gefrierpunkt.

Zucker und unverarbeitete Mineralstoffe wandeln sich aber rasch in Farb- und Duftstoffe um, was wiederum die Farbenpracht und den starken Duft der Frühjahrsblüher erklärt.

Krokusse und Schneeglöckchen erfrieren nicht, sondern blühen sogar trotz Kälte und wachsen dabei durch den Schnee hindurch. Tagsüber dringen die Sonnenstrahlen in die Schneeschicht ein. Die gläsern gefrorene Deckschicht verstärkt die Sonneneinstrahlung brennglasartig, die dunklen Pigmente der Frühjahrsblüher speichern die Strahlung und schmelzen damit um die Knospen herum einen Hohlraum in den Schnee. Dieser wirkt wiederum dank gefangener Luft ähnlich einem Doppelfenster, nämlich wärmeisolierend« (Budina).

Die nachstehende Tabelle nennt einige unserer bekanntesten Frühblüher, dazu deren Wertzahlen für den Ertrag.

	Botanische Bezeichnung	Blütezeit Monat	Nektar	Pollen	Pollenfarbe
Hasel	Corylus avellana	II–III	–	3	schwefelgelb
Weide,					
Kübler-	Salix smithiana	II–IV	4 ♀	4	zitronengelb
Reif-	Salix daphnoides	III–IV	3 ♀	4	gelb
Sal-	Salix caprea	III–IV	4 ♀	4	zitronengelb
Erle	Almus glutinosa	III–IV	–	3	bräunlich-gelb
Pappel	Populus alba	III–IV	–	3	weißgrau
Ulme	Ulmus campestris	III–IV	–	3	hellgrau
Ahorn	Acer saccharinum	III–IV	4	2	blaßgelb
Schneeglöckchen	Galanthus nivalis	II–III	2	1	orange
Huflattich	Tussilago farfara	II–IV	2	3	orange-gelb
Märzbecher	Leucojum vernum	III	2	2	grüngelb
Krokus	Crocus vernus	III–IV	1	3	orange
Blaustern	Scilla sibirica	III–IV	2	3	hellgrau
Buschwindröschen	Anemone nemorosa	III–IV	1	2	gelblich-weiß
Pestwurz	Petasites officinalis	III–IV	1	3	weißlich
Schneeheide	Erica carnea	III–IV	4	2	gelbbraun

Wertzahl: 1 = gering, 2 = gut, 3 = sehr gut, 4 = vorzüglich

Windblütler werden auch von Insekten besucht, jedoch ist deren Leistung als Bestäubung gering. Tierblütler dagegen können wegen der Besonderheit des Pollens oder des eigentümlichen Bestäubungsmechanismus nicht vom Wind bestäubt werden; diesen Dienst verrichten in der Regel deshalb Insekten. Ihre Zahl ist groß, denn neben den Bienen und Hummeln muß man auch Wespen, Käfer, Läuse, Fliegen, Spinnen, Ameisen und Schmetterlinge dazurechnen.

Die meisten Insekten wollen nur ihren Nahrungsbedarf befriedigen, also Nektar saugen oder Blütenstaub sammeln. Sie benötigen den Pollen wegen seines Eiweißes und anderer Aufbaustoffe besonders für die Aufzucht der gefräßigen Brutmaden; so auch unsere Bienen. Daß Schmeißfliegen, Schwebfliegen u. a. Blüten als Ruheplatz nutzen, in den Nachmittagsstunden an warmen Tagen läßt sich ihr Spiel gut beobachten, und dabei gleichzeitig die Blüten bestäuben, ist bekannt. Das Sitzen der Insekten auf den Blüten hat aber oft noch eine andere Funktion, denn Tiere richten viele ihrer Verhaltensweisen auch auf die Beziehung zu ihren Geschlechtspartnern aus: Die genannten Fliegen, ebenso Hummeln, befliegen zwischen bestimmten auffälligen Blüten als markante Punkte »Duftbahnen« und erwarten hier dann begattungsreife Weibchen. Wieder andere, so die Blattschneiderbiene, bestäuben Blüten, wenn sie sich Teile von Laub- und Blütenblättern holen und damit ihren Zellenbau »tapezieren«. Genaugenommen wird dabei jede einzelne Zelle aus einer Schicht von Blattstückchen hergestellt, die »Tapezierbiene« schneidet sie mit den Mandibeln paßrecht und trägt sie zwischen den Beinen zum Nest.

Vom Nektar, dem süßen Saft

Zeus befreite die Cyklopen, die Riesen, zum Dank verliehen sie ihm Donner und Blitz; dann begann der Kampf der Götter gegen die Titanen. »Und als sie Nektar gekostet sowie der Ambrosia Labsal, da wuchs noch ihr zorniger Kampfesmut!« So war der Nektar bei den Griechen ein die Unsterblichkeit bewirkender Trank für die Götter, und Ambrosia war die Götterspeise. Vom Nektar sagte man, daß er den Körper schön und jugendlich erhalte und nach längerem Genuß Sterbliche unsterblich mache. In späterer Literatur verbindet sich mit Nektar und Ambrosia auch die Vorstellung des anmutig und lieblich Duftenden. Wir wissen heute den Nektar als Honigsaft sehr zu schätzen. Er macht uns zwar nicht göttergleich und unsterblich, aber er ist für unsere Gesundheit von großem Wert.

Die Bienen sammeln nicht den Nektar als süße Leckerei, wie mancher gelegentlich den Honig ißt, für sie ist er die Hauptnahrungsquelle. Gewöhnlich bieten ihnen die Pflanzen Pollen und Nektar zugleich. Die Tabelle (Seite 155) zeigt aber auch, daß manche Pflanzen nur Pollen spenden, andere wie Salbei, Katzenminze, Kreuzdorn oder Ehrenpreis nur Nektar. In der Regel suchen die Bienen den Nektar in der Blüte, brechen von oben in sie ein, drängen die Staubgefäße auseinander, und am Fuße der Staub- und Kronenblätter saugen sie die winzige Flüssigkeitsmenge ab, sie beträgt 1 bis 2 mg je Tag und Blüte.

Durchlässige Drüsengewebe in der Blüte, *florale Nektarien,* bilden den Endpunkt für die Leitbündel, in denen der Siebröhrensaft bis in den Blütenboden aufsteigt und als Nektar austritt. Neben diesen inneren Nektarien gibt es auch äußere, sogenannte *extraflorale Nektarien.* Sie erkennt man als Saftdrüsen außerhalb der Blüte, meistens am Übergang des Blattstiels zur Blattspreite, am Blattrand oder an den Nebenblättern

Extraflorale Nektarien am Blattstiel, dicht unter dem Blattrand (Kirsche)

Schnitt durch eine Robinienblüte. Am Grunde der Staubblattröhre die floralen Nektarien

Geöffnete Rapsblüte. Der Nektar schimmert auf den inneren Nektarien an den kurzen Staubgefäßen; die größeren schwarzen Nektarien an den langen Staubgefäßen sind weniger ergiebig.

Es geht um den Tropfen Nektar!

der Knospe. Man findet sie auf der Kirsche, auf Bohnen, Topinambur, Holunder, Pfirsich, Pappel, Adlerfarn und auch bei der Wicke, hier gibt es bei gutem Wetter sogar einen erkennbaren Bienenflug.

Für den Bestäubungs- oder Befruchtungsvorgang sind die äußeren Nektarien ohne Belang. Entwicklungsgeschichtlich sind sie mit den inneren verwandt: Die farbigen Blütenblätter haben sich seit Urzeiten allmählich aus den Laub- und Knospenblättern umgebildet, die an den einstigen Blattstielen befindlichen (äußeren) Nektarien sind mit in die Blüte hineingewachsen. Der hier im Innern der Blüte bis zu ihrer Befruchtung austretende Nektar ist reicher an Zucker und eiweißartigen Substanzen als jener der äußeren Nektarien; deren Absonderung enthält mehr Gerbstoffe, ihre Nektarmenge ist geringer; sie sezernieren jedoch früher und länger, unabhängig von der Blühzeit der Pflanze (!), trocknen allerdings auch schnell aus; Trisacharide sind in diesem Nektar nicht enthalten, somit hat er nichts mit dem Honigtau gemein. (Die Nektarabgabe der äußeren Nektarien darf man nicht mit der Ausscheidung von Wasser – der Guttation – an Blatträndern und -spitzen verwechseln; sie wird durch erhöhten Wurzeldruck der Pflanze verursacht. Guttationswassertröpfchen kann man beobachten bei Frauenmantel, Fuchsie, Kapuzinerkresse und Gräsern, auch bei dickfleischigen Zimmerpflanzen, so an den Blatträndern der Porzellan- oder Wachsblume, *Hoya carmosa.)*

Die Nektarien mit ihren dünnwandigen Geweben dienen anscheinend dem Ausgleich von Saftstauungen in den exponierten Pflanzenteilen. Man nimmt also an, daß zwischen dem Austritt des Blütensaftes und den Insekten keine ursächliche Abhängigkeit besteht, jedoch haben sich dann im Laufe der Millionen Jahre zwischen Blüten und Insekten sehr enge Beziehungen herausgebildet, die wir heute mit unseren Honigbienen vorsätzlich nutzen.

Die Funktion der Nektarien in der Blüte ist bekannt, weniger aber die der extrafloralen Saftdrüsen. Haben sie für die Bienenhaltung überhaupt eine erwähnenswerte Bedeutung? Die Frage wird neuerdings bejaht. Man hat diese äußere Nektarsekretion schon ausgiebig beobachtet und beschrieben. Im Garten kann man sich von diesem Vorgang bei Süß- und Sauerkirschen sehr leicht überzeugen (Ameisen!). Jedoch als lohnende Trachtquelle kann ich aus meiner Erfahrung dieses extraflorale Nektarvorkommen nicht werten.

Nektar ist wasserklar, er enthält Saccharose und andere Zuckerarten, Fruktose und Glukose, beider Anteil wechselt. Honig aus Nektar mit größerem Anteil Fruktose bleibt länger flüssig, beispielsweise als Robinienhonig, Rapshonig mit größerem Glukoseanteil kandiert bald und wird schon in den Waben so schnell fest, daß er sich schwer ausschleudern läßt. Die Zuckerkonzentration im Nektar beträgt, grob gerechnet, im Durchschnitt 35 Prozent.

Raps	*Brassica napus*	45%
Rotklee	*Trifolium pratense*	34%
Winter-Linde	*Tilia cordata*	42%
Sommer-Linde	*Tilia platyphyllos*	30%
Apfel	*Malus pumila*	35%
Süßkirsche	*Prunus avium*	21%
Dost	*Origanum vulgare*	76%
Robinie	*Robinia*	63%
Löwenzahn	*Leontodon*	51%

Erst 3 kg Nektar ergeben 1 kg Honig!

Diese sehr unterschiedlichen Werte, selbst bei einer Art nicht konstant (Himbeere 12–24%, Roßkastanie 33–74%), sind abhängig von der schwankenden Luftfeuchtigkeit, Bodenfeuchtigkeit und -beschaffenheit; die Temperatur, die Lichtintensität und der Wind wirken sich ebenfalls aus.

Dem erfahrenen Imker sind alle diese Faktoren mehr oder weniger bekannt, er muß sie in Rechnung stellen für Trachtprognosen und für die entsprechende Bearbeitung der Völker. Eigene Erfahrungen und langjährige Aufzeichnungen, wie wir sie auch aus dem Beobachtungswesen unserer Imkerorganisation kennen, können eine zuverlässige Grundlage sein für die Abstimmung der imkerlichen Tätigkeit mit der Entwicklung der Blüten und mit den klimatischen Gegebenheiten.

Nicht unerwähnt bleiben soll der Rhythmus der Nektarsekretion. Viele Blüten sezernieren nur zu bestimmten Tageszeiten, nur dann sind auf ihnen Insekten anzutreffen – oder diese erscheinen zu anderen Zeiten, sammeln dann aber Pollen. Die

Bienen stellen sich auf diesen Blüh-Rhythmus genau ein und wechseln entsprechend die Pflanzen. Doch wehe, wenn irgendwelche Umstände, Wettererscheinungen o. a. die Kontinuität der Sekretion behindern, dann entstehen »Fließband-Lücken«, und die Bienen können sehr ungehalten werden! Man achte nur mal auf die Linde. Selbst oder gerade wenn sie voll aufgeblüht ist, turbulieren manchmal die Bienen in ihr nachmittags, wechseln unzufrieden von Blüte zu Blüte, und der Laie meint, ihr lautes Summen wäre ein Ausdruck der Zufriedenheit. Im Gegenteil, erst eine oder zwei Stunden später, wenn der Tag zur Neige geht, wird es ganz ruhig: Die eifrigen Sammler verweilen in den Blüten, saugen ergiebig und fliegen noch bis in die Nachtstunden. Ein Teil dieser Trachtbienen, allerdings ein geringer, kehrt abends nicht mehr zurück. (Man merkt das, wenn man abwandert und den Stand damit verlegt. Morgens erst treffen dann die »Nachtschwärmer« ein und suchen vergebens nach ihrem Stock. Der Wanderimker sollte deshalb möglichst ein schwächeres Volk oder einen Ableger zurücklassen, daß sich die »Heimatlosen« hier einbetteln können.) Gerade die Linde also erreicht erst in den Abend- bis Nachtstunden in ihrer Nektarabgabe ein Maximum. Noch zu sagen wäre, daß bei diesem Maximum (bei der Linde) die Steigerung von Quantität und Qualität des Blütensaftes einander nicht entsprechen.

Robinie, nicht Akazie

Die Tabelle über die Zuckerkonzentration im Nektar der bekanntesten Trachtpflanzen (S. 159) nennt an vorderer Stelle die Robinie – Robiniennektar mit 63% Zuckergehalt. Das ist viel, sehr viel! Wenn die Bienen Robiniennektar eintragen – in Massen, Anfang Juni, an schwülwarmen Tagen –, dann braucht also, relativ gesehen, nicht so viel Wasser aus dem Stock hinausgefächelt zu werden. Aber darüber stand schon an anderer Stelle geschrieben.

Robinie, das ist hier das Stichwort, von ihr sei einmal etwas ausführlicher die Rede, denn sie liefert den Imkern vor allem in der mittleren und östlichen Region unseres Landes, sofern sie nicht in den Raps wandern, oft die Haupttracht.

Robinien, an schwülwarmen Tagen „schütten“ sie Nektar

Robinia pseudoacacia L. *1753, genannt die Urrobinie, gepflanzt 1631 von Vespasian Robin im Jardin des Plantes, Paris*

Robinie - Akazie? Diese Verwechslung des Namens hört man noch oft; damit hat es seine Bewandtnis, obwohl beide Baumarten sehr viel Trennendes kennzeichnet. Die Akazie kommt in etwa 550 Arten in tropischen und subtropischen Regionen vor, als immergrüner Baum oder Strauch; sie gehört zur Familie *Mimosa.* Wenngleich diese Pflanze allgemein nur in ständig frostfreien Gebieten zu Hause ist, gibt es Mimosengewächse z. B. auch rund um das Schwarze Meer. Drei Arten der Akazie vertragen sogar leichte Fröste, sie sind deshalb auch in Westeuropa anzutreffen.

Die Akazie hat eine kelchförmige Blüte mit lang heraussteherden, pinselartigen Staubgefäßen; von der Blüte her ist sie also der Robinie gar nicht ähnlich. Eine Verwechslung ist nur ohne Blüten möglich: durch die ähnliche Blattform und die Dornen am Gehölz.

Seit etwa 1600 gelangten Samen eines bis dahin in Europa unbekannten (nord-) amerikanischen Baumes, Schotendorn genannt, nach Frankreich und England. Unter diesem und anderen Namen wurde er - neben noch weiteren aus Übersee importierten Baumarten - zunächst als Besonderheit in herrschaftlichen Gärten und Forsten gezogen. Linné gab 1753 dem im blütenlosen Zustand akazienähnlichen Baum den

Gattungsnamen *pseudo-acacia* und zwei französischen Hofgärtnern zu Ehren den Artnamen *Robinia:* Jean ROBIN (1550–1629) und Vespasian ROBIN (1579–1662) haben als erste den kostbaren Samen ausgesät und so den Schotendorn in Europa heimisch gemacht. Es folgten nach und nach noch weitere verwandte Arten aus Nordamerika und Mexiko, die meist von Baumpflegern selektiert wurden; auch der Berliner Gärtner Späth in Baumschulenweg machte sich hierbei verdient (um 1903). Die erste Robinie in Deutschland pflanzte jemand in Bln.-Britz schon 1720.

Die Verbreitung der Robinie wurde im 17. und 18. Jahrhundert auf alle erdenkliche Weise gefördert. 1796 erschien ein Buch von J. G. G. Heß, das von Dendrologen und auch von imkerlich Interessierten als eine bibliophile Kostbarkeit angesehen werden darf: »Beyträge zur Kenntniß der Kultur und Benutzung der unächten Akazie, oder des amerikanischen Schotendorns«. Wegen des damals offensichtlich werdenden Mißverhältnisses »zwischen dem täglichen Verbrauch und dem Anbau des Holzes« und dem »immer höher steigenden Preis« empfiehlt der Autor dringend, den Anbau der Robinie zu beschleunigen. Deren Blüte »besteht aus kleinen, weißen Blumen, die ein Büschel formieren, dem Baume ein überaus schönes Aussehen geben, einen süßen wohlriechenden Duft weit um sich verbreiten, und bey der Bienenzucht von Wichtigkeit sind«. Heß stützte sich auf die 1796–1803 von MEDICUS in Heidelberg eigens zur Verbreitung der Robinie herausgegebene Zeitschrift »Unechter Akazienbaum«.

Wer den »Jardin des Plantes«, den Botanischen Garten der französischen Hauptstadt besucht, wird dort auf den »ältesten Baum in Paris« aufmerksam gemacht. Lehmpackungen, Eisenringe und Stützen geben dieser Urrobinie – Höhe 15 m, Umfang 350 m, – als dendrologische Sehenswürdigkeit den nötigen Halt. Sie wurde 1601 von den beiden Gärtnern Robin aus Samen gezogen und 1635 im Königlichen Hofgarten an dem jetzigen Ort gepflanzt.

Das ungewöhnliche Alter dieses noch immer wieder grünenden und blühenden Exemplars, vermutlich wohl das älteste weit über Paris hinaus, dürfte ein bestechender Beweis für das harte Holz und die Lebensdauer der auch in unserer Zeit noch nützlichen Robinie sein (besonders als Stickstoffsammler und damit Bodenverbesserer).

Aufschlußreiche Pollenanalysen

Gerstung und seine Zeitgenossen nannten den Pollen »Bienenbrot«. Das Wort kann uns gefallen, weil es mit seiner Bildhaftigkeit Assoziationen weckt, die an unser Brot erinnern: Es ist ein wichtiges Nahrungsmittel, wir verzehren es täglich, es ist relativ trocken und krümelig – und so auch der Pollen. Wir freuen uns, wenn ihn die Bienen im sonnigen Herbst recht lange sammeln, möglichst noch von den Herbstastern. Waben wie »Pollen-Bretter«, dicht am Wintersitz, fördern im Frühjahr den schnellen

Seite 163: »Bienenbrot« von Weidenkätzchen

Pollensammlerin

Bruteinschlag. Und wenn schon gleich am Tag des Reinigungsfluges, wo die Völker noch mit dem Säubern des Stockes zu tun haben, einige Kundschafter mit Pollenhöschen heimkehren, dann heißt das Grünes Licht für die Königin: Es darf zügiger gestiftet werden, das tägliche Kontingent wird um ein paar hundert Eier erhöht!

Damit es nicht an Bienenbrot mangelt, oft ist das im März/April der Fall, und daß der Königin bei ungünstiger Witterung eine hinreichende Tracht vorgetäuscht wird, gibt der Imker zur Zucker-Reizfütterung auch noch Pollenersatzmittel in einem windgeschützten Höselhäuschen: Sojamehl, Magermilchpulver oder auch vitaminhaltige Höselhefe. Über diese Frühjahrsreizung läßt er sich durch seine Fachliteratur oder in Vorträgen immer gern wieder neu informieren. Eine frühe Reizung ist aber nicht immer und allerorts angebracht, sie bleibt darum auch umstritten.

Völker, die fleißig Pollen eintragen, sind gut in Brut. Fehlen die Pollensammler, dann darf man auf Weisellosigkeit schließen; bei Fluglochbeobachtungen hat man darum immer erst die Pollensammler im Auge. Wenn auf dem Wanderstand nach der Ankunft und Aufstellung die Fluglochklappen geöffnet werden und nach 20 bis 30 Minuten erscheinen schon die Pollenträger, so ist alle Mühe der beschwerlichen Nachtwanderung bald vergessen: Die Tracht beginnt!

Beim Höseln sind Bienen findig, in der Auswahl des Pollens nach der Qualität jedoch weniger wählerisch. Pollenersatzmittel werden anfangs überaus eifrig aufgenommen, sobald aber Frühblüher ihren Blütenstaub bieten, wird das Sojamehl im Futterhäuschen bald nicht mehr beachtet. Nicht, daß der Naturpollen in jedem Fall wertvoller wäre, aber er besitzt einen »Attraktivstoff«, auch seine Beschaffenheit und damit bessere Eignung zum Höseln mag von Bedeutung sein, wahrscheinlich werden von den Sammelbienen dem Pollen noch Mandibel- und andere Drüsensekrete hinzugesetzt.

Das Pollenhöseln geschieht durch ein Zusammenspiel der Vorder-, Mittel- und Hinterbeine. Wo der Vorgang in Fachbüchern beschrieben wird, da ist dann noch die Rede vom Pollenkamm, von einer Bürste, einer Schiene, vom Pollenschieber und vom Körbchen. Diese Wörter fallen einem wohl meist nicht ein, und das ist auch gut so, wenn man sieht, wie die Biene die Beine aneinanderreibt, das Pollenklümpchen formt . . . Aber daß die Pollenkörner so zusammenhalten? Zum einen, ihre Oberfläche ist nicht glatt, sie hat viele das Festhalten begünstigende Unebenheiten, zum anderen, die Körnchen sind leicht ölig-klebrig, und dann: Die Bienen nehmen auch schon von zu Haus Honig als Proviant mit, und damit befeuchten sie noch zusätzlich den zu knetenden Blütenstaub.

Man hat Bienen schon feines Holzmehl, Ziegelmehl, Kohlenstaub oder Brandpilzsorten höseln sehen. Meine Völker trugen im Frühjahr einmal wochenlang grauweißen »Pollen« ein. Natürlichen Herkommens konnte er nicht sein. Nach langem Suchen entdeckte ich die Quelle: Bei einer Mühle kamen sie an Weißmehl heran, selbst in der Abfallgrube durchstöberten sie noch den Kehricht nach ausgefegten Mehlresten.

Gerade spaßig sieht es aus, wenn Pollensammler abends aus Kürbisblüten heimkehren oder aus der Nachtkerze; deren Pollen läßt sich nicht recht in Klumpen kneten und an die Fersenbeine heften. Locker und flatternd, als trügen die Bienen leuchtende, zitronengelbe Kreppapier-Manschetten, so zauseln sie zu später Stunde ins Flugloch hinein. Nicht nur in der zu Höschen gekneteten Form also tragen die Bienen den Pollen ein, manche sind auch ganz von ihm bepudert, andere zwängen sich in enge Blüten hinein und holen sich ein gelbes Rückenschild, von dem sie im Stock nur schwer befreit werden können, so fest klebt es. Diese interessanten Erscheinungen verweisen uns auf die unterschiedliche Beschaffenheit des Pollens in den verschiedenen Tages- und Jahreszeiten. Der Imker beobachtet die Pollensammler immer sehr genau.

Wie die Nektarsekretion, so kennzeichnet ein bestimmter Tagesrhythmus auch das Angebot des Pollens, die Bienen tragen am meisten in den Vormittagsstunden ein. Nektarlose Blüten bieten ihn in besonders großer Menge. Mit etwa 3,5 Millionen Staubkörnern je Blüte gehört die Pfingstrose zu den ergiebigsten Pollenspendern, ihr folgt der Klatschmohn mit 2,5 Millionen (schwärzlichen) Pollenkörnern. Nach seinem Nährwert für die Bienen ließe sich der uns bekannteste Pollen grob etwa so einteilen:

sehr gut	gut	weniger gut	fast wertlos
Weide	Ahorn	Hasel	Kiefer
Raps	Löwenzahn	Erle	Fichte
Klee	Ulme	Birke	Tanne
Heide	Obst	Pappel	Lärche

Pollen ist für die Bienenbrut ein hochwertiges Nahrungsmittel, er regt bei den Jungbienen die Tätigkeit der Pharynxdrüsen (Futtersaftdrüsen) an und ermöglicht den Winterbienen den Aufbau von Eiweißvorräten im Fettkörper. Waben mit eingestampftem, überschüssigem Blütenstaub sind dem Imker besonders wertvoll, er verwendet sie wohlüberlegt für den Völkeraufbau im Frühjahr, bei der Ablegerbildung und der Ausstattung des Pflegevolkes oder des Anbrütekastens für die Königinnenzucht.

Die Farbe des Pollens stimmt nicht mit jener der Blütenblätter überein, beispielsweise ist Birkenpollen rötlich, der des Mohns schwarzgrau, des Rotklees dunkelgrün. Die Höschenfarbe bei der Biene ist dunkler als der Pollen in der Blüte, das rührt vom Nektar oder von Sekreten her, mit eingeknetet, vom Staub und von anderen Beimengungen.

In den Zellen eingelagerter Pollen, meistens noch von Honig überzogen und mit Drüsensekreten durchsetzt, behält für die Bienen über ein Jahr und länger seinen vollen Nährwert; seine Keimfähigkeit verliert er hier wenige Tage nach dem Einsammeln. Wie existent aber sonst der Pollen über unermeßlich lange Zeiträume sein kann, das erfährt man von Archäologen.

Tausende Jahre und noch sehr viel länger im Erdboden eingelagerter Pollen läßt beispielsweise auf den Baumbewuchs schließen. Ich erinnere mich an Grabungen und an Profilstudien von Erdschichten seitwärts der Nikolaikirche im Stadtkern von Potsdam, als dort Genaueres über die erste slawische Ansiedlung erkundet werden sollte. Der Leiter unserer Forschungsarbeit nahm aus den verschiedenen Bodenschichten »Pollenproben«. Diese Erdabstiche wurden auf Pollen untersucht und gaben Aufschluß über den Baumbestand und über niedere Pflanzen in einem bestimmten erd- und siedlungsgeschichtlichen Zeitabschnitt.

Die Pollenbestimmungen damals im Potsdamer Museum (Anfang der fünfziger Jahre) waren für mich geradezu geheimnisumwitterte Beschwörungsstunden, wie in einer mittelalterlichen Alchimistenküche – die Glaskolben mit der unterschiedlichen Erde, dunkle, etikettierte Gläser, Pipetten, Säureflaschen, dazwischen Herr H. und als Prunkstück sein Mikroskop, aufgeschlagene Folianten daneben mit den vielen Abbildungen der Pollenformen. Das schummrige Licht, und ringsum in der Enge des Raumes viele Kästen und Kartons mit Tonscherben und allerlei kleinen Bodenfunden, still und stumm und doch so viel erzählend ...

Pollenbestimmung! Verschiedene Methoden solcher Analysen werden in der archäologischen Forschung bereits seit 1890 angewandt. Voraussetzung ist natürlich, daß man – und das ist aus der Übung praktischer Anschauung sehr bald möglich – den

Pollen zumindest der jeweiligen Pflanzengattung kennt. Das Mikroskopiermaterial (die Erdprobe) wird mit verschiedenen Säuren oder Laugen chemisch zersetzt, je nachdem, ob der Pollen in Humus, Torf, Kalk, Kreide oder Kohle eingelagert ist. Durch Zentrifugieren werden die unlöslichen festen Stoffe von der Schwemmflüssigkeit getrennt. Zugegebene Safrainlösung oder Salpetersäure speichert sich in den winzigen Pollenkörnern, sie werden dadurch aufgehellt und sind so unter dem Mikroskop gut sichtbar.

Heute wird bei Pollenbestimmungen international immer mehr die 1960 von Prof. ERDTMANN, Stockholm, entwickelte Acetolysemethode angewendet. Mit bestimmten Chemikalien löst man dabei das Innere des Pollenkorns auf, so daß nur seine relativ harte Schale als Dauerpräparat übrigbleibt; die Bestimmung erfolgt dann bei 1000facher Vergrößerung.

Spricht der Imker von Pollenanalysen, so meint er ein anderes Verfahren, nämlich die quantitative Pollenanalyse zur Honigbestimmung. Als Untersuchungsmaterial dienen hierfür Honigproben. Davon werden Dauerpräparate in Glyzerin-Gelantine hergestellt und mit Hilfe eines Netzmikrometers bei 300facher Vergrößerung auf Blütenstaub untersucht. In 1 g Honig findet man durchaus bis zu 20 000 Pollenkörner; sie werden nach Herkommen und Quantität dann in Leit-, Begleit- und Einzelpollen gruppiert, und so vermag man auszusagen, aus welchen Blüten (vorwiegend!) der Nektar eingetragen wurde.

Der Laie wird eine zutreffende Pollenanalyse zur Honigbestimmung kaum durchführen können. Schwierig allein ist schon die genaue Bestimmung und Benennung des unvorstellbar vielförmigen Pollens. Er wird unterschieden nach der Anzahl der Austrittsstellen seiner Keimsporen, dann nach der Form und nach seiner Oberflächenbeschaffenheit. Der Pollen kann kugelig oder dreieckig sein (Obstgewächse), länglich ist seine Form, stammt er von Doldengewächsen, linsenförmig, von Lippenblütlern. In seiner Oberflächenbeschaffenheit ist er glatt, körnig, warzig, gefurcht oder auch stachelig.

Durch Pollenanalysen kann man auch Auslandshonige von Inlandhonigen unterscheiden, bei unserem »einheimischen« Honig den Blüten-, Blatt- oder Tannenhonig. Ein Blütensortenhonig stammt größtenteils nur von einer Pflanzenart, beispielsweise also Linde oder Klee, aber er wird vielleicht doch nur zu 50 Prozent Leitpollen von dieser Pflanze aufweisen, im übrigen anderen Begleit- und Einzelpollen. So zeigt sich dann ganz deutlich, daß unser Honig meist ein Mischhonig ist und einer Mischtracht von vielen verschiedenen Pflanzen entstammt.

Manche Blüten, so die der Linde oder Robinie, spenden reichlich Nektar, aber nur wenig Pollen. Und wenn nun gleichzeitig eingetragener Pollen von anderen Pflanzen in die Honigzellen gelangt, dann entsteht ein falsches Bild über die Herkunft des Honigs. Das muß man wissen und beachten. Für die Relation Pollen : Nektar besagter Pflanzen gibt es bei der Honigbestimmung eine besondere Umrechnungsmethode, nach der es dann möglich ist, das wirkliche Herkommen des Nektars zutreffender zu ermitteln.

Neben der besonders hervorgehobenen unterschiedlichen Form des Pollens noch ein Hinweis auf seine Größe, sie läßt sich nur nach Tausendstelmillimeter bestimmen: bei Vergißmeinnicht sind es 6 bis 8 Tausendstel, die größten Pollenkörner findet man mit etwa 170 Tausendstelmillimeter in der Kürbisblüte. Der extreme Größenunterschied beträgt demnach annähernd das Zwanzigfache, der Volumenunterschied 1:200 000.

Die außerordentliche Dauerhaftigkeit des Blütenstaubes, er bleibt ja über Jahrmillionen unverändert, erklärt sich durch die stabile Wandung des Pollenkorns. Ihr äußerer Teil besteht aus Sporopollenin, einer sehr widerstandsfähigen hochpolymeren zyklischen Verbindung.

So unscheinbar solch ein Pollenkörnchen auch sein mag – und natürlich nur mikroskopisch genauer erkennbar –, die biologische Forschung hat sich gerade mit der Pollenmorphologie schon sehr genau befaßt, es entstand ein eigener Wissenschaftszweig, die *Palynologie.* Durch die sichere Kenntnis des Pollens ist es möglich, Blütenpflanzen viel treffender zu systematisieren, sie gattungsmäßig genauer einzuordnen. Die Ergebnisse der Palynologie werden weiter in der Medizin angewendet, will der Arzt die Ursache des Heuschnupfens ermitteln. In der Kriminalistik kann anhaftender Blütenstaub als Indiz für bestimmte Beweisführungen dienen.

Die bereits genannten Pollenanalysen bei Bodenproben gehören zu den Methoden der Urgeschichtsforschung, ihre Ergebnisse werden ebenso ausgewertet von der Geologie, der Klimatologie, der Forstwirtschaft oder Geographie. Die historische Forschung erhält so durch Pollenanalysen einen Nachweis über die Lebensbedingungen der Menschen in frühen Siedlungsgebieten, über deren Nahrungsmittel und den gesamten Pflanzenwuchs.

Die Reizwirkung der Blüten

Nicht nur Menschen und Tiere reagieren auf äußere Reize, sondern auch Pflanzen, jedoch sind deren Reaktionen auf Umwelteinflüsse so langsam, daß wir, gewöhnt an schnelle Bewegungen, sie nicht unmittelbar als Folge einer exogenen Einwirkung vermerken. Die wechselnde Intensität des Lichts bewirkt das Öffnen oder Schließen von Blüten, rankende Gewächse recken sich nach einem Halt aus, Zimmerpflanzen wenden sich dem Fenster zu . . . Diese Verhaltensformen sind Ausdruck der Anpassung der Pflanzen an ihre Lebensbedingungen. Über Jahrtausende bewirken so Umweltgegebenheiten die Ausbildung neuer Bau- und Körperformen, schließlich die neuer Arten und allmählich die Festigung deren Erbgutes. Hier nun setzt der Mensch mit seiner planmäßigen Züchtungsarbeit und Auslese ein.

Warum haben die Blüten eine so leuchtende Farbe, sind sie mit ihrem »Schauapparat« ein Entwicklungsprodukt der Reizwirkung der sie bestäubenden Insekten? Diese Frage läßt sich noch nicht eindeutig beantworten. Einerseits üben die Blüten mit ihren verschiedenen Einrichtungen offensichtlich einen Reiz aus, man möchte also die Blüte demnach als Ergebnis des sich immer wieder auswirkenden Bestäubungs- und Befruchtungsvorganges werten, andererseits gibt es aber allerschönste Blüten, die gar nicht auf ein Insekt als Bestäuber angewiesen sind, oder solche, die auf das Insekt warten und dennoch nur unauffällig versteckt blühen.

Wären die Blüten für die Insekten geschaffen, wie erklärte sich dann die Vielfalt ihrer Farben und Formen – etwa aus der Vielzahl der Insekten? Und, bestünde eine primäre Beziehung Blüte – Biene, dann müßten ja wohl auch alle Blüten Nektar absondern (es gibt sogar Blüten mit giftigem Nektar), Blüten dürften nur Farben haben, die sämtlich von den Bienen wahrgenommen werden können ... Bemerkenswert ist, »daß die einzelnen Blütenfarben in den verschiedenen Vegetationszonen auch nicht in gleichmäßiger Verteilung vorkommen. So überwiegen in höheren Gebirgen mit 38% und in polnahen Gebieten mit 40% weiße Blüten, während diese in Mitteleuropa nur etwa 23%, in Wüsten- und Trockengebieten noch weniger ausmachen. Rot- und purpurfarbene Formen sind überall häufig, nicht dagegen blaublühende. Diese sind in Wüsten- und Trockengebieten mit nur 4%, in polnahen Gebieten mit 5%, bei uns mit 13% und in Gebirgen mit 15% vertreten. Gelbe Blüten sind in Wüsten häufig (32%), aber auch in polnahen Gegenden (33%).« Diese Belege mögen uns zu der Erkenntnis geführt haben, »in Blütenfarben nicht nur Anpassungen an bestimmte Bestäuber zu sehen, wie dies ... vielfach üblich ist« (Kugler).

Allererste Pflanzen vor mehreren hundert Millionen Jahren hatten Befruchtungsorgane wie heute noch der Farn. Die (männlichen) Sporen wurden durch das Wasser zu den weiblichen Befruchtungsorganen transportiert. Später erst entwickelten sich die samentragenden Pflanzen zu Windblütlern; ihre Blüten mit dem wenig nahrhaften Pollen (vgl. Tabelle S. 166) sind auch heute noch relativ unscheinbar. Und dann wurden über ebenso lange Zeiträume aus einem Teil der Windblütler Insektenblütler.

Diese Vorgänge stehen in engem Zusammenhang mit der erdgeschichtlichen Entwicklung, von ihr läßt sich die Herausbildung aller Pflanzen und Lebewesen nicht trennen. Man nimmt an, daß die sich entwickelnden Insekten mitgeholfen haben, aus den Windblütlern die farbigen, duftenden und honigenden Insektenblumen nach und nach »herauszuzüchten«. Den Bienen ist dabei eine gewisse Bedeutung zuzumessen.

Nektar und Pollen allein haben keine ausreichende Reizwirkung; es kommen noch optische und chemische Reizfaktoren wie der Duft und die Farbe hinzu. Sie erst locken das Insekt aus der Ferne an, wohingegen Pollen und Nektar nur eine Nahwirkung haben, ebenso die Form der Blüte, Farbflecke u. a. als »Saftmale«, die das Insekt zum Niedersetzen und zum Besuch einladen. Wahrscheinlich werden diese verschiedenen Faktoren von der Biene sondiert, man kann sie dabei, bei ihrem Hin und Her vor einzelnen Blüten, gelegentlich sehr schön beobachten. Der Farbreiz geht vorwiegend von den großen Blütenblättern aus, bei manchen Blüten auch von dem auffällig farbigen Kelch oder von den Staubbeuteln, wie wir sie ja besonders gelbleuchtend von den Weiden her kennen.

Die Bienen sind rotblind, es fehlt unter den Bienenblumen auch das Hochrot. Die Insekten sehen die Farben überhaupt nicht in der Skala wie wir Menschen, uns ist kurzwelliges Licht nicht sichtbar. Die Bienen nehmen aber UV-Licht wahr und sehen deshalb die Farben nur in Relation des von der Blüte reflektierten Ultravioletts; sie unterscheiden Gelb, Blaugrün, Blau und Ultraviolett. Aber die UV-Reflektion geht nicht nur vom Farbstoff aus, sie wird ebenso bestimmt von der Oberflächenstruktur der Blütenblätter, von der Blattstärke und Behaarung, von dem Wachsüberzug, dem Glanzeffekt u. a. Teile der Blüte also (Saftmale) absorbieren und reflektieren über aktive chemische Substanzen (Flavon-Glukoside) ultraviolette Strahlen und werden so erst für Insekten sichtbar.

Folgendes wird oft gefragt: Wenn die Bienen rotblind sind, wie kommt es dann, daß sie trotzdem rote Blüten (Klee, Heide) suchen und befliegen? »Diese Blüten sind nicht eigentlich rot, obwohl wir sie so bezeichnen, sondern sie haben ein Rot, dem stark Blau beigemischt ist, so daß dem Bienenauge die betreffende Blüte als blau erscheint, während der rote Mohn, der ein fast reines Rot hat, nach von Frisch den Bienen ultraviolett erscheinen muß, weil, wie festgestellt ist, die Blütenblätter auch die ultravioletten Strahlen zurückwerfen« (Jacoby). Entscheidend ist nicht, wie die Biene das Rot sieht, es kann ihr dunkler oder vielleicht auch schwarz erscheinen, und trotzdem kann diese Blüte eine starke Lockwirkung haben, nämlich dann, wenn neben diesem Farbeindruck etwas Attraktives angeboten wird: Pollen oder Nektar sind es, sie bewirken einen Dressureffekt.

Dieses Wissen über die Reizwirkung der Farben wendet der Bienenhalter praktisch an, indem er seine Kästen in den beiden Grundfarben streicht, »Bienen-Gelb« und »Bienen-Blau«, und sie im Wechsel so anordnet, daß die Farbwirkung die Orientierung beim Anfliegen des Standes erleichtert.

Daß alle Bienen einer besonderen Farbe den Vorzug geben, konnte man bisher nicht nachweisen. Die scheinbare Vorliebe für eine oder für bestimmte Farben, sofern sie sich bei den Bienen überhaupt zeigt, wird beeinflußt durch das vorausgegangene Farberlebnis auf entsprechenden Blüten (Dressureffekt). Die Bevorzugung einer bestimmten Farbe ist auch entwicklungsgeschichtlich gar nicht denkbar, denn dann müßte ja als Auslese-Effekt im Laufe der Jahrmillionen unter den Insektenblumen ein sehr einfarbiges Selektionsergebnis durch eine immer wieder einfarbig gesteuerte Bestäubung und Befruchtung vorliegen.

Einen besonderen Reizfaktor bildet auch die gegliederte Form der Blüte, zwei- und betont dreidimensional. Die Flächigkeit begünstigt den Anflug, aber nach dem Niedersetzen dann scheint das Figürliche und Räumliche der Blüte die Biene sichtlich zu aktivieren. Sie strebt ruckartig in die Tiefe des Blütenkelches hinein, hebt dabei leicht den Kopf und fährt spontan den Rüssel aus. Gewiß liegen diesem Verhalten auch Erfahrungswerte zugrunde, unwirksam aber ist der Nektar, denn er ist duftlos und für die Biene am Kelcheingang noch nicht wahrnehmbar.

Aus dem »Raumsehen« der Biene bietet sich wieder die Möglichkeit einer Nutzanwendung: Weil die Bienen mit ihren Komplex- oder Facettenaugen primär figürlichräumlich sehen, erlangt für sie niemals ein auffallend leuchtender Bienenstand allein durch die Zahl der Farben, durch die verstrichene Farbmenge seine besondere Wir-

So erleichtert man vor allem der Jungkönigin die sichere Rückkehr

◁ *Günstige figürliche Fluglochmarkierung*

kung. Weniger effektiv als oft vermutet scheint auch das Anbringen sogenannter Leitzeichen über den Fluglöchern zu sein - vertikal angebracht sind sie noch weniger wirksam als auf horizontaler Fläche -, sofern sie nur gemalt sind und nicht aus einem dickeren Brett ausgesägt. Beispielsweise den zur Begattung ausgeflogenen Jungköniginnen, um die man ja ohnehin immer in Sorge ist, erleichtern deshalb eine Streichholzschachtel oder ein Stein als Markierungspunkt neben dem Flugloch die sichere Rückkehr wesentlich mehr. Versuche haben bewiesen, daß Bienen auf kantige, figürliche Objekte schneller und sicherer reagieren als auf flächige Zeichen.

Weiterhin sind für die Bienen Duft- und Geschmacksstoffe als chemische Reize wichtige Orientierungshilfen, sie vermögen etwa 40 Duftarten zu unterscheiden. Man kennt rund 500 verschiedene Düfte, vom lieblichsten bis zum ekelerregendsten, sie sind enthalten in ätherischen Ölen. Die Menge des Duftstoffes ist außerordentlich gering. Aus 1 kg Rosen- oder Jasminblüten beispielsweise gewinnt man nur etwa 0,5 g Duftöl.

Der Duftstoff entweicht feinen Öffnungen besonders der Blütenblätter. Auch Pollen besitzt einen Eigenduft, er braucht mit dem der Blüten nicht übereinzustimmen. Da reiner Nektar nicht duftet, können die Bienen nicht »riechen«, ob Nektar in der Blüte vorhanden ist. Das bestätigt sich uns, wenn wir im Garten mal den Sammeleifer der Bienen auf einem Schneebeerenstrauch beobachten. Bienen und Wespen wetteifern geradezu um die kleinen rötlich-weißen Blüten. Immer wieder kommen neue Besucher - und sind enttäuscht. Jedem möchte man raten, sich doch die Mühe des Nur-mal-Nachsehens zu ersparen, die Blüten, sonst gute Nektarspender, in wenigen Stunden aber vielleicht schon hundertmal besucht, sind vorerst wirklich leer!

Der Duft der Blüte regt das Insekt an, sich niederzusetzen, das Verweilen, die Dauer des Saugens wird dann von der Menge des Nektars und von seinen Geschmacksstoffen bestimmt. Die geschmacklichen Reize werden von den Mundteilen aufge-

Schneebeerenblüte

nommen, wie viele andere Insekten empfindet die Biene sie auch mit den Fühlern; man konnte sogar nachweisen, daß sich, ähnlich wie bei der Stubenfliege und bei manchen Schmetterlingen, ebenso Geschmacksorgane an den Füßen befinden (torsale Rezeptoren). Sie lassen sich durchaus als physiologisch notwendig verstehen, mit ihnen erfolgt eine Vorprüfung der Nahrung.

Farben, Formen, Duft- und Geschmacksstoffe üben komplex eine Reizwirkung auf die Bienen aus. Durch den ständigen Blütenbesuch in einer bestimmten Tracht ergeben sich Dressurwirkungen oder Lernreaktionen, so genügen dann schon allein die Farbe der Blüte oder der Duft – bei Linden wird er über 300 m wahrgenommen –, um fortgesetzt die Bienen anzulocken. Diesen ständigen Besuch gleicher Pflanzen bezeichnen wir als Blütenstetigkeit; sie ist von großer Bedeutung für die zügige, umfassende Bestäubung der Blüten einer gleichen Pflanzenart. –

Die Forschungsergebnisse der Ökologie erschließen uns das Verstehen dieser geradezu wundervollen Vorrichtungen, mit denen die Blüten die Bienen und andere Insekten auf sich aufmerksam machen. Sie sammeln den gebotenen Nektar und Pollen und bewirken durch ihre Bestäubungstätigkeit einen höheren Fruchtansatz und eine vermehrte Samenbildung. Auch in Jahren mit ungünstiger Witterung, wenn Regen und kaltes Wetter die Aufzucht und den Ausflug der Bienen verzögern, ist der Bestäubungsnutzen immer noch um ein Mehrfaches höher als der Wert des Honigertrages.

Im havelländischen Obstanbaugebiet

Die »Werderschen Knupper«

Erst der Aufenthalt als Journalist in England hatte ihm, wie Theodor FONTANE von sich sagt, den Blick frei gemacht für die Schönheit der Heimat. Nach seiner Rückkehr von der »grünen Insel« schildert er in einem mehrbändigen Werk die märkische Landschaft, »Land und Leute«, wie er sie zu seiner Zeit erlebte. Wir folgen ihm bei seinen Schnurren und Geschichten, wenn er durch die Dörfer und Flecken des Nuthe- und Havelbogens wandert, nach Caputh und Werder, weiter über Kloster Lehnin bis nach Brandenburg. Im Havelknick hält er sich länger auf. Der Schwielow-See verlockt ihn zu einer Kahnpartie. In Petzow, dem Geburtsort des Liedersängers Zelter, noch mehr in Glindow begegnet er ihnen, den für ein hartes Brot werkenden Ziegelarbeitern. Hier werden die Steine für Potsdam und Berlin gebrannt. Das Gewerbe begründet sich auf Lehm. Und der Lehm trägt auch die zahllosen Obstbäume, die zwischen den Plantagen und Gärten die Dörfer im Frühjahr aufblühen lassen. Werder macht sich unter ihnen einen besonderen Namen mit seinen Kirschen, den »Werderschen Knuppern«.

Auch heute, über hundert Jahre nach Fontanes »Wanderungen durch die Mark Brandenburg«, ist die Maienzeit noch immer die schönste. Wer ein Stückchen Garten sein eigen nennt, beobachtet das Schwellen der Knospen und wartet täglich darauf, daß sie in leuchtenden Farben aufbrechen. In der Obstblüte überwiegt das strahlende Weiß der Kirsche; Birne und Apfel tendieren zum zarten Rosa, noch mehr der Pfirsich. Im havelländischen Obstanbaugebiet, rund um Werder/Glindow, beginnt sie schon in der letzten Aprilwoche, dann erblühen etwa 2 Millionen Bäume.

Hier fließt die von Norden kommende Havel nach Westen in Richtung Brandenburg, sie umschließt das auch noch von Seen durchzogene Gebiet von zwei Seiten. Das Wasser mildert das Frühjahrsklima, Bäume und Sträucher erblühen deshalb früher, und die Früchte reifen schneller.

Erdbeeren, Gemüse und alle Sorten Obst gelangen aus dem Havelländischen nach Berlin, nach Potsdam und in die Industriezentren ringsum. In Werder selbst wird schon mancher Korb Früchte vermostet oder zu Wein vergoren. Und alljährlich zieht der »Heurige« beim Blütenfest am letzten Sonntag im April die trockenen Kehlen zusammen; Kenner meinen, verschnitten würde er besser munden.

Es hatte den Fahrer des schweren Lkw Mühe gekostet, sich auf den engen Wegen durch das Blütenmeer hindurchzuzwängen. Aber jetzt baute ich meinen Wanderstand im Schutz stämmiger Frühkirschen auf. Die breit ausladenden Äste und Zweige hingen fast über die Beuten hinweg. Der zuständige Platzwanderwart hatte mir meinen Standort zugewiesen. Hier muß es schon ordnungsgemäß zugehen. Auf den Heimatständen stehen etwa 2000 Völker, mit 3000 Völkern wandern Imker von weither in das Obstgebiet ein (10 000 werden benötigt). Alle Plantagen müssen gut im Flugkreis der Bienen liegen; jetzt sind das im Radius nur einige hundert Meter.

Als ich Ende April eines Morgens sehr früh bei meinem Stand eintraf, bekam ich einen gehörigen Schreck: Die Flugklappen waren geschlossen! Bei einigen Völkern brummte es schon mächtig hinter den Wandergittern. Was war geschehen? Hatte sich jemand einen für die Bienen gefahrvollen Scherz erlaubt? Die Völker würden in Erregung kommen, sich überhitzen und verbrausen!

Eine Wegbiegung entfernt stand ein Imkerfreund mit seinem Wanderwagen. Ihn wollte ich als Zeugen herbeiholen, falls . . . Aber da brummte er schon heran, jetzt: einer der beiden auf dem nahen Feldflugplatz stationierten Hochdecker, ein »L 60«. Wie ein zum Zugriff ausholendes Rieseninsekt mit ausgestreckten Flügeln, so sprang er über Leitungsmasten und Bäume hinweg, verschwand in der Senke. Bei 130 km/h Geschwindigkeit ist die geringe Höhe von 3 bis 8 m gefährlich. Sie verlangt von dem Piloten Fingerspitzengefühl und alle Aufmerksamkeit. Auf einer wenige Kilometer langen Durchflugstrecke wird der Baumbestand Streifen für Streifen »eingenebelt«, Flugmarken und Wendepunkt müssen genau eingehalten werden. Zu früher Morgenstunde ist das nicht immer einfach, vor allem dann, wenn sich die blühenden Bäume kaum erst aus dem Frühdunst abheben.

»Wir konnten Ihnen gestern keinen Bescheid mehr geben. Ich bin schon seit 3 Uhr hier und hab' auch Ihre Kästen gleich mit zugemacht«, so mein Nachbar.

Ein Freundschaftsdienst. Auch der Platzwanderwart war noch zur Kontrolle die Stände abgefahren. Im flüssigen Zustand würde das »Aeropom-Super« für die Bienen gefährlich sein, im angetrockneten nicht (je feiner es ausgebracht wird, desto schneller trocknet es ein). Und darum mußten die Bienen für ein paar Morgenstunden eingesperrt bleiben. Den Piloten war jede Minute kostbar. Bis zu einer halben Stunde waren die Maschinen jeweils unterwegs, landeten, rollten aus zu den Dutzenden Fässern am Ende der Startbahn, ließen sich von zwei Motorpumpen in wenigen Minuten 360 Liter des (für die Bienen gefährlichen) Pflanzenschutzmittels in die Tanks drücken. Und starteten zu neuer Runde, um allen Knospenwicklern, Blattsaugern und der Roten Spinne den Garaus zu machen.

Kurzfristig wurden der Abteilung Wirtschaftsflug der »Interflug« Ort und Termin solch eines Einsatzes mitgeteilt. Ihr Flugbereich wechselte ständig, dann mußten die Maschinen umgerüstet werden vom Düngerstreuen auf Schädlingsbekämpfung; Boden- und Klimabedingungen sowie die vom Wetter abhängige Entwicklung der Schädlinge verlangten oft ein zügiges Umdisponieren.

Und hier im Obstanbaugebiet gab es nun einen besonderen Faktor, der bei der Ausbringung der Pflanzenschutzmittel besondere Sorgfalt erforderte: die Bienen! Hören wir zunächst einmal alles Lobenswerte über sie und dann erst, wieviel heiße Dispute es ihretwegen schon gegeben hat – und jährlich immer aufs neue gibt, in den Imkersparten und in der Fachkommission.

Von offizieller Seite wurde die Anregung gegeben, und damit kam man auch den Imkern sehr entgegen, den Bieneneinsatz zu verstärken. In einem Schreiben des Rates für landwirtschaftliche Produktion und Nahrungsgüterwirtschaft des Kreises Potsdam (RL) an die Vorsitzenden der gärtnerischen und landwirtschaftlichen Produktionsgenossenschaften (GPG/LPG) – ich muß mich hier zum besseren Verständnis der Vorgänge, wie sie sich wirklich zutrugen, noch der alten Namen und Bezeichnungen bedienen – hieß es: ». . . konnte im havelländischen Obstanbaugebiet festgestellt werden, daß dort, wo wenig Bienenflug zur Süßkirsche vorhanden war, auch der Fruchtansatz gering blieb. Wenn man bedenkt, daß alle Kulturmaßnahmen für eine hohe Obsternte durchgeführt werden und der Ertrag dann doch nicht eintritt, weil man die Bedeutung der Bienen unterschätzt, so ist zu überlegen, ob das sein muß . . . Den durch den Bieneneinsatz möglichen Mehreinnahmen von rund 500 bis 2000 Mark/ha stehen nur geringe Kosten für die Bestäubungsvergütung gegenüber. Deshalb unsere Empfehlung: Kostenloser Transport der Bienenvölker bis zu einer Entfernung von 50 km und 20 Mark/Volk Bestäubungsgebühr. Ich bitte Sie, darüber im Vorstand zu beraten.«

Daß die Bienenvölker von den landwirtschaftlichen Betrieben kostenfrei transportiert werden, ist schon allgemein üblich. Vertragliche Vereinbarungen und die Zahlung von Bestäubungsgebühren an den Imker waren damals aber noch nicht in jedem Falle eine Selbstverständlichkeit.

Mancher unterläßt auch deshalb die Wanderung in die Obstblüte, weil sie als erste Frühjahrswanderung besonders Arbeit macht und noch keinen nennenswerten Ertrag bringt. Lieber bleiben wir zu Haus, sagen sich die Imker, und bereiten unsere Völker in Ruhe für die ertragreichere Rapswanderung vor. Und zudem gibt es ja Anfang Mai überall einige blühende Obstbäume in den Hausgärten, also eine Reiz- und Läppertracht schon allemal.

Ich weiß aber auch von einer Gärtnerischen Produktionsgenossenschaft, die von sich aus bereit war, für jedes Volk 50,– Mark Bestäubungsgebühr zu zahlen! Diese GPG jedoch forderte von den Imkern starke Völker auf 14 belagerten Waben und daß sie von der Frühkirsche an bis zur Apfel- und Birnenblüte stehenblieben, also auf den Raps zunächst verzichteten. Dazu waren viele Wanderimker gewöhnlich nicht bereit. Sie wußten, wieviel mehr ihnen möglicherweise eine Rapswanderung einträgt und wie sehr gerade der Raps die Völker in ihrer Entwicklung treibt und stärkt. In diesem Falle ist eine GPG über den kostenlosen Transport der Beuten hinaus wohl kaum zu weiterem Entgegenkommen bereit.

Wie wichtig der Bestäubungseinsatz der Bienen in der Obstblüte ist, läßt sich aus tabellarischen Angaben entnehmen, wie sie in Veröffentlichungen über Ertragssteigerungen im Obstanbau meistens enthalten sind. Vom Institut in Hohen Neuendorf im Intensivobstanbau bei Isolierversuchen ermittelte Durchschnittsergebnisse belegen einen Ertragssteigerungsfaktor von 2,0 (bei Pfirsich) bis sogar 18,0 (bei Birnen).

Bei diesen Bestäubungsversuchen konnte man auf frühere Arbeiten von Cook 1912, Zander 1922, Weiß 1937 u. a. zurückgreifen, die bereits zu ihrer Zeit bei Obstblüten die

Ergebnisse der fünfjährigen Isolierversuche der Forschungsstelle für Bienenwirtschaft Hohen Neuendorf bei der Apfelsorte »Gelber Köstlicher«

Versuchsfrage	Ergebnisse unter Käfigen ohne Zuflugmöglichkeit für Bienen					Ergebnisse frei abgeblüht bei Einsatz von vier Bienenvölkern je Hektar				
	1976	1977	1978	1979	1980	1976	1977	1978	1979	1980
Anzahl der Bäume für Blütenauszählung	–	4	20	18	18	–	4	39	18	18
Fruchtansatz % der Blüten	–	6,2	5,3	10,9	9,5	–	20,4	25,4	46,4	33,5
Fruchtansatz relativ %	–	30,4	20,9	23,6	28,4	–	100	100	100	100
Anzahl der Bäume für Ertragsermittlung	19	18	20	18	18	58	26	67	18	26
Ertrag dt/ha	1,6	33,8	12,4	5,0	53,3	25,8	158	87,5	48,9	181,4
Hektarertrag %	6,2	23,1	14,2	10,2	29,4	100	100	100	100	100
Masse/Apfel g	96,4	118,8	106,3	147,9	88,4	102,1	106,6	168,4	142,1	88,8
Masse/Apfel %	94,2	111,4	63,1	104,1	99,5	100	100	100	100	100

Abhängigkeit des Fruchtansatzes von der Fremdbestäubung bewiesen. Im Intensivobstanbau jetzt, unter modernen landwirtschaftlichen Bedingungen und bei jüngeren Apfelsorten, waren neuerlich Versuche notwendig. Sie wurden bei Bäumen unter Käfigen mit den Maßen 10 m × 2 m × 2 m vorgenommen; Maschenweite der Dederondrahtgaze 3,3 mm. Kleinere Insekten vermochten hier durchzuschlüpfen, nicht aber die Honigbienen! Und damit konnte der Anteil der Bienen an der Bestäubung bewiesen werden. Aufgabe war und blieb es nun, den ausreichenden Einsatz von Bienenvölkern zu sichern.

Die Versuchsergebnisse decken sich im wesentlichen mit denen aus anderen Ländern. Erwähnt sei hierzu beispielsweise die Auswirkung der gelenkten Blütenbestäubung auf den zunehmenden Obstanbau in Bulgarien. »Der Apfelanbau stieg um das 4fache, der Kirschenanbau um das 15fache, der Birnenanbau um das 27fache, der Pfirsichanbau um das 39fache, der Quittenanbau um das 100fache.«

Die bulgarischen Wissenschaftler aus dem Institut für Bienenzucht der Landwirtschaftlichen Hochschule in Plovdiv machten ihre Versuche mit Obstsorten, die zum Teil unter gleichem Namen auch bei uns bekannt sind. Die Birnensorte »Williams Christ« brachte ohne Bienenbeflug (wenn man die Blüten mit Gaze überspannte) keine Früchte. Zehn Tage nach dem Abblühen begann der Baum nochmals ein fast ergebnisloses »sekundäres Blühen«. Apfelbäume mit Bienenbeflug blühten zwei bis vier Tage früher ab, ohne Bestäubung hielten die Bäume die Blüte naturgemäß länger, »sie warten sozusagen mit Ausdauer auf die Bestäubung«. Über den Blütenbesuch im einzelnen machte man folgende Beobachtung: »Die Tätigkeit der Bienen in Apfel- und Birnenblüten ist unterschiedlich. Die Bienen, die auf Apfelblüten eingeflogen sind, befliegen in der gleichen Zeit weniger Blüten als die Birnenblütenbestäuberinnen. Die Bienen arbeiten also in der Birnenblüte schneller als in der Apfelblüte. Wahrscheinlich liegt das an dem höheren Zuckergehalt des Nektars der Apfelblüte und vielleicht auch an ihrem morphologischen Bau. Die Bestäubungswirksamkeit der Blütenbesuche beträgt bei Birnen 100 Prozent, bei Äpfeln nur 79 Prozent. Das hängt damit zusammen, daß die Mehrzahl der Apfelblütenbesucher Nektarsammlerinnen sind, die die Apfelblüte weniger intensiv bestäuben als Pollensammlerinnen. In den Birnenblüten fanden wir keine Nektarsammlerinnen.«

Diese aufschlußreichen Beobachtungen lassen sich noch durch ähnliche Feststellungen aus dem Obstgarten der holländischen Versuchsstation für Bienenzucht »Ambrosiushoeve« ergänzen: Die Nektarsekretion unterscheidet sich bei Obstblüten nach der Menge, nach dem unterschiedlichen Anteil der drei wichtigsten Zucker (Saccharose, Glukose und Fruktose) und nach dem Gesamtzuckergehalt. Selbst innerhalb der Arten – also bei Süßkirschen, bei Birnen oder Äpfeln – gibt es auch noch unter den Sorten abweichende Relationen, die von den Bienen wahrgenommen werden.

Bienen kontra Agrarflieger

Die zuständige Fachkommission Imker des Kreisvorstandes Potsdam hatte im havelländischen Obstanbaugebiet jedes Jahr erneut im zeitigen Frühjahr die Frage zu klären: Wie wird es diesmal mit den Bienen? Noch bis in die 60er Jahre wurden oft die schönsten Kirschen auf dem Markt angeboten, aber machte man sie auf – madig. Und dann war es auf einmal mit dem madigen Obst vorbei; als nach Bildung der GPG umfassende Pflanzenschutzmaßnahmen durchgeführt wurden. Doch das sagt sich so leicht dahin ...

Eine Anwanderung mit 3000 Bienenvölkern will organisatorisch bewältigt sein: Abschluß der Bestäubungsverträge mit den Genossenschaften – Verträge mit dem Wirtschaftsflug – Festlegung der Schädlingsbekämpfungsmaßnahmen – Ermittlung der Bekämpfungstermine – Zeitliche Begrenzung für den Einsatz der Flugzeuge – Kurzfristige Benachrichtigung aller Imker über die Zeit der Schließung und Öffnung der Flugklappen in den Morgenstunden – Vorausmaßnahmen für möglicherweise auftretende Schadensfälle – Klärung aller Fragen der Haftpflicht und des Versicherungsschutzes ... Also Verträge, Protokolle, Vereinbarungen, Aufrufe, Briefe, Belege über Aussprachen und Telefonate, Anwesenheitslisten, Quittungen, Eingangsbestätigungen, Auswertungen und – und: Eine dicke Akte in der Hand des Obmanns der Fachkommission Imker bestätigt heute noch, wieviel Arbeit, immer nebenberuflich und freiwillig, wieviel Mühe aufgewendet wurde, daß recht viel Imker in das Obstanbaugebiet einwanderten, daß die Erträge an Obst und Beeren sich erhöhten und die Pflanzen- und Obstschädlinge vernichtet wurden. Und dabei war wichtig, daß möglichst keine Bienenverluste auftraten. (Inzwischen sind wie in anderen Kulturen auch im Obstanbau selektiv wirkende, bienenungefährliche Mittel sowie bienenschonende Ausbringungsmethoden bekannt. Bei der vor oder nach dem Bienenflug erfolgenden Ausbringung hat sich das »Nebeln« bewährt, weil hierbei das Insektizid schnell trocknet. Daß im besonderen Flugzeuge zur bienenschonendsten Technologie des Pflanzenschutzes gehören, steht längt außer Frage.)

Partner und Streiter in den meist langwierigen Aussprachen waren die Vertreter der gärtnerischen Genossenschaften und der Produktionsleitung des Obstanbaugebietes, des Verbandes der Kleingärtner, Siedler und Kleintierzüchter - Fachkommission Imker, der Bäuerlichen Handelsgenossenschaft (BHG), der Interflug/Wirtschaftsflug, der Staatlichen Versicherung, des Pflanzenschutzes und auch der Bienenschutzstelle. Nach einiger Erfahrung in der Zusammenarbeit dieser vielen Institutionen schien man dann eine brauchbare Methode in der Schädlingsbekämpfung gefunden zu haben. Doch eines Jahres kam es anders: Faulbrut! Sperrgebiet! Nun erst recht und noch mehr nach Gesetz und Paragraphen! Der Kreistierarzt, die Bienenseuchensachverständigen (BSS), Belehrungen, Schulungen . . .

Sagen wir es kurz: Wer sich das alles, wer sich auch diese Seite der imkerlichen Praxis vorstellen kann, wird verstehen, was es heißt, mit Hilfe der Bienen günstige Erträge zu erzielen und, wie in diesem Falle, auch madenfreies Obst zu produzieren, der Kirschfruchtfliege den Garaus zu machen. Der Laie wird mir ebenso glauben, daß die Zeit des pfeifeschmokenden, nur über den Zaun blinzelnden Imkers, der von seinen Honigernten träumt, längst vorbei ist.

Daß alle Schwierigkeiten gemeistert wurden, stimmte immer wieder optimistisch und bestätigte die Kraft und Weitsicht eines mit Begeisterung arbeitenden Kollektivs. Schon vor dem Auftreten der ansteckenden, meldepflichtigen Faulbrut während ihrer sich über längere Zeit hinziehenden Bekämpfung, gab es jedoch noch andere Probleme, deren Lösung manchmal die Kraft auch der Kreisfachkommission zu überfordern schien; hier bewährte sich dann die persönliche Tatbereitschaft ihres Obmanns.

Greifen wir im Ablauf der Dinge noch einmal zurück. Über den Einsatz der Flugzeuge bei der Schädlingsbekämpfung einigte man sich zunächst so: Die Maschinen dürfen die Pflanzenschutzmittel nur morgens früh oder abends spät ausbringen. Jedoch, woher sollten die Piloten Beginn und Ende der möglichen Flugzeit der Bienen so genau erfahren? Die Imker stellten zwei Völker auf dem Flugplatz auf, der »Flugverkehr« an den Fluglöchern bestimmte nun für die Aviochemiker den Zeitplan. Doch da zeigte sich bald, daß die Witterungsverhältnisse über dem Flugplatzgelände von dem des Obstgebietes abwichen. Es kam zu Fehleinschätzungen der Flugzeit der Bienen und damit zu Bienenvergiftungen. Was nun? Jemand machte den Vorschlag, über Licht- und Rauchsignale, vielleicht mit Leuchtpistolen, den Piloten bestimmte Signale zu geben. Ja, aber dürfen denn Imker mit Leuchtpistolen schießen? Und überdies, solch eine Benachrichtigung war zu wenig kurzfristig und sicher, denn, war eine Maschine betankt und schon in der Luft, dann mußte auch noch die Runde geflogen und »genebelt« werden. Gerade so ein letzter Flug wirkte sich einmal verhängnisvoll aus, da im Obstanbaugebiet selbst die Bienen nicht auf allen Ständen zur gleicher Zeit ihr Tagwerk begannen.

Erneute Beratung. Man mußte nach einem sicheren Weg suchen – und man fand eine Lösung: Ein Mitglied der Fachkommission organisierte mit einigen Jungimkern den Funkdienst während des Flugzeugeinsatzes. Ein paar Imker waren bei ihren Ständen und teilten den Funkern ihre Flugbeobachtungen mit. So erhielt das Flugpersonal über Funk seine Hinweise und konnte ohne Zeitverlust die Maschinen einsetzen. Das war jetzt moderne Technologie in Aktion! Aber wer übernahm die Bezahlung der Arbeitsstunden der Funker und die Kosten für den Einsatz des Funkwagens?

Ökonomie! Wieder eine neue Aufgabe galt es zu lösen: Bei dieser Schädlingsbekämpfungsaktion durfte von keiner Seite der Faktor *Rentabilität* außer acht gelassen werden. Die Agrarflieger kalkulierten bei ihren wechselnden Einsätzen und Terminen genau und disponibel – das Wetter jedoch machte den Piloten oft einen Strich durch die Rechnung. Jede nicht genutzte Flugstunde bedeutete 400 Mark Verlust.

Ende April reichten die Morgenstunden vor dem einsetzenden Bienenflug noch aus, um die Aktionen in der für das Gebiet vorgesehenen Zeit durchzuführen. Aber der größte Schädling, die Kirschfruchtfliege (*Rhagoletis cerasi* L.), sie kommt erst Ende Mai/Anfang Juni; gerade ihre Made macht die mittelfrüh- und spätreifenden Süßkirschen ungenießbar. Diese beinah unscheinbare Fliege tritt ganz in Abhängigkeit von der Temperatur und Luftfeuchtigkeit auf. Der Zeitpunkt ist nicht sehr lange vorauszusagen. Die Fliege muß schlagartig über das ganze Gebiet hinweg bekämpft werden. Und dafür reichte die kurze morgendliche und abendliche Flugzeit nicht mehr, die Aktion dehnte sich zeitlich einfach zu sehr aus. Für die Piloten ergab das tagsüber lange Wartezeiten; ein Umrüsten der Flugzeuge auf andere Tageseinsätze (Düngemittel) war technisch nicht möglich. Und hinzu kam noch ein besonderes Problem: Ein neues gegen die Kirschfruchtfliege einzusetzendes Mittel war über längere Zeit als Belag auf allen Pflanzenteilen bienengefährlich! Und eine besonders schwierige Situation ergab sich z. Z. des Auftretens der Kirschfruchtfliege noch dadurch, daß das havelländische Obstanbaugebiet stark mit Robinien durchsetzt ist, die gerade Anfang Juni aufblühen.

Was tun? Wieder mußte eine Variante gefunden werden. Man forderte die Imker auf, während der Aktion mit sämtlichen Bienenvölkern aus dem Gebiet für mehrere Tage abzuwandern.

»Wir sind aber gerade erst aus dem Raps gekommen und warten jetzt darauf, die Robinientracht zu nutzen! Hinzu kommen Heimatstände mit zusammen über eintausend Völkern, die seit Jahrzehnten fest und unbeweglich stehen. Die Kästen sind größtenteils nicht für einen Transport eingerichtet.«

Wanderimker und Heimatimker – mit allen Völkern abwandern? Wie denn? Wohin? Für eine Woche, vielleicht gerade dann, wenn die Robinie Nektar »schüttet«?

Jetzt wird es für den Imker ernst! Appellationsinstanzen werden angerufen. Es nützt nichts: »Da das zur Bekämpfung der Kirschfruchtfliege eingesetzte Wotexit bienengefährlich ist, sind im Bekämpfungsgebiet vorhandene Bienenvölker zur Zeit der durchzuführenden Bekämpfungsmaßnahmen aus dem Gebiet herauszutransportieren. Laut Verordnung zum Schutze der Bienen ... sind die Imker verpflichtet, durch geeignete Maßnahmen dazu beizutragen, daß durch die Anwendung von Pflanzenschutzmitteln Schäden an Bienenvölkern verhütet werden.«

Als den Imkern dieses Ansinnen unterbreitet wird, abzuwandern, bekommt ihre bis dahin bestehende Freundschaft mit den Agrarfliegern und den Genossenschaftsgärtnern einen Knacks. Jemand springt in der Sitzung auf: »Ich schaff' die Bienen sofort ab, das geht mir zu weit! Wozu gibt es denn die Bestimmungen zum Schutz für unsere Bienen?«

Nichts tut sich, zunächst. Dann verlangen die Imker von den zuständigen Stellen, die Durchführungsbestimmungen der Verordnung zum Schutz der Bienen entsprechend den neuen Bedingungen zu überarbeiten und schnell Änderungsvorschläge zu unterbreiten.

Die Imker werden noch ungehaltener. Man rechnet bis zur letzten Leiste aus, bis zur letzten Rolle Dachpappe, bis zum letzten Nagel, Hänger und Traktor, dazu den Honigverlust, den gewaltigen Arbeitsaufwand, was es kosten würde, wenn Tausende Bienenvölker doch abwandern müßten ... Für 50 000 Mark Honigausfall allein. Und niemand will die Kosten tragen! Wieder Diskussionen, Resignation, Forderungen. Es knistert in der Versammlung. »Unverständlich, daß es bei uns immer noch bienengefährliche Sprühmittel gibt. He, sagt doch mal, wie macht man es denn woanders mit den Kirschenmaden?«

Die Frage ist berechtigt und verlangt eine überzeugende Antwort; sie wird dem aufgebrachten Imkerfreund ruhig und sachlich gegeben: Die Kirschfruchtfliege legt ihre Eier in das Fruchtfleisch der sich eben färbenden und noch hartreifen Kirschen, nach zehn Tagen schlüpft aus dem Ei die Made, die Kirsche wird bis zur Reife matt, weich und mulschig.

Die Eiablage wird durch eine warme Witterung gefördert. Die Fliege erscheint von Mitte Mai bis Ende Juni und wird nur aktiv bei trockenem, stillem Wetter mit anhaltenden Temperaturen über 20° C. So erklärt es sich, daß dieser Schädling beispielsweise den Obstbauern in Westeuropa mit dem kühleren und feucht-windigem Wetter und auch in einigen Gebieten bei uns unbekannt ist. Folglich gibt es dort auch kaum madiges Obst.

Es bleibt also bei der Forderung, daß die Imker für den nächsten Flugzeugeinsatz mit ihren Bienen abwandern, mit allen Völkern! »Für das Obstanbaugebiet wird eine zentrale Ausnahmegenehmigung für ›Bekämpfungsmaßnahmen zur Verhütung schwerer Verluste an volkswirtschaftlich wichtigen Kulturen‹ ... gegeben, so daß damit der § 1 (1) vorgenannter 2. DB außer Kraft gesetzt ist und die Anwendung bienengefährlicher Pflanzenschutzmittel bei blühenden Kulturen, die als Bienenweide dienen, gestattet wird.«

Diese Ausnahmegenehmigung in ihrer Amtssprache schockiert die Imker. Die Vertreter der Interflug, der Staatlichen Versicherung, der BHG vertreten zwangsläufig eben ihren Standpunkt. Die Imker wenden sich an die zentrale Bienenschutzstelle und bitten um Rat. Die Antwort kommt umgehend, doch anders als erhofft: Das Sprühmittel ist »nicht bienenungefährlich« – Bienenschäden noch 24 Stunden nach dem Einsatz – Vergiftungen besonders dann, wenn um diese Zeit Robinien blühen und stark beflogen werden – Evakuierung der Völker muß durchgeführt werden!

Alle Imker hätten den Kelch gern an sich und ihren Bienen vorübergehen sehen, sie hielten sich für diesen gewaltigen Arbeits-, Kosten- und Materialaufwand einfach außerstande. Doch was half's . . .

Aber dann gab es plötzlich die bereits erwähnte Wendung, womit niemand gerechnet hatte: Faulbrut! Jetzt galten wieder andere Paragraphen, alles mußte wieder neu und anders entschieden werden. Im festgelegten Sperrbereich, der einen großen Teil des Obstanbaugebietes ausmachte, durfte kein Volk von seinem Standplatz entfernt werden. Eine Auswanderung war also nicht möglich. Weiter wurde entschieden: Die Bienenvölker des ganzen Gebietes sind zu untersuchen und gegen diese gefährliche Krankheit, die nicht weitergetragen werden darf, prophylaktisch zu behandeln. Sie bleiben stehen! Viele BSS, versierte veterinärmedizinisch geschulte Imker, erhielten eine bestimmte Zahl Bienenstände zugewiesen. Volk um Volk wurde auseinandergenommen, jede einzelne Wabe mußte geprüft werden.

Was hier nun die Bienenseuchen-Sachverständigen leisteten, verdiente Lob und Anerkennung. Sie übernahmen die zeitraubende Arbeit neben der Betreuung ihrer eigenen Stände; als Berufstätige stand ihnen nur das Wochenende zur Verfügung.

Die Imker im Sperrbereich und darüber hinaus im gesamten zu behandelnden Gebiet erklärten sich bereit, alle Kästen mit einem Gazegitter (Wandervorsatz) zu versehen und bis 8.30 Uhr zu schließen. Nun standen den Piloten zur Auslastung der Maschinen morgens wenigstens etwa 3 bis 4 Stunden Flugzeit zur Verfügung.

Aus den bedrückendsten Umständen heraus wurde so ein Mittelweg gefunden, gangbar für alle Beteiligten. Die Bienen ließen sich bei ausreichender Lüftung der Beuten in der Frühe ein paar Stunden festhalten, die Flugzeuge rückten den Schädlingen mit einem anderen, entsprechend der Situation gewählten Giftstoff wirksam zu Leibe – die saftigen »Werderschen Knupper« blieben madenfrei.

War nun auch für die Zukunft alles geregelt? Man wollte es annehmen. Aber diese Zukunft aus damaliger Sicht ist heute bereits Gegenwart. Schon wieder hat sich vieles geändert, aber leider nicht in allem zum Vorteil der Beteiligten . . .

Kein »stummer Frühling«

Die Einsätze der Agrarflieger über dem ausgedehnten Werderschen Areal hatten Erfolg, nicht zuletzt deshalb, weil sie zügig und zu biologisch günstigem Zeitpunkt durchgeführt wurden. Das war doch etwas anderes als vordem, wo jeder Plantagenbesitzer oder Kleingärtner nach seinem Dafürhalten mit der Hand- oder Rückenspritze in seinem Garten eben nur seinen Schädlingen das Gift um die Nase sprühte.

Wie nicht anders zu erwarten, diese nun im großen vorgenommenen Eingriffe in die Natur- und Pflanzenwelt versprachen zwar augenscheinlich Erfolg, sie weckten aber zugleich auch Zweifel. Denn: Subjektive Meinungen, nicht immer genügend sachlich vorgetragen, werden noch gestützt durch Vorschriften und einschränkende Verhaltensweisen, wie sie zum Schutz für Mensch und Tier beim Ausbringen eines Schädlingsmittels angeordnet werden. Und gar erst der warnende Totenkopf auf Etiketten und Aufklebern, der verfehlt seine Wirkung nicht!

Was alles weckte in unserem Falle über den »Erfolg« der Aktion so sehr Bedenken? Ein Reporterbericht in der Zeitung als erstes (»DDT-Aktion gegen die kleinen Feinde des Obstes!«) wurde von vielen mit Unbehagen gelesen. Zu dem Zeitpunkt nämlich hatte man bereits chlorierte Kohlenwasserstoffe in einigen anderen Ländern aus der Schädlingsbekämpfung zurückgezogen. Und das einmal wegen unmittelbar gesundheitlicher Schäden für den Menschen und zum anderen, weil viele Insektenarten gegen das Gift bereits resistent wurden. Forschungsberichte aus aller Welt belegten das. »Zu der Liste von ungefähr einem Dutzend Pflanzenschädlingen, die gegenüber den anorganischen Insektiziden früherer Zeit Resistenz zeigten, ist jetzt noch ein Heer anderer Insekten gekommen, die gefeit sind gegen DDT . . ., Lindan, Toxophen, Dieldrin, Aldrin, ja sogar gegen organische Phosphate, von denen man sich so viel erhoffte. Die Gesamtzahl der resistenten Arten unter den Schädlingen von Nutzpflanzen ist im Jahre 1960 auf fünfundsechzig angewachsen.«

Das DDT (Abkürzung für Dichlordiphenyl-trichloräthan) wurde 1874 von dem deutschen Chemiker Paul Müller (in der Schweiz) entdeckt, er erhielt den Nobelpreis. Erst 1939 wurde die durchschlagende Wirkung des Giftes gegen Insekten, die Krankheiten übertragen, erkannt. (Ich erinnere mich, daß ich mir als Soldat und später in der Gefangenschaft DDT-Pulver tütenweise in den Hemdkragen schüttete, gegen Flöhe und vor allem Läuse.) Weltweit wurde DDT nach dem Krieg als Streupulver und Sprühmittel eingesetzt, als ein gepriesenes Universalmittel, bis die Wissenschaft erkannte, 1950 etwa, daß die Gefahr, die dieses Insektizid »mit sich bringt, höchstwahrscheinlich unterschätzt worden ist« (Carson).

Und nun hier, im havelländischen Obstanbaugebiet: In einer Leserzuschrift der Lokalzeitung hieß es, daß die Kleingärtner mißtrauisch geworden waren wegen des Ansinnens, aus den besprühten Gebieten mindestens vierzehn Tage lang kein Grünfutter zu entnehmen. (Bei der Anwendung von DDT-HCH-Präparaten gegen die Kirschfruchtfliege wurden lange Karenzzeiten festgelegt.) Die Obstkäufer fragten, wer denn nun garantiere, daß diese Wartezeit zwischen der Ausbringung des Pflanzenschutzmittels und dem Erntetermin auch immer eingehalten werde. Vom Institut für Pflanzenschutzforschung seien die modernen Präparate zwar geprüft und anerkannt, aber nur bei Einhaltung der Anwendungsvorschrift könne man sie als toxikologisch unbedenklich ansehen. Auch das über die Anwendungsweise des Schädlingsmittels Gesagte stimmte nachdenklich: »Wotexit«, ein Spritzpulver, habe eine gute Tiefenwirkung, es töte auch die bereits in die Kirsche eingedrungene Made ab. Für die Behandlung einer Baumkrone dürfen in der Regel ⅔ Liter Spritzbrühe je Lebensjahr des Kirschbaumes ausreichend sein. (Und die meisten Bäume waren schon Jahrzehnte alt!)

Diese und andere Meinungen und Umstände konnten natürlich kein Vertrauen erwecken, vielmehr ließen sie Stimmen laut werden, die energisch forderten, den Effekt chemischer Nebel- und Sprühmittel erneut zu überprüfen. Man fragte gründlicher nach den Stoffen, mit denen die Luft durchstäubt und das Erdreich durchfeuchtet wurde. Was sollte mit den Früchten werden, die eventuell innerhalb der Karenzzeit zur Reife kommen?

Nicht nur der jeweils benannte Schädling, auch alle nützlichen Insekten, alles Leben in der Natur, von den Mikroorganismen bis hin zum Menschen, der den Nektar-Honig aus den übersprühten Blüten verzehrt, alles Leben würde mit dem chemischen Mittel in Berührung kommen. Jeder Organismus, der von einem vorhergehenden und schon früher mit fraglichen Stoffen aufgeladenen Organismus oder Produkt lebt, könnte in dieser Nahrungskette als ein nächst höherer »biologischer Verstärker« angesehen werden. Selbst das Bodenwasser würde mit gegebenenfalls schädlichen Stoffen angereichert werden, sie gelangen über den Saftstrom in die Pflanzen und Früchte. Tier und Mensch . . .

Der Vorgang der Resistenzbildung ist allgemein bekannt: Krankheitserreger und Schädlinge bauen in zunehmendem Maße gegen Medikamente und Bekämpfungsmittel eine Resistenz bzw. Immunität auf, wodurch das angewendete Mittel wirkungslos wird. Bei Bekämpfungsaktionen werden oftmals nur die schwächsten Tiere einer Populationsphase vernichtet, die stärksten, resistent gewordenen und dann zugleich fortpflanzungswilligsten Tiere überstehen, potenziert im Sinne der Auslese, oder sie bauen möglicherweise durch Genveränderung (Mutation) neue Stämme auf. Deren Bekämpfung wird noch schwieriger, sie erfordert zumindest stärkere chemische Mittel, die dann neuerliche Bedenken und Vorbehalte auslösen. Der Mensch würde die Teufel, die er selbst geschaffen habe, nicht einmal mehr wiedererkennen! Mit diesem Gedanken deutet der große Humanist Albert Schweitzer den sprichwörtlichen Teufelskreis an, in den der Mensch hineingeraten könnte, störte er das Gleichgewicht des Lebensgefüges.

Nochmals zu dem Problem der Resistenz – sollten etwa die Imker bei dem Bestäubungseinsatz ihre Bienen stehen lassen, damit sie vielleicht widerstandsfähig würden gegen giftige Pflanzenschutzmittel? Nun, darüber ließe niemand mit sich reden, denn wer hatte sich nicht schon wiederholt mit den traurigen Folgen von Spritzungen der Kleingärtner gegen Schädlinge oder Unkraut abfinden müssen . . .

Es gibt sie, die Resistenz, bei Mensch und Tier, gegen bestimmte Wirkstoffe. Stuben- und Stallfliegen, Milben und Blattläuse reagieren auf Insektizide heute schon wesentlich anders als ihre »Vorfahren« nur ein paar Jahre zurück, oder sie widerstehen bereits. Aber diese Tatsache läßt sich nicht auf den Organismus Bien übertragen. Bei Fliegen beispielsweise sind daußen in der Umwelt Männchen und Weibchen als Geschlechtstiere den sie gegebenenfalls schädigenden Einflüssen gemeinsam ausgesetzt. Unter dem Zwang der natürlichen Auslese erfolgt hier ein schneller

Generationswechsel bei den stärksten Individuen. Sofern hier eine Resistenz vererbbar wird, geschieht das in einem sogenannten Resistenzsprung nach der zehnten bis zwölften Generation (Erbgesetz nach Mendel). Und bei dem flotten Entwicklungsgang der Fliegen ist solch eine zwölfte Generation schnell erreicht.

Ganz anders bei den Honigbienen. Hier sind allein die Flugbienen draußen den Gefährdungen ausgesetzt, nur auf sie träfe die natürliche Auslese zu, also auf nur einen Teil des Volkes, nicht auf die Geschlechtstiere, auf die Königin und (kaum) die Drohnen. Wenn bei den Bienen eine Resistenz möglich werden sollte oder könnte, dann nur, wenn der Bien als Ganzes den Kontaktinsektiziden ausgesetzt wäre. Das aber ist nicht der Fall, also erledigt sich damit die Frage nach der Immunität der Bienen beim Einsatz von den sie gefährdenden Pflanzenschutzmitteln.

Fragen und nochmals Fragen. Sie werden in gleicher Weise von Laien wie von Wissenschaftlern aufgeworfen. – Wie ließe sich aber nun der seit Jahren wachsenden Skepsis gegenüber chemischen Bekämpfungsmitteln begegnen? Man muß eben annehmen, daß von seiten zuständiger Institute genügend verantwortungsbewußt dafür Sorge getragen wird, Schädigungen für Mensch und Tier möglichst ganz auszuschalten. Prof. Dr. SEDLAG von der Akademie der Landwirtschaftswissenschaften, beauftragt mit dem Forstschutz gegen tierische Schädlinge, sagte dazu folgendes (in einer Stellungnahme zu dem Buch »Der stumme Frühling« von Rachel L. Carson): »In begrenztem Maße werden chemische Bekämpfungsmaßnahmen immer Nachteile aufweisen. Keiner der zahlreichen Forscher, die sich mit Fragen der Schädlingsbekämpfung befassen, ist jedoch der Meinung, daß wir bereits optimale Bekämpfungsmittel und -methoden besitzen. Daher werden immer neue Verfahren entwickelt, die die Nebenwirkungen auf andere Tiere vermindern und für Anwender und Verbraucher weniger gefährlich sind. Das geht nicht von heute auf morgen, und häufig zeigen sich auch erst bei längerer Anwendung neuer Mittel Nachteile, die zunächst unbekannt blieben ... Im übrigen befinden sich verschärfte Bestimmungen zum Schutz des Verbrauchers vor Rückständen in Vorbereitung. Daher sind die Versuche zur Ausschöpfung der Möglichkeiten einer biologischen Bekämpfung nicht eingestellt, sondern ... erheblich intensiviert worden.«

»Der stumme Frühling«, das eben erwähnte Buch der amerikanischen Biologin R. L. Carson, verdient hervorgehoben zu werden. Diese verantwortungsbewußte Frau bewirkte mit ihrer Arbeit (1963), daß sich sogar die Regierung im Auftrag des damaligen Präsidenten Kennedy der Sache annahm und in einer eigenen Schrift auf den für Menschen gefährlichen Gebrauch von chemischen Pflanzenschutzmitteln hinwies.

Wenige Jahre später kam mir das ins Deutsche übersetzte Buch in die Hand, in einer wissenschaftlichen Bibliothek, das Titelblatt war entfernt. Ich empfand den Text damals als überwältigend, als eine Offenbarung. Vorsichtig wurde so ein Exemplar auch schon mal (in der damaligen DDR) von Hand zu Hand gereicht. Aber wer wagte es, die Aussagen dieses Buches – einer Amerikanerin! – öffentlich, objektiv und vernünftig zu benennen. Warum auch, wenn es ohnehin nur wenigen Interessenten bekannt war und Schlußfolgerungen, wie sie sich aus der Darstellung ergaben, im Pflanzenschutz und in der landwirtschaftlichen Produktion nicht realisiert werden durften (aus staatspolitischen Gründen!), nicht umgesetzt werden konnten. So spiegelt der Umgang mit diesem Buch auch ein Stück Geschichte wider.

Bei Rachel Carson kann man darüber nachlesen, wie weit der nur auf Gewinn bedachte Feldbauer oder Tierzüchter leider vieles tut, um mit Hilfe auch unnatürlicher, also chemischer Mittel Höchsterträge zu erzielen; daß »der Mensch die Natur mit seinem tödlichen Nebel vergewaltigt«, statt über natürliche Wege, für Mensch und Tier ungefährlich, über biologische, gut bedachte Möglichkeiten schädlichen Insekten und Unkräutern zu Leibe zu rücken. »Bekämpfung der Schädlinge durch gezielte Infektion, Sterilisierung der Männchen, Vernichtung durch artspezifische Lockstoffe, die mit Insektiziden kombiniert sind, Geräuschfallen usw. Auch die Forderungen weitsichtiger Biologen nach standardgerechtem Anbau, sinnvoller Fruchtfolge und einer natürlichen Bodenbearbeitung, die gesunde und damit wenig anfällige Pflanzen garantiert, verdienen gehört ... zu werden.«

Wenn nicht damals, vor etwa drei Jahrzehnten, bei Erscheinen des Buches, so aber doch heute, nach dem weit höheren Wissensstand über die geradezu apokalyptischen Umweltprobleme, versteht man Rachel Carsons Darlegungen über richtige und falsche Pflanzenschutzmaßnahmen als beschwörend. Sie bleiben weiterhin nicht ungehört! »Spezialisten auf den verschiedenen Fachgebieten des ungemein großen Feldes der Biologie liefern ihren Beitrag. Entomologen, Pathologen, Genetiker, Physiologen, Biochemiker und Ökologen, sie alle steuern ihre Erfahrungen und ihre schöpferischen Gedanken bei, damit eine neue Wissenschaft, die biologische Schädlingsbekämpfung, Gestalt gewinnt.«

Integrierte Schädlingsbekämpfung

»Bald 8,5 Milliarden Menschen! Die Erde wird zu eng!« So lautet die Überschrift einer Zeitungsmeldung, nach der die Weltbevölkerung nach Angaben des UNO-Sekretariats für ökonomische und soziale Angelegenheiten gegenwärtig (Juni 1990) auf 5,3 Milliarden angewachsen sei. Bei gleichbleibenden Geburtenraten würden es bis zum Jahr 2035 etwa 8,5 Milliarden sein. Der einen Forderung, die Produktion von Nahrungsmitteln entsprechend zu steigern, entspricht ebenso die andere, den Verderb landwirtschaftlicher Erzeugnisse und Lebensmittel zu verhindern. Die Weltgesundheitsorganisation der Vereinten Nationen schätzt den jährlichen Verlust allein von Brotgetreide und Reis auf 33 Millionen Tonnen: Damit könnten etwa 150 Millionen Menschen ernährt werden.

Die Notwendigkeit der Schädlingsbekämpfung steht außer Frage, auch bei uns. Sie wird für die Nahrungsgüterwirtschaft immer mehr zu einem gesellschaftlichen Anliegen. Dem Aufwand von einer Mark für Pflanzenschutzmittel entspricht in der Landwirtschaft ein Nutzen, beziehungsweise eine Steigerung der Produktion um das Achtbis Zehnfache. Man denkt dabei nun erfahrungsgemäß zuerst an Chemikalien. Sehr viel mehr wird aber in zunehmendem Maße neben der Anwendung chemischer Mittel eine biologische Schädlingsbekämpfung gefordert. Sie zielt darauf ab, im Bereich der pflanzlichen und tierischen Produktion durch natürliche Stimulatoren ein Gleichgewicht erhalten zu helfen: Eine gleichgewichtige Gemeinschaft zwischen Nützlingen und Schädlingen, daß also nicht durch eine übermäßige Population von Schädlingen die Ernährungs- und Lebensgrundlage für Mensch und Tier gefährdet wird.

Biologische Schädlingsbekämpfung statt des vermehrten Ausbringens von chemischen Mitteln, das ist die Methode des Einsatzes von Lebewesen(!) zur Verminderung schädlicher Tiere/Insekten und Pflanzen. Dazu aus dem Lehrbuch: »Zur Umgehung der Gefahren, die mehr oder weniger und in irgendeiner Weise allen Pestiziden anhaften, versucht die biologische Schädlingsbekämpfung die natürlichen Gegenspieler der Schädlinge einzusetzen, indem sie entweder die in den gleichen Lebensräumen vorhandenen zu schützen, zu vermehren und zu aktivieren sucht oder andere aus entfernten Gebieten einführt und sie womöglich vorher künstlich (fabrikmäßig) vermehrt und dann freiläßt.« Zum Einsatz kommen Schlupfwespen, Raubmilben und andere *Parasitoide.* Das sind Insekten, die andere Insekten befallen und vernichten – im Unterschied zu *Parasiten* wie Flöhe, Läuse, Darmwürmer und andere Schmarotzer, die ihr »Opfer« zwar nutzen, es aber in der Regel nicht sofort umbringen.

Es werden neben anderen Möglichkeiten, wie wir noch sehen, Nützlinge aktiviert, Viren und Bakterienstämme als Parasitoide auf Schädlingen, auf Wanzen, Motten, Raupen von Schmetterlingen, Fliegen, Käfern u. a. Die parasitoiden Mikroorganismen befallen die schädlichen Insekten und töten sie wahrscheinlich in der Hauptsache durch die Absonderung eines Giftstoffes oder ganz einfach durch Aussaugen oder Auffressen. Als wirksame Schädlingsvertilger gelten selbstverständlich auch viele Vogelarten.

Hier ein paar Beispiele für das »Umbringen« von Schädlingen auf ganz natürliche Weise – Biologen, Zoologen, Chemiker in vielen Ländern erforschen diesen Vorgang, um ihn zu stimulieren, in freier Natur zu begünstigen. Als Paradefall sei dafür zuerst genannt der 1911 in Mehlmotten (aus Thüringen) entdeckte *Bacillus thuringiensis;* man stellte fest, daß er ein für die Larve der Mehlmotte tödliches Gift absondert. Bringt man ein toxisches Präparat, das Sporen dieses Bacillus enthält, in der Natur frei aus, so werden blattfressende Raupen sofort gelähmt, sie verenden. »Der Bacillus thuringiensis vermehrt sich in den erkrankten Insekten und bildet dort Dauersporen aus« (AID). Eine ganze Reihe landwirtschaftlicher Schädlinge lassen sich heute auf diese Art bereits erfolgreich bekämpfen: Knospenwickler, Frostspanner, Goldafter, Kohlweißling, Kiefernspanner, Mehlmotte, Dörrobstmotte u. a. Noch zu bemerken wäre, daß so ein Präparat ökologisch und toxikologisch völlig unbedenklich zu verwenden ist.

Nächstes Beispiel: die parasitoide Schlupfwespe. Sie parasitiert in vielen Schadinsekten und wird über diesen Weg bereits gezielt eingesetzt. Mit ihrem sogenannten

Legebohrer versenken diese Wespen ihre Eier in das lebende Gewebe verschiedener Insektenlarven oder Raupen, die dann bald verenden. Zu den Schlupfwespen gehört auch eine Art, die mit ihrem dünnen, etwa 6 mm langen »Bohrer« sogar durch hartes Holz hindurch die Larve der Holzschädlinge ansticht. Eine besondere Schlupfwespenart wird im Oberrheingebiet gegen den Maiszünsler verwendet. (Zünsler, eine Lichtmottenart, deren Raupen großen Schaden durch Blatt- und Stengelfraß anrichten.)

Die kleine Wespe *Ophyra aenescens* ist ein Stubenfliegentöter. In einer Zeitungsmeldung hieß es: »Die Ophyra, vor einigen Jahren bei uns zufällig entdeckt, wurde aus Amerika eingeschleppt. Sie entwickelt sich im gleichen Substrat wie die Stubenfliege, zum Beispiel in Misthaufen auf dem Bauernhof. Ihre Larven sind räuberisch; eine Larve kann täglich bis zu 20 Stubenfliegenlarven verzehren. Ophyra läßt sich bequem züchten und dann an Landwirtschaftsbetriebe verteilen. Eine einzige Lieferung genügt, um den gewünschten Prozeß in Gang zu bringen.«

Schadinsekten vertilgende, räuberische Insekten gibt es über die hier genannten hinaus noch viele – neben den durch die Luft schießenden oder Bäume und Sträucher absuchenden Vögeln, den aus dem Wasser zuschnappenden Fischen und dem ganzen zahllosen Getier, das da nach Würmern, Larven oder Raupen bohrt, schabt, gräbt, hämmert . . .

Geben wir hier noch dem Marienkäfer die Ehre. Um ihn ranken sich viele Kindergeschichten, als »Siebenpunkt« kommt er immer wieder ins Bild. Legen wir ihn mal vor uns auf ein weißes Blatt, stupsen ihn, damit er sich tot stellt – und dann die Lupe. Ja, es stimmt, was da in dem alten Lexikon zu lesen steht: »Marienwürmchen, *Coccinellidae,* kleine halbkugelig gewölbte Tiere mit kurzem Kopf, kurzen gekeulten, meist elfgliedrigen, nach unten einschlagbaren Fühlern, oftmals gezahnten oder zweispitzigen Fußklauen und meist bunten Flügeldecken, ziehen bei der Berührung Fühler und Beine an und geben zur Verteidigung einen safrangelben Saft von sich und nähren sich von Blattläusen . . . Man kennt etwa 1000 Arten, die über alle Teile der Erde verbreitet sind.«

Vor etwa hundert Jahren schon machte man das wohl erfolgreichste Experiment der biologischen Schädlingsbekämpfung: 1872 tauchte in Kalifornien in den Zitrusplantagen die Orangenschildlaus auf, sie vernichtete bald den größten Teil der Ernte, die Farmer standen vor dem Ruin. Und da holte man den Marienkäfer *(Vedalia cardinalis),* auch Blattlauskäfer genannt, aus Australien. Schon nach zwei Jahren war der Schildlaus in dem befallenen kalifornischen Gebiet der Garaus beschieden, inzwischen in über 30 weiteren Ländern mit Zitrusanbau.

Und heute in unseren Hausgärten – die Spinnenmilben und Blattläuse? Wie viele Läuse verspeist so ein Marienkäfer an einem Tag? Die Angaben darüber schwanken, ich konnte sie noch nicht nachprüfen und halte mich deshalb an die Vermutung: vielleicht fünfzig. Oder hundert? Schade nur, daß die Menge der bei uns vorkommenden Käfer für eine sichere, totale Läusebekämpfung nicht ausreicht. Immer wieder werden unüberlegt und in meist gar nicht nötigem Maße Insektizide eingesetzt. Irgendwie überstehen die Läuse so eine Spritzung dann doch, aber die Marienkäfer und ihre Larven gehen ein.

Lassen wir es mit diesen Beispielen bewenden, so schier endlos sich auch die Reihe von Belegen über die biologische Schädlingsbekämpfung ausweiten ließe. Und das zum Glück aus bereits allen Ländern der Erde – weil man die Misere aus der Anwendung der Chemie schon überall kennt.

Chemische Mittel, sie nun ganz und sofort zu verdammen hieße das Kind mit dem Bade ausschütten. Chemische Schädlingsbekämpfungsmittel sind niemals völlig zu ersetzen, wohl aber, im Zusammenwirken mit biologischen Verfahren, in quantitativer Hinsicht zu reduzieren. Diese Kombination zweier Verfahren als »integrierte Schädlingsbekämpfung« wurde vom Zentralinstitut für Genetik und Kulturpflanzenforschung Gatersleben schon 1965 gefordert: »Die Abwehr möglicher Schäden hat nicht allein durch vorsichtige und sachgemäße Anwendung der Fungizide, Insektizide und Herbizide im Rahmen industriemäßiger, landwirtschaftlicher, forstwirtschaftlicher und gärtnerischer Produktion zu erfolgen, sie erfordert eine ungewöhnliche Intensivierung der Forschung und Entwicklung einer umfassenden *biologischen* Schädlingsbekämpfung . . . Die durch die zunehmende Anwendung von Chemikalien in der Land- und Forstwirtschaft möglichen Gefahren dürfen nicht unterschätzt werden.«

Den regionalen Institutionen des Pflanzenschutzes blieben diese Anregungen nicht unbekannt. Die Imker verfolgen die Entwicklung solcher Möglichkeiten auch mit besonderem Interesse. Ihre Bienen werden durch chemische Mittel oft geschädigt. Aber nicht der Bienen wegen allein und den Imkern zuliebe werden in vielen Ländern unermeßliche Summen ausgegeben, um neben oder anstelle von Chemikalien »natürliche« Schädlingsbekämpfungsmittel zu entwickeln. Chemische Mittel als Insektizide sind für den Menschen und seine Umwelt als gefährlich und zum Teil unbrauchbar erkannt worden! Das Resistenzvermögen der Schädlinge hat heute zu einem Kampf »zwischen Pflanzenschutzchemiker und Schadinsekt geführt – ein Wettlauf, den das Insekt infolge seiner hohen Leistungsfähigkeit immer häufiger zu seinen Gunsten entscheidet«.

Die Mittel und Methoden der biologischen Schädlingsbekämpfung sind sehr vielfältig. Mit der eingängigen Überschrift »Pille für Schadinsekten?« zielte eine populärwissenschaftliche Arbeit genau auf das eigentliche Problem: Es geht nicht mehr nur um die Entwicklung immer wirksamerer Gifte, sondern vielmehr um die Entwicklung und Einführung völlig neuer Bekämpfungsprinzipien, so um die »Selbstvernichtungsmethode«. Bei dieser »Autozidbekämpfung« werden im wesentlichen die Männchen der Schädlinge durch Chemosterilantien (spezifisch, nur auf die Geschlechtsorgane der Insekten wirkende Mittel), weiter durch Strahlen oder genetische Manipulationen sterilisiert. Wenn genügend sterile Männchen in der Lebensgemeinschaft vorhanden sind, kommen die normalen fruchtbaren immer seltener zur Fortpflanzung, und der Schädling stirbt aus.

Anders gesagt: Die Sterilisation einer großen Zahl künstlich gezüchteter männlicher Insekten und deren Freilassung hätte dann zur Folge, daß »nur noch unbefruchtete Eier erzeugt würden und die Population ausstürbe«. Rachel Carson berichtet von dem Erfinder dieser Methode, dem Amerikaner KNIPLING, der schon in den fünfziger Jahren seine Laboratoriumsversuche auch in größerem Maße im Freiland zur Anwendung brachte. Seither sind diese Versuche mit wechselndem Erfolg auf viele Insektenarten ausgedehnt worden, genannt werden der Tabakkäfer, die Schraubenwurmfliege (ein Plagegeist des Viehs), weiter Moskitos als Übertrager der Malaria, die Tsetsefliege, Stubenfliegen, Fruchtfliegen u. a.

Vielversprechender eigentlich als die Strahlenwirkung sind die bereits laufenden Versuche mit auszubringenden »chemischen Mitteln, die auf die Chromosomen einwirken; wahrscheinlich greifen sie die chemischen Verbindungen in den Genen an und lassen die Chromosomen zerbrechen«. Obwohl Chemosterilantien vielseitiger einsetzbar sind als Strahlen, stehen gegenwärtig noch nicht genügend Verbindungen zur Verfügung. An der Entwicklung solcher Stoffe wird intensiv gearbeitet.

Beim Einsatz von Strahlen (Zerstückelung von Chromosomen) und genetischen Direkteingriffen muß der Schädling in Massen gezüchtet werden, was gegenwärtig nicht bei allen Schädlingen möglich ist. So ist die Laborzucht der Kirschfruchtfliege beispielsweise fast unmöglich, da man zur kontinuierlichen Zucht über das gesamte Jahr eine künstliche Kirsche entwickeln müßte.

Ein anderer Weg ließe sich beschreiten nach der Methode der erwähnten Strahlensterilisation. Will man die Männchen kurzfristig »sammeln« und durch radioaktive Strahlung in technischen Einrichtungen sterilisieren, dann muß man sie zuvor nach dorthin anlocken, und zwar durch konzentriert ausgebrachte Sexuallockstoffe (Pheromone).

Auch als eigenständige Bekämpfungsmethode können Pheromone eingesetzt werden (sog. male annibilation), d. h., durch das Allüberallsein des Sexuallockstoffes finden die Männchen ihre Weibchen nicht mehr, da sie diese normalerweise am Geruch erkennen. Die Extraktion oder synthetische Herstellung solcher Pheromone ist sehr aufwendig und bislang auch erst bei einigen Schadinsekten möglich. Amerikanischen Wissenschaftlern gelang es (um 1960), einen Lockstoff namens Methyl-Eugenol zu entwickeln, den die Männchen der Orient-Fruchtfliege und der Melonenfliege unwiderstehlich finden. Den Lockstoff hat man nun, das ist das Besondere, gleich mit einem Gift vereint, einer Phosphatverbindung, und dieses über einem weiten Gebiet abgeworfen, auf einer Versuchsinsel. Der Erfolg war durchschlagend, fast hundertprozentig.

Neben der Sterilisation mit energiereichen Strahlen und der Anwendung von Chemosterilantien finden sich noch weitere Methoden der genetischen Bekämpfung in der Entwicklung und Erprobung. Man führt beispielsweise einander unverträgliche Rassen einer Schädlingsart zusammen; männliche und weibliche Tiere kopulieren, jedoch die Spermien verschmelzen nicht mit der weiblichen Eizelle, es gibt also keine Fortpflanzung. – Die Genetik eröffnet auch die Möglichkeit, Linien zu züchten, die nur Männchen hervorbringen. – Es stünde im Bereich des Möglichen, unter den

Insekten Rassen auszulesen, die den Menschen nicht mehr unmittelbar in seinem Ernährungs- oder Lebensbereich Schaden zufügen, so Mücken, die nur Vögel und andere Tiere stechen und nur noch deren Blut saugen. – Auch die Bastardsterilität läßt sich gegebenenfalls ausnutzen, nach dem Beispiel der Kreuzung von Pferd und Esel; das Maultier ist bekanntlich nicht weiter fortpflanzungsfähig.

Diese und weitere Versuche der Auflösung bzw. Unterbrechung einer Generationsfolge sind mit wirklichem Erfolg bisher nur in begrenzten Versuchsbereichen und bei der Bekämpfung der Stechmücken gemacht worden. Die Forschung bemüht sich unter großem Aufwand um die Anwendung genetischer Mechanismen auch bei anderen lästigen und schädlichen Insekten (Wanzen, Schaben, Zecken, Fliegen).

Auf dem Gebiet der Autozid-Technik mit Chemosterilantien zeichnen sich international bereits Erfolgschancen ab. Jedoch handelt es sich immer erst um Anfangserfolge, deren Methoden noch nicht ausgereift oder nur erst begrenzt anwendbar sind. So laufen seit Jahren schon die Versuche um die biologische Bekämpfung auch der Kirschfruchtfliege. Sie sind schwierig, weil sich die Fliege für die Experimente bisher nicht labormäßig züchten ließ. Sie lebt nur sehr kurz, ernährt sich vom Tau und ist schnell hinfällig. Für eine Freilandbekämpfung fehlt es noch immer an auszubringenden Chemosterilantien. Man verfügt auch noch nicht über Lockstoffe, die (in einem weiten Gebiet) wirksamer wären als die Bindung der Tiere an die Kirschfrucht. Die Anstrengungen um den Sieg über die Kirschfruchtfliege sind dennoch groß.

Jährlich werden heute im havelländischen Obstanbaugebiet neben vielen tausend Tonnen anderem Obst bis zu 2000 t Kirschen geerntet. Zu Fontanes Zeiten erlebte der Werdersche Obstanbau schon einmal einen Aufschwung. Die Schute wurde vom Haveldampfer stromaufwärts nach Berlin in Schlepp genommen. »Der Dampf kam hinzu, um den Triumph zu vervollständigen.« Jeweils mit dem »1. Juni begann die Saison: Erdbeeren, Kirschen aller Grade und Farben, Johannisbeeren, Stachelbeeren, Himbeeren, dann Aprikosen, Pfirsiche und Trauben, aber die Knupperkirsche einerseits, die blaue Pflaume andererseits – sie sind es, die über die Saison entscheiden . . . als Maximum 4000 Tienen täglich (die Tiene zu drei Metzen) . . . alljährlich 1 Million Metzen Obst . . ., solche Zahlen sind schmeichelhaft und richten auf« (Fontane). – Zahlen sind auch heute ein Beleg für den Fleiß der gärtnerischen Produktion, das, was hinter den Zahlen steht, hat Gewicht, ökonomische Leistungen richten auf, wie es Fontane so bildhaft sagt. Nicht verraten hat er uns, ob die Werderaner damals schon wußten, wieviel sie von ihrem köstlichen Obst den Bienen zu verdanken hatten. Er berichtet jedoch von »Mißernten und Ausfalljahren«, wo im »Frühjahr die Schaben und Blatthöhler das junge Laub töten«. Wird es diesen Schädling auch schon damals gegeben haben, dessen Zurückdrängung uns heute soviel Mühe und Kosten abverlangt – die Kirschfruchtfliege? Man darf es vermuten. –

Diesen Werder-Text schrieb ich vor zwanzig Jahren. Nun habe ich ihn noch ergänzt und etwas »aktualisiert«, beinhaltet er doch manches Erinnernswerte an eine Zeit, in der auch, und das durchaus guten Willens, versucht wurde, Umwelt und Natur menschenwürdig zu erhalten und durch Forschen und Verändern neuzugestalten.

Ein paar Dinge und Vorgänge aus dem Havelland-Kapitel sind aber aus heutiger Sicht noch mal erwähnenswert. Von Pflanzenschutzmitteln und von dem gefährlichen DDT war die Rede, dem man im Obstanbaugebiet um Werder bei der Schädlingsbekämpfung schon damals beunruhigt gegenüberstand. Diese Skepsis hatte ihre Berechtigung. Denn: In der Bundesrepublik waren der Vertrieb und die Anwendung von DDT (seit 1971) verboten. Nicht so in der DDR; hier blieben (nach einem Bericht im »Spiegel«, 7/1985) noch weiterhin drei DDT-haltige Insektizide als Pflanzenschutzmittel zugelassen, darunter das »Bercema-Bercosol« gegen die Zwiebelfliege. Für 40 Pfennig konnte man ein Papiertütchen im Laden kaufen, Inhalt: 25 Gramm reines DDT, nach der Gebrauchsanleitung gefährlich für Fische und Bienen.

»Als tödlich orale Dosis werden in der Literatur unterschiedliche Werte angegeben; sie schwanken zwischen drei und dreißig Gramm. Das bedeutet: In der spitzen Tüte für 40 Pfennig (Ost) war genügend Gift, um einen Menschen zu töten« (Rosenbladt). So stand es also in der früheren DDR um die Sicherheit – auch für den Menschen – bei der Anwendung von »bienengefährlichen« Pflanzenschutzmitteln.

Gut vorbereitet wurde alljährlich, und das nun schon über drei Jahrzehnte, die Wanderung von Imkern zur Blühzeit in das Obstanbaugebiet, etwa ab 20. April. Die Genossenschaften waren durch Lageskizzen, Standortzuweisungen, Transporthilfen usw. sehr behilflich; für den Bieneneinsatz wurde außerdem eine ansehnliche Prämie gezahlt. Aber, und damit nun das weniger Erfreuliche, weiterhin wurden Pflanzenschutzmittel durch Agrarflugzeuge ausgebracht, und das auch bei ganz normalem Bienenflug. Die Mittel waren nur bedingt bienenungefährlich, es gab Schäden, Rückgang der Brut und damit Schwächung der Völker für den nachfolgenden Einsatz im Raps. Also Mißwirtschaft. Enttäuschung! Hier ist man, und das trotz wiederkehrender bitterer Erfahrung, bei der Schädlingsbekämpfung nicht zufriedenstellend vorangekommen.

Beachtliche Fortschritte dagegen gab es seither beim Pflanzenschutz in der internationalen Forschung und folglich auch in der BRD. Hier trifft folgendes zu: »Durch ein gestiegenes Umweltbewußtsein gewinnt die *biologische Schädlingsbekämpfung* als Teil des *Integrierten Pflanzenschutzes* immer stärker als Alternative zu chemischen Bekämpfungsmaßnahmen an Bedeutung. Grundsätzlich können in Landwirtschaft und Gartenbau verschiedene Methoden der biologischen Schädlingsbekämpfung durchgeführt werden, bei denen die natürlichen Gegenspieler der Schädlinge zu deren Dezimierung eingesetzt werden.« So beginnt der Text einer Informationsschrift des AID (siehe Lit.-Nachweis) über die heute bereits ausgereiften Möglichkeiten der biologischen und mikrobiologischen Schädlingsbekämpfung im Gewächshaus, im Garten und auf großflächigem Freiland. In Wort und Bild werden in dieser Schrift viele Nützlinge mit ihrem Einsatz vorgestellt. Das überzeugt. Und noch mehr optimistisch stimmt es, wenn man sogar eine Auflistung vorfindet mit Namen und Versandadressen über »Produktion und Vertrieb von Nützlingen«.

Als Resümee bleibt: Wenn wir Menschen alles daransetzen, dann braucht es keinen »stummen Frühling« mehr zu geben!

Rapswanderung mit unerwartetem Verlauf

Aus Erfahrung weiß auch ich, wie schnell man sich im Wandertrubel aus Begeisterung übernimmt. Irgendwie setzt man dann unerwartet zu, Zeit, Geld oder gar Gesundheit. Eine Einbuße wäre auch mir einmal nicht erspart geblieben, hätte nicht ein gutes Trachtjahr im Übereifer gemachte hohe Ausgaben ausgeglichen.

»Fangen wir doch lieber erst mit nur ein paar Kästen an.« Aus besserer Einsicht in die Dinge machte jemand die gutgemeinte Bemerkung; jedoch mit Vorsicht. Heute gebe ich einem »Jungimker« selbst diesen Rat. Man sollte seinen Stand in Maßen erweitern, am besten nur so weit, wie in den ersten Jahren die Einnahmen die Ausgaben übersteigen.

Kein Unternehmen verläuft risikolos, auch nicht der Beginn des Imkerns. Daß ich mich hier an ein bestimmtes Frühjahr erinnere, hat seinen Grund in dem Aufwand für den Kauf von gleich sechzehn besetzten Beuten. Und das in den ersten Tagen im Mai, wenn alle Welt zu blühen beginnt. Ahorn und Beerenobst hatten schon gehonigt, die Bruträume waren übervoll. Was nun zuerst tun? Es mangelte an Geräten, leeren Rähmchen und Mittelwänden. Die Kästen wurden eines Abends spät provisorisch im Garten aufgestellt; leider aber auf Rundhölzern – und nicht einmal festgekeilt –, statt auf kantigen Unterlagen. Alles rollte zur Seite. Verdammt! Die Kästen lagen wie große Spielwürfel durcheinander. Wieder aufbauen. Mein Vater hielt die Laterne ...

Und was dann das Schlimmste war: Zu keiner Tageszeit konnte ich einigermaßen normal geschützt in den Garten gehen und auf dem Freistand einen Kasten öffnen, die Viecher stachen aus Leibeskräften. Wie kam das nur? Mein Bekannter arbeitete ohne Schleier und Handschuhe, dessen Bienen taten doch auch mir nichts! Aber meine waren wohl »reingezüchtete Stecher«, die ich da für teures Geld erworben hatte.

Nervös machte mich auch das Gejammere der Gartennachbarn. Ich hielt ihnen Vorträge über die zu erwartenden Ertragssteigerungen, über den die Bienen reizenden Hautschweiß, über duftende Waschseife. Ich stellte dabei die Pfeife auf einen Gartenpfosten und hängte den Schleier kurz über den Zaun: »Meine Bienen habe ich von einem alten Imker gekauft. Ganz ruhig war der. Wissen Sie, wenn eine Biene zu Ihnen rüberkommt, dann müssen auch Sie ...« Dann, ja dann versprach ich allen Nachbarn für jeden noch zu erduldenden Stich, aber nur von meinen Bienen(!), ein Pfund Honig. »Als Schmerzenspflaster.« Ich wollte den Gartenfrieden.

»Meine Bienen«, wenn ich heute das so sage, es schwingt Zufriedenheit und die Vorstellung gegenseitigen Wohlwollens mit, denn sie sind längst keine Stecher mehr, meine Bienen. Aber damals! Und nun erst die weisen Ratschläge der Imker, die mit mir in der Spartenversammlung am Tisch saßen, was ich am besten alles tun sollte, um gleich richtig in Gang zu kommen.

Wanderwagen im Raps

Lassen wir es nun gut sein. Jeder kann ja über die Zeit, wo er sich die ersten standeigenen Stiche verpassen ließ, einen Roman erzählen. Gibt es nur ein Jägerlatein? Mir wäre der Beginn meines Imkerns gar nicht so in Erinnerung geblieben, wenn ich nicht auch noch die dringende Empfehlung eines Imkerfreundes wahrgemacht hätte: »Du mußt in den Raps wandern, unbedingt. Nur so wird aus den Völkern was. Der Raps treibt!«

Und damit nahm alles seinen mir ungewohnten Lauf. Nach dem Raps müßte die erste große Schleuderung so viel bringen, daß damit die Ausgaben für das Jahr gedeckt sind. Der weitere Honig wäre dann als reiner Überschuß zu buchen. Sehr schön! Allgemeine Erfahrungswerte eines alten Hasen, für einen Anfänger eine verlockende Botschaft, die Rapswanderung, von der, so meinte ich, der Jahreserfolg nun abhängen würde.

Ist damit die Wanderung in den Raps nicht überbewertet? Er kann auch mal gar nichts bringen, für den Imker jedenfalls, wenn der Mai kühl, windig und naß ist. In Mecklenburg und nahe der See blüht der Raps vierzehn Tage später. Dann ist es doch schon wärmer, und die Völker sind stärker. Bei uns in den mittleren Bezirken blüht er aber auch schon mal Ende April. Und einmal wanderten wir sogar noch Mitte Mai im dichten Schneetreiben. Die Rapspflanzen standen ganz erstarrt, wie mit pappigem Zuckerguß überzogen. Aber am nächsten Tag schon trieb die Sonne die Völker in das wogende gelbe Blütenmeer. In zwei Wochen waren die Honigräume voll.

Heute gibt es die großen Rapsflächen mehr in den Nordbezirken, in Mecklenburg und bis 'rauf an die Ostsee. Das maritime Klima dort belebt die Imkerei spürbar, die Zahl der Imker und der Wandervölker wuchs bislang, auch die der Wanderwagen.

Die Rapswanderung war für mich immer am meisten aufregend, gar nicht vergleichbar mit der in die stille Heide zum Ausklang des Bienenjahrs. Die weiten sattgelben Felder stachen ins Auge, die erste große Schleuderung, im Raps die meisten Stiche, Jungköniginnen, brummvolle Kästen! – Aber da fiel zuvor ein Stichwort: der Wanderwagen. Der fehlte mir. Das Auf- und Abladen und Aufstellen der Kästen, der Transport mit dem offenen Lkw usw., das alles war doch recht beschwerlich. Übrigens, ein kurzer Gedankensprung: Der Wanderwagen ist keine Erfindung unserer Zeit. Ich habe ein Bild aus dem Jahr 1555 zur Hand, ein Holzschnitt aus einem Buch des schwedischen Erzbischofs Olaus Magnus über die Imkerei bei den »nördlichen Völkern«. Darauf ist ein mit zwei Pferden bespannter, stabiler Wagen zu sehen, beladen mit 15 Strohstülpern. Bienen schwirren umher ... (Bei Tage wandern?) Künstlerische Freiheit, denn wie sollte man sonst gleich Bienenvölker auf dem Wagen vermuten, und wie würde auch das Bild bei Nacht aussehen ... (siehe S. 138).

Wanderwagen, heute! Man muß eben mit seinen Bienen beweglich sein, um die Trachten zu wechseln oder auch mal über Nacht abzuwandern – ein Traktor ist schnell zur Stelle –, wenn am nächsten Morgen Schädlingsbekämpfungsmittel ausgebracht werden, die die Bienen gefährden könnten.

Wandergemeinschaften und Einzelimker aus dem Berliner Raum, selbst aus dem sächsischen Industriegebiet, fahren heute in den Raps nach Mecklenburg. Fernwanderung! Lichterketten der Wagen und oft noch hoch beladene Vorspannfahrzeuge rollen an bestimmten Wochenenden die Fernverkehrsstraßen entlang, stauen sich zu mitternächtlicher Stunde nochmals an den Tankstellen und Raststätten. Frühmorgens werden sie von den landwirtschaftlichen Vertragspartnern erwartet und zügig eingewiesen auf die schon vorher ausgemachten Stellplätze.

Im Vorteil ist, wer als Imker »seinem landwirtschaftlichen Betrieb« gut bekannt ist. Die Verpflichtungen werden von beiden Seiten dann als gegenseitige Hilfeleistung verstanden. Der Wandervertrag ist längst unterschrieben, zumal er die Vertragspunkte wie alljährlich enthält: Festlegungen über den An- und Abtransport der Völker, die Kostenfrage, Bestäubungsgebühren, Anschriften und Telefonnummern für Benachrichtigungen bei Schadensfällen, vor allem aber die Hinweise über den Bienen- und Pflanzenschutz. Das ist nicht nur eine formale Sache für den papiernen Vertrag. Ich habe jedesmal mit dem Vorsitzenden und dem Feldbauverantwortlichen der Genossenschaft, wo ich mich schon bald zu Hause fühlte, über die beabsichtigte Schädlingsbekämpfung gesprochen; mich interessierten Termine und Methoden, auch genau die chemischen Mittel. Ich hatte den Vorteil, daß ich bereits zur Obstblüte da war, und weil die Plantagen inmitten der Rapsfelder lagen, brauchte ich meinen Stand gar nicht erst umzusetzen. Eine feine Sache, das war eine doppelt lohnende Frühtracht. Aber damit gab es auch meist zweimal eine Schädlingsbekämpfung, zuerst im Obst und dann im Raps die Aktion gegen den Rapsglanzkäfer und den Kohlschotenrüßler. In jedem Falle benachrichtigte man mich, ich konnte die Flugklappen abends nach Einstellen des Bienenfluges rechtzeitig schließen und dem Beauftragten für Pflanzenschutz dann das Zeichen für den Beginn der Stäube-Aktion geben.

In Abhängigkeit von dem einzusetzenden Insektizid und der Art seiner Ausbringung ergeben sich jeweils immer besondere Bedingungen für beide Vertragspartner.

Sie zu regeln verlangt jährlich aufs neue konkrete Festlegungen. Ein Schadensfall trifft nicht nur den Imker, den zwar zuerst, aber ökonomisch und damit finanziell betroffen ist auch der Landwirtschaftsbetrieb. Der Schadensverursacher, der die Mittel ausbringt, hat den Schaden zu regulieren, vorausgesetzt, daß ein entsprechender Versicherungsvertrag besteht. Der Imker muß entschädigt werden! Er wird sich auf die Verordnung zum Schutze der Bienen stützen.

Im Vergleich zum Obstanbau und zu anderen Feldkulturen, wo durch den Einsatz der Bienen oft mehrfache Ertragssteigerungen erreicht werden, ist der Nutzen der Bienen im Raps nach den bloßen Zahlenwerten nicht ganz so hoch. Der Raps ist bis zu einem gewissen Grade selbstfertil, »selbstfruchtbar« und »selbstbestäubungsfähig«, hinzu kommen auch Fliegen und andere Kleininsekten als Bestäuber. Aber dennoch ist die Bedeutung der Biene für die Bestäubung allgemein bekannt und unumstritten. Der Bienenbeflug bewirkt eine Steigerung der Schotenzahl, eine Begünstigung der Schotenlänge, der Kornzahl je Schote, der 1000-Korn-Masse sowie der späteren Keimfähigkeit des Samens. Von Bienen beflogene Rapskulturen blühen schneller und gleichmäßiger ab. Das ist für den Anbaubetrieb sehr von Vorteil. Man sollte also nicht nur in dem höheren Samenertrag den Wert des Bieneneinsatzes sehen, auch ein um Tage früherer Erntetermin, der zeitigere Umbruch und die beschleunigte Aussaat der nachfolgenden Frucht, das sind ebenso positive Auswirkungen der Pflanzenbestäubung durch den gelenkten Insektenbeflug.

Nachfolgend ein Versuchsergebnis von Prof. E. ZANDER. Er schon erkannte, »daß der Bienenbeflug auch bei neueren Rapssorten trotz ihrer starken Selbstbefruchtbarkeit das Abblühen beschleunigt und den Körnerertrag günstig zu beeinflussen vermag, wenn auch nicht im geringsten bezweifelt werden soll, daß den Wildinsekten und dem Winde, wenigstens in windreichen Küstengebieten, die ja für den Rapsanbau besonders ausgenutzt werden, eine gewisse Bedeutung zukommt«.

Mittel- und Grenzwerte bei verschiedenen Rapsstauden (Lemkes Winterraps, 1000-Korn-Masse = 4,5 g)

Bienenbesuch	Schotenlänge ohne Stiel in cm		Anzahl Körner	1000-Korn-Masse in g	Bemerkungen
	im ganzen	des Körnerteils			
Käfig ohne Bienen	5,9 (3,7–8,2)	5,1 (2,7–6,7)	14,5 (4,0–26,0)	2,4	viel unentwickelte Schoten, taube Körner
Käfig mit Bienen	8,3 (7,0–9,7)	6,0 (4,0–8,0)	22,5 (13,0–32,0)	2,5	weniger taube Körner
Freiland (mit Bienenbeflug)	6,4 (4,5–8,4)	5,1 (3,5–6,8)	16,4 (9,0–29,0)	3,3	fast keine tauben Körner

Als Erläuterung zu dieser aufschlußreichen Tabelle und um die Käfigversuche richtig zu beurteilen, sagt Prof. Zander u. a. von den Befunden über den Freilandraps, sie »zeigen eine deutliche Verbesserung gegenüber dem bienen- und insektenfrei abgeblühten Raps und lassen den günstigen Einfluß der Insektenbesucher klar erkennen. Wenn sie aber gleichzeitig hinter den Feststellungen im Bienenkäfig ebenso deutlich zurückbleiben, liegt das vielleicht daran, daß im Käfig die Bienen mangels anderer Pollenmöglichkeiten gezwungen waren, den Raps besonders stark zu befliegen, um ihre Brut zu versorgen, während im Freiland ihnen auch andere Sammelmöglichkeiten offenstanden . . . Es ist auch möglich, daß der Bienenbeflug im Käfig durch die größere Wärme unter dem ziemlich engmaschigen Drahtgitter an sonst nicht warmen Tagen begünstigt wurde.« Die nach der Ernte gegenüber der Aussaat geringere 1000-Korn-Masse erklärt sich bei Zanders Versuch aus dem unreifen Zustand, in dem der Raps geerntet werden mußte.

Wieviel Völker sollen für die Bestäubung je Hektar eingesetzt werden? Eine noch aktuelle Belegarbeit für die Besatzdichte verweist darauf, wie sehr in der Samengewinnung gerade bei Raps die Erträge noch zu steigern sind: »Die Ermittlung von Durchschnittserträgen in einem Rapsanbaubetrieb ergab folgende Hektarerträge: ohne Bieneneinsatz 11,2 dt/ha (5jähriger Durchschnitt), mit Bienenbeflug 21,0 dt/ha (8jähriger Durchschnitt). Das entspricht einem beachtlichen Mehrertrag von 88,0 Prozent . . .«

Zwischen Elbe und Oder, in unseren östlichen Landesteilen, wurden in den achtziger Jahren etwa 150 000 ha Raps angebaut, zum Einsatz kamen annähernd 225 000 Bienenvölker, je Hektar also rechnerisch eineinhalb Volk. Um einen bestmöglichen Bestäubungseffekt zu erreichen, sollten aber mindestens vier Völker je Hektar eingesetzt werden. Rechnet man durchschnittlich von jedem Ortsimker noch ein Volk je Hektar dazu, so ergibt sich, daß die Rapsflächen nur zu 50 Prozent für die Bestäubung genutzt wurden. –

Von all diesen Dingen habe ich vor meiner ersten Rapswanderung natürlich noch nichts gewußt. Mir machten meine sechzehn Völker genug zu schaffen. Und jeden Tag gab es Stiche! Und immer schwoll alles so unmäßig an, im Gesicht. Einmal blieb mir sogar die Luft weg. Ich hörte meine eigene Stimme nicht mehr. Ich wankte ins Haus, kroch in den Keller. Unter der Treppe saß es sich gut, im Dunkeln. Irgendwo unter dem schweißigen Hemd krabbelte noch eine Biene, hilflos mir ausgeliefert. Ich hatte kein Rachegefühl. Gar nichts mehr, nur hier nicht gestört werden. Rote und grüne Kreise drehten sich . . .

An diesem Tag wollte mir meine Imkerei über den Kopf wachsen. Was half's, ich mußte durchhalten. Ich empfand es als eine Erlösung, aus dem engen Hausgarten schnell fortzukommen, als mir der Wanderwart, es war schon Mitte Mai, noch ein paar Hektar Raps zuwies. »Das Stadtgut hat zum letzten Mal welchen angebaut. Auf den kleinen Rieselfeldern.«

»Raps auf Rieselfeldern?«

»Wo's da immer so stinkt. Das Klärwasser, verstehst du, was aus Berlin rauskommt.«

Heute würde ich natürlich als erstes wissen wollen, warum der Klärwasser-Raps noch unbesetzt blieb. Ich weiß längst sehr wohl, daß der Raps einen nährstoffreichen, tiefgründigen und lehmhaltigen Boden braucht. Die Rapswanderer fragen auch nach der Vorfrucht, nach der Düngung, nach der Bodenwertklasse; sie haben eben Erfahrung! So hatte ich später einmal trotz einer großen Fläche einen mir zu gering erscheinenden Honigertrag. Ein Imkerfreund, nur unweit entfernt, auf scheinbar gleichem Boden, hatte immer volle Honigräume. Bis er mir sein Geheimnis verriet: »Wo Sie da stehen, auf Ihrer Seite vom Kanal, da gibt's keinen Honig. Mein Vater sagte schon, der Boden ist dort im Untergrund einfach zu moorig und zu kalt.«

Aber Jahre zuvor war ich nun das erste Mal voller Hoffnung und Begeisterung in die Rieselei gewandert, in eine Schachbrettlandschaft mit nur 0,5 ha großen Feldern, umgeben von fast überwachsenen Gräben. Raps, so weit ich sehen konnte. Einem kleinen Stand begegnete ich, als ich in der Frühe anrollte. In einem festen Querweg hatte jemand seine sechs Kästen auf hochbeinigen Böcken aufgebaut. Nur sechs Kästen, auf einem Weg?! Und davor das Schild: VORSICHT STECHGEFAHR!

Ich stand mit meinen Bienen auf einem Rieselfeld, vor einem großen, schützenden Busch. Das war doch etwas ganz anderes. Windgeschützt. Also gut überlegt, meinte ich. Der Raps schoß in die Höhe, mir beinah noch in Armlänge über den Kopf. Das machte der Stickstoff. Die Bienen schleppten Pollen über Pollen, auch lilafarbenen, wohl von der Taubnessel, und stachen. Jetzt erst richtig! Rapspollen soll Senföl enthalten, das schärft den Stachel! Ob die alten Wortschöpfer das schon wußten und deshalb nach der Biene *Apis* das Senföl *Oleum sinapis* nannten?

Um es vorweg zu sagen, statt den Brutraum mäßig zu erweitern, gab ich gleich voll alle Räume. Das gefiel den Königinnen. (Und das bißchen Honig, was ich später schleuderte, mochte wohl noch aus dem Ahorn oder aus der Obstblüte gewesen sein.)

Als ich nach knapp drei Wochen eines Morgens wieder in aller Frühe mit dem Trecker und dem schweren Hänger am Grabenrand des Feldes hinunterfuhr, um schnell die sechzehn vollen Kästen aufzuladen, kamen wir nur gut 50 m weit. Trecker und Hänger versackten plötzlich in dem butterweichen Boden.

Was war geschehen? Der Rieselmeister, ihm war mein Stand im hohen Raps wohl nie aufgefallen, der Rieselmeister hatte um Mitternacht die Gräben geflutet, in den Feldern war das Wasser angestiegen. Was sich dann im einzelnen abgespielt hat, sei hier verschwiegen. Hätte denn nicht der Imkerfreund auf dem festen Weg . . . der Rieselmeister . . ., der Traktorist . . . Ich selbst! Ja, hätte ich denn überhaupt auf einen guten Rat gehört? Man muß seine Erfahrung eben doch selbst machen, das meint der sich rechtfertigende stolze Anfänger.

Gegen Mittag erst (!) war ich mit meiner Fuhre endlich zu Hause. Mein Helfer und ich, wir waren bis zur Unkenntlichkeit verschmutzt, barfuß, naß bis auf die Haut. Nur gut, ein stundenlanges Gewitter hatte während des Vormittags Abkühlung gebracht, für die Bienen – und mir einen klaren Kopf.

Auch die Zottelwicke wartet auf Bienen

Dem Vorsitzenden der Genossenschaft wäre es lieber gewesen, hätte er meinen Stand vom Raps – Ende Mai – gleich an den Wickeschlag umsetzen können. »Erst alles wieder zu Ihnen nach Haus, nach drei Wochen wieder her, dabei entstehen unnötig Kosten. Und außerdem, die Bienen gehören bis zum 1. Juni an die Wicke.«

Mit den Kosten, das sah ich ein. Das Auf- und Abladen der Kästen war auch für mich ein großer Kraftaufwand. Keiner der Helfer durfte ausfallen, auch mit dem Lkw mußte es klappen. Und dann alles nachts . . .

Die Bienen schon bis zum 1. Juni in die Wicke? Diese Forderung machte mich stutzig. Sie mochte schon irgendwie berechtigt sein, nur war mir die Notwendigkeit einer so zeitigen Anwanderung damals nicht bekannt. Man hatte sich vorgestellt, ich würde den ganzen Sommer über in der Gemarkung bleiben, Raps – Wicke – Klee, und im Herbst erst zum Schleudern nach Hause gehen.

Was mich jetzt nach dem Raps nach Haus zog, das war die Robinie, meine Haupttracht, dann die Zucht und der Austausch eines Teils der Weiseln. Doch das alles mochte ich dem Vorsitzenden nicht im einzelnen erläutern, hier ging es um meinen Vorteil, und womöglich hätte er sich im nächsten Jahr um einen Imker mit Wanderwagen bemüht. Da wäre für ihn manches einfacher gewesen.

Ich hatte jedoch ein überzeugendes Argument dafür, daß ich nun erst mal ein paar Wochen mit meinen Bienen nach Haus *mußte:* Die Wicke war nur gut 800 m vom Raps entfernt! Die Trachtbienen würden nach ihrem ersten Ausflug nicht in ihre Kästen zurückkehren, es zöge sie in die gewohnte Richtung, an die alte Stelle im Raps, nach dorthin waren sie eingeflogen, und deshalb war ein Umsetzen zu einem so nahen anderen Feld ohne eine entfernte »Zwischenwanderung« nicht möglich. Auf meinem Heimatstand würden sie sich sofort neu einfliegen. Nach 2 bis 3 Wochen sind meist die älteren Bienen nicht mehr da, eine jüngere Generation geht auf Außendienst. Und dann kann man wieder nahe an den ersten Standplatz zurückwandern, ohne daß den Bienen das Areal bekannt vorkäme und sie desorientierte.

Die Robinientracht fiel mit feuchtwarmem Wetter zusammen, es honigte gut, etwa 10 kg je Volk. Auf dem Heimatstand begattete Jungköniginnen wurden eingeweiselt. In Eile ging es dann zum ersten Mal in die Wicke. Notizen aus meinem Tagebuch erinnern mich an manche Einzelheit dieses Wandererlebens.

22. Juni: Fix aufgeladen, 24 Beuten in 35 Minuten. Walther bekam einen Stich aufs Auge, mit Rhabarberstengel betupft, half sofort. – Viel zu schnelle Fahrt! In B. drei Filzplatten verloren. Blinkte mit der Taschenlampe Fahrer in den Spiegel: SOS! – 12 ha Wicke/Roggen, dafür sind 24 Völker zu wenig. Standplatz hinter dem Berg im Überwind, auf trockener Wiese. Flugrichtung SO, Stand nach Kompaß gestellt.

Bienenbesuch auf der Zottelwicke

Spaten vergessen, Boden für Unterlagen mit dem Beil geebnet, mit Wasserwaage! Keine Bäume oder Sträucher als Schutz. Wanderanmeldung zum Bürgermeister gebracht.

24. Juni: Noch abends hin, 23 km. Nebenan eine Sterkenkoppel, elektrischer Draht, wohl 100 Tiere, wenig Futter. Aus Weiden Buschwerk abgeschlagen, um den Stand aufgetürmt. Schinderei! – Kühl, Bienen flogen wenig. Aber Hummeln, zwei Arten. Viele Blüten sind angebissen. Wie machen es die Bienen?

27. Juni: Völker sind kaum im Baurahmen, haben nach Umhängen viel zu tun, 2 bis 3 Mittelwände. Es duftete noch nicht aus den Fluglöchern. – Wicke sehr stark, zieht den Roggen tief'runter. Ganze Streifen schimmern bläulich. Blütentrauben mit 15 bis 50 Einzelblüten. – Nicht alle Bienen fliegen ins Wickenfeld. Nachmittags mehr in Richtung Wiese und Dorf, 1 km entfernt. Vermutlich viel Linden! Wicke nicht so attraktiv wie vorher Raps und Robinie. Zu wenig Bienen mit Pollen, kleine Pollenhöschen, wechselnde Farbe. Sieht alles nicht nach Volltracht aus.

30. Juni: Sonntag. Warm, Sonne. Wollte Baurahmen ausschneiden, Honigraum auf Weiselzellen kontrollieren. Aber, aber: Draht ohne Strom. Alle Sterken 'raus, im Mais! Haben auch meinen Busch weggeräumt. Pappe auf einer Stirnseite abgefetzt, obere Beuten verschoben. – In Richtung Dorf lief jemand mit Hund. Drei Beuten aufgebrochen. Schlösser kaputt, Fenster in Scherben, Verpackung naß im Gras, also schon über Nacht. Bei Nr. 17 fehlt Fenster, lag im Roggen. Alles verkühlt. Langer Stockmeißel weg. Materialbeute leer. Gestohlen: Beil, Tabak, Pfeife, Schleier, Handschuhe, Mantel. – Wegen Versicherung Melker als Zeugen gerufen. Rückfahrt ins Dorf zum Vorsitzenden. Auf der Kanalbrücke ein Hubbel, Pech: Haltegabel für Motor gebrochen. Moped zum Schmied. Schweißen nötig. Der lachte über mein »Moppel«, das sei ein »Hühnerschreck« oder »Hackenwärmer«. Sollte mir ein Auto kaufen. »Imker machen sich alle 'ne goldne Nase!« (Meine glänzt aber noch immer nicht.) Kann ich bestellten Trabant in fünf Jahren bezahlen? Lieber erst einen Wanderwagen. Besser beides!

3. Juli: Heute gleich zum Vorsitzenden. Hat Ärger mit dem elektrischen Draht, wieder Batterie gestohlen. Sterken fressen Mais ab, toben im Roggenschlag. – Wicke blüht 6 bis 8 Wochen, reift sehr unegal, muß wohl auf Schwad gemäht werden. Später mit dem Mähdrescher aufnehmen. Körnerverlust! Wicke besser nur als Futterpflanze oder Gründüngung.

10. Juli: Bienen fliegen noch gut. Wicke blüht immer schöner. Will sie nicht mit dem Roggen zusammen reifen? – Starke Gewitter, Roggen liegt flach. Das gefällt der Wicke, kommt so mehr ans Licht. Ist Zottelwicke und Winterwicke dasselbe? Vorsitzender lud mich für ein paar Tage später zu einer Aussprache ein, zusammen mit dem zuständigen Saatbauberater. Gespräch bestätigte mir, daß zur Technologie des Samenbaus die Bienen als wichtiger Posten dazugehören. Ich ließ mich über den Wickeanbau nochmals informieren, besprach auch gleich den späteren Einsatz meiner Bienen im Rotklee.

Die Winterwicke, auch Zottelwicke genannt, wird in ihrem Leistungsvermögen gerade auf Sandböden von keiner Futterpflanze übertroffen. Ihr Eiweißgehalt ist beträchtlich, man könnte sie die »Luzerne des Sandbodens« nennen. Als Stützfrucht wählt man gewöhnlich Winterroggen. Das Saatgut Wicke – Roggen (etwa 1:10) wird gleichzeitig ausgedrillt, und zwar im »Lichtschachtverfahren«, Reihenverhältnis Wicke – Roggen 1:4. Die Wicke mindert den Ertrag des Roggens nicht. Die Ernte ist aber relativ schwierig, zumindest war das so in früheren Jahren ... Die Zottelwicke (*Vicia villosa* Roth) ist nicht absolut selbststeril, für die Praxis des Samenanbaus ist aber die Fremdbestäubung nötig. In älteren Darstellungen hält man immer nur Wildinsekten für erwähnenswert, so die Feld- und Gartenhummeln, sie würden die Blüten auf legalem Wege besuchen, Nektar und Blütenstaub sammeln. Die häufiger anzutreffende Erdhummel dagegen trüge selten Pollen im Haarkleid und wäre nur darauf aus, die Blütenröhre seitlich aufzubeißen und damit illegal an den Nektar zu gelangen.

Steht mit dem allen im Zusammenhang die Forderung, die Honigbienen möglichst schon mit Beginn der Blüte bis Anfang Juni einzusetzen? Meine Beobachtung, daß auch die Biene illegal an den Nektar gelangt, wird in der Literatur bestätigt. »Gegenüber 27,9 Prozent nichtbestäubender Blütenbesuche durch Hummeln infolge Anbeißens der Blütenröhre konnten 26,3 Prozent nichtbestäubende Blütenbesuche durch Honigbienen als Sekundärbesuche an Hummelbißstellen ermittelt werden.«

Angaben über das Verhalten der Bienen in der Wicke weichen verschiedentlich voneinander ab. So will man sogar beobachtet haben, Honigbienen bissen »selbständig Löcher in die Winterwickenblüten«. Bei Versuchen sah man, »örtlich unterschiedlich, teils überwiegend bestäubende Blütenbesuche, teils ausschließlich Nektarraub durch Honigbienen, und stellte fest, daß die vorwiegend bestäubenden Honigbienen der Rasse *Carnica,* die nektarraubenden hingegen Lokalrassen angehörten«.

Die Bestäubungsleistung der Bienen ist um so größer, je weniger Hummelbißstellen an den Blüten vorhanden sind. »Es kommt darauf an, den Bieneneinsatz zu einem Zeitpunkt vorzunehmen, bei dem die Population der Hummeln noch keine negative Auswirkung auf die Bestäubung der Wicken haben kann. Ende Mai müssen die Bienen bereits an den Samenträgerbeständen vorhanden sein, um zu günstigen Befruchtungsergebnissen zu kommen.«

Die schwankende Nektarsekretion ist weniger temperaturabhängig als vielmehr bedingt durch die Phosphorsäureversorgung und durch den Wasservorrat im Boden; Krankheiten und Schädlinge beeinträchtigen die Nektarbildung ebenfalls. Die Ertragsaussichten sind für den Imker am günstigsten von Ende Mai bis Ende Juni.

Ein intensiver Insektenbeflug beschleunigt die Bestäubung der Blüten. Befruchtete Pflanzen blühen nicht so lange wie unbefruchtete, die immer wieder neu austreiben. Die zeitige lückenlose Befruchtung führt zu einem schnelleren Abwelken der Pflanzen, sie wirkt also reifebeschleunigend und begünstigt den Erntetermin. Dem Imker, der bereits Ende Mai in die Wicke wandert und damit auf eine Robinientracht verzichtet, muß der Anbaubetrieb eine angemessene Bestäubungsgebühr zahlen.

Erwähnt seien diese Zusammenhänge zum einen, weil ja niemand dem Imker verübeln kann, trotz Gebühren für den Bestäubungsdienst seiner Bienen sich die Tracht auszusuchen und anzuwandern, die ihm unter seinen regionalen Gegebenheiten und bei seiner Betriebsweise den sichersten und höchsten Honigertrag verspricht, zum anderen möchte ich aber gerade für die Wicke ein wenig mehr Verständnis wecken, für diese Wanderung – werben. Mir scheint, die Wicke wird immer ein wenig abwertend erwähnt in Imkerkreisen, sie steht etwas im Schatten anderer Massetrachten. Und das spricht gegen meine Erfahrung. Mir bleibt die Wickenwanderung als die in Erinnerung, die als erste während und nach der Sommerwende auch weniger Hektik und eine gewisse Entspannung verspüren läßt, eine Stimmung, die mir auch den Rotklee und zum Schluß die Heide immer zu einem besonderen Erlebnis werden ließ. – Daß meine Familie den Wickenhonig bevorzugte, war ebenfalls eine Zuneigung in vielleicht ganz eigener Sache. Seine angenehme Blume läßt sich nur schwer beschreiben. Der Honig ist leicht braungetönt, dickflüssig und würzig.

Aber zurück zur Wicke selbst.

Daß sich der zeitige Bieneneinsatz spürbar auf den Samenertrag auswirkt, wird international allgemein bestätigt. Aus den USA sind (1953 bis 1956) zehnfache Ertragssteigerungen bekannt geworden. Über Versuche bei uns (Bezirk Potsdam) berichtete Dr. Pritsch auf dem XX. Internationalen Bienenzüchterkongreß in Bukarest: Unter Berücksichtigung der Insektenzahl, ihrer Arbeitsgeschwindigkeit und der seitlichen (bestäubungsunwirksamen) Blütenbesuche waren die Honigbienen zu 87 Prozent, die Hummeln zu 13 Prozent und die kleinen Wildbienen zu weniger als 1 Prozent an der Bestäubung der Winterwickenblüten beteiligt. »Um festzustellen, in welchem Maße Honigbienen im Vergleich zu kleineren Wildinsekten ohne die Mitarbeit der Hummeln imstande sind, die Samenerträge zu steigern, wurden in je 4 . . . 5 Wiederholungen Wickenparzellen von je 19,5 m^2 mit Flugkäfigen aus Dederondrahtgaze überstellt. Durch die 3,5 mm weiten Maschen der Gaze konnten alle kleineren Insekten eindringen – Honigbienen nicht – und Blütenbestäubungen ausführen. Zu einer gleichen Anzahl von Käfigen hatten Honigbienen Zuflug. Eine zweite Flugöffnung der Bienenstöcke führte ins Freie, so daß die Bienen wahlweise in den Käfigen oder im Freiland arbeiten konnten.«

Jahr	Erträge in kg/ha – Wicke			Ertragssteigerungsfaktor 2:1
	Käfige ohne Bienen (I)	Käfige mit Bienen (II)	Freiland	
1964	249	680	719	2,7
1965	26	775	790	29,8
1966	40	101	186	2,5
1967	258	972	1455	3,8
1968	356	1167	1126	3,5
Mittel	182	739	855	3,7

Die Ergebnisse der Käfigversuche und deren Gegenüberstellung mit Freilanderträgen bei *Vicia villosa* belegen überzeugend die Notwendigkeit des Bieneneinsatzes im Samenbau der Wicke. Ich habe inzwischen manches über sie gehört und gelesen. Aus Literaturhinweisen war zu entnehmen, daß ich damals bei meiner ersten Wickenwanderung viel zu spät angewandert war, daß man die Forderung zu Recht erhob: Termin – 1. Juni!

Erst nachträglich verstand ich auch manche Beobachtungen an meinen Bienen, wie ich sie mir in meinem Wandertagebuch vermerkt hatte; Wickehonig konnte ich dieses erste Mal allerdings nur wenig schleudern. Später dann hat sich meine Mühe gelohnt.

Im Rotklee entscheidet nicht nur der lange Rüssel

Zu Besuch bei einer Hummelzüchterin

»... dann biegen Sie von der Autobahn nach links ab, weiter in Richtung Quedlinburg.« Und damit beginnt mein Suchen und Fragen nach dem weltberühmten Zentralinstitut für Genetik und Kulturpflanzenforschung in Gatersleben. Wer aus der »märkischen Streusandbüchse« kommt, muß sich nicht ebenso auskennen in diesem Bördeland des Vorharzes, wo die Saatzucht zu Hause ist. Zuckerrüben und Zwiebeln, lehmiger Boden, Gemüse, Luzerne; stämmiger Weizen wartet gerade auf den Schnitt. Ich kann den Weg gar nicht verfehlen, jeder weiß Auskunft zu geben, als wäre es allerorts bekannt, daß dort im Institut Wissenschaftler Pflanzen züchten, viele tausend Kulturpflanzen, Samen, Stengel, Blätter messen, wiegen oder durchleuchten, Chromosomen und Gene. Hier werden biologische Gesetze dem optimistischen Zweifel unterworfen, Darwin und Mendel bleiben im Examen, über viele Hypothesen schließt sich die Akte.

Ja, wäre ich Biologe! So ahne ich nur etwas von der Tragweite der hier geleisteten Arbeit, in populärwissenschaftlichen Veröffentlichungen stellt man sie gern an die Seite der Kernphysik und der Atomwissenschaft. *Den* Biologen findet man wohl nur noch in der allgemeinbildenden Schule, in den Dimensionen solch eines Instituts gibt es den Agraringenieur, den Biochemiker und den Biophysiker; die Ökologie sowie die Zytologie sind Teildisziplinen der Biologie. Hier ist die Arbeit ausgerichtet auf die Genetik, auf die Erforschung der Ordnung der Erbanlagen in den Genen und auf die Möglichkeit derer Veränderung durch die Einflußnahme des Menschen. Neue Pflanzensorten werden gezüchtet, ertragreichere, gesündere, widerstandsfähig gegen Milbe, Rost oder Pilze, härter gegen Hitze und Winterskälte.

Aber der Wissenschaft hilft oft auch der Zufall. Unter Tausenden von Formen gilt es *den* Strauch, *den* Halm, *das* Gewebe zu finden, wo ein vermeintlicher Erbsprung in gewünschter Richtung sich zeigt, von dieser Pflanze auszusäen und zu ernten, noch mal und noch mal, zu sehen, ob plötzlich ein Qualitätsumschlag in einer Erbfolge sich reiht: Mutation!

Sobald eine mutierende Pflanze gefunden ist, müssen sie und ihre Tochterpflanzen vor Fremdbestäubung geschützt werden: Erst wenn Pollen bekannter Pflanzen auf die Narbe ebenso auserlesener Artgenossen gelangt, ist eine kontrollierbare Erbfolge gesichert. Und wie geschieht das? Man kann die Blüte der Pflanzen mit einer Folie oder mit einem engmaschigen Netz überziehen und dann mit einem feinen Pinsel per Hand von Blüte zu Blüte tupfen. Für die Selektion der Pflanze hat man die verschiedensten Verfahren entwickelt.

Hummelvölker unter Isolierkäfigen für die Bestäubung ausgesuchter Pflanzen (Züchterin bei der Kontrolle)

Per Hand jedenfalls ist das eine mühsame, aufwendige Angelegenheit, naturgemäß gehören dazu Insekten. Aber nicht alle im Freiland zu beobachtenden Insekten eignen sich auch für einen Einsatz in den Isolierkäfigen. Durch gezielte Versuche muß hier eine Auswahl der bestmöglichen Bestäuber getroffen werden. Das also ist eine wichtige Aufgabe in Gatersleben, auch in den Forschungseinrichtungen in Eisleben, Halle und anderswo, neben der Pflanzenzüchtung einen zuverlässigen wie einfachen Weg für die Blütenbestäubung zu finden.

Mir fallen als erstes die vielen Käfige ins Auge, so eine Art Folienkabinen oder Kleingewächshäuser, die im Freiland den Pflanzen wie übergesetzt erscheinen – Zwiebeln, Gurken, Porree, Radieschen, Schnittlauch, Broccoli (Spargelkohl), sobald sie aufblühen wollen; so ist Insekten als Bestäubern der Zutritt versperrt. Diesen Gazekäfigen galt zunächst mein Interesse. »Fräulein Uta, könnten Sie mir über Ihre Aufgaben hier etwas erzählen?«

Bei unserem Gespräch gehen wir durch die abgezirkelten Versuchsfelder, entlang den Windschutzhecken. Ich erfahre, daß auf Isolierparzellen unter den Gazekäfigen Kulturpflanzen zum Studium von Evolutionsvorgängen gezogen werden. Ein bestimmtes Pflanzensortiment wird als Genreservoir reinerbig erhalten, es dient als

Ausgangsmaterial für die aufbauende Forschung und für den Vergleich arten- und sortengleicher Exemplare in vielen Ländern der Erde.

In früheren Jahren brachte man – das war anfänglich die Aufgabe meiner Gesprächspartnerin als Imkerin – in kleinen Kästen Bienen in die Käfige. »Wir erhofften uns eine Intensivbestäubung und damit auch Höchsterträge. Aber das klappte nicht recht. Die Bienen beflogen zwar die hochblütigen Pflanzen, kümmerten sich aber nicht um die Blüten in Bodennähe. Obwohl ich die Tiere zusätzlich genügend fütterte, machten sie ständig Ausbrechversuche, beflogen die Blüten nicht legal, normal von oben, sondern bissen die Kelche seitwärts auf, also ›illegaler‹ Nektarraub, und zerstörten die Blütenstände. Anscheinend gewöhnen sich unsere Honigbienen einfach nicht an einen im Freien stehenden, so eng begrenzten Raum.«

Das Studium internationaler Hummel-Literatur, ein Erfahrungsaustausch auf dem XX. Internationalen Bienenzüchterkongreß in Bukarest und vor allem der Studienaufenthalt in Dol, dem bekannten Institut für Bienenzucht in der ČSFR, wo man für Forschungszwecke und für den Verkauf auch Hummeln züchtet, ließen aus der Imkerin eine erfahrene Hummelzüchterin werden. Sie hat in kurzer Zeit die Zahl der Hummelvölker auf 40 erhöht, im weiteren sind für 200 Isolierkäfige etwa 60 Völker vorgesehen. Nach eigenen Angaben entwickelte Fräulein Uta S. in der Tischlerei des Instituts ausländische Schutzkästen durch eine verbesserte Polystyrolisolierung zu einer vollkommeneren Hummelbeute weiter.

Man verwendet bei den Hummeln und ihrer Zucht alle speziellen Fachbezeichnungen aus der Bienenhaltung, naheliegend wäre, anzunehmen, daß es zwischen Bienen und Hummeln auch kaum nennenswerte Unterschiede gibt. Aber in der Hummelzucht verläuft doch vieles anders. Eine Königin beispielsweise wie bei den Bienen einem vorbereiteten Nest mit junger Brut zuzusetzen hätte keinen Zweck, sie würde auf Nimmerwiedersehen verschwinden.

Die Hummelkönigin lebt nur ein Jahr. Ihr Leben ist auch nicht so »königlich« wie das der Stockmutter bei den Bienen. Diese läßt sich bekanntlich füttern und bedienen, schreitet mit ihrem Gefolge von Zelle zu Zelle und legt ihre Eier nur nach Weisung ab.

Die Hummelkönigin, nennen wir sie besser Hummelmutter, weil wir so ihrem rastlosen Mühen draußen im Feld mehr gerecht werden, hat es schwerer. Im zeitigen Frühjahr kommt sie aus ihrem Winterversteck im lockeren Erdreich hervor und sucht nach ihrer ersten intensiven Nahrungsaufnahme einen Nistplatz, vielleicht in einem alten Mäuse- oder Maulwurfsloch, in einem Rohrdach, Vogelnest, Stroh- oder Steinhaufen. Hier baut sie aus vorgefundenem Material eine wärmende Nisthöhle, aus Gras, Moos, Wurzeln, aus Haaren, Federn, Wollresten oder Papierschnipseln. Nun wird Pollen eingetragen, er wird umbaut mit einer Wachszelle. Auf den Pollen legt die Hummelmutter erste Eier und verschließt diese unförmig vorgerichteten Zellen.

Das körpereigene Wachs ist verschieden gefärbt, von hell- bis dunkelbraun. Diese Brutzellen sind bei den einzelnen Hummelarten von unterschiedlicher Größe. Sobald 2 bis 3 Brutzellen fertig sind, wird nahe dabei ein »Honigtopf« errichtet und mit reinem Honig gefüllt. Bis zu 12 Brutzellen werden gebaut, aber es bleibt vorerst bei der einen Honigzelle. Interessant ist, daß leere Brutzellen nicht wieder als solche benutzt werden, das werden dann Honigtöpfe und Pollenbecher.

Wie eine Glucke setzt sich nun die Hummelmutter auf ihre ersten Eizellen, wärmt und bebrütet sie. Nach vier Tagen schlüpfen die winzigen Larven, sie fressen von dem Wachs der Zelle und von ihrem Pollenbett, die Mutter reicht ihnen durch eine Öffnung noch dünnflüssigen Honig. Am elften Tag spinnen sich die ausgewachsenen Larven ihren Kokon, blaßgelbe Puppen, so liegen sie da. Gerade jetzt bedarf es der Wärme der Mutter und ihres Schutzes, denn Ameisen, Iltis, Wiesel, Maulwurf und Mäuse zeigen sich als gefährliche Näscher und Feinde. Schnell huscht die Mutter immer mal wieder hinaus, trägt Pollen und Nektar ein. Und am zweiundzwanzigsten Tag kriecht das erste silbergraue Hummelkind unter ihr hervor, saugt einen Schluck Honig und kuschelt sich wieder unter. Das Schlüpfen der Geschwister kann sich noch eine Woche hinziehen, sofern sie nicht genügend warm gelegen haben. Nach zwei Tagen ist den kleinen Hummeln der Pelz ausgefärbt, dann auch so leuchtend schön wie der der Mutter. Die Hummelkinder sind nur halb so groß wie die Mutter, aber schon am dritten Tag helfen sie mit, neue Nahrung für die allmählich größer werdende Familie einzutragen. Im Sommer wächst sie auf fünfzig, günstigenfalls auf mehrere hundert Einzeltiere an.

Bald schlüpfen auch kleine Voll- und Hilfsweibchen. Sie übernehmen mehr und mehr die Führung des Hauses; aus ihren unbefruchteten Eiern entstehen Drohnen. Die Nestmutter fliegt nicht mehr aus. Sie widmet sich jetzt ausschließlich dem Brutgeschäft; ihre Farbenprächtigkeit ist gerade jetzt sehr auffallend. Ihr Hinterleib schwillt an, sie wird im ganzen etwas matronenhaft. Der Samenvorrat ist bald erschöpft, und aus den Eiern erwachsen dann nur noch Drohnen. Einige Wochen später geht es dem Ende zu; die Hummelmutter stirbt an Altersschwäche, und das Nest verwaist, es löst sich auf.

Zuletzt geschlüpfte, ausgesprochen hübsche und große Hummelweibchen (etwa 10 Prozent der Tiere), sie wurden als Larven besonders genährt, werden von Drohnen, oft sind es ihre Brüder, beim ersten Ausflug begattet, manchmal schon im Nest. Nach neueren Forschungen weiß man, daß Hummelpaarungen auch auf sogenannten Bahnflügen zwischen bestimmten Blüten als Duftmarken erfolgen; bei Wespen wurde ähnliches beobachtet. Man hat die Bahnflüge von elf bei uns bekannten Hummelarten gruppiert, in solche, die in der Höhe von Bäumen, in der Höhe von Sträuchern oder ganz nahe dem Erdboden ausgeführt werden, und in diese Drohnenbahnen fliegen die Hummelweibchen zur Begattung ein.

Die Hummeldrohnen fallen ihren Schwestern im Nest nicht zur Last. Sie suchen sich ihr Futter selbst – der vielleicht nur 50 g betragende Futtervorrat in den Zellen wird dringend für die Aufzucht der letzten Brut benötigt –, streichen im Gelände umher und markieren für den Empfang einer Jungmutter in einem bestimmten Hochzeitsareal sonnenbeschienene Blüten mit ihrem Duft. Die Zahl der Drohnen zu den Königinnen beträgt etwa 2:1.

Alle Arbeitshummeln aus dem alten Nest gehen bis zum Herbst zugrunde, auch die

Drohnen, nur die begatteten Jungmütter, die Königinnen, suchen das Weite. Sie beziehen einzeln ihr Winterquartier und wachen erst im Frühjahr auf – erst dann werden ihre Eierstöcke funktionsfähig –, um wieder die schwere Aufgabe der Gründung eines kleinen Hummelstaates allein auf sich zu nehmen.

Domestikation der Hummeln

Anders ergeht es nun der einen oder der anderen Hummel, die im Institutsrevier überwintert, am Feldrain oder im durchwurzelten Unterboden der Windschutzstreifen. Hier läßt es sich gut die kalten Monate überstehen, die Schneeheide und andere Frühblüher bieten zeitig Pollen und Nektar. Von März bis Mai tauchen 8 bis 10 Arten auf. Die erste ist fast immer die Erdhummel, dann folgen die Wiesenhummel, die Feldhummel, die Gartenhummel, etwas später die Steinhummel, auch die sehr seltene Waldhummel und die noch seltenere *Bombus distinguendus;* zuletzt *Bombus soroeensis.* Mit ihrem ersten lateinischen Namen heißen sie alle »Bombus«, soviel wie »dumpfer Ton«, der zweite Name systematisiert sie nach ihrem Herkommen oder Aussehen. *Bombus lapidarius,* die schwarze Steinhummel mit ihren drei karminroten Hinterleibsringen, nistet gern in Schutthaufen und Mauerlöchern, *Bombus terrestris,* die Erdhummel, wohnt in der Erde, sie ist es übrigens, die den Kelch verschiedener Blüten, so beim Klee, von der Seite her aufbeißt, um müheloser an den Nektar heranzukommen. Bei *Bombus hortorum,* der samtenen Gartenhummel, mißt die Zunge (beim Weibchen) 19 bis 21 mm, bei der Erdhummel 9 bis 11 mm. Wegen dieser und anderer Besonderheiten wird uns die Hummel noch im Zusammenhang mit dem Rotklee beschäftigen.

Im März schon hat die Hummelzüchterin alle Hände voll zu tun. »Besonders die Frühjahrsheide zieht die ersten eintragenden Hummelweibchen an. Einige Schulkinder sind mir beim Einfangen der Tiere gute Helfer. Wir machen das mit Schmetterlingsnetzen. Wir fangen 200 bis 300 Hummeln, das erstreckt sich über mehrere Wochen. *Bombus pratorum,* die Wiesenhummel, beginnt mit dem Nestbau schon im März/April, im Juni ist für sie bereits das Jahr vorbei; *Bombus lapidarius* kommt dann aber erst in Gang. Diese unterschiedlichen Termine muß ich natürlich für die Bestäubung der in den Isolierkäfigen unterschiedlich blühenden Pflanzen nutzen.

Nach dem Einfangen werden die Königinnen leicht mit CO_2 narkotisiert, um die den einzelnen Tieren zahlreich ansitzenden Milben abzulesen und die Königinnen zu markieren. Das Zeichnen geschieht wie bei den Bienenköniginnen, nur, es ist etwas schwieriger, das bunte Plättchen reiben sich die Tiere auch leichter ab. Für diese Arbeiten können die jungen Hummelmütter bis zu 3 Tagen bei +3 bis 5° C im Kühlschrank aufbewahrt werden, in Streichholzschachteln. Die noch länger aufzuhebenden Tiere bleiben ebenfalls im Kühlschrank, aber sie kommen in kleine Gitterkäfige, die mit Schneiderwatte gefüllt sind und auch Wabenstücke mit Honigwasser enthalten.«

»Fräulein Uta, Sie erwähnten ansitzende Milben. Als Imker denke ich dabei nur an die Tracheen-Milbe. Handelt es sich bei den Hummeln um eine andere Art?«

»Ja, diese Milbe, *Bombacarus buchneri,* hat mit der Bienenmilbe nichts zu tun. Sie sitzt bei den Hummeln bevorzugt zwischen dem Kopf- und Brustabschnitt und den Flügelwurzeln. Vermutlich schmarotzt sie an den Mundwerkzeugen der Hummel bei deren Futteraufnahme. Sie wird sich auch direkt von Pollen und Honig ernähren, ich sehe sie häufig an den Futterzellen, die 0,5 bis 1 mm großen rötlichen Tiere sind ganz auffällig. Es ist eine sehr mühsame Arbeit, sie von den kältestarren Hummeln, wie sie aus dem Kühlschrank kommen, abzulesen. Manchmal findet sich nur eine Milbe, manchmal aber bis zu hundert, im Mittel etwa 20 Stück. Sie werden mit einer Pinzette gefaßt und in Alkohol getaucht. Die Milben überwintern also auf den jungen Hummelköniginnen, aber auch in alten Nestern. Die Hummelbeuten müssen deshalb im Herbst scharf gereinigt werden.«

»Nach dem Frühjahrsputz der Hummeln, wie Sie ihn per Hand und Pinzette vornehmen, geben Sie die Tiere zurück in den Kühlschrank. Geht dennoch in ihnen – seit ihrem ersten Ausflug, als sie eingefangen wurden – eine Veränderung vor?«

»Gewöhnlich drei Wochen nach Verlassen ihres Winterquartiers sind die Ovarien der Hummel voll entwickelt. Sowie die Tiere bau- und legefreudig werden, setze ich sie dann einzeln in einen vorbereiteten Kasten. Etwas vereinfacht dargestellt, verläuft dort die schwierige Eingewöhnung und Nestgründung im allgemeinen folgendermaßen: In einer großen Handvoll fein zerzupfter Schneiderwatte liegt, eingewickelt in eine Zellstoffkugel, ein Stückchen Bienenwabe mit Pollen und auf der Schneiderwatte ein Stück Wabe mit Honigwasser (1:1). Vorerst bleiben die Beuten hier auf dem Stand, drei Tage mit geschlossenem Flugloch. Und dann öffne ich um die Mittagszeit das Flugloch. Etwa dreißig Prozent der Königinnen reißen wieder aus. In diesem Fall setze ich eine neue Königin zu. Je nach Bedarf bringe ich nach ein paar Wochen die Hummelkästen mit den Völkern für die Bestäubungsarbeit in die Isolierkäfige. Nach Einbruch der Dunkelheit, wenn die Tiere abends nicht mehr fliegen, im Hochsommer meist erst gegen Mitternacht, kontrolliere ich die Gelege und gebe wieder neues Futter hinein, Honigwasser und Pollen; was die Tiere in den wenigen Blüten der Käfige finden, reicht ja nicht aus.«

Bei meinem Besuch Ende August standen die meisten Hummelbeuten schon wieder im Bienengarten, wo mit der Bearbeitung von 50 Bienenvölkern nicht weniger Arbeit geleistet werden muß als mit der eigentlichen Hummelzucht. Hier sah ich bei der Nestkontrolle zu. Jetzt wurde über Tag gefüttert, denn die Völker flogen ja frei aus. Einige waren schon in der Auflösung begriffen. Vor manchen Fluglöchern flogen Drohnen und warteten auf eine vielleicht noch nicht begattete Jungkönigin. Späte Völker waren noch gut in Brut. Ich war zunächst über das unförmige Nest, wenn Fräulein S. die Schneiderwatte auseinanderpflückte, erstaunt; es hat so gar nichts mit dem Wabenbau der Bienen gemein. Die ganz ungleich großen, tonnenförmigen und nach oben stehenden Zellen sind, ist die Brut geschlüpft, mit restlichem Pollen oder wäßrigem Honig gefüllt. Manche Zellabdeckungen sind löchrig.

Nachschau eines Hummelvolkes auf dem Heimatstand

Fräulein Uta öffnet die eine und andere Zelle noch etwas mehr, ich sehe die gelbbraunen Kokons. Gleich versucht aber eine Hummel, die Öffnung wieder zu schließen. Im Nest bewegen sich die Tiere gemächlich und friedlich, selten stechen sie, aber wenn, dann stechen sie sogar mehrmals zu. Das helle Licht scheint sie gar nicht zu stören. Mit ruhiger Hand ordnet die Hummelzüchterin das Nest, erneuert ein Stück daneben liegender Bienenwabe und füllt es mit Honigwasser, damit »ihre Kinder« keine Not leiden und gerade jetzt, im Spätsommer, kräftige Jungmütter für die Überwinterung heranwachsen. Und da erkenne ich auch eine dieser lästigen Milben, sehe sie über die Zellbuckel laufen . . . –

Mit der Domestikation von Hummeln und Wildbienen, also mit ihrer Pflege und Haltung in Schutzkästen, beschäftigt man sich in mehreren europäischen Ländern, auch in Übersee. Denn: Besonders durch den Bestäubungseinsatz von domestizierten Wildinsekten mit ausgesprochen langem Rüssel lassen sich die Samenerträge bei Luzerne und Rotklee erheblich steigern. Die englischsprachige Bienenzeitung »Bee World« berichtete von langjährigen Versuchen mit Hummeln, sie blieben aber unbefriedigend, weil die Überwinterung der Tiere in künstlichen Behausungen Schwierigkeiten bereitet. Man wandte sich deshalb in Schweden und Nordamerika auch der

Haltung von Wildbienen zu, so der Blattschneiderbiene *(Megachile rotundata)*. Gerade deren Bestäubungsleistung ist in der Luzerne sehr effektiv. Gegenüber dem Durchschnittsertrag von etwa 180 kg/ha Luzernesamen erntete man auf Feldern, wo diese Wildbienen sehr zahlreich vorkamen (und nicht durch Schädlingsbekämpfungsmittel vernichtet), das Zehnfache! Aus Ungarn liegen ähnliche Ergebnisse vor.

In dänischen Versuchen ließ man mit gutem Erfolg die Hummelköniginnen unter natürlichen Bedingungen in ungeheizten Gewächshäusern überwintern, 88% der Tiere flogen im Frühjahr aus. Schwieriger war es, die Königinnen dann zur Nestgründung zu bewegen, 35% begannen mit dem Nestbau, und nur 18% entwickelten eine Hummelkolonie. Rumänische Forschungen bestätigten die besten Erfolge mit der Erd- und Gartenhummel besonders dann, wie man es auch bei uns in G. macht, wenn man die Hummeln erst im Frühjahr einfängt, sobald sie, flach über den Erdboden streichend, auf Nestsuche sind.

Offensichtlich ist die Hummelhaltung schwieriger als die Bienenzucht: Die Zahl der Individuen eines Volkes ist geringer, die Hummelmütter sind krankheitsanfälliger, die Nestgründung in Holzkästen sagt vielen Tieren nicht zu. Man fand heraus, daß sich Mai-Königinnen besser für die Domestikation eignen als die frühen. Von Vorteil ist auch eine Farbmarkierung der Kästen und deren Aufstellung in einem Abstand nicht unter 8 Metern.

Gar nicht gering ist leider die Zahl der Feinde und Parasiten. Zu den Fliegen-, Käfer- und Milbenarten und dann den größeren Störenfrieden in der Erde, die es auf den Honig und auf die Larven abgesehen haben, kommen noch hinzu Wachsmotten und vor allem Infektionskrankheiten durch den Nosemaerreger. Bekannt ist auch eine Raubfliege *(Asilus crabroniformis)*, die die Hummeln im Fluge erfaßt, den Chitinpanzer durchbohrt und den Körper aussaugt. Daß viele Tiere im Frühjahr nicht zur Nestgründung zu bewegen sind oder sehr bald sterben, ist begründet durch die Entwicklung eines Parasiten im Hinterleib der Königin *(Sphaerularia bombi)*. Dieser Wurmbefall zerstört die Ovarien und verhindert die Eiablage. Besonders gefährdet sind noch spät im Herbst geschlüpfte und nicht ausreichend genährte Königinnen. Regnerisches Herbstwetter und starke Bodenfeuchtigkeit ist den Tieren nicht genehm; die Schwächung und vorzeitige Unterkühlung des Körpers fördert die Ausbildung und Ausbreitung des Parasiten.

Erstmals hörte ich hier in Gatersleben auch etwas von den sogenannten Schmarotzerhummeln, etwa 10 Arten von dieser Gattung *Psithyrus* soll es in Mitteleuropa geben. Sie lassen sich durch ihre bräunlichen Flügel leicht von echten Hummeln unterscheiden, der Hinterleib ist stärker gekrümmt. Weil den Tieren Wachsdrüsen fehlen, an den Hinterbeinen auch eine Einrichtung zum Sammeln und Festhalten von Pollen, sind sie selbst nicht zu einer Nestgründung fähig, schmarotzen also als parasitisch lebende Miteinwohner bei unseren »guten« Bombus-Arten und beeinträchtigen deren Entwicklung. Aber, und deshalb erwähne ich hier diese Parasiten: Wie die echten Hummeln sind auch sie gesetzlich geschützt (seit 1. Oktober 1984); die eifrig

Blüten besuchenden Weibchen werden gefangen und als Bestäuber, auch wenn sie keinen Nektar und Pollen auf Vorrat sammeln, in die Isolierkäfige gebracht.

Mein Besuch bei der Hummelzüchterin wurde zu einem nachhaltigen Erlebnis, jetzt sah ich die freundlichen »Bombi« mit anderen Augen.

So ergeht es ihnen also, den Hummeln, die es in vielem schwerer haben als die Bienen im geschützten Haus. Aber schön sind sie alle anzusehen, in ihrem samtenen dunklen Pelz, die einen mit braunem Besatz und mit rötlichen Bändern, andere in mattem Gold oder mit weißen Hinterleibsringen. *Bombus ruderatus,* die Feldhummel, sieht vornehm schwarz aus.

Die Hummel ist immer sehr geschäftig, sie nutzt den langen Tag, schon morgens, noch beinahe im Tau, wenn die Bienen die Nase nur vor die Tür stecken und auf einen höheren Sonnenstand warten. Gut Freund sind wir auch mit der Hummel, weil sie nur ungern ihren Stachel zückt, sie ist eben von Natur sanftmütig und summt zufrieden vor sich hin. Nur *Bombus muscorum,* die Mooshummel, erkenntlich an ihrem leuchtendgelben Pelz, kann recht unwirsch sein; nicht weniger temperamentvoll ist die Erdhummel. Und deshalb griff ich im Hummelgarten sicherheitshalber auch mehrmals zum Schleier.

Solitärinsekten hoch im Kurs

Seit meiner Begegnung mit den Hummeln in G. sind schon einige Jahre vergangen. Neue Vorhaben gab es, die Arbeit der Züchter wurde vielfältiger und komplizierter. Das Ausgangsmaterial für moderne Kulturpflanzensorten stammt oftmals aus der *Genbank.* Was sind das, Genbanken? Der Wissenschaftler gibt Auskunft: Es sind »Einrichtungen zur Sammlung, Erhaltung, Untersuchung und Bereitstellung genetischer Ressourcen von Kultur- und verwandten Wildpflanzen. Sie haben u. a. die Aufgabe, der Grundlagenforschung und angewandten Forschungseinrichtungen (besonders den Züchtern) jederzeit exakt klassifiziertes lebendes Pflanzenmaterial zur Verfügung zu stellen.«

Und für neue Planzenarten, Sorten mit wieder anderen Blütenformen, Blühterminen usw. mußten auch wieder bestgeeignete Insekten als Bestäuber gefunden werden. Genaue Beobachtungen, u. a. an dem Schmarotzerhummeln, brachten neue Erkenntnisse. Oft reichte schon ein einziges Tier für die Bestäubung aller Pflanzen in einem Isolierkasten!

Die bewährten Hummelvölker, damals in diesen Isoliereinrichtungen, mußten, wenn auch nur kurzzeitig dort zur Bestäubung eingesetzt, trotz aller Zufütterung Hunger leiden und ernstlich Schaden nehmen. Vergleiche der Nestgröße u. a. von Völkern, die im Freiland standen und sich selbst ernährten, mit denen in den Isolierkäfigen brachten dafür den Beweis.

Also: Neue Bestäuber! Und das konnten und können nur Solitärbienen sein, als Einzeltiere lebend und überwinternd. Mit der Blattschneiderbiene *(Megachile rotun-*

data) hat man schon in den dreißiger Jahren in den USA und später in weiteren 25 Ländern bei der Saatgutgewinnung mit gelenkter Bestäubung beste Erfahrungen gemacht. Erkenntnisse von dorther bei der Förderung der Population der Tiere, der für sie notwendigen Erhaltung der natürlichen sowie der Einrichtung künstlicher Nistgelegenheiten, wurden auch, und das heute schon weltweit, bei anderen Bienen angewendet.

Über den Einsatz solcher Insekten heißt es in einer amerikanischen Veröffentlichung, daß in den USA etwa 90 verschiedene Kulturpflanzen für die Bestäubung durch Solitärinsekten in Frage kommen und daß durch diesen Einsatz jährlich ein Früchte- und Saatgutwert von 17 Milliarden Dollar erzielt wird. »Rund ein Drittel der Gesamtversorgung mit Nahrungsmitteln hängt direkt oder indirekt von der Bestäubungsleistung der Insekten ab, hauptsächlich der Bienen. Von diesen nehmen die Solitärbienen mindestens 50 Prozent ein« (Batra).

Das gibt zu denken! Wo bleibt da unsere nützliche Honigbiene, gerade sie mit ihren großartigen Leistungen, das älteste »Haustier« unter den Insekten? Ihre uns geläufige Verwendung für die Bestäubung wichtiger Pflanzen in der Feld- und Gartenwirtschaft hat dann wohl keine Zukunft mehr? – Wäre sie, diese uns vertraute *Apis mellifera,* als Blütenbestäuber ein Sammler von Pollen und Nektar nur für den eigenen Verbrauch, dann stünde es relativ gut um sie. Aber den Großteil des Honigs und ihrer weiteren Produkte nehmen wir Menschen den Völkern weg und verwenden sie für *unsere* Zwecke als Nahrungs-, Heil- und Genußmittel. Schließlich ist das ja auch das Hauptanliegen unserer ganzen Mühe um die Honigbiene.

Aber nun – Zweifel kommen auf. Stammt unser Honig denn noch von den das ganze Jahr über vielfältig und üppig blühenden, biologisch »gesunden« Wiesen, Weiden und Wäldern? Oder wird er aus Nektar bereitet, den die Bienen von Massentrachten, großflächig angelegten Monokulturen sammeln mußten; seien es Raps- oder Kleeschläge oder Fichtenforsten. Sind die Pflanzen dort kräftig, widerstandsfähig, oder müssen sie mit allen möglichen Düngern und Pestiziden behandelt, vor Unkraut, Pilzen und Bakterien geschützt werden? Wie sieht der Boden aus, in dem sie wachsen? Wie oft werden zum Beispiel Obstanlagen gespritzt, zwei Dutzend Male oder mehr? Und diesen Nektar, entsprechend mit den auch für uns Menschen gefährlichen Giften beladen, den tragen die fleißigen Honigbienen ein; dazu Feuchtigkeit von besprühten Blättern und Zweigen, auch von Gräsern, vom Rand der Pfützen auf den Wegen . . .

Das hier Gesagte ist keine Schwarzseherei. Dokumentationen darüber liegen vor aus mehreren hochentwickelten Industrieländern, im weiteren auch darüber, daß Menschen, die gesund und umweltbewußt leben wollen, weniger oder keinen Obsthonig mehr kaufen – die Imker können ihn folglich nicht mehr absetzen, ihre Bienenhaltung lohnt kaum noch.

Doch es werden auch Auswege gezeigt. Das meiste kann der Mensch selbst tun, denn Honig- und Wildbienen konkurrieren in der Natur nicht miteinander, niemand nimmt dem anderen etwas weg, sie ergänzen einander sogar. Und von dorther versteht sich der eingangs gemachte Hinweis auf den notwendigerweise von Menschenhand gelenkten Einsatz der Solitärbienen und auf die enormen Ausgaben für ihre natürliche Pflege und künstliche Anzucht.

Hierzu eine vertiefende Frage: Honigbienenvölker kommen mit vielen Tausenden Individuen in den Obstplantagen, auf Rapsfeldern und anderen Kulturen zum Einsatz. Fielen sie aus, könnte dann ihre Bestäubungsleistung durch Solitärbienen übernommen und erbracht werden? Natürlich muß man hierbei lokale, klimatische und jahreszeitliche Bedingungen mit bedenken, vieles hängt auch von der jeweiligen Pflanzenart ab. Aber Solitärbienen sind, auch wenn sie in ihrem Zucht- und Vermehrungsgebaren die Gemeinschaft suchen, eben Einzelwesen, und da ist der angeblich so große Bestäubungserfolg nicht recht vorstellbar.

Der überzeugende wissenschaftliche Nachweis über das Verhältnis der Bestäubungsleistung von Honig- und Solitärbienen steht noch aus. Doch erste Erfahrungen liegen vor. So geht man beispielsweise in Gatersleben, ebenso auch im Naumburger Versuchsbereich davon aus, daß ein Weibchen der Roten Mauerbiene *(Osmia rufa)* für die Bestäubung von 10 m^2 Raps ausreicht, daß dieses Einzeltier vielleicht aber auch noch mehr schafft (vgl. Gladis). Diese Biene ist dichter behaart als die Honigbiene, der Pollen bleibt an ihr besser haften. Außerdem fliegt sie schon bei niedrigeren Temperaturen, ähnlich wie die Hummel.

Die mir von früher her bekannten Isolierkäfige werden jetzt in G. viel weniger benutzt. Man hat dort inzwischen zahlreiche Kleingewächshäuser aufgestellt, jedes mit einer Grundfläche von 18 m^2, darin dicht beieinander die verschiedenen Gemüse-, Arznei- und Gewürzpflanzen in voller Blüte – und ein Pärchen der Mauerbiene; es »wohnt« in einer kleinen Pappschachtel, in der einige Schilfhalme befestigt sind. Das Männchen lebt allerdings nicht so lange wie das Weibchen, das sich noch viele Wochen um seinen Nachwuchs kümmern muß und dabei auch fleißig seinen Bestäubungsdienst leistet.

Unter den gezüchteten Solitärbienen steht die *Rote Mauerbiene* bei uns an erster Stelle. Über ihre gelenkte Vermehrung heißt es in einer wissenschaftlichen Arbeit: »Die zur *Zucht* vorgesehenen Osmien werden nicht für die Bestäubung in den Isoliereinrichtungen verwendet. Im Gegensatz zu den Hummelvölkern, bei denen Anzucht und Einsatz nur zeitlich getrennt liegen, erfolgt bei der Mauerbiene auch eine räumliche Trennung. Diese Variante weist eine Reihe von Vorteilen auf, so hinsichtlich eines ausgewogenen Geschlechtsverhältnisses, einer optimalen Versorgung der Brut mit ausreichender und hochwertiger Nahrung und der Auswahl zwischen mehreren Nistmöglichkeiten.«

Diese Bienen werden für die Zucht, also für die Vermehrung in herkömmlichen Bienenbeuten untergebracht, die im Verband des Bienenhauses stehen. Statt der Waben und Rähmchen liegen darin Kästchen mit Schilf- und Papierröhrchen, außerdem zerlegbare Holzblöcke, dazu auch Pappschachteln mit nur einem kleinen Eingang, den mehrere Weibchen gemeinsam benutzen. Reagenzgläser werden nicht angenommen, solange andere Möglichkeiten bestehen (Gladis).

Nistgelegenheiten für die Rote Mauerbiene (Normale Honigbienenbeute, nur für diese Aufnahme von hinten geöffnet)

Ich habe mir diese Röhrchen angesehen, auch die im Kühlschrank bei +1° C »auf Vorrat« eingelagerten Kokons, die aufgereihten Eier in den Schilfröhrchen, die Larven dann, habe mir von Parasiten und anderen Schadverursachern in den »Massenanzuchten« der Roten Mauerbiene erzählen lassen . . . und war fasziniert. Massenanzuchten – dieses mir zunächst als bedenklich erscheinende Wort ist aber doch zutreffend; in einem Beleg dazu heißt es: »Im Frühjahr werden 17 000 überwinterte, parasitenfreie Kokons an den Wissenschaftsbereich Zoologie der Universität Wittenberg für Versuche abgegeben. 1000 weibliche und 4000 männliche Tiere verbleiben für Weiterzucht und Bestäubungseinsatz in G. Im Spätherbst stellt sich heraus, daß die Kokonernte wieder wesentlich über dem Eigenbedarf liegt . . . über 1000 Kokons mehreren Gemüsezüchtern zur Verfügung gestellt, weitere 3300 Kokons für einen Gegentausch an die Universität in Kopenhagen . . . im Winter 1987/88 erneut rund 4000 Kokons . . .«

Das liest man mit Hochachtung. Hier leisten Wissenschaftler bereits eine ertragreiche Zuchtarbeit, die weitgreifende Perspektiven eröffnet. Auch als Honigbienenzüchter sollte der Imker dafür Auge und Ohr offenhalten!

Um das ganze Vorhaben der Insektenzucht und -pflege in Gatersleben und anderswo wiederzugeben, müßte ich auch noch über die Pelzbiene erzählen. Genaueres wäre zu sagen über die bereits erwähnte Blattschneiderbiene, zu berichten wäre über die Dipteren, Zweiflügler, von denen in Mitteleuropa etwa 9000 Arten vorkommen, und über Stuben-, Schmeiß-, Fleisch- und Goldfliegen, letztere werden z. B. für Doldenblüter und Zwiebeln in Großversuchen gezüchtet (Universität Halle/S.).

Schmeißfliegen, diese grün und bläulich glänzenden Viecher, wer kennt sie nicht! Auf dem Waldweg, beim Spaziergang, wenn irgendwo ein Kadaver liegt, in faulendem Fleisch, auf Exkrementen die Eier und Maden... Da versteht sich folgender Satz von selbst: »Das Problem einer hygienischen Anzucht und sauberen Arbeit ist bei diesen Tieren vermutlich kaum zu lösen.« Als Kuriosum sei hier angefügt, daß es beispielsweise in Italien bereits ein Schmeißfliegenzucht-Gewerbe gibt; die Fliegenmaden, Großexemplare, werden an Angler und andere Interessenten verkauft.

Ich wiederhole einen Satz von vorhin: »Die züchterischen Bemühungen um die Solitärbienen haben mich fasziniert«, so etwa sagte ich. Warum? Was hat mich da so gefesselt?

Solitärbienen sieht man verhältnismäßig selten, man achtet kaum auf sie. Man distanziert sich auch ein wenig, denn andere stechende Einzelinsekten assoziieren eine begründete Abneigung – Mücken, Bremsen, auch Graue Blindfliegen genannt, Flöhe... Ja, und dann die besagten Schmeißfliegen! Beim besten Willen, für sie kann ich einfach keine Sympathie aufbringen. Aber, nun weiß ich um das, was man in G. mit einigen dieser Tiere versucht – und erreicht. Was da in der Forschung aufgewendet und zuwege gebracht wird! Das Wissen um diese Dinge und Zusammenhänge hat mich begeistert – und ernüchtert, hat mich toleranter gemacht, gerade gegenüber dem, was bei mir zuvor Abneigung auslöste. Jetzt weiß ich mehr, sehe deshalb vor allem manches mehr – und anders als zuvor.

Doch das Thema Solitärbienen wäre zu sehr eingegrenzt, würde ich es nur auf meine Beobachtungen in G. ausrichten, auf die Tiere dort im Wettbewerb mit Hummeln und Honigbienen. Von den Solitärbienen, den Wildbienen – von der Wildbienenfauna als Ganzes weiß man gemeinhin einfach zu wenig. Gerade diese Insekten in ihrer Vielfalt begegnen und begleiten uns im Garten, am Wegrain, im Wald, und als Dauerbewohner leben sie auch am Feldrand, und das nicht nur für einen kurzzeitigen Aufenthalt während der Blüte der jeweiligen Kulturpflanze. Allein in Deutschland soll es 570 Wildbienenarten geben! Sie tragen Nektar ein und sammeln Pollen in Fülle (meist als »Bauchsammler«), alle zusammen vielleicht mehr als unsere Honigbienen.

Hornissen, Wespen, Hummeln, Wildbienen aller Art, noch die Ohrwürmer dazu – wie sie leben, nisten, sich versorgen, sich fortpflanzen und damit helfen, den Rhythmus der Natur im Gleichgewicht zu halten, darüber geben u. a. weiter Auskunft die Bücher »Der summende Wald« und »Gärtnern mit der Natur« (siehe Lit.-Nachw.). Ich erwähne sie, um damit besonders auch auf die Abbildung vieler Nistgelegenheiten zu verweisen. Diese nachzubauen und im Garten aufzuhängen heißt den Wildbienen als den Gefährten unserer Honigbienen, nicht als Konkurrenten, behilflich zu sein in der vom Menschen technisierten, gar zu chemieträchtigen Umwelt.

Aus der Vielzahl nutzbarer Solitärinsekten werden bei uns zulande (Angaben von 1976) vier Bienenarten eingesetzt. Sie sind, wie beschrieben, den Hummeln verschiedentlich überlegen. Aber nun – was wurde mit den Hummeln in G.? Von den zehn in der näheren Umgebung des Ortes nachgewiesenen Arten haben sich die Erd- und die Steinhummel als am vorteilhaftesten verwendbar erwiesen. Nach wie vor werden Jahr für Jahr einige Völker aufgestellt, im institutsnahen »Hummelwald«, mehr ein historisches Relikt und »zur Kenntnisbewahrung«; zum direkten Einsatz in den Isoliereinrichtungen kommen sie nicht mehr.

Aber wer kann heute voraussehen, daß die Hummelhaltung nicht eines Tages doch wieder Bedeutung erlangt, vielleicht aus ganz anderen Gründen als bisher? Es wäre schade, gingen so viele Erkenntnisse und Erfahrungen verloren. In Holland und Dänemark, soweit mir bekannt, ist das Interesse an der Hummelhaltung nicht erloschen. Derzeit versucht man dort, die Erträge beispielsweise bei Tomaten und Paprika unter Glas mit Insektenbestäubung zu erhöhen. Wichtiger aber noch ist dabei die Ausformung der Früchte! Das erklärt sich so: Bei diesen Fruchtarten besteht ein direkter Zusammenhang zwischen Größe und Form der Früchte einerseits und der Anzahl der Samen je Frucht andererseits, und die wiederum hängt ab von der Pollenmenge, also von der Leistung der Bestäuber; in diesem Falle haben sich Hummeln als bestens geeignet erwiesen.

Es muß ein hoch interessanter Vorgang sein, ich möchte ihn gern mal erleben, wenn sich bei Tomaten und Paprika, bei diesen Nachtschattengewächsen die Hummel an die Blüte hängt und mit ihrem starken Summton eine Vibration auslöst. Trockener Blütenstaub löst sich dadurch von den Antheren, den Staubbeuteln, gelangt auf die Narbe und fällt auch auf den Bauch der Hummel, die ihn dann aus ihrem Haarkleid bürstet, unter Zusatz von etwas Nektar zu Pollenhöschen verknetet und festigt und ins Nest trägt.

Wanderung in den Rotklee

Dieser 23. Juli brachte mir ein Erlebnis, das wohl jedem Imker ebenso nachhaltig in Erinnerung geblieben wäre. Für mich erstmals eine Entdeckung am Nordufer eines Havelsees: Im Schilf Bienen über Bienen! Zunächst glaubte ich, daß sich hier ein Schwarm niedergelassen hatte. Doch die glänzenden Schilfblätter brachten mir des Rätsels Lösung: Auf ihrer Unterseite waren sie dick mit Blattläusen besetzt. Die Honigtauabsonderung kam mir ungewöhnlich stark vor. Auch Wespen, Hummeln, Käfern und Fliegen bot sich ein gedeckter Tisch. Die Wasseroberfläche war wie von grauem Grieß bedeckt – Rückstände von der Häutung der Läuse, die wohl schon längere Zeit auf das Schilf als »Sommerwirt« übergewechselt waren.

Es handelte sich um eine Pflaumenblattlaus *(Hyalopterus pruni)*, die im Juni/Juli vorübergehend Schlehdorn, Schilf und noch andere Pflanzen als Zwischenwirt wählt. Wie ich nach weiteren Erkundigungen erfuhr, gibt es an den Berliner Seen Imker, die sogar von einer Schilftracht sprechen, meist »nach der Linde, wenn das Wetter danach ist«. Der Honig soll wohlschmeckend sein, leicht malzig. Dieses Trachtangebot ist sicher nicht umwerfend groß und gewöhnlich wohl auch nicht von Dauer, aber es bringt den Bienen doch lohnende Beschäftigung. Wenn der Beflug des Schilfes bei meiner Beobachtung so auffällig stark war, dann wohl auch, weil es einen Bienenstand ganz in der Nähe gab, mit brummvollen Kästen, und weil an diesem Nachmittag wegen eines schon länger trockenen Wetters kaum noch irgendwelche Blüten nach Nektar oder Pollen beflogen wurden.

Gewöhnlich sieht es sonst aber in der letzten Juli-Dekade auf dem Bienenstand schon recht friedlich aus. Vielerorts ist es nämlich mit lohnender Tracht Mitte Juli vorbei, die Bienen betätigen sich nicht mehr im Baurahmen, Mittelwände werden nicht mehr ausgezogen. In den Fluglochnischen, hinten am Fenster, in den Ecken der Beuten, überall drücken sich die Drohnen herum. Völker, die eine begattete Königin haben, drängen und zerren die unnötigen Fresser hinaus. Eine »Drohnenschlacht« gibt es dabei nicht, dazu wären zwei ebenbürtige Gegner nötig. Die Drohnen leisten wenig Widerstand, sie sind froh, daß ihre Schwestern ihnen nicht noch die Flügel abkneifen oder ihnen gar einen Stich verpassen. Was die Mannsleute immer wieder in die Beute zieht, ist einfach der Hunger. Aber nach der Lindentracht sind die Bienen unerbittlich, denn die Weisel ist begattet und gesund, Brut ist vorhanden, der Bestand des Volkes damit gesichert.

Übervoll sind jetzt die Kästen. Seit der Robinienblüte, Anfang Juni, gab es durch die Sommertracht einen mächtigen Brutanreiz, die Königin stiftete wie nie in den Monaten zuvor. Und diese junge Brut schlüpft jetzt im Juli. Oft ist es dann auch noch über längere Zeit sehr warm und trocken, die Völker hängen in dicken Bärten am Flugloch. Es macht dem Imker keine Freude, im Spätsommer diese Menge untätiger Bienen durch eine Nachtrachtreizung nur mühsam zum Pollensammeln und zu erneuter Brutpflege anzuregen.

Wer zu Haus keine sich wirklich lohnende Spättracht hat, der wird, wenn es sich für ihn zeitlich und beruflich machen läßt, gern bis Anfang September in die Wiese, Heide oder in den Klee wandern. Die Wiese ist mit ihrem ausdauernden Blütenmeer eigentlich den ganzen Sommer über attraktiv (und so auch jetzt, wo die hohe Kohldistel auch überaus geschäftigen Hummeln ihre etwas widerborstige Blüte bereithält – die den Bienen dabei sogar ein bißchen im Wege sind).

Heidewanderungen, so reizvoll sie sind und so vorteilhaft für die Verjüngung der Bienenvölker, sie gibt es leider für immer mehr Wanderimker nur noch in Gedanken an früher. »Noch immer werden bei uns alljährlich Tausende von Völkern in die Spätsommertracht gefahren, und immer wieder treibt ein froher Optimismus die Wanderimker zur letzten Tracht des Jahres in die August- und Septembersonne hinaus. Möge ihnen diese Freude noch lange vergönnt sein, bevor die letzten Heidetracht-Wanderziele aus unseren Waldgebieten verschwunden sein werden. Eine mechanische und biologische Bekämpfung der Heide ist, forstwirtschaftlich gesehen, geradezu Schwerpunkt des waldbaulichen Handelns und eine ökonomische Notwendigkeit, vor der wir Imker einsichtsvoll zurücktreten müssen. Hoffentlich steht der Zeitpunkt der absolut letzten Heidewanderung noch recht lange aus.«

»Ökonomische Notwendigkeit«, und wir Imker sollen einsichtsvoll zurücktreten? So eine verquere Äußerung, nein . . . Wer wird sich davon überzeugen lassen, daß eine mechanische und biologische Bekämpfung – man höre: Bekämpfung! – der Heide forstwirtschaftlich notwendig sei. Not wenden, abwenden – unser Wald wird von ganz anderen Umweltfaktoren bedroht, nicht vom Heidekraut; nur gut, daß man das inzwischen eingesehen hat. Aber was soll man als Imker tun? Viel ist da nicht mehr zu retten.

Die Lüneburger Heide will ich hier nicht ins Gespräch bringen, mir ist die Märkische Heide im Brandenburgischen besser bekannt. Hier wie in den Mittelgebirgen und anderswo wirken sich die chemische »Unkrautbekämpfung« und die Mineraldüngung aus, sie fördern den Wuchs hoher Gräser und anspruchsvoller Arten der Bodenflora. Das geschieht auch durch alkalische Stäube (bei Verbrennung der Braunkohle), die den Kalkgehalt im Waldboden erhöhen, und das schüchterne, anspruchslose Heidekraut bleibt weg. Begnügen wir uns also mit dem Rest der Heide an Autobahnböschungen und auf den Waldschneisen unter den Hochspannungsleitungen. Nach dorthin zu wandern, vielleicht mit weniger Völkern, mit den auf dem Stand ausgewählten stärksten, das bringt noch etwas ...

Es muß ja nicht unbedingt die Heide sein. Aber wo es möglich ist, und wer nach einem anstrengenden Bienensommer noch Zeit und Kraft hat, der sollte sich unbedingt um eine Spättracht bemühen. Der Vorteil liegt auf der Hand: Man spart sich die Zuckerreizung – gereizt muß werden, denn hört die Königin erst mal auf zu stiften, dann fehlt es später an überwinterungsfähigen Bienen! –, der Bienenumsatz wird beschleunigt, Altbienen arbeiten sich schnell ab, Jungbienen folgen nach, die Völker leisten bei der Anwanderung einer Samenkultur ihren Bestäubungsdienst, und die noch folgende Herbstschleuderung erhöht den Gesamt-Honigertrag nicht unerheblich.

Aus dem Vortrag eines Imkerfreundes über seine Wandererfahrungen notierte ich mir folgendes: »In diesem Frühjahr konnte ich bei meinen Völkern einen erfreulich geringen ›Totenfall‹ feststellen, vermutlich eine natürliche Folge meiner vorjährigen Rotkleewanderung. Anfang September war ich von dort mit durchschnittlich 6 bis 7 vollen Brutwaben zurückgekehrt. Außerdem konnte ich noch 2 bis 3 kg Honig von jedem Volk schleudern. Und die Bestäubungsvergütung (20,– DM/Volk) war auch nicht zu verachten. Wenn man in Betracht zieht, daß es im August/September kühl und regnerisch war, die Heidewanderer konnten kaum einen Brutansatz und keinen Honigertrag registrieren, so war meine Rotkleewanderung relativ lohnend. Für dieses Jahr habe ich deshalb wieder einen Bestäubungsvertrag mit meiner Genossenschaft abgeschlossen (Raps, Wicke, Rotklee). Sie zahlt mir die bekannte Bestäubungsgebühr und transportiert kostenlos meinen Wanderstand.«

Das sind die Worte eines Praktikers aus dem Bezirk Potsdam. Hier besteht für viele Imker noch die Möglichkeit der Wahl zwischen einer Heide-, Wiese- oder Rotkleewanderung. In den südlichen Bezirken wird man in den Wald gehen, wo Kreuzblume, Weidenröschen und Wachtelweizen den Bienen aufwarten.

Der Rotkleeanbau verlagerte sich in den letzten Jahren mehr in die nördlichen Bezirke. Auf den schweren Böden und vor allem bei dem von der See günstig beeinflußten Klima gedeiht der Klee besonders gut. Nicht selten schleudern die Imker dort 10 bis 15 kg Rotkleehonig. Die Erträge sind aber schwankend und auch auf den Ständen selbst schon unterschiedlich. Der Wuchs des Klees und das Wetter geben für das Ergebnis des Schleuderns nur zu einem Teil den Ausschlag. Wichtig ist, wie stark sich die Völker in den vorhergehenden Trachten aufbauen konnten, mit welchen Futterreserven sie in den Klee gebracht wurden – Ableger sollten im Futter »schwimmen« –, denn jede Spättracht kostet Bienen! Sie arbeiten sich schnell ab, und wenn es an Flugbienen fehlt, kommt in die Kästen nichts mehr hinein.

Kurz eingefügt hier etwas Statistisches: Zu Beginn der sechziger Jahre war das Wandern mit Bienen in den Rotklee fast eine Seltenheit (1961 nur 350 Völker), und ebenso schwierig und selten war es, als Imker die Bestäubungsgebühr zu erhalten. Im Jahre 1969 aber wanderten beispielsweise in den Rotklee (alle Bezirke der damaligen DDR) schon 1280 Imker mit 40 273 Völkern. Diese Zahl bedeutete allein gegenüber dem Jahr zuvor eine Steigerung um 55,2%! Auch bei anderen Trachten zeigte sich – von 1968 zu 1969 – ein ungewöhnliches Anwachsen der Wanderungen bzw. der Zahl der Wandervölker: Wald + 16,3%, Obst + 114,8%, Raps + 23,8%, Phacelia + 6,1%. Im Jahr 1959 wurde mit insgesamt 180 500 Völkern gewandert, 1969 waren es 347 300 Völker, 1972 rund 472 000, 1975 etwa 630 000. (Die etwa 10 000 Wanderimker, sie wanderten 1975 rund 21 000mal, bewirtschaften 250 000 Völker.)

Diese Zahlen geben nicht den jüngsten Stand der Entwicklung des Wanderns mit Bienen wieder, aber die Angaben hier u. a. in bezug auf das Jahr 1969 erscheinen mir als besonders signifikant; mir geht es eigentlich nur darum, die Tendenz in der Zunahme des Wanderns erkennbar zu machen. Von maßgeblicher Bedeutung war dafür auch eine gesetzliche Forderung, nach der (ab 1962) Rotklee-Saatbaubetriebe mit Imkern feste Vereinbarungen über den Einsatz von Bienenvölkern zu treffen hatten.

Als ich das erste Mal in den Klee ging, zögerte der Vorsitzende der Genossenschaft zunächst mit der Bereitschaft zur Zahlung einer Bestäubungsprämie. Ich habe ihm dann genau vorgerechnet, welchen Vorteil ich mir von der Wanderung versprach und wie hoch der Mehrertrag an Saatgut und damit der finanzielle Gewinn für die Genossenschaft zu veranschlagen wäre. Mit schönen Worten allein aber war nichts zu machen, das wußte ich. Schwarz auf weiß legte ich Berechnungen des sowjetischen Bienenforschers A.F. Gubin über die Steigerung der Samenerträge durch den Einsatz von Bienen vor, Berichte von Rotklee-Experten, so auch aus dem Institut Hohen Neuendorf/Berlin. Zahlen, Fakten haben eben Überzeugungskraft. Ich hatte Erfolg! Und das auch deshalb, wir kamen sehr bald zu einer vertraglichen Übereinkunft, weil ich als Imker nicht nur Forderungen stellte (Bestäubungsgebühr, kostenloser Transport, 2 Ladehelfer), sondern weil ich ihm, dem Vorsitzenden, auch erklärte, was ich von mir aus tun wollte, um ihm einen Mehrertrag »einigermaßen sicher zu garantieren«.

Prof. Gubin entwickelte die Methode der »Duftlenkung«, nach der sich die Bienen auf den Rotklee dressieren lassen. Auf etwa 800 Kolchosen im Moskauer Gebiet hat man damit eine beachtliche Steigerung des Kleesamenertrages erreichen können. Bei Versuchen auch von Prof. von Frisch (1942/44) mit dieser Methode lagen die Samenerträge um 39 bis 124% höher als ohne Duftlenkung; der Maximalertrag betrug 600 kg/ha. Aus den Versuchsprotokollen Gubins geht hervor, daß die »Dressur den Beflug der Kleefelder um das 19,6fache steigerte. Nach Angaben der Moskauer Versuchsstation für Bienenzucht stiegen in den Kolchosen und Sowchosen, die diese Dressurmethode anwendeten, die Kleesamenerträge um das 3,08fache, nach Angaben der Timirjasew-Akademie um das 4fache.«

Gubins Methode der Duftlenkung wendete auch ich an, unter meinen Bedingungen ein wenig abgeändert. Sie erfolgt im Prinzip nach der Pawlowschen Lehre von den bedingten Reflexen und den Erkenntnissen von Frischs in bezug auf die Sinnesleistungen und die Dressurfähigkeit der Bienen.

Während meine Bienen im Klee standen, etwa vom 25. Juli bis Anfang September, führte ich die Duftlenkung sechsmal durch, jeden dritten Tag in früher Morgenstunde. Am Abend zuvor löste ich Zucker in kochendem Wasser auf (1:1), für jedes Volk 100 g Lösung (nicht mehr!). Aus schönen vollen Rotkleeköpfen zupfte ich die einzelnen Blütenkelche heraus. In einen Liter abgekühlte Lösung tat ich die ausgezupften Kelchblüten von 100 Kleeköpfen. Das Gefäß blieb abgedeckt bis zum Morgen stehen, dann wurde alles durchgeseiht, und fertig war die aromatische Klee-Duftbrühe. Noch vor Flugbeginn gab ich jedem Volk seine Ration im Fensterfuttertrog. (Ein Wanderfreund stellte kleine Blechgefäße in die Fluglochnischen). Und um meinen Bienen noch die Haustür duftend und farbenfroh zu schmücken, sammelte ich frühmorgens für jedes Volk nochmals ein paar Rotkleeköpfe, tauchte sie in Zuckerlösung und legte sie unmittelbar vor das Flugloch. Im Nu waren die Bienen darüber her, sausten dann duftorientiert hinaus und dachten gar nicht daran, eine andere Blüte als den Rotklee zu befliegen; sie verschmähten selbst den vorzüglichen weißen und gelben Riesenhonigklee.

Mehrmals erlebte auch der Vorsitzende dieses Schauspiel; er war begeistert! Gewiß wird er dem Vorstand der Genossenschaft davon berichtet haben, denn fortan vertiefte sich unsere freundschaftliche Beziehung spürbar. Für uns beide als Vertragspartner blieben die erhofften Ertragssteigerungen nicht aus.

Hummeln und Bienen im Wettstreit

In der gemäßigten nördlichen Zone und selbst in Grönland, Lappland und Alaska fühlen sich die Hummeln zu Haus; ganz hoch im Norden fliegen sie sogar beim Schein der Mitternachtssonne. In warmen und tropischen Gebieten sind sie seltener. Es gibt etwa 500 Arten, aber nur 53 davon in Europa. Nach Australien und Neuseeland hat man um 1870 von England aus Hummeln und Bienen erst eingeführt, sie verbreiteten sich dort schnell, wie andere importierte Tiere und Pflanzen auch. Aber die Hummeln wurden den Farmern nicht zur Last, wie etwa die Wildkaninchen, im Gegenteil, jetzt konnte man für das Vieh den begehrten Rotklee durch eigenen Samenbau vermehren.

Daß der Rotkleeanbau in den nördlichen europäischen Ländern so weit verbreitet ist, verdankt die Landwirtschaft auch hier der Biene und der Hummel. Bienen können in großer Zahl an die Felder herangebracht werden, der Bestäubungserfolg wird gerade durch ihren gezielten Einsatz erreicht. Hummeln fliegen bei kühleren Temperaturen als die Bienen, sie haben, und das ist nun wieder ihr besonderer Vorzug, einen ungleich längeren Rüssel.

In der Natur ist die Anzahl der Wildinsekten durch den immer intensiveren Einsatz von Herbiziden und Insektiziden beträchtlich zurückgegangen; mit den Pflanzenschädlingen werden eben leider auch die für die Bestäubung der Kulturen notwendigen Insekten getötet. Diese Lücke muß der Mensch nun wieder mit seiner Bienenhaltung ausgleichen. In »Untersuchungen über die Bedeutung der Honigbiene *(Apis mellifera)* bei der Sicherung der Samenerträge des Rotklees *(Trifolium pratense)* und die Bedeutung des Rotklees als Bienenweide« ergaben Feldbeobachtungen, daß 70% aller Blütenbesucher Honigbienen sind, örtlich und jährlich unterschiedlich kommen Hummeln zu 28% vor, Wildbienen zu 2%.

Nachfolgende Rechnung sagt uns, wie wichtig der Insektenbeflug ist, in unserem Fall beim Rotklee, wie verheerend es sich auswirken würde, vernichtete man durch Schädlingsbekämpfungsmittel die nützlichen Wildinsekten ganz und brächte man keine Bienenvölker an die Kleeschläge: 1 ha Rotklee bringt als guten Ertrag 400 kg Samen. 55 Körner gehen auf 1 g, 55 000 auf 1 kg und 22 Millionen auf 400 kg ≙ 1 ha. Jede Rotkleehülse enthält 2 Körner, somit müssen je Hektar 11 Millionen Einzelblüten bestäubt werden. Ohne Insektenbeflug brächte der Rotklee keinen Samenertrag! Der Wind kann ihn nicht bestäuben; der in der Blüte verdeckte Pollen ist klebrig und schwer.

Klee hat einen hohen Futterwert. Er ist ergiebig, stellt aber auch entsprechende Ansprüche: Die Pflanze bevorzugt einen mittelschweren Lehmboden, sie will gut mit Kalk, Kali und Phosphorsäure versorgt sein. Für eine ertragversprechende Vegetation ist die richtige Anbautechnik ebenfalls mitentscheidend, der Aussaattermin, die Aussaatmenge, die Reihenbreite und die Deckfrucht.

Der Samen wird erst von der kräftigen zweijährigen Pflanze geerntet, und auch da wieder vom zweiten Aufwuchs. Der Klee schießt bereits im Mai/Juni in Blüte. Diese Blüte wird noch nicht bestäubt, es wären dafür auch noch nicht genügend Bestäuber vorhanden, zum anderen gibt es dann sehr viel andere blühende Konkurrenzpflanzen, die die Insekten mehr anlocken würden.

Ende Mai wird der Klee das erste Mal abgemäht, man spricht vom »ersten Schnitt«, er soll möglichst bis zum 1. Juni erfolgt sein. Wagen auf Wagen rollt dann hochbeladen ins Trockenwerk. Eiweiß! Die Grünmasse wird gehäckselt, in 15 Minuten bei 200 °C Hitze völlig getrocknet und gemahlen. Wo der Klee so verarbeitet wird, gibt es auf den Feldern nicht mehr die Holzgestelle, die Reuter, auf denen früher die Grünmasse als Viehfutter bevorratet wurde.

Bis August schießt der Rotklee erneut in Blüte. Diese Blütenröhren sind dann etwas kürzer als die vor dem ersten Schnitt und damit auch leichter zugänglich. Das kugelige violettfarbene Blütenköpfchen setzt sich aus 60 bis 100 Einzelblüten zusammen. Die Schmetterlingsblüte klappt durch den Druck eines aufsetzenden Insekts auf und gibt damit erst ihre gelben Staubbeutel und die Narbe für die Bestäubung frei. Die Blütenröhre ist mit 8 bis 10 mm recht tief, die Nektarsäule steht etwa 2 mm hoch, und daher nun rührt die Streitfrage, ob Bienen mit ihrem nur 5,5 bis 6,5 mm langen Rüssel überhaupt in der Lage sind, den Nektar auf dem Blütenboden zu erreichen, deshalb vielleicht die Blüten gar nicht befliegen und somit als Bestäuber ausfallen.

Der beste Bestäuber ist für den Rotklee, auch für die Wicke und Luzerne, die braune, langrüsselige Feldhummel *(Bombus agrorum)*; sie beißt die Blüten, um einfacher an den Nektar heranzukommen, nicht seitlich auf, sondern dringt nur »von oben« – legal – in die Blüten ein. Die Erdhummel *(Bombus terrestris)* dagegen bricht den Blütenkelch in seiner Verengung unten auf, raubt den Nektar und hinterläßt auch für andere Insekten eine verlockende Einbruchstelle. So geeignet die Hummeln gerade für die Bestäubung des Rotklees sind, sie arbeiten bei »legalen« Blütenbesuchen um 40 Prozent schneller als die Bienen, aber ihre effektive Bestäubungsleistung ist dennoch relativ niedrig.

Bei einer Konzentration der Saatguterzeugung auf großen Flächen verringern sich wegen fehlender Feldraine, Wege oder Grabenränder die Nistgelegenheiten für Wildinsekten. Das Vorkommen gerade der Hummeln schwankt jährlich – auch in Abhängigkeit von klimatischen Gegebenheiten sowie von dem Gesundheitszustand der Tiere –, und deshalb ist auf sie als wirksame Bestäuber kein Verlaß. Man zählte auf verschiedenen Versuchsfeldern zwischen 30 und 402 bestäubende Hummeln je Hektar, für eine ausreichende Bestäubung jedoch wären mindestens 2000 vonnöten.

Aber es gibt noch einen erwähnenswerten Aspekt, unter dem die Hummel und ihre Zucht eine besondere Bedeutung erlangen: Plötzlich auftretenden Merkmalsänderungen bei Tieren und Pflanzen, Mutationen, liegt eine Veränderung der Erbsubstanz zugrunde; sie läßt sich züchterisch potenzieren. In der Regel kommt es zu einer Organvergrößerung, zu einer Zunahme der Zellgröße. Ein so gezüchteter polyploider Klee hat mehr und stärkere Blätter und Triebe als die herkömmlichen Kleesorten. Über den Insektenbeflug bei polyploidem Klee wurde in der internationalen Presse schon oft berichtet.

Der Vorzug dieses Klees liegt in seinem höheren Grünmasseertrag, die Zahl der Blütenköpfe ist größer, die Samenkörner sind besser ausgebildet. Von Nachteil ist der geringere Trockensubstanzgehalt der Pflanzen, sie sind empfindlicher gegen Wassermangel. Mit der als positiv bezeichneten Organvergrößerung ergibt sich auch eine Verlängerung der Blütenröhren. Deretwegen verringert sich aber der Insektenbeflug, die Blühperiode der Pflanzen zieht sich in die Länge, die Samenernte wird schwieriger, der Samenertrag erreicht nur ein Drittel von dem des herkömmlichen Klees.

Wer sich nun wegen der größeren Menge Grünmasse für den polyploiden Rotklee – mit den längeren Blütenkelchen – entscheidet, der müßte dann allerdings im Samenbau für die Bestäubung auch auf langrüsselige Insekten bedacht sein. Aus dieser Sicht richtet man eben in mehreren Ländern ein besonderes Augenmerk auf die Hummel und auch bereits auf die Zucht einer Wildbiene mit ebenfalls sehr langem Rüssel, auf die Blattschneiderbiene *(Megachile rotundata)*.

Im Rotkleeanbau sind aber auch bei den bewährten herkömmlichen Sorten noch Ertragssteigerungen möglich, sowohl in der Erhöhung der Grünmasse wie auch der Samenerträge. Man muß nur auf die konsequente Durchsetzung eines hohen technologischen Entwicklungsstandes bedacht sein. Diese Technologie beinhaltet von der Vorbereitung des Bodens und der Aussaat bis zur Ernte eine Kette von Maßnahmen, die, auf den Tag genau eingehalten, spürbar zur Ertragssteigerung beitragen. Daß sich durch den Bestäubungseinsatz von Bienenvölkern, die ebenfalls einen Posten in dieser Kette bilden, eine hohe Befruchtungsquote und ein gleichmäßigeres Abblühen der Pflanzen erzielen läßt, wird alljährlich von den Klee anbauenden Betrieben bestätigt.

Einen großen anerkannten Saatzuchtbetrieb gibt es in Malchow auf der Ostseeinsel Poel. Hier eignen sich Klima und Bodenverhältnisse für den Kleeanbau besonders gut. »Malchow und Rotklee« sind für den Agrarfachmann längst zu einem Begriff geworden. Dort auf der Insel Poel war die Wirkungsstätte des weltbekannten Pflanzenzüchters Prof. Dr. Hans Lembke. Wie früher gibt es in Malchow auch heute Gewächshäuser und einen Zuchtgarten für eine sortenreine Selektion des Klees. Aus praktischer wie aus wissenschaftlicher Sicht weiß der Saatzuchtleiter, der zugleich Imker ist, den Bestäubungseinsatz der Bienen besonders zu schätzen und selbst zu lenken. Er würde gern noch mehr als 4 bis 6 Völker/ha einsetzen. An Wandervölkern brauchte es dafür nicht zu fehlen, denn in der ortsnahen Sparte Wismar bewirtschaften etwa 300 Imker über 5000 Völker.

Nach Ansicht des Malchower Saatzuchtleiters kommt es darauf an, für einen optimalen Samenansatz die Intensität der Bienenbesuche zu steigern. Sofern die Zahl der Insekten ausreicht, sei das nicht so schwierig, weil mit zunehmendem Alter der Blüten, selbst wenn die ersten schon zu welken beginnen, die sezernierte Nektarmenge noch ansteigt.

Der Klee blüht 4 bis 6 Wochen, manchmal auch noch länger. Günstige Rotkleejahre zeichnen sich durch ein Blühmaximum von etwa 10 Tagen aus, dann öffnen sich etwa 50 Prozent aller Blüten. »In der Hauptblütezeit erblühen täglich etwa 40 bis 90 Millionen Blütchen je Hektar, aber nur 30 Millionen können in neunstündiger Flugzeit von neun Bienenvölkern besucht werden . . . Bei diesem Bienenbesatz (sind) mindestens 10 bis 12 Flugtage notwendig.« Hieraus läßt sich ersehen, daß vier zum Einsatz kommende Völker/ha nicht ausreichen, will man die Blütezeit des Klees möglichst abkürzen und einen ebenso befristeten Erntetermin erreichen, wo ein Großteil der Blüten druschreif ist.

Erfreulicherweise gibt es kaum noch sensationell aufgemachte Pressemeldungen von »einmaligen Zuchterfolgen einer langrüsseligen Biene, die nun auch den Rotklee befliegen kann«. Dennoch sieht mancher noch allein in einer dem Blütenkelch entsprechenden Rüssellänge die entscheidende Voraussetzung für einen Honigertrag. Das ist falsch. Erst das Zusammenwirken verschiedener Faktoren sichert auch dem Imker den Erfolg. In Bukarest (XX. Internationaler Bienenzüchterkongreß, 1966) wurde dargelegt, daß eine Korrelation der Honigleistung zu irgend einem Körpermerkmal der Biene bisher nicht nachgewiesen werden konnte. Von Experten erfuhren die Teilnehmer einer Züchtertagung in Oberhof/Thüringen, die Leistung der Biene im Rotklee würde nicht allein von der Rüssellänge abhängen: »Völker mit der größten Rüssellänge müssen nicht die erfolgreichsten im Rotklee sein.«

Unsere Carnica-Bienen können bis 7,25 mm tief »züngeln«, die Caucasica bis 7,5 mm. Gewiß sind die langrüsseligen Bienen in einem gewissen Vorteil im Kampf um den Millimeter, aber nicht entscheidend ist die Länge des Rüssels, sondern die *Reichtiefe,* die von der inneren Weite der Blütenröhre, von der Breite der Mundgliedmaßen und von der Kopfform der Biene abhängig ist. Die keilförmige Kopfform der Carnica-Biene ist deshalb besonders günstig, den Blütenkelch aufzubrechen.

Die Weite und Länge der Blütenröhre und die Nektarmenge variieren erheblich. Diese Besonderheiten der Pflanze werden bestimmt durch Klima, Bodenart, Düngung, zeitgerechten Erstschnitt, Luftfeuchtigkeit, Temperatur, Sonneneinstrahlung u. a. In eine weite Röhre kann die Biene tiefer eindringen, in einer engen Blütenröhre dagegen steigt der Nektar höher auf. Ist der Nektar schwer zu erreichen, müssen sich die Bienen mit Energie darauf stürzen und die Blüten förmlich »zusammenknieen«, manche Biene sieht man dabei kopfstehen.

Zusammengefaßt nochmal Zielstellung und Gewinn durch den Bestäubungseinsatz der Honigbienen im Rotklee.

Erstens: Der Imker betreibt bei seinen Bienen die Zuchtauslese nach bestimmten Gesichtspunkten, aber gerade die Honigerträge aus dem Rotklee, die sollte er zum entscheidenden Kriterium für die Auswahl seiner Völker bei der Nachzucht von Königinnen machen.

Zweitens: Im Rotklee kommt es zu einem durch Honigbienen reicheren Samenansatz, zu einer Pflanzenauswahl, die sich als Tendenz der Auslese durch eine kürzere Kelchlänge, einen höheren Nektarstand und durch eine attraktivere Blütenform auszeichnet. Man darf annehmen, daß sich, eben durch die Bienen begünstigt, Rotkleepflanzen mit diesen Merkmalen bevorzugt vermehren.

Daß Bienen die Kleeblüten von der Seite her anbeißen, konnte ich noch nie beobachten, wohl aber, daß sie durch bereits vorhandene Einbruchlöcher der Erdhummel den Nektar suchen. Aber auch dabei drückt und tritt die Biene so auf die Blütenblätter, daß sie sich für die Bestäubung öffnen. Die Übertragung des Pollens erfolgt also auch mit den Beinen, während die Biene seitlich aus der aufgebrochenen Blütenröhre den Nektar aufnimmt.

Ein Großteil der Bienen besucht die Blüten aber »legal« von oben und vollzieht so die Bestäubung, auch wenn kaum Nektar erreicht und nur Pollen gesammelt wird. Das fördert den Bruteinschlag, bringt jedoch keinen Honigertrag. Und darum ist es richtig, daß der Saatguterzeuger eine Bestäubungsgebühr entrichtet. – In den Jahren

»Legaler« Besuch einer Rotkleeblüte

1963 bis 1965 wurden von der Abteilung Bienenkunde der Humboldt-Universität Berlin auf Tausenden Hektar Rotklee die Samenerträge ermittelt, man verglich sie in Hinblick auf den erfolgten oder unterbliebenen Einsatz von Honigbienen. Die in der unten stehenden Tabelle erkennbaren Ertragsdifferenzen erklären sich aus den verschiedenen Wachstumsbedingungen der Pflanzen, aus dem unterschiedlichen Vorkommen von Wildinsekten, dem ungleichmäßigen Besatz der Felder mit Bienenvölkern und dem möglichen Vorhandensein von nicht berücksichtigten Bienenständen im näheren Umkreis der Versuchsfelder.

Rotkleesamenerträge in Betrieben ohne/mit Bestäubungseinsatz von Honigbienen

Jahr	Bezirk	Ertrag kg/ha ohne Bestäubungseinsatz (I)	mit Bestäubungseinsatz (II)	Ertrag in Prozent 2:1
1963	Magdeburg	90	290	320
1964	Potsdam	82	123	150
1964	Frankfurt (O.)	43	70	160
1964	Neubrandenburg	55	74	130
1965	Dresden	86	132	150

Zu den Versuchsergebnissen heißt es: »Ganz sicher wird die samenertragssteigernde Wirkung der Honigbienen durch die in der Praxis erzielten Erträge bewiesen, die in den Betrieben, die Bienen zur Bestäubung einsetzten, um 30 bis 220% und ... im Durchschnitt doppelt so hoch lagen wie in den Betrieben, die Bienen nicht zum Einsatz kommen ließen. Wurden die durchschnittlichen Samenerträge der Käfigversuche auf Großparzellen ohne Mitarbeit der Hummeln wertmäßig um 1200 Mark je Hektar im Feldbau gesteigert, so zeigen die Erträge im Feldbau bei mehr oder weniger starker Mitarbeit der Hummeln eine durchschnittliche Ertragssteigerung durch Bieneneinsatz von 71 auf 138 kg/ha, also um 67 kg/ha und wertmäßig um 400 M je Hektar ...«

Zur Zeit der damaligen Versuche betrug die Erntefläche des Rotklees rund 110 000 ha, die Saatgutfläche etwa 35 000 ha. Der durchschnittliche Ertrag von 65 kg/ha Rotkleesamen war im Vergleich zum Weltstand von 200 kg/ha noch unbefriedigend. Inzwischen haben sich die Relationen längst verändert. Schon 1969 erreichte man im Bezirk Neubrandenburg beispielsweise einen Ertrag von 3,41 dt/ha, einzelne Betriebe kamen schon wenige Jahre später auf 4 dt/ha und mehr. Zu diesen Erfolgen trugen die Honigbienen zu ihrem Teil wesentlich bei. – Und können das in der Perspektive nicht noch mehr auch die eigens dafür zu züchtenden Hummeln tun?

Wachs, von alters her gefragt

Aus seiner Geschichte

»Ob es um Leben geht, um Liebe, Gesundheit, Krankheit, Arbeit oder um Sterben und Tod – die Biene hat in all diesen Auftritten ihren Platz und ihre Rolle. Oft geheimnisvoll dämonenhaft oder, im christlichen Kulturkreis, als poetisch-moralisches Symbol.« Mit diesen Worten wird in dem Buch »Ihr Name ist Apis« ein Kapitel eingeleitet über Verwendung und Symbolwert von Honig und Wachs im Totenkult, in der Gottverehrung und in sakralen Handlungen. Dazu viele bildliche Darstellungen, sehr schöne Skulpturen, Webstoffgebilde, Schmuckstücke, Filigranarbeiten. Und immer und bei allem: Der Ausgangspunkt für Honig und Wachs, der Urquell, das ist die Biene. Sie wird damit einbezogen in Handlungen und Bedürfnisse des Menschen, die durch kulturelle und künstlerische Äußerungen ihre Aufhellung und Würdigung finden, im Göttlichen ihre Verklärung. Um des Honigs und des »Wachses willen erhielt die Biene in der hierarchischen Ordnung des christlichen Kultus'« ihren besonderen Platz.

Ambrosius, Bischof von Mailand (um 340–397), nach ihm benannt Ambrosia, die Götterspeise, er gilt als Schutzheiliger der Imker. Bei der Karsamstags-Kerzenhymne 380 in Mailand hielt er, rückblickend auf die »Gorgica« des Vergil, einen Lobgesang auf die Biene: Honig für die Menschen, Wachs für die Kirche und die Heiligen, damit das Licht bleibe. »Dies Wachs aber erfährt eine wunderbare Verwandlung: Es wird zur Flamme, es löst sich auf – in Licht. Die Materie verzehrt sich selbst und wird, so sublimiert, zum Symbol der inneren Reinigung und Erleuchtung.« –

In der Literatur führt das Bienenwachs ein Schattendasein, von ihm ist nur selten die Rede. Eigentlich zu Unrecht. Es steht an erster Stelle unter den Nebenprodukten der Bienenhaltung. In seiner unterschiedlichen Verwendung begegnet es uns oft, in reiner Form oder gemischt mit anderen Fetten und Ölen.

Den lateinischen Namen hat es nach seiner Farbe: *Cera flava,* goldgelbes Wachs. Plinius (23–79) schon nennt es als Konservierungsmittel, auch als Grundstoff für dauerhafte Farben der Wand- und Glasurmalerei und für Salben und Kosmetik. In Ägypten schätzte man Wachs bereits in der Heilkunde. Sehr wahrscheinlich kannte man seine Löslichkeit; mit Ammoniakwasser vermischt und mit Blumenölen ergab es wohlriechende Pasten und Emulsionen. Ammoniak wurde aus dem Dung der dem ägyptischen Sonnengott Ammon geweihten Kamele gewonnen, auch aus faulendem Harn und Vogeldung.

Jüngeren Datums ist die Erfindung des weißen Wachses, *Cera alba,* versetzt mit Alaun und Weingeist; es wurde dünn ausgegossen und an der Sonne gebleicht. Es schmolz mit ätherischen Ölen, Pflanzensäften und mit Fetten zusammen, mit Harzen, Terpentinen oder Hundefett. Bader und Salber machten aus dem allen Pflaster, Zugsalben und »Mixtura zur Heilung von allerlei Schäden«.

Die Salbenherstellung auf der Grundlage von Bienenwachs wird dem römischen kaiserlichen Galeerenarzt GALENUS (130–202) nachgesagt, neu entdeckt für die Wundheilkunde und Hautpflege wurde das Wachs von dem Berliner Chirurgen Karl Ludwig SCHLEICH (1859–1922). Er erkannte, daß durch Waschen und Seifen unsere Haut entfettet wird, sie wird spröde und rissig und konnte mit der »Waschpaste«, wie er sie erfand, wieder geschmeidig gemacht werden.

Wachs, gemischt mit Kittharz, benötigten die ägyptischen Priester für die Vorbehandlung der Bandagen und bei der Mumifizierung von Leichen. (Heute noch bestattet man in Äthiopien Stammeshäuptlinge in hohlen Bäumen und logiert dort Bienenschwärme mit ein: Der Honig ist Beigabe, Zehrung für den Toten, Wachs und Propolis verhindern den Fäulnisprozeß.) Ebenfalls aus ägyptischer Zeit schon sind Wachsmasken bekannt, aus römischer Zeit die Wachsbildnerei. Wachsmodelle für Lehrzwecke verwendete man an medizinischen Schulen in Italien seit dem Mittelalter (Bologna), künstlerisch befähigte Frauen wurden dort als »Wachswerker« bevorzugt.

Im 17./18. Jahrhundert wird die Wachsbildnerei zu einer ausgesprochen höfischen Kunst. Fürstliche Persönlichkeiten wurden nicht nur gemalt oder in Metall nachgebildet, ihre Figur wurde auch in Wachs gearbeitet und öffentlich ausgestellt. Aus diesem Brauch sind in größeren europäischen Städten die Wachsfigurenkabinette hervorgegangen; Jahrmarktspanoptiken gab es bis nach dem ersten Weltkrieg. Auch im Berliner Kabinett Unter den Linden waren Raubmörder, Witzfiguren und »berühmte Persönlichkeiten« in Wachs verewigt.

Das weltbekannte Wachsfigurenkabinett der Familie TUSSAUD wurde 1762 in Paris gegründet; vier Jahrzehnte später siedelte sie nach London über – der Höhepunkt und dann auch das Ende der Ruhmestat der (1760) in Strasbourg geborenen Marie Gosholtz. Sie hatte das Wachsmodellieren von ihrem Onkel Curtius gelernt, der Anatomiestücke und Menschenporträts herstellte, Marie, als Wachsporträtistin am Versailler Hof geschätzt, heiratete den Ingenieur Francois Tussaud. Sie trennte sich bald von ihm, wechselte dann mit genau 36 prominenten Figuren nach London über, wo sie den an der Themse bereits bestehenden etwa 150 Wachskabinetten Konkurrenz machte. Ihres allein überstand und wurde damit auch zum weltgrößten.

Wie ehedem zählt das Kabinett viele Besucher, heute jährlich eineinhalb Millionen. Etwa 500 Figuren werden gezeigt – Könige, Gangster, Detektive, Scharlatane, Schauspieler, Generäle, Mörder, Forscher, Seefahrer und businessmen jeglicher Art, vorgestellt in natürlicher Größe und Gebärde und ebenso ausstaffiert und dekoriert. Beschwipste Figuren singen und zechen sogar, Marat stirbt, Dornröschens Haar wallt, Kanonendonner umwölkt Nelsons Flaggschiff von Trafalgar, und 50 Matrosen kämpfen auf dem Oberdeck. Technik und Elektronik bewirken jeden Effekt. Viel Show und leichtgewichtige Historie. Amüsement, Geschäft.

Die Anfertigung einer Figur dauert etwa drei Monate, nur für Kopf und Hände wird

Wachs benötigt, annähernd 4,5 kg. Masken und Gipsformen von einem Modell aus Ton oder auch von noch lebenden Personen abgenommen, werden mit Wachs ausgegossen. Dafür wird eine Mischung aus drei Teilen Bienenwachs und einem Teil Japanwachs hergestellt. Man gibt dazu Färbemittel (Chromaten) und dann bestimmte Ergänzungen, um das Schrumpfen oder Reißen des Wachses zu verhindern. Auf die noch frische Masse wird hautähnliche Farbe aufgetragen, Haare, echtes Menschenhaar, werden eingedrückt, die Glasaugen eingesetzt. Wer solche Figuren aus Wachs fertigt, muß als Künstler zugleich Anatom, Bildhauer und Maler sein.

Noch ein Wort zu dem uns fremden Japanwachs. Es ist zunächst knetbar und zeigt nach dem Hartwerden glatte, klare Bruchflächen. Bei längerer Aufbewahrung wechselt es zu einer noch mehr gelblichen Färbung, die Oberfläche überzieht sich mit einer pulverförmigen, weißen Schicht von verschwindend kleinen, prismenförmigen Kristallen. Japanwachs wird in Japan und China aus dem Fruchtmark der Beeren des Baumes *Rhus succedanea* gewonnen. Die kirschgroßen Beeren werden getrocknet und ausgepreßt; das Mark enthält 45 bis 50 Prozent Hartfett.–

Auch als Zahlungs- und Strafmittel (Bußgeld) galt das kostbare Wachs bei uns im Mittelalter, als solches war es in mancher Innungsordnung der Zünfte ausgewiesen. Den Hutmachern in Leipzig beispielsweise war vorgeschrieben (1429), wieviel Hüte sie nur feilbieten durften. »Item es sol auch nimant aushengen vber sechs hute, bei einem pfunt wachs.« Die Böttcher in Freiberg versicherten sich gegenseitig nur bester Qualitätsarbeit (1450). Jeder sollte »nemen gut und bestendig holcz« und »wer des nicht thete und hielde, den sullen die meister darumb straffen umbe eyn phunt wachs«. In Arnstadt war »eyn pfundt wachs« fällig, »keme man hynder, das eyn meyster dem andern seynen knecht abespane«; Abwerbung von Arbeitskräften war also verboten. In unterschiedlicher Schreibweise ist hier immer von einem Pfund Wachs die Rede, das waren damals 465 bis 485 Gramm. –

Seit dem vorigen Jahrhundert wurden und werden bei uns verschiedene technische Erzeugnisse unter Verwendung von Wachs gefertigt und danach benannt: Wachstuch, Wachspapier, Wachskerzen, Wachsperlen, Wachsblumen. Für Anschauungszwecke formte man anatomische Präparate. (In der Botanik gibt es Benennungen wie Wachsblume, Wachsmyrte, Wachsbohne u. a.) Man darf aber bei dem allen nicht das Vorhandensein oder die Verwendung von reinem Bienenwachs vermuten. Ebenso zweckdienlich sind noch andere Wachse, so das Walrat aus der Schädelhöhle des Pottwals, das Wollfett der Schafe, chinesisches Insektenwachs, Wachs aus dem Mineralreich, Paraffin oder Firnis, Pflanzenwachse, gewonnen aus dem Überzug von Palmenblättern und anderen tropischen Gewächsen. Jeden fettartigen Oberflächenschutz bezeichnet man eben als eine Schicht aus Wachs.

Was bei technischen Erzeugnissen als Wachs benannt wird, ist gewöhnlich immer schon ein Gemisch ganz verschiedenartiger Harze, Wachse oder Fette; das oft nur in geringer Menge zugegebene Bienenwachs verleiht dem Ganzen seine besondere Geschmeidigkeit, es wird form- und dehnbar oder erlangt eine mehr streichfähige Konsistenz.

Die gepflegte Frau verwendete auch früher schon »Lippenpomade«, weiße oder rote. Die rote beispielsweise stellte man her aus folgendem Gemisch: 60 Teile weißes Wachs, 10 Teile Walrat, 90 Teile rot gefärbtes Mandelöl, 1 Teil Bergamottöl, 1 Teil Zitronenöl.

Die »Wachskerze« besteht seit dem vorigen Jahrhundert bekanntlich aus Paraffin und Stearin, sie enthält also schon längst kein Bienenwachs mehr. Siegellack wurde einst von den Portugiesen von Ostindien nach Europa gebracht. Diese Mischung aus Schellack, Terpentin, Zinnober, Kreide, Gips, Magnesia u. a. ist ebenfalls frei von herkömmlichem Wachs, sie wurde unter dem Namen »Spanisches Wachs« in Europa verbreitet. Oder die vorstehend erwähnten künstlichen Blumen, die »Wachsblumen«, ihr Papier oder Gewebe wird maschinell geglättet und erhält seine stärkende Appretur aus Gelatine und Stärkekleister.

Soweit zu den Wachs-Nachahmungen. Unser gutes altes Bienenwachs hat hier immer nur bei der Namensgebung Pate gestanden. Die Zeit, da es für medizinisch-kosmetische Präparate und für jede handwerkliche Produktion, wo man Wachs benötigte, allein den Bedarf deckte, liegt schon sehr lange zurück.

Wieviel Wachs die Bienen »schwitzen«

Es gibt Tiere, die ihre Wohnungen ganz aus körpereigenen Produkten oder unter deren Zusatz zu vorgefundenem Material errichten. So baut die Salangane, ein schwalbenartiger Vogel auf den Sunda-Inseln, ihr etwa 10 g schweres Brutnest aus dem Sekret ihrer Speicheldrüsen; es erstarrt zu einer weißlichen Masse. Auf Java sammelt und verkauft man die Nester als Delikatesse. Die Spinne produziert ihren sehr stabilen Faden aus einem elastischen Drüsensekret, ebenso die Raupe, wenn sie sich in ihren Verpuppungskokon einspinnt. Und so schwitzt auch die Biene körpereigenes Fett für ihren Wabenbau. Der sächsische Arzt Martin John erkannte 1684 als erster, daß es aus den Wachsdrüsen der vier letzten Bauchschuppen der Arbeitsbienen ausgeschieden wird. Bis dahin nahm man nach griechischer Überlieferung an, die Bienen würden es aus Blumensaft und Pollen bereiten. Verwunderlich, denn man braucht sich bauende Bienen nur mal auf der Bauchseite anzugucken, schon mit bloßem Auge läßt sich der helle Rand der aus den Hinterleibsringen hervortretenden Wachsschüppchen gut erkennen.

Wachs besteht zu 72% aus Alkyl-Ester von Fett- und Wachssäuren, 0,8% Cholesteryl-Ester von Fettsäuren, 0,6% Laktonen, weiter aus 13–13,5% freien Wachssäuren, 12–12,5% Kohlenwasserstoffen und 1 bis 2% Wasser.

Sehr hoch ist der Gehalt an Vitamin A; es sind in 100 g 4096 Internationale Einheiten (IE), etwa viermal soviel wie in der gleichen Menge Vollmilch und zwanzigmal soviel wie in Eidotter (vgl. Joirisch). Die Hauptbestandteile des Wachses, die Ester, sind im Unterschied zu Fetten schwer verseifbar. Das und die geringe Neigung, sich zu zersetzen, macht das Wachs unverdaulich.

Als Scheibenhonig (oder beim Ausschneiden des Baurahmens, die Jungfernwachs-Wabe ist ja oft schon mit Honig gefüllt) nimmt man gern einen Löffel voll von diesem Honig-Wachs in den Mund; es hat ohne Zweifel eine antibiotische Wirkung. Empfehlenswert also ist es, gegen Erkältungskrankheiten, auch bei Heuschnupfen soll es gut sein, Honig-Wachs zu kauen, mehrmals am Tag; den krümeligen Rest nicht runterschlucken.

Wachs wird auch nicht ranzig. Es verändert sich überhaupt nicht. Wachsblöcke beispielsweise, die 1000 Jahre im Osebergschiff aus der Wikingerzeit im Meerwasser lagen, zeigten weder äußerliche noch chemische Veränderungen.

Wachs schmilzt bei 62–65° C, sein spezifisches Gewicht liegt bei 0,96. Daß es sich leicht auflöst, brennbar ist und schwimmt, weiß der Imker aus Erfahrung, da er es ja oft noch selbst einschmilzt. SKLENAR sagt, Wachs habe »eine schöne gelbe Farbe, die aber durch Bleichen wieder verschwindet. Es hat auch einen feinen, angenehmen Geruch und einen muscheligen Bruch, die schon einen Laien eine Wachsfälschung ziemlich leicht erkennen lassen.« »Muscheliger« Bruch, ein seltenes Wort, mir scheint es aber eine treffende Benennung zu sein – solange Wachs nicht mit Paraffin, Stearin, Talg oder anderem versetzt ist, »nach und mit allen Regeln der Kunst«, wie es Sklenar zum Leidwesen für die Bienen und für das Ansehen des Imkerstandes beklagt.

Zwischen den Hinterleibsringen der Bienen liegen, vierpaarig angeordnet, acht milchglasähnliche Flächen, die Wachsspiegel. Unter ihnen die Wachsdrüsen, bei den Jungbienen vom 12.–18. Lebenstag in Tätigkeit. Von diesen Drüsen aus gelangt flüssiges Wachs auf die spiegelartigen Flächen und erkaltet hier zu den sogenannten Wachsschuppen. Sie sind die kleinen Bausteinchen, das Baumaterial für den ganzen Zellenbau.

Eine Wachsschuppe wiegt etwa 0,0008 Gramm, 1 250 000 ergeben ein Kilogramm. Jedes gesunde Volk produziert während der Sommermonate 500 bis 900 g Wachs; aber diese Angabe ist relativ und eher untertrieben, von der Kaukasischen Biene beispielsweise liegen Angaben von etwa 3,5 kg/Volk vor! Rein erhält es der Imker durch das Einschmelzen von Altwaben oder als Jungfernwachs aus dem Baurahmen. Es gibt noch Imker, die meinen, man sollte die Bautätigkeit der Bienen bremsen, denn jede Wachsproduktion koste als »Betriebsstoff« nur unnötig Honig, und der wäre doch besser zu schleudern. Das ist falsch geschlußfolgert. Die Bauwilligkeit bestätigt, daß es im Bienenvolk harmonisch zugeht, frischer Wabenbau begünstigt die Gesundheit des Volkes und fördert die Aufzucht vieler und auch gekräftigter Jungbienen. Die Möglichkeit zum Bauen mindert die Schwarmlust, was sich wieder positiv auf den Honigertrag auswirkt. Man hat ermittelt, daß ein bauendes Volk gegenüber solch einem, das ohne Bautätigkeit auf Altwaben sitzt, bis zu zehn Prozent mehr Honig einträgt.

Die Bautätigkeit wird ständig angeregt durch die Tracht und Futteraufnahme, durch den vorhandenen freien Raum, durch die Temperatur und Volksstärke. Diese gewissen Schwankungen unterworfenen Bedingungen führen auch zu einem ebenso wechselnden Futterverbrauch für die Wachserzeugung. Die Angaben darüber sind unterschiedlich, sie nennen ein Honig-Wachs-Verhältnis von 5:1 bis 18:1. Im Mittel sind demnach für die Erzeugung von 1 kg Wachs etwa 10 kg Honig nötig. Das ist ein ganz normales Verhältnis. Bauende Bienen brüten besser, tragen mehr Pollen und Nektar ein. Die mit dem Mehr an frischem Pollen auch größere Vitaminzufuhr fördert wieder die Leistungsfähigkeit der Wachsdrüsen.

Die Wachserzeugung ist also für das Bienenvolk ein geradezu vielseitig anregendes Lebensbedürfnis. »Das Baugeschäft beansprucht die Bienen im Vergleich zum Brutgeschäft physiologisch nur wenig. Völker, die noch kurz vor der Herbstfütterung ihren ganzen Wabensitz erneuern mußten, überwinterten auf diesem jungen Bau normal und entwickelten sich im Frühjahr ebensogut wie Vergleichsvölker, die nicht bauten« (Weiß).

Wie das Wachs aufbereitet wird

Viele Imker schmelzen das anfallende Wachs selbst ein und gießen auch noch die benötigten Mittelwände. Diese Arbeit hat sich aus guter Tradition bis heute erhalten. Früher mochte man dazu allen Grund gehabt haben, um Wachsverfälschungen, infizierten Mittelwänden oder Übervorteilungen aus dem Wege zu gehen. Wir sollten uns aber heute auf die industrielle Verarbeitung unseres Bienenwachses verlassen und ein paar Mark für die Mittelwände ausgeben. Man spart sich Arbeit und Zeit, die man für anderes nötiger hat. Ich mag ohnehin nicht die ganze Rechnerei um Gramm und Pfennig und glaube auch nicht, daß man sich mit dem Auskochen oder Auspressen von Altwaben auf dem eigenen Herd die Imkerei nachweisbar rentabler macht.

Vor einigen Jahren suchte ich einige Wachspressereien auf, um einmal an Ort und Stelle die Aufbereitung von Bienenwachs selbst zu erleben. Unter den neuen Produktions- und marktwirtschaftlichen Bedingungen wird sich gegebenenfalls seither einiges verändert haben, aber das Wesentliche bei der Wachsverarbeitung behielt man sicherlich bei. Wie gründlich, sauber und vor allem keimfrei das Wachs fabrikmäßig aufbereitet wird, davon konnte ich mich überzeugen in der Forschungsstelle für Bienenwirtschaft in Hohen Neuendorf, in dem bekannten Betrieb von Walter Burmeister in Sömmerda und im Extraktionswerk Blankenburg/Harz.

In der Sömmerdaer Wachsfabrik arbeitet man auf dem Gebiet der Verwertung von Bienenwachs schon seit 40 Jahren komplex: Kocherei und Presserei, Schmelz- und Gießerei, Filtrier- und Entseuchungsanlagen, Mittelwandproduktion, Extraktionsanlage, Natur- und chemische Wachsbleiche. Es werde alles getan, wie Herr B. mir sagte, um die Imker und Wachsbezieher zufriedenzustellen. »Ich habe mein Leben lang nichts anderes gedacht und getan, als mich mit Bienenwachs zu beschäftigen. Es gelang mir eines Tages, den Schmelzpunkt des Bienenwachses von 64° C auf 70 oder 80 oder 90° C und mehr zu erhöhen. Sicher wird das ein Gewinn für viele und von großem Nutzen sein.«

Das Blankenburger Extraktionswerk ist ebenfalls vielen Imkern gut bekannt, auch als zentrale Aufkaufstelle für Seuchenwachs. Mittelwände kann man von hier nicht beziehen. Bienenwachs kauft dieser Betrieb erst seit 1960. Viel älter schon ist die Aufbereitung von technischem Industriewachs. Bei der chemischen Verarbeitung von Braunkohle gewinnt ein anderer Betrieb unreines »Montanwachs«; in Blankenburg löst man aus ihm das Montanharz heraus, man extrahiert es, wonach dann reines Montanwachs übrigbleibt. Aus Bleicherderückständen wird noch Paraffin gewonnen.

In der Extraktionsanlage wird aus den Trestern, wie sie als Wachs-Schmelzrückstände von Imkern und anderen Mittelwandherstellern eingesandt werden, das Extraktions-Bienenwachs herausgezapft, gewöhnlich noch 20%! Es wäre also schade, Trester zu verbrennen.

Das Seuchenwachs, Wachs von kranken Bienenvölkern, jährlich etwa 0,5 t, wird in einem separaten (bienendichten) Raum bis zu einer größeren Menge gesammelt, zum Schutz gegen Wachsmotten vorerst mit Benzin getränkt und dann auch in der Extraktionsanlage verarbeitet. Es wird auf 160° C erhitzt, keimfrei gemacht und später als »technisches« Wachs abgegeben, Extraktionsbienenwachs. Extrahierte Wachse werden als »Technisches Industriewachs« vielseitig verwendet, aber nur so, daß sie nicht über Genuß- oder Hautpflegemittel mit dem menschlichen Körper in Berührung kommen.

Anders behandelt wird das »Pharmazeutische Bienenwachs«: Aufkochen der Altwaben in einem Dampfmanteltopf, Auspressen der ausgekochten Altwabenmasse mit einer 60-t-Presse, Entseuchung des gewonnenen Wachses in einem Autoklav (115° C), Reinigen des Wachses in einer Zentrifuge. Abfüllen und Abpacken des Reinwachses in Pappdosen zu 1, 5, 10 und 25 kg oder lose verpackt in Blöcken zu 20 kg.

Das alles erfuhr ich von Herrn Sch., dem Leiter des Blankenburger Werkes. Mit dem Wachs ist er nicht nur durch den Fabrikationsvorgang vertraut, sondern auch aus seiner imkerlichen Praxis. Gegründet wurde der Betrieb 1763 durch Conrad Trumpff, als Firma Schultze & Co. arbeitete er von 1922 bis 1972, als VEB bis 1990.

Seit Anfang der 60er Jahre nahm der Betrieb auch die Verarbeitung von Bienenwachs auf. Von den Imkern wurde dann zunehmend Rohbienenwachs geschickt, in Postpaketen (etwa 5000 jährlich) oder in Stückgutsendungen. Der Inlandbedarf konnte trotz zunehmender Bestellungen voll abgedeckt und der Überschuß noch exportiert werden.

Extraktions-Bienenwachs benötigt man in der Industrie, als Pflegemittel für Leder, Fußböden, Möbel und Autos, in der Wachswarenfabrikation, insbesondere der Zierkerzenherstellung, in der Elektronik und Optik, bei der Fertigung von Meß- und Prüfgeräten und vieler anderer technischer Artikel.

Reines pharmazeutisches Bienenwachs, das also nicht mit Löse- und Bleichmitteln in Berührung kam – es könnte ebenso für Mittelwände verwendet werden –, braucht man in der Süßwaren-Industrie, in der pharmazeutischen und med.-technischen Industrie, in der Kosmetik, im Kunstgewerbe oder auch im Instrumentenbau.

Alle diese Angaben waren für mich neu und interessant, doch ich wollte, bevor ich auf mein eigentliches Ziel in unserem Gespräch zusteuerte, im einzelnen von bestimmten Dingen etwas erfahren, für deren Herstellung von hier aus Blankenburg Wachs angefordert wird. Der Betriebsleiter nannte mir auf Anhieb viele Artikel, für die entweder reines oder meistens nur als Zusatz technisches Industrie-Wachs verwendet wird: Schuhkrem, Lacke, Wachstuch, Möbelpolitur, Malstifte, Schleif- und Poliermittel, Künstlerfarben, Druckfarben, Bleistiftlack, Wachskreide, Ski- und Baumwachs, Klebestoffe, Kitte, Wachsfiguren ...

Wofür Wachs benötigt wird, wußte ich nun, mir ging es jetzt im besonderen um das Wie seiner Verwendung: »Wie wird pharmazeutisches oder Extraktions-Bienenwachs in der Industrie verwendet?«

»Ich könnte Ihnen da einiges erzählen, doch besser wäre es, Sie gingen zu den Wachsbeziehern selbst und studieren die Sache dort«, sagte Herr Sch.

»Genau das möchte ich. Aber könnten Sie mir ...!«

Jetzt blättert er in der Kundenkartei mit den Anschriften der vielen Besteller aus Berlin, Magdeburg, Erfurt, Rostock ... Ich schreibe mir drei, fünf Namen auf, dann sind es schon zehn, dann fünfzehn. »Wie viele Namen muß ich mir noch notieren?«

»Nun, wenn Sie es genau wissen wollen: Technisches Wachs beziehen 177 Betriebe, für pharmazeutisches Bienenwachs müßte ich Ihnen 175 Namen nennen.«

Ich überschlage, daß es ja demnach, wenn man noch die Kunden der Sömmerdaer Wachsfabrik und anderer Wachs verarbeitenden Betriebe dazurechnet und jene, die direkt von Imkern ihr Wachs bekommen, daß es vielleicht tausend oder noch mehr Bezieher, Firmen und Kleinverbraucher gibt, die aus dem Wachsaufkommen bei uns zulande beliefert werden. Die 500 000 Bienenvölker machen sich also auch mit diesem Produkt einen Namen. Denn: Bienenwachs ist ein gefragter, kostbarer Rohstoff!

So wird Bienenwachs verwertet

Jetzt mache ich mich auf den Weg zu den Wachsverbrauchern, schreibe Briefe, es gibt Rückfragen und Telefonate, aber noch lieber fahre ich natürlich selbst in die Betriebe. Ich will sehen, wie mit dem Wachs gearbeitet wird. Dort, in der industriellen Produktion erst endet der Weg des Wachses, das auch ich im Sommer bei der Arbeit an meinen Bienen jeden Tag in der Hand habe: wenn ich das Baurähmchen ausschneide, dem Sonnenwachsschmelzer abends den goldgelben Wachsbarren entnehme, im Herbst Wachsreste im Elektroschmelzer auslasse oder nach dem Schleudern das Entdecklungswachs mit den Honigresten bis zur Frühjahrsreizfütterung vorerst in den Steintopf drücke.

Und hier nun die Antworten auf meine brieflichen oder telefonischen Anfragen, mehrerorts gab es anregende Gespräche.

Porzellanwerk K.: »Bienenwachs wird bei uns flüssig verwendet, im Verhältnis 100 g Tetra : 4 g Wachs. Die Lösung kann dann hauchdünn aufgetragen werden. Wir benötigen sie bei der Herstellung von Modellen aus Epoxydharz als Trennmittel. Literaturhinweise über die Verwendung von B.-Wachs bei der Porzellenherstellung können wir Ihnen leider nicht geben.« –

Funkwerk E.: »Wir verwenden Bienenwachs als Hilfsmittel zum Einfetten von Glasverarbeitungswerkzeugen. Die Werkzeuge werden mit Wachs benetzt, um ein Ankleben am Glas zu vermeiden.« –

Möbelwerke B.: »Bis vor etwa 15 Jahren brauchten wir Bienenwachs für das Mattbürsten von Oberflächen bei Möbeln; inzwischen ist diese Technologie überholt. Wir glätten heute nur noch die Nähfäden in der Polsterei mit Wachs. Ein Polsterer ist Imker, der bringt es von zu Haus mit.« –

Süßwarenwerke D.: »Bienenwachs ist auf Grund seiner guten Trenneigenschaft und des neutralen Geschmacks wegen als Trenn- und Gleitmittel zu verwenden. Die Herstellung des Gleitmittels erfolgt so: Erhitzen des Wachses, Zugeben von Speiseöl, Unterrühren von Talkum, Abfüllen zum Erkalten. Dieses Gemisch wird bei Blechen und Formen kalt aufgetragen, es hat sich bei der Erhitzung der Karamel-Masse von 80 bis 140° C gut bewährt. Bei Anlagen mit *Teflon* beschichtet, entfällt die Gleitmasse.« – Nachfrage: Was ist Teflon? – »Teflon (Polytetrafluoräthylen) ist ein chemikalienfester und temperaturbeständiger Thermoplast, die obere Grenze seines Verwendungsbereiches liegt bei 260° C. In seiner wachsartigen Beschaffenheit bildet es einen korrosionsfesten Schutzüberzug. Mit ihm bestrichene Flugzeugteile vereisen nicht. Flugzeugkufen frieren in der Antarktis nicht im Schnee fest. Gleitlager laufen sich nicht heiß. Teigknetmaschinen werden damit ausgekleidet, auch schon Koch- und Backformen für den Küchengebrauch sowie Anlagen zum Aufbereiten der Bonbon- oder Schokoladenmasse.« – Nochmalige Nachfrage: Ist Teflon ein hiesiges Erzeugnis? – »Das Kunstwort Teflon kommt aus den USA. Andere Länder haben für dieses Erzeugnis andere eigene Handelsnamen, bei uns beispielsweise ›Heideflon‹, es wird in einem Institut für Silikon- und Fluorkarbonchemie hergestellt.« –

Optische Werke R.: »Nach eigenem Werkstattrezept stellen wir uns Polierpech her aus Pech, Kolophonium und 0,3% technischem Bienenwachs. Mit dem Polierpech werden Schalen zum Polieren von Gläsern ausgegossen. Der Zusatz von Wachs beeinflußt günstig die Elastizität der Pechschicht während des Poliervorganges.« –

Institut für Schienenfahrzeuge B.: »Bei der Überprüfung eines Fahrzeuges werden an verschiedenen Stellen kleine Meßwertgeber, Dehnungsmeßstreifen, auf blanken Metallflächen aufgeklebt. Der Kleber besteht aus Wachs, Plastelin und Paraffin. Er bildet auch gleichzeitig einen Schutz gegen Staub und Feuchte. Dieser Kleber hat sich bei uns im Prüfwesen des Fahrzeugbaus gut bewährt.« –

Kabelwerk O.: »Wenn wir einem Kabel einen Aluminiummantel aufpressen, dann hat das Weichmetall eine Temperatur von 420° C. Eine Lösung von Bienenwachs und Graphit als Trennmittel verhindert, daß sich das hochtemperierte Aluminium mit anderem Metall verbindet. Am Telefon ist das alles so schwer zu sagen. Sie sollten besser mal herkommen und das selbst sehen.« –

Prüfstelle für Werkzeugmaschinen K.: »Gleitbahnen für Werkzeugmaschinen werden mit einem Epoxydharz als Gleitwerk ausgegossen. Zwischen diesem Hartplastwerkstoff und dem Führungsträger wird zuvor eine sogenannte Trennschicht aufgetragen, die ein gleichmäßiges Einfließen der Gußmasse und auch deren gute Haftung ermöglicht. Bewährt hat sich Bienenwachs, gelöst in Trichloräthylen (1:10). Das Lösungsmittel verdunstet, das Wachs verbleibt als feste Untergrundlage, es ist sowohl für die Trennung als auch für die Verbindung unterschiedlicher Materialien besser geeignet als synthetische Mittel.«

Lokomotivbau H.: »Wir mischen Bienenwachs und Rindertalg und machen damit Ledermanschetten und Abdichtungen bei unseren Lokomotiven weich.« –

Vom Betrieb *Berlin-Kosmetik* ließ sich brieflich oder telefonisch keine Auskunft einholen. »Bienenwachs? Schreiben kann ich Ihnen darüber nichts. Keine Zeit. Gucken Sie mal 'rein in den Janystin, wenn Sie das Buch vielleicht kenn'n, da könn'n Sie sehen, was es so alles zu sagen gibt. Und dann komm'n Sie mal her zu uns«, riet mir Herr W., der Produktionsleiter. Ich fuhr zu ihm, um etwas über die Herstellung kosmetischer Artikel zu erfahren. Die kosmetische Industrie ist Großabnehmer gerade für Bienenwachs. Auch für die Herstellung medizinischer Präparate wie Pflaster, Zäpfchen, Stäbchen, Balsame, Pasten u. a. wird es benötigt. Nach dem »Deutschen Arzneimittelbuch« (DAB) bilden *Cera flava* und *Cera alba* einen wichtigen Grundstoff für Salben, hinzu kommen noch andere tierische, pflanzliche und mineralische Wachse.

»Und wozu benötigt man Bienenwachs in der Kosmetik?«

»Wachs hat eine hautschützende und hautheilende Wirkung. Unsere Haut ist von einem feinen Talgfilm überzogen, er hält sie geschmeidig, schützt sie vor Austrocknung und gegen das Eindringen von Infektionskeimen. Wird sie durch scharfes Waschen entfettet, und das ist ja mehrmals täglich der Fall, dann muß das fehlende Hautwachs ersetzt werden.«

»Sind dafür nicht die Talgdrüsen zuständig?«

»Allerdings. Aber durch den entfettenden Einfluß der üblichen Waschmittel wird die Haut in ihren natürlichen Abwehrfunktionen gestört und geschwächt. Sie wird spröde, infektionsanfällig, auf die Dauer runzelig, rauh und großporig. Es gibt auf dem Markt eine Fülle von Nährmasken, Nährcremes, Emulsionen und hautpflegende Salben. Bienenwachs bildet neben Wollfett einen wichtigen Bestandteil vieler Gesundheitspflegemittel. Je nach Bedarf enthält die zweckdienlich variierte Mischung dann noch Zusätze wie Vaseline, Lanolin, Glyzerin, Walrat, Zinkoxyd, Borax, Pfirsichkernöl, Duft- oder Geschmacksstoffe. Bienenwachs ist oftmals bestimmend für die Strukturbildung einer Zubereitung, beziehungsweise einer Emulsion. Gleichzeitig wirkt es möglichen Hautreizungen entgegen.«

»Verwenden Sie auch Wachs bei der Herstellung von Lippenstiften?«

»Ja. Dem Lippenstift verleiht das Wachs eine gute Haftfestigkeit; der Stift wird flexibler, er trocknet nicht aus und bricht nicht so leicht. Bei Pflaster und Schminken, um das noch zu ergänzen, ergibt sich ein höherer Klebeeffekt.«

»Herr W., wie stehen Sie zu dem Einsatz natürlicher Roh- und Wirkstoffe für kosmetische Präparate?«

»Den natürlichen Heilmitteln kann und sollte man sich auch in der kosmetischen Industrie nicht verschließen. Kräuterauszüge, Weiselfuttersaft, Pollenextrakt und andere haben wegen ihrer nachgesagten Wirksamkeit durchaus schon Erwähnung in der internationalen Literatur und Eingang in die kosmetische Produktion gefunden. Der hohe Einsatz von Pflanzenölen in der sogenannten ›Hydrophilen Ölkosmetik‹ ist ein weiterer Beweis für den Trend zum natürlichen Rohstoff. Nun ist Bienenwachs allerdings kein Heilmittel. Ich wollte Ihnen nur seine Bedeutung als Emulgator und als Grundstoff für die Herstellung kosmetisch-medizinischer Artikel erläutern.« –

Auf nicht alltägliche Weise war in der Berliner Presse von Bienenwachs die Rede, als der Kiewer Bildhauer T., bekannt durch seine übergroßen Denkmäler, im April 1970 »ganz schnell zwei Kilogramm« benötigte. Was war geschehen? Kurz vor der Enthüllung seines Monuments, so hieß es in der Zeitungsnotiz, stellte man Veränderungen am Gestein fest. »Bei der Bearbeitung des roten ukrainischen Granits ist der Stein aufgerauht, porös gemacht worden. Dadurch wurde er staubiggrau; die kräftige rötliche Färbung ging an den bearbeiteten Stellen verloren. Die ehemalige klare Oberflächenstruktur wurde etwas zerstört. Mit Hilfe des Bienenwachses wurden die Grautöne am Denkmal wieder entfernt, und außerdem erreichte man damit gleichzeitig ein Schließen der Steinporen, so daß die Witterung das 17 Meter hohe Monument nicht mehr so sehr angreifen kann.« –

Die Restauratoren der Berliner Skulpturenwerkstatt an den Staatlichen Museen hatten sich von mir einmal »ganz reines Jungfernwachs« für ihr Arbeit erbeten. Sie restaurieren hauptsächlich Holzskulpturen aus dem 14. bis 18. Jahrhundert sowie Ikonen. Der Restaurator schafft selbst keine neuen Kunstwerke, aber er muß sich ganz in die Besonderheiten des zu bearbeitenden Materials hineinfühlen und befähigt sein, den Zeitgeist des frühen Kunstgegenstandes wiederzubeleben. Skulpturen aus Holz und Gemälde auf Holztafeln unterliegen einer Alterung durch klimatische Einflüsse; das Holz »arbeitet«, es trocknet zusammen oder dehnt sich aus und reißt. Die »Fassung« dieser Skulpturen, d. h. ihre Bemalung und Vergoldung über einen Kreidegrund, hebt sich dann blasenartig an und blättert ab. Solche gelösten Stellen werden nun befestigt. Neben Kaseinpulver, das aufgelöst in Wasser, Alkohol und etwas Salmiak unter die Blasen und Abhebungen gespritzt wird, hat sich reines Bienenwachs zum Festlegen der Fassung seit langem bewährt. Unter Zusatz von Kolophonium oder Venezianer Terpentin erlangt diese Wachsmischung auf dem Holz- oder Kreidegrund eine große Klebekraft. Damit wird die Schadensstelle »niedergelegt«. Das Unterbringen des manchmal winzigen Wachströpfchens geschieht mit Hilfe eines Heizspachtels. Oftmals werden nach Beendigung der Restaurierung die Skulpturen mit einer schützenden Benzin-Wachs-Schicht überzogen. Sie verleiht den Skulpturen zugleich einen warmen, mattierten Glanz.

Kerzen mit farbigem Dekor

»Wie bitte? – Ja, hier ist die Wachszieherei. – Nein, besser wird es auf jeden Fall sein, Sie besuchen uns.«

Nach dieser freundlichen Aufforderung fuhr ich nach Dresden. Selbst wollte ich einmal sehen, wie Bienenwachskerzen, die wir in den Kunstgewerbeläden kaufen können, industriell hergestellt werden. Ich hatte mir ein paar Handwerksstuben vorgestellt, denen man von außen schon ihre noch mittelalterliche Tradition ansehen würde. Aber ganz schnell revidierte ich meine Vorstellung: Früher zwei Handwerksbetriebe, seit 1960 Genossenschaft, Verdreifachung der Zahl der Arbeitskräfte, helle Produktionsräume, neue Maschinen, einige nach eigenem Entwurf gebaut.

Das Zimmer des Vorsitzenden ist eng, fast bescheiden. In Vitrinen stehen die allerschönsten Kerzen: Verzierte Geburtstagslichte – weiße Leuchterkerzen – gezwickte Reliefkerzen – Stumpenkerzen mit Goldborte oder Weihnachtsdekor – Kleine Modelkerzen mit Rankendekor . . . Ergebnisse innerbetrieblicher Zusammenarbeit, immer wieder neue Muster, denn der Handel, so sagte mir Herr M., der Vorsitzende, fordere die Kerzen als Zimmerschmuck. Eine moderne Wohnung wird durch die Kerze vertrauter, anheimelnder. Die verzierte Kerze entspricht dem internationalen Trend. »Unsere ständige Produktionssteigerung ist notwendig zur Deckung des steigenden Bedarfs auf Grund der höheren Wohnkultur im In- und Ausland.«

An der Wand hängt der Meisterbrief . . . als »Wachszieher«, man könnte meinen, ein Relikt aus der Zeit ausschließlicher Handarbeit. Als ich nach der Tradition dieses schon alten Berufes frage, greift der Wachsziehmeister in den Aktenschrank, nach seiner einstigen Meisterarbeit. »Man vergißt eben manches, was man früher mal gelernt hat, aber über die Geschichte des Wachszieherhandwerks kann ich Ihnen mal etwas vorlesen . . .«

Die Wachsindustrie, heute zur chemischen Industrie gehörig, ging hervor aus dem Lebzelter- und dem Wachsziehergewerbe. Der Lebzelter im Mittelalter hielt sich meistens Bienen, den Honig brauchte er für seine Pfefferkuchen, und aus dem Wachs zog er Kerzen. Das Wachs wurde auch von den Imkern, den Zeidlern, an ihn sowie an Klöster verkauft, auch Mönche und hörige Handwerker fertigten Kerzen. Mancherorts waren die Kerzenzieher mit den Seifensiedern in einer Zunft vereint. Die Lebzelter hatten nach der Zunftordnung die Befugnis, Lebzelte (Lebkuchen) und Met herzustellen und zu verkaufen, Wachs zu läutern, zu bleichen, Kerzen zu ziehen, Pechfackeln zu gießen und mit weißem Wachs zu überziehen; die Dochte flochten sie sich selbst. Die Herstellung großer Apostelkerzen und lebensgroßer Wachsfiguren für Wallfahrtskirchen und Wallfahrer verlangte ein besonderes handwerkliches Geschick.

Und wer hätte heute dieses, sein vermeintlich handwerkliches Können nicht schon zu Weihnachten ausprobiert, aus Mittelwänden mal selbst duftende Kerzen zu fertigen. Aber das wird anfangs zumeist nichts, wenn man . . ., weil: »Der geflochtene Docht muß für die verschiedenen Kerzenarten unterschiedlich dick sein. Für Christbaumkerzen werden 22 Einzelfäden benötigt, für Rauchtischkerzen (bis zu einer Stärke von 4 cm) 66, für noch stärkere Kerzen 88 Fäden. Um das Tropfen der Kerzen möglichst zu vermeiden, muß darauf geachtet werden, daß der Flechtanfang am Kopfe der Kerze ist. Die Mittelwände werden mit Hilfe von Schablonen zugeschnitten . . .« Und dazu nun die genauen Maße usw. Ich hab' mir das alles notiert, zu lesen stand es in der ADIZ 12/1967.

Der Bedarf an Wachs war früher sehr groß. Nicht nur in jedem Haushalt und in den Kirchen brauchte man es, sondern auch im Bergwerk. Die Bergleute zogen sich ihre Kerzen möglichst dünn, weil man glaubte, die Grubengase würden sich dann nicht so schnell entzünden. In Irland verwendete man statt der Wachskerzen sogenanntes harziges Kerzenholz, das wegen seiner Härte auch als Nutzholz verwendet wurde.

Der große englische Physiker und Chemiker FARADAY hielt vor etwa hundert Jahren sechs Vorlesungen über die Geschichte und die Physik der brennenden Kerze. Vor allem junge Hörer besuchten die damalige Londoner »Volkshochschule«. Aus den gedruckt noch vorliegenden Vorlesungen Faradays erfährt man auch, daß einstmals ebenso Rindertalg oder Nierenfett für die Kerzenherstellung verwendet wurde, doch die Flamme blakte und rußte sehr.

Als bald nach den überseeischen Entdeckungen im 15./16. Jahrhundert der Bedarf an Kerzen immer größer wurde – eine Folge des Fernhandels und des allgemeinen Anwachsens der Produktivkräfte –, da kamen die schönsten Wachse auf den Markt: Belladi-Wachs aus Ägypten, Konstantinopel und Smyrna, duftendes Jamaika-Wachs, chinesisches Insektenwachs, Carnauba-Wachs von den Blättern einer brasilianischen Fächerpalme, englisches Walrat-Wachs (eine ölige, an der Luft gerinnende Flüssigkeit aus den Schädelzellen des Pottwals) oder auch reines organisches Erdwachs, Ceresin, das man heute aus dem Destillat der Braunkohle gewinnt.

Einen Wandel in der Kerzenproduktion gab es zu Beginn des 19. Jahrhunderts, als die Stearin-Kerze auf den Markt kam, ganz gegen die Forderung der Kirche, die nur nach der (Bienen-)Wachskerze verlangte. Sie nämlich verströmt bekanntlich einen besonderen Duft, fehlte er, dann bedeutete das bereits eine Einbuße bei dem kirchlichen Zeremoniell. Allein in der Wittenberger Schloßkirche wurden zu Luthers Zeiten in einem Jahr 35 000 Pfund Wachs verbrannt; das waren täglich 40 kg. Die Fürstenhöfe mit ihrem Luxus standen dem nicht nach; in Dresden benötigte man bei einem Hoffest 14 000 Wachslichte.

Seit 1830 nahm die Stearinkerze von London aus ihren Siegeszug um die Welt, und dann auch die Paraffinkerze. Ihr Rohstoff Kohle war billiger als Wachs oder Rindertalg. Am günstigsten ist ein Gemisch aus Stearin und Paraffin. Die Beigabe von Stearin verkleinert die sonst hohe Flamme und verhindert das Rußen, sichert also einen guten Abbrand.

»Herr M., ist das Figurenmuster dieser fast armdicken antiken Kerze eingeschnitzt?«

»Nein, was Sie da sehen, das ist eine *Model*-Kerze. Man schnitzte früher schon Figurenmuster in Birnbaumholz und goß diese Formen mit Wachs aus. Die entnommenen Wachsplatten legte man dann nur um einen bereits fertigen Kerzenstumpf herum. Auch schnitzte man zwei runde Formen aus Holz, fügte sie als Gußform zusammen, und dann konnte man die Modelkerze gießen. Das künstlerische Empfinden des Wachsziehers war für die Gestaltung dieser Kerze genauso entscheidend wie die Moderichtung der jeweiligen Zeit. Es wurden also antike Modelle geschnitzt und ebenso solche aller anderen Epochen. Man fertigt auch heute noch *Votiv*-Kerzen für rituelle Zwecke mit eindrucksvollen Ornamenten. Die sogenannten Apostelkerzen sind manchmal einige Meter hoch. Es sind handwerkliche Glanzleistungen.«

»Eine letzte Frage: Verwenden Sie heute noch reines Bienenwachs zur Kerzenherstellung?«

»Wir verarbeiten verhältnismäßig viel Bienenwachs, weil wir seine Konsistenz bei anderem Material nur schlecht erreichen können. Außerdem spielt der Veredelungsfaktor eine große Rolle. Reine Bienenwachskerzen allerdings werden schon deshalb nicht mehr hergestellt, weil deren Brennfähigkeit im Verhältnis zum Paraffin oder Stearin schlechter ist. Im wesentlichen verwenden wir Bienenwachs nur zum Dekorieren unserer Zierkerzen. Ein farbiges Wachsdekor wird als Schmuckband um den Kerzenstumpf gelegt; es ist besonders homogen und schmiegt sich auch gut an den Kerzenkörper an.«

Das Bienenwachs verströmt je nach Herkunft einen besonderen Duft. Entsprechend der Bienenweide duftet es nach Blumen oder Koniferen. Entscheidend für den Geruch ist außerdem die Schmelze, die Klärung und eventuell die Bleiche des Wachses. Das ostindische Ghedda-Wachs der wilden Bergbienen eignet sich besonders gut für Klebwachsmischungen.

»Bienenwachs ist ein kostbarer Rohstoff. Weil es seinem ursprünglichen Zweck als Mittelwand bei der Honigproduktion wieder zugeführt wird und weil gerade die pharmazeutische Industrie auf diesen Rohstoff nicht verzichten kann, halten wir den Anteil Bienenwachs an unserer Gesamtproduktion möglichst niedrig. Wir verarbeiten vor allem Braunkohlen- und Erdölparaffin, Stearin, Ceresin und Ozekorit. Außerdem werden seit längerer Zeit bereits synthetische Wachse zur Kerzenherstellung verwendet, manche sind dem Bienenwachs sehr ähnlich.«

Und dann zeigte mir der Vorsitzende die Produktionsanlagen. Das *Tauchverfahren* ist seit Hunderten von Jahren unverändert geblieben. Der Docht wird in die Kerzenmasse getaucht und zwar so oft, bis durch die jedesmal anhaftende Schicht die Kerze dicker wird, in ihrer gewünschten Stärke fertig ist.

Das *Ziehverfahren* ist ebenfalls jahrhundertealt. Handgezogene Kerzen werden so hergestellt: Zwischen zwei gegenüberstehenden Holztrommeln von einem Meter Breite und einem Meter Durchmesser steht eine Wanne mit flüssigem Wachs. Der auf die eine Trommel gewickelte Docht läuft durch das Tauchbad auf die gegenüberstehende Trommel. Zu viel anhaftendes Wachs wird dabei von der Zugscheibe abgestreift. Der gleiche Arbeitsgang wiederholt sich so oft, bis der gewünschte Kerzendurchmesser erreicht ist. Der gezogene Strang ist glatt, wenn der Kerzenzieher seine Arbeit aufmerksam genug verrichtet hat. Dieses Handziehverfahren wird jedoch nur noch selten angewendet. (Die elektrischen Ziehanlagen sind leistungsfähiger.) Schließlich wird der Strang in Kerzenlängen geschnitten, die Kerzen werden geköpfelt und mit Konus oder Dornloch versehen.

Die Kerzengießerei erfolgt in einem größeren Raum; dieses Verfahren ist einfach und dann sehr rentabel, wenn große Mengen gleicher Kerzen produziert werden. Das *Gießverfahren* kann man als reine industrielle Fertigung ansehen. Heißes flüssiges Wachs wird in die wasserumspülten Zinnformen gegossen, es erkaltet, und nach Abstechen des Wachskuchens wird der ganze Guß schließlich, das können zugleich 100 bis 500 Kerzen sein, in den über den Formen stehenden Klemmer gedrückt. Und nach einigen weiteren Arbeitsgängen wandern die dann versandfertigen Kerzen in die bereitstehenden Kisten, ab geht's – auf die Reise.

In diesem Dresdner Wachszieherbetrieb/Zierkerzen lernte ich manches für mich Wissenswerte kennen. Auch die Wachskerze, die ihren Teil zur Feststimmung beiträgt, hat ihre Geschichte. –

Viele Male war ich unterwegs. In den verschiedensten Betrieben und Werkstätten sah ich mich um, machte Recherchen, um dem Wachs in seiner Verwendung und Historie ganz auf die Spur zu kommen. Doch eines blieb mir als Wunsch unerfüllt, das Kennenlernen der *Batik.* Ich weiß, daß die Batikkunst erst durch die Verwendung von Bienenwachs möglich wurde. Eigentlich ist das Batiken ja in Ostasien zu Haus. Das Wort »batik«, es kommt aus der Sprache der Insel Java, heißt dort soviel wie malen oder schreiben. Aber auch in Europa hat sich diese Kunst schon ausgebreitet. Auch hier sieht man Batikkleider (vielleicht importiert?) und sehr oft Tücher, feingewebte Baumwollstoffe, blau gefärbt und darauf ausgespart die wunderschönsten hellen Muster. Ja, ausgesparte Muster, denn das (Original-)Verfahren der Herstellung solcher Tücher besteht vereinfacht gesehen darin, daß Farbmuster aus flüssigem Bienenwachs auf den Stoff aufgetragen werden, kunstvoll gezeichnet. Und beim nachfolgenden Färben dann nehmen diese Stellen keine (blaue) Farbe an. Nach dem Tauchen des Stoffes in kaltes Wasser, um das Wachs zu härten, und noch einiger weiterer Arbeitsgänge wird die Wachs-Appretur dann wieder von der Stofffläche entfernt.

Leider konnte ich bislang nirgendwo . . . Aber es gibt sie, diese Kunst, auch bei uns. Denn warum sollte nur auf Java und den anderen Sunda-Inseln das gebatikte Festkleid als die Krönung fürstlicher Kleiderpracht gewürdigt werden . . .

Unsere Bienen – geflügelte Pharmazeuten

Honig macht gesund und schön

»Geflügelte Pharmazeuten« – dieser bildhafte Vergleich gefällt mir, er stammt, wie wir noch hören werden, von einem Moskauer Arzt. Von unseren »Apothekerbienen« soll in dem nachfolgenden Kapitel die Rede sein. Bekanntlich bedient sich die moderne Medizin immer mehr der Bienenprodukte bei der Therapie und Heilung vieler Beschwerden und Krankheiten, und ebenso geht es um die gesunde Ernährung und Lebensweise. Wen würde nicht besonders dieses Anliegen interessieren, komplex gesehen die Gewinnung, Aufbewahrung, chemische Zusammensetzung und die medizinisch-biologische Wirkung der Bienenprodukte.

Aufmerksam verfolgte ich, sofern mir das über spärliche Wiedergaben und Übersetzungen möglich war, die Vorträge auf den drei großen internationalen Symposien über Apitherapie (1974 in Madrid, 1976 in Bukarest und 1978 in Porto Roz, Jugoslawien) sowie die beiden Symposien 1974 und 1976 über Propolis-Therapie in Bratislava. Diese Kongresse gaben weltweit Medizinern und Bienenhaltern Anregung für die Erhöhung imkerlicher Leistungen und für die Neubewertung von Honig, Wachs, Kittharz usw., alles irgendwie Mittel für die Gesundheit des Menschen. Berufen möchte ich mich hier in einigem auf das Buch »Bienenprodukte in der Medizin« einer bulgarischen Ärztin, sie ist in Sofia in einem Krankenhaus tätig. Was sie sagt, das ist erprobt!

Beginnen muß dieses Kapitel natürlich mit einigem Wissenswerten – über den Honig! Seitdem es Zucker aus Zuckerrohr und Rüben gibt, ist die Verwendung von Honig als Nahrungs- und Süßmittel zurückgegangen. In den westeuropäischen Ländern steht im Durchschnitt und ganz grob gerechnet einem jährlichen Verbrauch von 25 kg Zucker je Kopf der Bevölkerung der von 0,5 kg Honig gegenüber.

Daß gerade einheimischer Honig in manchen Geschäften nur zögernd gekauft wird bzw. gekauft wurde, hat seine Ursache wohl besonders in der Art und Weise des Angebots. Man stutzt, wenn Honig in unterschiedlichen Farbabstufungen bereitsteht; in den Wintermonaten ist er oft stärker kandiert. Und so erklärt sich beim Käufer ein Vorbehalt, er zieht Vergleiche mit dem ähnlich körnigen Kunsthonig (sofern es ihn heute noch gibt) und vermutet in der Farbnuance qualitätsmindernde Alterserscheinungen.

Der Käufer will nicht enttäuscht werden, aber was weiß er schon über die Konsistenz des Honigs – daß dieser sogar »lebt«, sich also nach dem Schleudern und nun im Glas in einem sich ständig verändernden Zustand befindet. So das Kandieren, auffallend beim Rapshonig. Das ist kein die Qualität des Honigs mindernder Vorgang, hier schließen sich festere Traubenzuckerkristalle (größerer Glucoseanteil), umgeben von weniger festem Fruchtzucker (geringerer Fructoseanteil) zu Kristallklümpchen zusammen. Und mit Honigfälschung durch Zusatz von körnigem Haushaltszucker hat das schon gar nichts zu tun. Als Imker wird man dem Skeptiker sagen, daß alles seine natürliche Bewandtnis hat, der Honig ist »echt«! Er hat auch meistens noch seine feine »Blume«.

Aber gute Worte allein genügen meist nicht, bewirken nicht viel. Zeigen, sehen, überzeugen! Honig muß immer ansprechend verpackt und augenfällig angeboten werden. Verkaufskultur! Das hat nichts mit billiger Werbung oder Geschäftemacherei zu tun. Honig ist kein Luxusartikel, sondern ein Volksnahrungsmittel, das wertgerecht zum Kauf angeboten werden muß. Auch nicht nur in dem gepriesenen Einheitsglas mit dem Banderolenhinweis ob Sortenhonig oder Vielblütenhonig (der Imker spricht von Mischhonig). Wenn vielleicht nicht unbedingt schöner, aber praktisch wären auch Plastiktuben, durchsichtig oder auch nicht, farbig bedruckt, sie sind nicht zerbrechlich, werden nicht klebrig wie das Honigglas und lassen sich leicht im Reisegepäck unterbringen. Übrigens: Nahrungsmittel werden auch den Kosmonauten in Tuben mitgegeben – auch Honig.

Diese gedankliche Abschweifung drängte sich mir hier auf als Erinnerung, weil bei uns in den ostdeutschen Landesteilen wenig dafür getan wurde, daß der Honig seinem Gesundheitswert entsprechend mit Vorzug in die Hand des Käufers kam. Mich hat das sehr enttäuscht, denn mein Weg führt in der Kaufhalle immer am Honigregal vorbei . . .

Die feine »Blume«! Die Duftstoffe werden in den verschiedenen Teilen der Blüten gebildet, besonders in den Blütenblättern und Staubgefäßen, und gelangen als Aromastoffe über den Pollen oder den Nektar in den Honig. Hinzu kommen körpereigene Substanzen der Biene, so aus deren Duftorgan, da der Honig wegen seiner hygroskopischen Eigenschaft auch Geruchs- und Geschmacksstoffe aus seiner Umgebung aufnimmt.

Unangenehm ist der Anblick eines Honigs, wenn sich eine meist bräunliche, dünnflüssige Oberschicht gebildet hat, sie geht bald in Gärung über (Hefepilze!). Dieser Honig wurde als noch unreif geerntet, zu früh ausgeschleudert. Der Wassergehalt war noch zu hoch, die Bienen konnten ihn nicht genügend eindicken und verdeckeln. Möglich ist auch, daß dieser Honig einen übergroßen Anteil Fruktose hat, der in den Kandelungsprozeß noch nicht einbezogen wurde. Aber solchen Honig bietet man natürlich niemandem zum Kauf an; er eignet sich allenfalls noch zum Verfüttern, für den Futterteig.

Die bekannte »Blütenbildung« im Honigglas bedeutet auch keine Qualitätsminderung. Beim Kandieren sammeln sich am Glas zwischen den Kristallen des Fruchtzuckers Luftbläschen und bilden weiße »Blüten«. In warmen und trockenen Räumen wird dieser Vorgang durch die Wasserverdunstung und bei wechselnden Temperaturen durch die Dehnung des Glases noch gefördert.

Hat man Honig in Gläsern auf Vorrat stehen, dann muß man also schon einiges bedenken. Bei Zimmertemperatur tritt nach und nach eine gewisse Wertminderung ein. Lange haltbar ist der Honig bei einer konstanten Temperatur unter 11° C. Aber sein volles Aroma, die vielen wertvollen Inhaltsstoffe und seine feinkörnige, schmalzige Konsistenz, all das, was ihm seine Gunst bewahrt, bleibt am besten erhalten bei einer Tiefkühlung von −15 bis −20° C. Das dürfte vielen Honigessern neu sein. Also, wer eine Tiefkühltruhe besitzt, bitte, der Versuch lohnt sich.

Der angenehme Geschmack vor allem der Blütenhonige erklärt sich aus der jeweiligen Tracht, aus den Aromastoffen des Nektars der zahllos beflogenen Blüten. Die Stärke des Aromas ist unterschiedlich, eben abhängig von der Menge der auch von den Pflanzen auf Grund klimatischer und physiologischer Bedingungen unterschiedlich produzierten ätherischen Öle, Aroma- und Duftstoffe. Daß diese mit dem Nektar aufgenommen werden, hat man sich in anderen Ländern für die Produktion von »Heilhonig« zunutze gemacht (Husten-, Beruhigungs- und Einschlafmittel): Man füttert dafür die Bienen mit einer Zuckerlösung, die zuvor mit einem Pflanzenextrakt angereichert wurde, beispielsweise Fenchel, Baldrian oder Lindenblüte. »Die Bienen nehmen die jeweiligen Zusätze mit auf und verarbeiten sie wie Nektar zu einem Produkt, das zwar nach dem Gesetz nicht mehr Honig genannt werden darf, jedoch äußerlich von diesem kaum zu unterscheiden ist. Die Bienen werden also im wahrsten Sinne des Wortes als Arzneimittelhersteller beschäftigt.« Solcherart Honigfälschung ist gesetzlich verboten.

Es gibt auch giftigen Honig! Daß solcher Honig 400 Jahre v. Chr. in den Bergen des Kaukasus einmal ein ganzes griechisches Heer kampfunfähig machte, die Soldaten hatten allerorts die Bienenstöcke ausgeraubt, wird von dem Geschichtsschreiber Xenophon berichtet. »Wer wenig genossen hatte, war wie betrunken, wer viel wie verrückt ... alle lagen auf der Erde wie nach einer schweren Niederlage.« Heute kennt man die Ursache: Im Kaukasus gibt es über hundert Amaryllidazeen (Narzissengewächse), zum Beispiel Schneeglöckchen, Narzissen und Levkojen, die ein Gift enthalten (vgl. S. 257). Giftnektar entsteht besonders im Schneeglöckchen in den Jahren, wenn es spät blüht. Dann werden Lykorin und Isotazettin, die in großen Dosen giftig sind, intensiv ausgesondert. Und solchen Honig genossen die griechischen Krieger. –

Nicht für jeden Honigkäufer, aber für den erfahrenen Imker lassen sich die vielen Honige schon nach Duft und Aussehen unterscheiden. Bei der Honigbestimmung nach Echtheit und Herkommen verläßt sich der Prüfer im Institut dann weiter auf den im Honig enthaltenen *Leitpollen,* von ihm aus kann man auf die pflanzliche Herkunft des Honigs schließen – als Blütenhonig, Honigtau- oder Waldhonig. Nach der Art der Gewinnung spricht man auch von Schleuderhonig, Scheibenhonig, Seim-, Preß- oder Tropfhonig.

Beim Blütenhonig nun gibt es die vielen Sorten, jeweils benannt nach der Trachtpflanze. Zum Beispiel: Robinienhonig, an gewitterschwülen Junitagen meist in einer Stoßtracht eingetragen, ist wasserhell bis leicht gelblich. Er ist ausnehmend süß und nur schwach geschmackstypisch. Der Lindennektar ergibt einen leicht grüngelben Honig, er ist hocharomatisch. Gern schleuderte ich den milden, manchmal auch leicht säuerlichen Kleehonig. Er kandiert kaum und ist als dickcremiger Brotaufstrich beliebt. Rapshonig ist vollgelb, er kandiert schnell und stark. Und der sehr aromati-

Lindenhonig und Lindenblütentee sind gut gegen Erkältungskrankheiten.

sche, etwas herbe und typisch geleeartige (sulzige) Heidehonig ist fast rötlich-braun. Meist handelt es sich bei uns aber um einen Mischhonig der verschiedensten Trachtpflanzen. Gerade sie ergeben erst vereint das angenehme Bukett an Geruch und Geschmack. Über flüchtige Stoffe gelangen diese Duft- und Geschmacksträger in die Nase, auf unsere Schleimhäute, wo wir sie wahrnehmen und »klassifizieren«. Man höre: Durch komplizierte Versuche (Gas-Chromatographie) brachte man es fertig, im Honig schon 50 verschiedene Aromastoffe nachzuweisen!

Blütenhonig entstammt den Nektarien der Blüten. Aus den süßen Säften anderer Herkunft, so dem »Honigtau«, machen die Bienen den Honigtauhonig, verwendet werden auch Bezeichnungen wie Waldhonig, Tannenhonig, Blatthonig, Tau- oder Lachnidenhonig. Die Biene nimmt den zuckerhaltigen Saft nicht direkt auf, als Zwischenglied ist ein saugendes Insekt eingeschaltet (Blattlaus). Der Rohstoff für den Blüten- und für den Blatthonig stammt aber aus der gleichen Quelle, es ist in jedem Falle Siebröhrensaft (Phloëmsaft) höherer Pflanzen. Der Honigtau wird als wasserklare Flüssigkeit von den Pflanzensaugern abgesondert und dann in großer Menge auf Zweigen, Nadeln und Blättern von den Bienen aufgenommen.

Hier muß ich mich korrigieren, ich benannte die Läuse (pauschal) als Pflanzensauger, genaugenommen trifft das nicht auf alle zu, eben nicht auf die *Lecanien* (Schildläuse). Sie haben auch eine funktionsfähige »Saugpumpe« zum Aufnehmen extrafloral gebotener Flüssignahrung. Die Lecanien, weniger beweglich, auch weniger witterungsabhängig, finden sich meist auf Fichten, Tannen, Eichen und mit geringerer Beziehung zu den Ameisen; diese Läuse schleudern den Honig nicht in solcher Menge wie die Lachniden ab, aber an ihnen und um sie herum bildet sich auch ein großer Tropfen Honigtau.

Normalerweise, und darin sind nun die *Lachniden* (Rindenläuse) außer Konkurrenz, schiebt die Laus ihre »Stechborste« in das Zellgewebe des Blattwerks, der Nadel oder der Rinde hinein, und dann braucht sie nur noch zu schlucken, der Siebröhren-

Die Graue Gescheckte Kiefernrindenlaus wird von der Schwarzen Wegameise besucht.

saft kommt geradezu mit Überdruck aus der Einstichstelle, und das in Fülle. Von den Lachniden wird der den Körper durchströmende Saft abgeschleudert, stündlich 6 bis 9 Tropfen, auf Blättern, Zweigen und selbst auf dem Waldboden findet er sich. Die (Nadel-)Bäume mit so freigebigen Läusen werden neben den Bienen auch von den Waldameisen stark besucht, von Wespen, Fliegen, Spinnen, Käfern usw.

Unsere Biene nimmt nur von den Fichtenquirlschildläusen den Honigtau direkt am Tier selbst auf, sonst aber »beleckt« sie Blätter, Zweige und Nadeln, wohin die Rindenläuse den schon etwas vorverdauten Honigtau in großer Menge schleudern. Die Ameisen sind hierbei der Bienen Helfer, sie flitzen zu den Läusekolonien, rucken hin und her, nach links, nach rechts, betrillern mit Fühlern und Vorderbeinen die Läuse, streicheln sie und gieren darauf, daß diese ihre Honigtautropfen ausstoßen – sie tun es so großzügig, daß dann Ameisen und Bienen voll in den Genuß des süßen Saftes kommen.

Waldameisen und Bienen gehören also zusammen, ihre Verhaltensweise zueinander bezeichnet man als *Trophobiose.* Der Waldimker vermag darüber mehr und Genaueres zu sagen, er weiß, daß seine Honig-Waldtracht in der Nähe von Ameisenkolonien (bei günstigem Wetter für die Population der Läuse) besonders gut ist, weil eben auch die Zahl der Läuse als Honigtauerzeuger in der Nestnähe von Ameisen höher liegt als sonst im Wald. –

Ich blättere zurück und sehe die Überschrift dieses Kapitels. Weiche ich mit meinen »Läusegedanken« vom Thema ab? Nur scheinbar. Denn mit den Benennungen Honigtau, Waldhonig usw. verbinden sich Assoziationen, ergeben sich immer wieder Fragen, die ich mir stelle, die bei Imkerzusammenkünften formuliert und meist auch beantwortet werden, aber doch nur, wir werden es gleich sehen, ein wenig gedreht und gewunden, einfach nicht offen genug.

Honigtau, ein poetisch-wohlklingendes Wort, aber für Imker, die sachlich und nüchtern denken: zu romantisch. Honigtau ist (noch) kein Honig, und ist auch kein Tau und Wasserdampf im herkömmlichen Sinne. Nun, was denn? Das Wort ist schon aus dem Sprachschatz des Altertums übernommen. Über die Bienen ergab sich ohnehin ein symbolischer Bezug, und so war dieser alles Blattgrün und oft genug auch den Boden bedeckende klebrige, süße Saft schon für Aristoteles der »Tau des Himmels, der sich auf die Erde senkt«. Ob tierischen oder pflanzlichen Herkommens, danach fragte man nicht, diese Frage blieb sogar bis in unser Jahrhundert unentschieden; erst seit den 50er Jahren etwa beschäftigt man sich intensiv auch in der Forschung mit den Honigtauerzeugern und der Waldtracht.

Waldhonig, Tannenhonig . . . und der schon von mir genannten Bezeichnungen mehr, blumige Umschreibungen, wie man sie auf den feinetikettierten Gebinden des »Honigtauhonigs« findet. Für Werbezwecke? Wohl auch. Aber in der Imkerversammlung, da war's nun so, da sprach plötzlich sogar der Vorsitzende vom »Läusehonig«! Naserümpfen, Kopfschütteln, Proteste. Statt von Läusen spreche man doch besser nur von Lachniden und Lecanien. Deshalb, Lachnidenhonig, das ginge noch an, das klingt doch nach was, aber Läusehonig . . .?!

»Man versetze sich mal in die Lage des Honigkäufers«, meinte jemand, »eines Laien also, der meint doch, daß die Läuse den Honig fertig als Verdauungsprodukt hinter sich abgeben. Und mit diesem vorgestellten Bild nun, wird da jemand Läusehonig kaufen? – Nein. Und deshalb, es ist auch besser so, aus kommerziellen Gründen gebrauchen wir dieses wenn auch absolut zutreffende alte deutsche Wort Läusehonig lieber nicht . . .«

Und noch eine Frage: »Wie ist das denn nun wirklich mit den von den Läusen abgeschleuderten Honigtautropfen? Sind das Exkremente?«

»Das sind keine solcherart Ausscheidungen! Doch muß man das dem Honigkunden nun unbedingt erklären? Wohl kaum. Aber wir, die wir die Schleuder drehen und gerade diesen Waldhonig am liebsten zum Kauf anbieten, er wird am besten bezahlt, wir Imker müssen um diese Zusammenhänge wissen!«

Ich kann mich hier kurzfassen: Der durch die Stechborsten aufgenommene Siebröhrensaft fließt im Körper der Laus durch einen langen, unterschiedlich geweiteten Verdauungsdarm, in der Mitte etwa gibt es ein engeres Durchlaufstück mit der Filtermembrane. Hier werden dem Saft ein ganz geringer Teil Eiweiß, Zucker, Aminosäuren u. a. entzogen, nur als Energieträger für die Laus, hinzugegeben werden Enzyme für die Invertase. Invertierter Zuckersaft ist somit vorverdauter Siebröhrensaft, er sammelt sich im Enddarm der Laus, wird dort gestaut und als Honigtau tröpfchenweise abgegeben.

Diesen bereits vorverdauten Honigtau nimmt nun die Biene auf in ihren Honigmagen, verdaut ihn abermals und bricht ihn dann selbst in die Honigzelle oder gibt ihn im Stock noch an ihre Abnehmer weiter ... –

Hier beim Thema Waldhonig noch etwas zu der eingetragenen Menge. Da sind die Imker im Erzgebirge und in den anderen Mittelgebirgen mit ihrer Auskunft zurückhaltend. Warum auch nicht, zum einen, weil man bescheiden ist und nicht den Eindruck erwecken möchte, sich mit dem Honigverkauf eine goldene Nase zu machen, zum anderen, die Honigerträge schwanken sehr, sie sind vom Wetter und von anderen Faktoren abhängig.

Aber im Schwarzwald, in den Voralpen, in Österreich und der Schweiz, was dort die Bienen aus dem Wald eintragen, das übersteigt in einigem meine Vorstellung: in guten Jahren je Volk 20 bis 40 Kilogramm. Die jährliche Honigtauproduktion je Hektar Wald betrage mehrere tausend Liter, im »Extremfall 10 000 Liter«, der Honigertrag je Hektar lasse sich auf etwa 50 Kilogramm schätzen (vgl. Kloft). Aber das sind nur vage Angaben, jedoch Richtwerte, sie beeindrucken, weichen aber im Einzelfall auch ebensogut voneinander ab.

Und wenn ich in Zeitungen und Büchern über solcherlei Erfahrungswerte lese, dann denke ich natürlich auch gleich an meine Wanderungen in den märkischen Wald – nicht der Läuse wegen –, irgendwo gab es da noch Reste der Heide. Es gibt keinen Grund für mich, nachträglich noch mal ins »Schwärmen« zu kommen. Aber in Erinnerung bleibt mir aus dem Spätsommer, auf der Waldlichtung dort, die so ganz eigene Stimmung, das Lautlose mit dem schon etwas fahlen Licht ... Wir kennen ja dazu Theodor Storms Verse. »Es ist so still, die Heide liegt im warmen Mittagssonnenstrahle ...«

Und dann nach der Rückwanderung, immer Mitte September, zu Haus die Mühe mit dem Schleudern der Heidehonig-Waben. Honig mit hohem Dextringehalt, Melezitosehonig, er kandiert schnell, er wird ganz dunkel, nur mit dem Stipper gelockert ließ er sich wenigstens zu einem Teil aus den Waben herausholen. Die Heidewanderung brachte mir nie viel ein. Ich freute mich über die 2 bis 4 kg je Volk. Aber – die Völker hatten sich verjüngt und gingen gesund in den Winter. –

Wieder zurück zum Blütenhonig. Er besteht zu etwa 75% aus leichtverdaulichem

Invertzucker (Trauben- und Fruchtzucker), zu 5% aus Rohrzucker, weiter aus Wasser und wertvollen Fermenten, Mineralstoffen, stickstoffhaltigen Substanzen, organischen Säuren und Inhibinen. Blatthonig enthält etwas weniger Invertzucker, der Gehalt an zusammengesetzten Zuckerarten ist höher (Rohrzucker, Malzzucker, Milchzucker, Lärchenzucker).

Diese Substanzen nur aufzuzählen, das weckt sicher kaum Interesse nach des Honigs hohem gesundheitlichen Wert. Das setzt schon Kenntnisse voraus, Wissen also darüber, was der Körper braucht und über welche Nahrungsmittel ihm diese Aufbaustoffe bestmöglich zugeführt werden. In der Kaufhalle vor dem Regal mit den Honiggläsern (einheimischer, etwas kandierter Imkerhonig) hörte ich die Bemerkung: »Guck dir mal det körnige Zeug da an, denn schon lieber gleich Zucker. Der is billiger, is genauso süß.«

Pure Unkenntnis, in mehrerlei Hinsicht. Dazu muß man doch etwas sagen! Aber wie, und womit anfangen? Hier nur zu dem einen, daß der Weißzucker dem Honig gleichwertig sei. Aus meiner Kindheit habe ich noch den Slogan im Ohr – dahinter steckte sicher die staatliche Weisung, Käuferhaltung zu manipulieren: »An Zucker sparen grundverkehrt, der Körper braucht ihn, Zucker nährt.« Das ist nicht nur eine Teilwahrheit, oder deutlicher: das ist falsch. Unser bekannter Weißzucker, Raffinade- oder Puderzucker, wird aus Rüben, Zuckerrohr oder Kartoffelstärke gewonnen, er enthält nur Kohlehydrate, aber keinerlei Vitamine, Fermente, Säuren usw. Dieser Haushaltzucker, als ein armes, künstliches Produkt destilliertem Wasser [im Verhältnis zum Brunnenwasser] vergleichbar, er ist nur Kalorienspender, verbraucht im Körper bei seiner Aufnahme sogar noch Kalzium, Mineralstoffe und Vitamin-B_1.

Anders der Honig. Seine Zuckergrundstoffe (Polysacharide) werden im vitaminhaltigen Nektar und Phloëmsaft von Bienen und Pflanzensaugern aufgenommen, im Insektenkörper eingedickt, invertiert, also umgewandelt in Monosacharide, und somit vorverdaut als Honig in den Zellen eingelagert. Und diesem Honig sind, im wesentlichen aus den Drüsen der Insekten stammend, Enzyme, Hormone, Säuren u.v.m. beigefügt, insgesamt etwa 120 Begleitstoffe!

Honig ist ein Vollnahrungsmittel, und seine Invertzucker werden ohne nochmaligen Verdauungsvorgang, ohne chemische Umwandlung im Magen- und Darmtrakt des Menschen sofort resorbiert. Über Wert und Wirkung der bakteriostatischen Stoffe (Inhibine) des Honigs und seiner benannten 120 lebenswichtigen Inhaltsstoffe wie Fermente, Mineralien usw. wird in seriösen Zeitschriften, Werbetexten und in Fachbüchern zuverlässig informiert. Und was die Süßkraft betrifft, um das noch zu der Kaufhallenbemerkung zu sagen: Die Süßkraft des Honigs (der Fruktose) ist dreimal höher als die des billigeren Weißzuckers.

Fermente – wichtige organische Stoffe, die die chemischen Umsetzungen beim Stoffwechsel im menschlichen und tierischen Körper regulieren – werden dem Honig im wesentlichen aus Drüsensekreten der Biene zugesetzt, sie stammen aber auch vom Nektar und vom Pollen. Von den Bienen in Ruhe aufgenommener Nektar, eingedickt, mit »Drüsensaft« angereichert, mehrmals umgetragen und dann eingelagert – dieser durch Fermente, durch Enzyme gut fermentierte Honig ist wertvoll; das gilt besonders, ich sage das hier für den »anspruchsvollen Honigkonsumenten«, für das im Spätsommer oder aus einer Läppertracht eingetragene Sammelgut.

Der Fermentgehalt des Honigs vermindert sich durch falsche Lagerung (Lichteinwirkung, zu hohe Luftfeuchtigkeit) und Behandlung (Erhitzung über 40 °C); das Enzym Glucoseoxidase bildet als »Keimtöter« im Honig die antibiotisch wirksamen, licht- und sehr hitzeempfindlichen *Inhibine.* Sie hemmen die Entwicklung von Bakterien, sie lassen sich auch in Milch und in anderen Drüsensekreten nachweisen; durch ihre bakteriostatische Wirkung erst erlangt der Honig seine Bedeutung in der Wundbehandlung.

Das Wort Inhibine und diese nachdrücklichen Hinweise auf sie sollte man nicht überlesen. Das sind für die Heilwirkung des Honigs – ich gebrauche hier absichtlich diese Benennung, denn er heilt ja tatsächlich – entscheidende bakterienfeindliche Stoffe, die die Entwicklung von Bakterien nicht nur hemmen, sondern sie auch töten, so Erreger von Rachen-, Bauchfell- oder Darmentzündungen, Ruhr, Typhus u. a. Im medizinischen Wörterbuch heißt es über Inhibine: »Thermolabile antibakterielle Hemmstoffe in tierischem und pflanzlichem Gewebe und in Gewebsprodukten (besonders im Speichel).« Licht- und vor allem temperaturempfindlich (wie Inhibine) ist auch das bereits genannte, im Honig enthaltene Ferment Glucoseoxidase, ein Antibiotikum, aus Schimmelpilzen gewonnen heißt es Penicillin B.

Der gesundheitliche Wert des Blatthonigs entspricht etwa dem des Blütenhonigs. »Soweit aus der bisherigen Literatur geschlossen werden kann, scheinen Honigtauhonige in bezug auf Diastase- und Invertasegehalt im allgemeinen innerhalb der Grenzen der Blütenhonige zu bleiben. Dasselbe gilt für die Hemmstoffe (Inhibine), deren Vorhandensein weitgehend unabhängig ist von der pflanzlichen Herkunft des Honigs. Gewisse Anzeichen und Beobachtungen sprechen jedoch dafür, daß dunkle Blütenhonige, Honige aus Berglagen und besonders Tauhonig von Koniferen ferment- und inhibinenreicher sind als helle Blütenhonige aus der Niederung« (Kloft u. a.).

Man hat im Gestein schon über Millionen Jahre eingeschlossene Bienen gefunden, sogar mit Pollenhöschen. Das Alter des Menschen auf der Erde schätzt man auf eine Million Jahre. Er muß also von Anfang an in den Genuß der Produkte der Bienen gekommen sein. Höhlenzeichnungen bei Bicorp/Valenzia in Spanien bestätigen eine dort vor etwa 12 000 Jahren betriebene Bienenhaltung, Felsenbilder in Skandinavien erzählen von ihr aus einer Zeit von vor 200 000 bis 300 000 Jahren.

Honig und Wachs, in feste Gefäße gestampft, bildeten sicherlich den ersten Gärstoff für berauschende Getränke. (Erfahrene Imker mischen nach meist geheimgehaltener Rezeptur aus Honig, Fruchtsäften und Gewürzen heute noch einen Trinkhonig, einen Honigwein. Und mit dem »Bärenfang«, einem mit Alkohol versetzten Honig, überlistete und fing man früher tatsächlich Bären.) Honig und Milch zählen zu den ältesten Nahrungsmitteln der Menschen. Der Sage nach bildete dieses Gemisch auch den Hauptbestandteil der Ambrosia, der Götterspeise: Mit Honig schläferte Zeus seinen Widersacher Kronos ein. Zeus selbst wurde von der Honignymphe Amaltheia und ihrer Schwester Melissa mit Nektar und Ambrosia genährt, aus Dank dafür gab er den Bienen die Fähigkeit, in ihren Waben Honig zu bevorraten.

Mit Honig gefüllte Schalen stellte man in die Pharaonengräber. Königliche Leichen wurden mit Honig und Wachs einbalsamiert (Alexander der Große, Kaiser Justitian); noch heute soll diese Sitte in Burma üblich sein.

Ein Gemisch aus Honig und Mehl oder Reis ergab ein zuverlässiges Konservierungsmittel. Diese Wirkung erklärt sich aus den das Wachstum von Mikroorganismen hemmenden Stoffen. Honig schließt eine zu konservierende Frucht luftdicht ab; seine übersättigte Zuckerlösung ist kein geeigneter Nährboden für Bakterien und Schimmelpilze.

In älteren Schriften (Bibel, Koran) wird Honig erwähnt auch als Opfergabe und als kultisches Mittel bei rituellen Handlungen. Den Bienen und ihren Produkten werden besondere Heilkräfte zugeschrieben. Aristoteles, Plinius, Isodorus, Pythagoras, Galenus und andere Gelehrte des Altertums und des Mittelalters rühmten den Honig und empfahlen ihn zum täglichen Genuß, als Mischtrank mit Milch oder Wein und als Beigabe zu Medikamenten, den meist bitteren Pflanzensäften. Sie wußten schon, er heile oder lindere Beschwerden innerer Organe, er helfe bei Wunden und Geschwüren, als Gurgelmittel bei Halsentzündungen, er fördere Appetit und Verdauung und glätte die Haut. In Kosmetikanweisungen aus dem 14. Jahrhundert empfiehlt man für Frauen, die »liebenswert und schön« sein wollen, eine »Salbe aus wohlabgeschäumtem Honig, den man mit verschiedenen Substanzen mischt . . . und mit ebensoviel Rosenwasser und dann kocht. Abends bestreicht man damit die Lippen und spült sie morgens mit warmem Wasser ab.«

Honig verabreichte man sogar als vermeintliches Verjüngungs- und sexuelles Anregungsmittel, ebenso als Beimischung für den Liebestrank. HIPPOKRATES, der berühmte griechische Arzt, sagt: »Wein und Honig können für die Menschen als das Allerschönste gelten, sofern sie nur bei Gesunden und Kranken der Natur entsprechend zur richtigen Zeit und in richtigem Maße angewendet werden. Sie sind gut, wenn man sie für sich genießt, sie sind aber auch gut, wenn man sie mit anderem mischt, nicht minder als diejenigen Speisen, die einen nennenswerten Nutzen bringen.«

In seinem »Kanon der Medizin« schrieb der orientalische Philosoph, Dichter, Musiker und Arzt Ibn SINA (Avicenna) vor etwa tausend Jahren: »Der Honig verleiht Munterkeit, regt den Appetit an, fördert die Verdauung, kann das Gedächtnis wiederherstellen und macht den Verstand schärfer.« Bei Husten solle man Haselnüsse mit Honig essen und morgens ein »Gemisch aus Honig und Rosenblättern« trinken.

Damit kommen wir der Volksmedizin nahe. Bei slawischen und östlichen Völkern hat sie sich naturgemäß und als lebenswichtig für Gesundheits- und Heilzwecke weit ausgebildet. Nachweise darüber gibt es in sehr vielen alten Schriften. Und immer wieder ist in Rezepten Honig angezeigt, gemischt oder angesetzt, je nach Erkrankung, mit

Säften von Brennessel, Zwiebel, Knoblauch, Hopfen, Fenchel, Senf- und Mohnsamen u. a. Vorrangig wird Honig empfohlen bei Verdauungsstörungen, Schlaflosigkeit, Erschöpfungszuständen, Darmbeschwerden und Erkältungskrankheiten – und als »Honigfladen« bei Entzündungen der Haut und Verletzungen.

Hierzu wäre aus der Sicht der modernen Medizin erklärend, begründend zu sagen: Honig wirkt verdauungsfördernd, weil er die Säurehaltigkeit des Magensaftes reguliert; er hebt allgemein das Wohlbefinden durch die Erhöhung des Hämoglobingehalts des Blutes (rote Blutkörperchen als Vermittler der Sauerstoffatmung im ganzen Körper). –

Medizinische Behandlungsmethoden und pharmazeutische Präparate heute heilen Krankheiten meistens schnell und wirksam; Naturheilmittel werden weniger angewendet – und oft verkannt. Dennoch, von der vorbeugenden und kräftigenden Wirkung des Honigs wissen viele Menschen, und das aus Erfahrung. Industriell hergestellt werden verschiedene Honigpräparate, Honiglösungen für Injektionen, Trockenpräparate als Stärkungsmittel aus Honig, Milch und Traubenzucker oder auch Hautpflegemittel.

Dem Arzt ist die Biochemie des Honigs bekannt. Über die Wirkungsweise von Präparaten und Medikamenten mit Honigzusatz heißt es in einer medizinischen Abhandlung: »Der Honig bewirkt eine rasche Aufnahme der Arznei im Körper. Seine Eigenschaften und Wirkungen können diejenigen bestimmter pharmazeutischer Mittel unterstützen. Gleichzeitig werden durch den Honig leicht resorbierbare, wertvolle Nährstoffe dem Körper zugeführt.« In seinem Werk über die therapeutische Bedeutung des Honigs nennt Dr. SPÖTTEL (Halle) weiter viele Möglichkeiten, wo sich der Honig bei Erkrankungen, Vergiftungen, Nervosität, Blutarmut oder bei den verschiedensten körperlichen Mangelerscheinungen als ein natürliches Mittel mit komplexer Wirkung für jedes Alter vorzüglich verwenden läßt.

Die Honigwirkung auf das Herz sei hier besonders hervorgehoben. Die von Medizinern gesammelten Erfahrungen lassen »feststellen, daß Honig in einem überraschend hohen Grade geeignet ist, die Leistung des kranken Herzens zu steigern. Die Durchblutung der Herzkranzgefäße, auf deren Störung das Krankheitsbild der Angina pectoris beruht, wird in viel deutlicherem Maße als durch Traubenzucker allein gefördert. Die systolische Leistung des insuffizienten, das heißt zur Betriebserhaltung des Blutkreislaufes nicht mehr voll leistungsfähigen Herzens wird gebessert, eine Eigenschaft, die stark an die Wirkung der herzwirksamen Fingerhutauszüge erinnert. Ferner werden Unregelmäßigkeiten in der Schlagfolge, die auf Stoffwechselstörungen des Herzens beruhen, beseitigt. Auch die lange Dauer der durch Honig bewirkten Verbesserung der Herzleistung läßt Vergleiche mit Herzglykosiden (Digitalis, Strophantin) zu. Jedenfalls handelt es sich nicht um eine kurz dauernde, aufpeitschende Wirkung auf das Herz, sondern es muß eine tiefgreifende Beeinflussung des Herzmuskelstoffwechsels angenommen werden.«

Dem Mediziner ist bekannt, daß die im Honig enthaltene Glukose zur Erweiterung der Herzkranzgefäße beiträgt und damit den Blutkreislauf stimuliert. Und der Imker sagt somit dem alternden Menschen nichts Falsches, auch dem Herzkranken nicht, wenn er den durchaus leicht körnigen Honig, beispielsweise den Rapshonig mit seinem höheren Glukoseanteil, als »besonders gesund« empfiehlt.

Nun wissen wir schon viel Gutes über den Honig zu sagen. Aber auch für den, der ihm abgeneigt ist oder sogar Beschwerden anmeldet, müssen wir eine Antwort parat haben. Abzuraten ist in solch einem Falle, Honig pur und so vom Löffel zu schlucken, das kann Schleimhautreizungen hinab bis zum Magen geben, in Tee oder Milch gelöst nimmt er sich günstiger auf. Bei allergischen Anzeichen (Kribbeln in der Nase) nach Honiggenuß kann der im Honig enthaltene Pollen die Ursache sein, Pollenallergie (Heuschnupfen) ist ja weit verbreitet.

In der Krankenbehandlung kennt man auch intravenöse Honigeinspritzungen, vom Arzt verordnet bei Herzasthma, Schwangerschaftserbrechen, Hautkrankheiten, Vergiftungen u. a. »Durch seinen Gehalt an Traubenzucker und Mineralstoffen beschleunigt der eingespritzte Honig das Wiedererstarken nach Krankheiten«, so heißt es in einer französischen Imkerzeitung, »bei Blutarmut und Schwächezuständen und hilft energisch bei Infektionskrankheiten. Nach wenigen Tagen schon, ja mitunter schon nach der ersten Injektion spürt man, wie der Widerstand gegen die Krankheit steigt, der Appetit zurückkehrt, die Verdauungsstörungen schwinden, Herz und Nieren wieder kräfig arbeiten . . .«

Verbreitet als Hausmittel ist die Anwendung von reinem Honig bei der Behandlung offener oder schlecht heilender Wunden. Die bakteriostatische Wirkung des Honigs wurde bereits genannt; zu ergänzen wäre noch folgendes: Der Honig ruft in der Wunde eine Reizung hervor, die den Zustrom von Lymphe verstärkt, sie bewirkt die Absonderung von Wundsekret und damit auch das Ausschwemmen von Bakterien. Die gereinigte, leicht gerötete Wunde hat krankes Gewebe abgestoßen und wird so zu sehr viel schnellerem Ausheilen aktiviert.

Nicht verwendbar ist Honig bei Ekzemen, sie reagieren auf Reizungen negativ, ebenso bei Wunden, deren ausbleibende Heilung auf eine Vergiftung durch synthetische Fasern zurückzuführen ist.

Der sowjetischen Bienenzeitung »Pčelarstvo« war (1974) folgende Mitteilung zu entnehmen: Mediziner aus dem Georgischen Institut für Traumatologie und Orthopädie benutzten Honig zur Aufbewahrung von biologischen Geweben. Chirurgen nahmen Transplantationen von Teilen der Aorta und anderen Blutgefäßen vor, die in einer hauptsächlich aus Honig bestehenden Lösung konserviert worden waren. Die Operationen zeigten, daß die Wunden zweimal so schnell verheilten als bei andersartiger Aufbewahrung der Gewebe.

Daß die Heilwirkung gerade bei Brandwunden, die meist unschöne Narben hinterlassen, sehr zuverlässig ist, berichtete einmal Prof. Dr. Meyerhoff, Hohen Neuendorf: »Als begeisterte Motorradfahrerin bevorzugte ich früher überwiegend Gespannmaschinen aller Art. Eines Tages fuhr ich die Institutsmaschine, ein altes Ding, das den Auspuff zu meinem Ärger auf der falschen Seite hatte. Es kam, was vorauszusehen war: Als ich einmal schnell absteigen mußte und dabei nicht an den Auspuff dachte, verbrannte ich mir die Wade. Es war eine schwere Wunde, etwa 6 cm lang und entsprechend breit. Verbrennung 2. Grades und mit sehr geringer Heilungstendenz. Nachdem ich fast eine Woche damit herumprobiert hatte, riß mir die Geduld, und ich trug Honig auf. Die Wunde begann daraufhin stark zu suppen, ich mußte mehrfach am Tage den Verband wechseln. Nach einer Woche war die Wunde sauber, es hatte sich bereits eine neue Haut gebildet, und einige Zeit danach verriet nur noch eine leichte Rötung, wo sich die Brandwunde befunden hatte. Die Rötung verschwand, und es blieb auch nicht die Andeutung einer Narbe zurück. Ich habe daraufhin mehrfach die Anwendung von Honig bei Brand- und anderen Wunden empfohlen. In allen Fällen war der Heilerfolg verblüffend.

Der zweite Fall: Ich hatte eine Hündin, die sich eine Wunde an einer Brustwarze zuzog. Die Wunde heilte nicht, sondern wurde nekrotisch. Etwa neun Monate lang ging ich mit dem Tier zum Tierarzt. Sämtliche Mittel, von Penicillin angefangen, hatten höchstens eine Oberflächenheilung zur Folge. Das Gewebe darunter regenerierte sich nicht, und nach einiger Zeit brach die Wunde wieder auf. Endlich entschloß ich mich auch hier zu einer Honigbehandlung, was nicht einfach war, da die Hündin Honig sehr gern fraß und ständig den Verband abriß, um an den Honig zu kommen. Auch hier, wie in dem geschilderten ersten Fall, die Wunde war nach einer Woche sauber, die Granulation hatte begonnen. Nach einer weiteren Woche war die Wunde geschlossen. Nach vier Wochen war nicht mehr zu erkennen, daß die betreffende Stelle einmal eine Wunde war. Der Heilprozeß hatte also nur 14 Tage gedauert. Dem steht eine erfolglose Behandlung mit gängigen Mitteln von 9 Monaten gegenüber.«

Bei all diesen Empfehlungen und Hinweisen auf eine medizinisch-therapeutische Verwendung von Honig habe ich mich ganz auf ärztliche und wissenschaftliche Aussagen berufen, und das vorsätzlich. Denn wohin kämen wir mit Spekulationen und Vermutungen?! Abschließend noch eine Ergänzung: Daß ich mich mit dem Thema Honig und seinem gesundheitlichen Wert hier so breit befaßte, hat seinen Grund Grund auch ein wenig im Persönlichen. Aus Erfahrung folgendes: Bis zum 6. Lebensjahr etwa kränkelten meine Kinder viel, Husten, Erkältungen, Appetitlosigkeit. Dann bekam ich einen Garten, baute das Bienenhaus, und nun hatten wir Honig. Wöchentlicher Verzehr: zwei Pfund, das Jahr über einen Zentner. Die Folge: Wir gingen kaum noch zum Arzt, die Kinder waren gesund und wurden tüchtige Esser. Erkältungskrankheiten gab es in meiner Familie so gut wie gar nicht mehr.

Nochmals alles auf eine kurze Formel gebracht: Mit Honig lassen sich Speisen und Getränke gut zubereiten. Honig wird schon seit ein paar tausend Jahren als Kosmetikum verwendet. Er beugt Erschöpfung und Nervosität vor und kann Mensch und Tier bei Krankheit und Verletzung ein Helfer sein.

Aber vergessen wir auch nicht die Vorausschau im Text über die Solitärbienen (Seite 212), daß der Honig und andere Bienenprodukte verschiedentlich schon belastet und wertgemindert werden durch chemische Umwelteinflüsse. Euphorie ist nicht am Platze, unbegründete Skepsis sollte nicht gefördert werden: Unser Honig ist und bleibt gesund, solange wir Menschen ihn nicht mit Giften belasten.

Pollen ist reich an Vitaminen

Ein Arzt, der in seinem Hausgarten ein paar Bienenvölker stehen hat, erzählte mir, daß jeder in seiner Familie morgens zuerst einen Löffel voll »Pollenhonig« ißt. Schon seit Jahren benutze er ein Pollensammelgerät. »Je Volk ernte ich etwa ein Kilogramm Pollen, trockne ihn an und mische ihn dann unter eine fünffache Menge Honig. Meine Kenntnis über den medizinischen Wert des Pollens habe ich nicht im Hörsaal vermittelt bekommen. Ich verfolge aber seit langem entsprechende fachwissenschaftliche Aufsätze, so von Joirisch aus Moskau und von den französischen Ärzten Chauvin, Lavie und Lemormand. Den Anstoß zu meinen Pollen-Selbstversuchen hat eigentlich ein Aufsatz aus der früheren Leipziger Bienenzeitung gegeben. So viel ich mir als Mediziner auch von dem Pollenverzehr verspreche, natürlich darf man ihn nicht übertreiben, denn ein Überangebot an Pollen-Eiweiß könnte womöglich die Funktion der Darmflora beeinträchtigen und Darm- und Verdauungsstörungen zur Folge haben.«

Das mit dem Pollenhonig habe ich auch gleich versucht – nun, wenn das ein Imker-Doktor erzählt! In Abänderung seiner Empfehlung erwärmte ich den Honig auf knapp 40 Grad, so ließ er sich leichter rühren, statt mit der Hand besser mit einem elektrischen Quirl. Pollen-Honig im Verhältnis 1:5 schmeckt etwas säuerlich, eine tagelang stehende Kostprobe sagte es mir jedenfalls, deshalb die Mischung 1:10 (auch wegen der gefährdeten »Darmflora«, dieses Wort ließ mich nachdenken). Es war alles nicht so leicht getan wie gesagt, den feinen Pollen gleichmäßig unter den Honig zu verteilen. Die Menge als Ganzes sollte man auf ein bis zwei Kilogramm beschränken, die Mischung könnte auch leicht gären. Ich spreche hier nur von frischgesammeltem Blütenstaub als Honigbeimischung. Vielleicht versucht es mal jemand, mit einem feinen Gerät als »Pollenheber« aus verschlossenen oder auch nur zum Teil gefüllten Zellen den eingestampften Pollen herauszuheben.

Viel weiter gingen nun meine Honigversuche mit dem Mixen und Mischen nicht, man kann sich ja alles kaufen, hygienisch und medizinisch einwandfrei. Nur an einem halte ich nun doch noch fest, an der Ringelblume *(Calendula),* an der Ringelblumensalbe. Über deren Heilwert und wie man sie herstellt, mischt mit Honig und Propolis, sollte man sich doch mal genauer informieren (vgl. Dany).

Besitzt der Pollen Heilwert? Als Antwort auf diese Frage findet sich in besagter Leipziger Zeitung eine Arbeit mit interessanten, wertvollen Anregungen: Wir kennen die erstaunlich große Menge Pollen, die von den Bienen für die Brutaufzucht des Volkes als Aufbaunahrung eingetragen wird. Vom ersten Ausflug im Frühjahr bis zum letzten Flugtag im Herbst sind die Bienen mehr auf der Suche nach Pollen als nach Nektar. Pollen ist die Hauptquelle für Eiweiß und Fett, er ist für ihr Leistungsvermögen von gleichhoher Bedeutung wie Honig.

Der Nährwert des Pollens von einzelnen Pflanzen ist unterschiedlich. Brutversuche bestätigten, daß die Wirkung beispielsweise des Pollens von Weiden, Raps, Obst und Klee höher ist als die von Erle, Birke und anderen Windblütlern, besonders von

Nadelgehölzen (vgl. Seite 166). Setzte man den Brutansatz der mit Rapspollen gefütterten Versuchsvölker gleich 100 Prozent, dann betrug der mit Haselpollen gefütterten Völker nur 60 und der mit Fichtenpollen 21 Prozent. Nur mit Fichten- und Kiefernpollen ernährte Völker brüten gar nicht. Auch für die ganz von der Pollenzufuhr abhängige Lebensdauer liegen ähnliche Testwerte vor. Versuchsbienen lebten bei der Fütterung mit hochwertigem Pollen etwa 40 Tage, bei Haselpollen 30 und bei Fichtenpollen nur 20 Tage.

SKLENAR berichtet, daß er mit Pollenhonig-Futterteig – statt mit reinem Zuckerteig – in der Königinnenzucht beachtliche Erfolge hatte. Zugesetzte Königinnen wurden sicherer angenommen und gingen sofort in Eilage. Er hielt »diesen Pollenteig für die größte Errungenschaft«.

Es ist für die Gesunderhaltung des Bienenvolkes von Bedeutung, daß eingetragener Pollen von verschiedenen Pflanzen stammt und als Mischpollen einen ausgeglichen hohen Wert hat. »In den Wabendepots sind ja stets recht heterogene Pollengemische enthalten, aber auch die einzelnen Höschen sind niemals hundertprozentig rein, trotz der so oft gepriesenen ›Blütenstetigkeit‹ der Bienen. Sie enthalten außer den Honigbeimengungen und Spuren von Fermenten aus dem Bienenmagen immer noch große oder mindergroße Zusätze von anderen, oft mikroskopisch durch die Farbgebung erkennbaren Pollenarten.«

Pollen ist reich an Vitaminen, besonders Vitamine C, D, E und P. Im lagernden Pollen entsteht Vitamin K, es wird erst von Bakterien gebildet, im Körper des Menschen auch von den Darmbakterien; Vitamin-K-Mangel führt zu Blutungen und Blutgerinnungsstörungen. Die Hallenser Zoologen KOCH und SCHWARZ verglichen den Vitamingehalt mit dem der Hefe und wiesen nach, daß »neben der Hefe der Blütenpollen zu den wirkstoffreichsten Naturstoffen gehört, die wir kennen. Ja, mancher Pollen, wie das Gemisch von Rotklee-Buchenpollen, übertrifft in allen seinen B-Faktoren die Trockenhefe an Wirksamkeit.«

Pollen steht unter den Bienenprodukten mit seinem Gesundheitswert schon mal wegen des Vitamingehalts obenan (die Vitaminmenge von 100 g Pollen deckt ein Drittel des Tagesbedarf des Menschen), und dann Aminosäuren (über 20), Fettsäuren, Mineralstoffe und Spurenelemente; medizinische Veröffentlichungen sagen darüber aus. Insgesamt stellte man über 50 aktive Substanzen im Pollen fest, die für den menschlichen Organismus von Bedeutung sind. –

Etwa 18 Pollenhöschen füllen eine Zelle! Bei guter Tracht sammelt ein Volk am Tag bis zu 1 kg Pollen. Er wird von den Stockbienen fest eingestampft, zum Schutz dann noch mit einer feinen Honigschicht überzogen; durch den jetzt einsetzenden Vorgang einer Milchsäuregärung wird das »Bienenbrot« haltbar. Bei Bedarf nehmen die Bienen diesen hochwertigen fermentierten Zellinhalt auf und verdauen ihn eigentlich in gleicher Weise wie wir Menschen den getrockneten oder den im Honig mit aufgenommenen Pollen. Fragen müssen wir uns nur, ob dieser Pollen, der doch von unerhörter dauerhafter Konsistenz ist, in seiner Natur- oder Rohform überhaupt von unserem Körper erschlossen werden kann. Für medizinische Präparate (oder auch kosmetische Zwecke) wird er zermahlen, damit seine Inhaltsstoffe besser genutzt werden. Unser Magen kann die derbe Außenschicht, die Exine, zwar nicht aufbrechen, aber jedes Blütenstaubkörnchen hat unter seinen verschiedenen Hafteinrichtungen und dem leicht ölig-klebrigen Überzug viele Keimsporen, durch sie kann Magensaft eindringen und alle wichtigen Stoffe nach außen schwemmen, bedingt durch den sich im Verdauungstrakt verändernden osmotischen Druck im Pollenkorn und die sich weitenden Keimsporen.

Die genannten Hallenser Zoologen geben eine tabellarische Zusammenstellung über den Vitamingehalt von 28 reinen handgesammelten Pollen und weiter von 68 Staubbeuteln (Antheren) mit anhaftendem Pollen. Ihre Arbeit enthält den wichtigen Hinweis auf mehrere Pflanzen, deren Pollen giftig ist, bei dessen Verfütterung sämtliche Larven im Versuch eingingen. An die Imker richteten sie die Nachfrage, ob die Bienen solche Pflanzen befliegen: Löwenmaul, Fingerhut, Pfeifenstrauch, Zeitlose und Hahnenfuß. Besonders verwiesen wird auf Giftstoffe des Hahnenfußes, der bei den Bienen die »Bettlacher Maikrankheit« verursachen soll.

Wenn der von den Bienen für ihre Zwecke verarbeitete Nektar und Honig für den Menschen als Nahrungs- und Heilmittel eine so große Bedeutung hat, dann gewiß auch, diese Vermutung liegt nahe, unbedingt der Blütenstaub. Prof. Chauvin sagte auf dem Internationalen Bienenzüchterkongreß 1954 in Kopenhagen über die diätetische und therapeutische Wirkung des Pollens folgendes: »Der Pollen verschiedener Pflanzen bewirkt bei einer Dosis von täglich drei Löffeln für einen Erwachsenen eine rasche Zunahme des Gewichts und der Kräfte. Er stoppt auch nach wenigen Tagen Durchfälle, die auf eine anormale Vermehrung gewisser Bakterien im Dickdarm zurückzuführen sind. Er kann ferner innerhalb eines Monats die Zahl der roten Blutkörperchen bei blutarmen Kindern um mehr als eine Million pro mm^3 erhöhen. Der Mechanismus dieser Wirkung ist unbekannt. Wir möchten sie zurückführen auf die freien Aminosäuren, die im Pollen bei Anwesenheit von Vitaminen der B-Gruppe im Überfluß vorhanden sind sowie auf ein Antibiotikum, das wir zu isolieren trachten.«

Pollen enthält ungesättigte Fettsäuren, sie »sind für die biochemischen Vorgänge beim Stoffwechsel lebensnotwendig. Sie müssen dem menschlichen und tierischen Organismus zugeführt werden, da er sie nicht selbst aufbauen kann. Bei ihrem Fehlen zeigen sich Leberschäden, es kommt zu schuppigen Hautkrankheiten und Ekzemen. Der Mangel an ungesättigten Fettsäuren ruft auch Appetitlosigkeit und Störungen im Zentralnervensystem hervor.« Rumänische Ärzte verabreichen mit guter Wirkung Pollen bei Verdauungsbeschwerden, Leberschäden und ansteckender Gelbsucht. Schwedische Ärzte erzielten mit Pollengaben Erfolge bei Prostataleiden. Unter dem Namen »Polstimol« ist mir selbst ein Pollen-Präparat gegen »unspezifisch-chronische neuro-vegetative Prostatitis« gut bekannt.

Wie in der Medizin als Heilpräparat, so wird Pollen auch bereits in der Kosmetik verwendet, als vitaminreicher Zusatz in Honigcremes und Gesichtspackungen. Aber hier steht die Forschung anscheinend noch am Anfang erfolgreicheren Bemühens: Man löst mit Alkohol (96%ig) aus dem Blütenstaub die wirksamen Produkte heraus, die entweder in alkoholischer Lösung oder als Festrückstand in der Kosmetik verwendet werden können. Pollen ist sehr geruchsstark und farbkräftig. Der süßliche, etwas mimosenähnliche Geruchsstoff sowie die Farbstoffe gehen nun sämtlich in das Lösungsmittel über. Sie wieder von den eigentlichen vitaminhaltigen Wirkstoffen zu trennen ist sehr kompliziert. Die Desodorierung des Blütenstaubes, ihn geruchlos zu machen, das ist für den Parfümeur die besondere Schwierigkeit, es sei denn, man würde die Geruchsstoffe in die Gesichtswasser und Cremes mit hineinnehmen. Der Pollen ließe sich auch ganz fein mahlen und so in seiner Naturform den Präparaten zusetzen. Doch Pflanzenteile, selbst feingemahlene, eignen sich nicht als Grundstoff für kosmetische Artikel.

Man darf annehmen, daß sich auch Ernährungswissenschaftler noch mehr dem Pollen zuwenden werden, um ihn speziellen Honigen, Trockenmilchpulver, Nährhefen oder anderen Diätmitteln zuzusetzen. In seinem Handbuch über »Heilwerte aus dem Bienenvolk« empfiehlt Herold für einen Erwachsenen etwa 20 g täglich (einen Eßlöffel voll). Pollen schmeckt etwas bitter, man nimmt ihn deshalb in Fruchtsaft, Milch oder Brei, möglichst morgens als erstes. Er muß frisch sein oder ganz trocken.

Gesammelt wird der Blütenstaub in einer sogenannten Pollenfalle; diese gibt es in verschiedenen Ausführungen. Vor das Flugloch wird ein Sammelkasten mit einem Gitter von 5 mm Maschenbreite gestellt. Hier zwängen sich die Bienen durch, und dabei werden etwa 10 Prozent der Pollenhöschen abgestreift und fallen in das Gefäß. Von einem Volk kann man so 2 bis 3 kg »ernten«; solch eine geringe Menge wirkt sich – über Monate hinweg –, wenn insgesamt vielleicht 40 kg eingetragen werden, nicht nachteilig aus. Das auch schon deshalb nicht, weil sich durch eine kontinuierliche Pollenentnahme die Flugaktivität der Bienen sogar erhöht, also entsprechend mehr Pollen (20 bis 30 Prozent) gesammelt wird.

Etwas mäßigend möchte ich anmerken, daß mancher Pollen, in Menge eingetragen, beispielsweise der vom Raps, das Gitter oder den Pollenkamm verstopfen kann. Und dann wird die Flugtätigkeit eingestellt – oder die Bienen suchen sich Beuten ohne Pollenfalle. Es muß also möglichst allen Fluglöchern zugleich die Pollenfalle vorgestellt und nach zwei bis drei Stunden wieder abgenommen werden.

Die Aufbereitung des Pollens macht gewisse Umstände. Die gegebenenfalls während des Vormittags gesammelte Menge muß von allem Schmutz gereinigt werden (Föhn, Ventilator). Dann folgt das Trocknen (in einem von unten erwärmten Behältnis), in einem gut temperierten, abgedunkelten und luftigen Raum; die Trocknungstemperatur darf 40° C nicht übersteigen. Sonnenlicht und Feuchtigkeit schaden dem Pollen. Er enthält, wird er eingetragen, noch 35 Prozent Wasser, das muß ihm entzogen werden (Schimmelbildung).

So getrockneter Pollen wird in einem gut verschließbaren Schraubgefäß fest eingedrückt und dünn mit Honig überzogen, dann ist er konserviert. Man tut gut daran, will man sich technische Umstände ersparen und um den Pollen auch vor tierischen Schädlingen (Milben) zu schützen, wenn man ihn für den späteren Verzehr einfach der doppelten Menge Honig untermischt. Als Vorrat für die Bienen kann man ihn mit der gleichen Masse Kristallzucker in dicht schließende Gefäße stampfen und mit Honig bedecken. –

Was hier über den Wert des Pollens für den Menschen gesagt wurde, konnte nur eine Andeutung von dem sein, was Ärzte, oftmals selbst überrascht, über seinen Heilwert bisher in Erfahrung brachten. Heilwert des Pollens – unter diesem Aspekt lassen sich ebenso über den Honig und über die anderen Bienenprodukte aus weiterführender Literatur ungeahnte Verweise entnehmen. Die Kürze der Hinweise hier möchte als Anregung ausreichend sein. Verbindlichere Aussagen müssen dem Mediziner überlassen bleiben, und außerdem, es soll ja auch nicht der Eindruck entstehen, mit einer »natürlichen Lebensweise«, vielleicht mit einer Kneipp-Kur und dem täglichen Genuß von Honig und Pollen allein ließen sich ärztliche Kunst und das ganze Gesundheitswesen in völlig neue Bahnen lenken.

Hierzu noch etwas Grundsätzliches: In diesen Texten über Produkte unserer Bienen als »geflügelte Pharmazeuten« ist wiederholt von der Heilkraft usw. die Rede – auch so in den Darlegungen arrivierter Wissenschaftler. Aber in arzneirechtlichem Sinne sind solche Bienenerzeugnisse wie Pollen, Weiselfuttersaft oder Honig keine Heilmittel, obwohl diese Bezeichnung gern gebraucht wird. Es sind Stärkungs-, Kräftigungs- oder Nahrungsmittel, auch mit therapeutischem Effekt. In »Apiacta« 3/1978 fand ich hierzu einen weiterführenden, kritischen Hinweis. »Die Problematik der gesundheitsbezogenen Werbung besteht zum größten Teil darin, daß in Broschüren und Beipackzetteln die Wirkung der Pollen in der Umgangssprache beschrieben wird. Die Umgangssprache ist jedoch nicht präzise genug, um wissenschaftliche Tatsachen exakt und zutreffend wiederzugeben. Es wird oft von Heilwirkung gesprochen, wo eine diätetische Wirkung gemeint ist. Es wird von Vorbeugung gesprochen, und gemeint ist das Angebot, z. B. an Vitaminen, die in Blütenpollen enthalten sind. Dem naturwissenschaftlich Vorgebildeten erscheint diese Art der Formulierung zuweilen als versuchte Täuschung. In Wirklichkeit handelt es sich weniger um Absicht als um die Schwierigkeit, wissenschaftliche Tatsachen in der Umgangssprache richtig wiedergeben zu können.«

Apitoxin, ein heilkräftiges Gift

Invasion der »Killerbienen«! Mörderbienen auf dem Vormarsch, jährlich 500 km weit! So und noch besser wissen es die Zeitungsschreiber: Beobachter berichten, daß die aus Afrika nach Brasilien gebrachten und dort eingekreuzten Honigbienen – 26 afrikanische Königinnen konnten dabei unkontrolliert zu dort lebenden Wildbienen entwischen – ungemein stechwütig auf Mensch und Tier losgehen, daß sie »in einem Umkreis von 200 Metern um ihre Waben weder laute Geräusche noch starke Vibrationen dulden. Auch grellgehaltene Farben der Kleidung und penetranter Parfümgeruch sollen den Zorn der Bienen erregen.«

Man wollte damals, 1956, in guter Absicht die Honigerträge und die »Tropenfestigkeit« der europäischen Biene, die auch in Brasilien schon seit dem 16. Jahrhundert zu Hause ist, durch Einkreuzung mit der hohen Leistungsfähigkeit der afrikanischen Art vereinigen; denn ein Bienenstock der »Afrikaner« kann in einem Jahr bis zu hundert Schwärme abstoßen!

Wir wissen um die ganze Kalamität dieser »Bedrohung durch Bienen«, aber ungern lese ich darüber in weniger seriösen Veröffentlichungen, wo Zeitungsredakteure mit schwungvoller Feder und aus Sensationslust nur Unruhe unter die Leser bringen, statt sachlich zu informieren. Die übertriebene Angst auch vor unseren hiesigen Bienen wird meist nicht abgebaut, sie wird noch geschürt.

Assoziationen sind nicht nur an feste Erinnerungen, an eigene Erlebnisse gebunden, die Angst vor einem Bienenstich beruht ebensosehr auf dem Hörensagen oder auf Erfahrungen mit anderen stechenden oder beißenden Insekten. Der Laie setzt eines für das andere. Mit der Wirkung des Bienenstiches ist es nicht anders. Das Angstgefühl und der augenblickliche Schmerz belasten den Gestochenen nervlich meist mehr als die später einsetzende körperliche Reaktion auf das Gift. Jeder reagiert auf einen Bienenstich anders. Entweder kommt es nur zu einer Hautreizung – je nachdem, wieviel Gift der in der Haut steckengebliebene Stachel »hineinpumpt« – oder zu einer örtlichen Entzündung. Brennen, Jucken, Temperaturanstieg können sich einstellen, Erbrechen, Schwindel- und Angstgefühl. Der Imker wird in jedem Falle ein Mittel zur Hand haben; beruhigende Worte können da schon einiges mildern. Zunächst muß natürlich ganz schnell der Stachel weggekratzt werden, aber so, daß dabei nicht noch der restliche Teil aus der Giftblase ausgedrückt wird. Aber dann das Hausmittel. Und derer gibt es viele. Den Saft einer Zwiebel oder den von einem abgedrehten Rhabarberstengel zum Bestreichen der Einstichstelle halte ich für am besten,

Biene nach dem Stich; der Stachel mit der Giftblase bleibt in der Haut stecken.

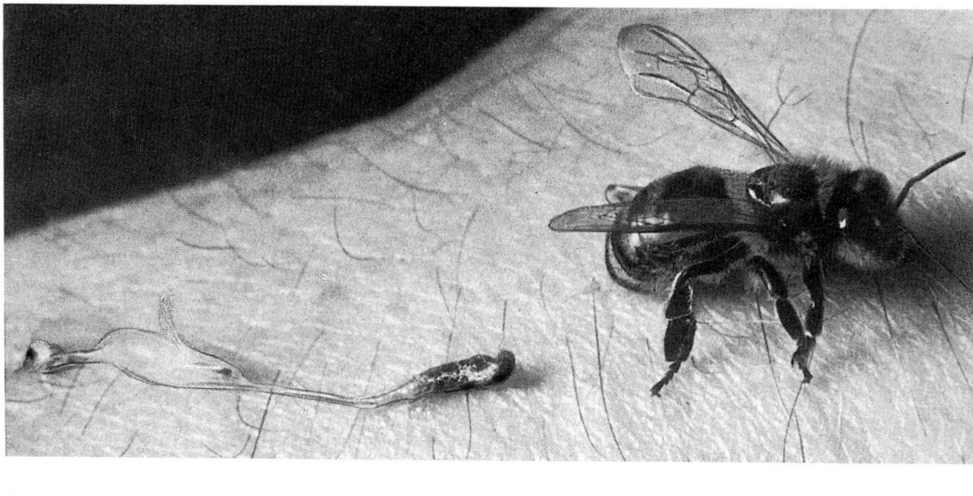

ebenso hilft schon einfaches Kühlen, besser noch mit Eis- oder Alkoholumschlägen. Eine Salbe »gegen Insektenstiche« habe ich auch immer bereit. Nach etwa 15 Minuten ebben die schmerzhaften und anfangs beängstigenden Symptome sichtlich ab.

Das alles und die Behandlung seiner »Patienten«, der betroffenen Gäste im Bienengarten oder der Grundstücksnachbarn, wird ja für den Imker bald zu einer Erfahrungssache. Doch ich will nichts verharmlosen. Bei Absinken der Herztätigkeit, starker Schleimhautschwellung oder Atemnot muß man zum Arzt. Und wenn das Schlimmste eintritt, der Schock, dazu Blutdruckabfall, Fieber u. a. m., dann ist höchste Eile vonnöten. Wer schockgefährdet ist, ärztlich diagnostiziert, wie beim Bienenstich auch allergisch reagiert auf Wespen- und vielleicht schon auf Ameisengift, der muß ein ihm verordnetes Medikament in Griffnähe haben und auch unterwegs immer bei sich tragen.

Aber niemand sollte sich unnötig ängstigen, bei einem gesunden Menschen werden erst 300 bis 400 Stiche gefährlich, man sagt, daß 500 Stiche zum Tode führen können (Zahlenangaben hierüber schwanken sehr). Aber trotz dieser und unter Vorbehalt genannten Zahlen ist Leichtfertigkeit nicht am Platze! Ich habe selbst gesehen, daß schon ein einziger Bienenstich eine schlimme Wirkung haben kann. »Ein totaler Schock mit Todesgefahr.« So meinte es jedenfalls danach der Facharzt im Institut für Arbeitsmedizin; unter tausend Menschen träfe diese Reaktion auf einen zu.

Und zu sagen gibt es ja nun bei diesem Thema, leider, auch noch einiges über die von unseren Bienen immer ausgehende latente Stechgefahr in Hinblick auf die nachbarschaftlichen Beziehungen in Kleingärten . . . (vgl. Schwendner).

Ein gesunder Körper leistet dem Gift entsprechend Widerstand, es erfolgt die Anpassung (Adaption) durch die Ausscheidung körpereigener Wirkstoffe. Ist die harmonische Funktion der inneren Organe aber beeinträchtigt, funktioniert das Nervensystem nicht richtig, sind der Blutdruck und der Blutkreislauf nicht in Ordnung, dann stellt sich statt der Adaption eine Überempfindlichkeit (Allergie) mit den genannten Erscheinungen ein.

Rheumakranke verlangen in der Apotheke nach dem Bienengift; auch bei Arthrosen, Arteriosklerosen (Erkrankung der Arterien) und anderen Beschwerden ist seine heilende Wirkung angezeigt. Der Wissenschaft ist heute der Zusammenhang zwischen der Giftwirkung und dem Rheuma weitgehend bekannt. Bienengift bewirkt über die Hypophyse in der Nebenniere eine vermehrte Ausschüttung von *Adrenalin* und *Cortison.* Dieses Hormon Cortison hat nach ärztlicher Erfahrung eine antirheumatische und antiallergische Wirkung.

Mancher empfindet das leichte Brennen und die Erhitzung in der Umgebung der Einstichstelle gar nicht als unangenehm. Das Gift breitet sich schnell im Hautgewebe aus, eine höhere Durchlässigkeit und Erweiterung der Gefäße tritt ein und damit eine schnelle Gewebedurchblutung. Diese spürbaren Effekte, dazu noch sich langsamer einstellende innerorganische Vorgänge, beruhen auf dem komplexen Zusammenwirken mehrerer Komponenten des Bienengiftes, es sind im wesentlichen Bestandteile mit Eiweißcharakter (Proteine) und schwefelhaltige Aminosäuren.

Wer täglich mit Bienen umgeht, wird gegen die unangenehmen Nebenwirkungen des Bienenstiches nach und nach immun, er besitzt eine höhere Adaptionsfähigkeit und zur Biene selbst eine andere psychische Einstellung, die neurotisch bedingte innersekretorische Vorgänge viel weniger aufkommen läßt.

Und schließlich, wer Bienen hält, weiß ja um all diese Dinge. Erfahrung und Wissen machen ruhig, geben Sicherheit. Bekannt ist, wann, unter welchen Wetter- und »häuslichen« Bedingungen Bienen besonders stechlustig sind. Dennoch: Gern tun sie es nicht. Stechen wirklich alle Bienen? Der Laie staunt, wenn er im Bienenhaus sieht, wie leicht und friedlich sich Jungbienen von der Wabe abfegen oder abstoßen lassen – weil eben sie nicht stechen. Und der Gartennachbar bewundert geradezu den Imker, der ohne Schleier den Schwarm einholt oder gar ein ins Gras gefallene Bienenknäuel mit bloßer Hand aufhebt und die Königin sucht. Also, niemand sticht hier. Aber zu Haus am Flugloch, die Wächterbienen! Ja, die nehmen ihren Dienst ernst. Etwa 20 Tage sind sie alt, und ihre Giftblase ist bestens gefüllt.

Und fragen wir nun auch noch, *wie* die Biene sticht. Beobachten kann man dabei ja nur, wie sie ihren Hinterleib abwärts krümmt. Was dann kommt – man stelle es sich vor: Die beiden eng aneinanderliegenden Stechborstenspitzen werden durch Muskelstöße in die Haut gedrückt. »Nun gleiten die Stechborsten auf den Stachelschienen abwechselnd vor und zurück und bohren sich mit Hilfe der kräftigen Muskulatur und der zahlreichen Widerhaken immer tiefer in die Haut ein. Dabei wird das in der Giftblase gespeicherte Gift durch die Stachelrinne in das verletzte Gewebe hineingepumpt.« Weiteres zeigt uns das Bild genauer: Biene nach dem Stich . . . (S. 260).

Hier muß ich wieder mein Mikroskop erwähnen. Zunächst noch mal der Stachel, dieses stilettartige Chitinstäbchen. Ich habe es mir zwischen zwei Gläser gelegt und nach den Widerhaken an der Spitze gesucht. Trotz Drehen und Wenden, es blieben immer nur acht. Aber in einem Fachbuch heißt es: elf Widerhaken. Ich will's glauben, vielleicht war mein Stachel etwas atypisch. Im gleichen Arbeitsgang nun das Bienengift. Dafür brauchte bei mir keine Biene zu sterben. Ich nahm sie zwischen Daumen und Zeigefinger. Da wurde auch schon das Gift am Stachel sichtbar. Und dieses Tröpfchen tupfte ich auf die Glasplatte. Eine Deckplatte darauf. Zu sehen gab es eigentlich nichts. Ich ließ die Gläser liegen, aber tags darauf hatte ich dann ein ganz kleines, kleines Häufchen Staub: feinen weißkörnigen Staub, Trockengift. –

Von einem japanischen Arzt erfuhr ich, daß man bei ihm zu Haus bezüglich der Bienen, und wenn man von ihrem Gift spricht, etwas Wichtiges nicht vergessen darf: die Akupunktur. In Japan werde sie seit 1920 etwa von Bienenhaltern direkt ausgeführt, also durch Aufsetzen der Bienen und Stechen auf die richtige Stelle, sozusagen per Hand. Heute allerdings gehe man mehr zu segmentalen Bienengift-Injektionen über, in die biologisch aktiven Punkte des Körpers, ergänzt durch eine zusätzliche weitere Behandlung mit anderen Apitoxinpräparaten. Seit 1979 gibt eine Vereinigung von Medizinern und Heilpraktikern die Zeitschrift »Bienenakupunktur« heraus. Hat sich in Europa oder bei uns schon jemand für diese Art Therapie oder Schmerzbehandlung interessiert?

Die heilende und schmerzlindernde Wirkung von Bienengift (Apitoxin) ist seit 1888 medizinisch belegt. Als erster Arzt machte Terc (Maribor/Drau) mit 39 000 Bienenstichen an 173 Rheumakranken erfolgreich Versuche. Im Mittelalter und in noch früherer Zeit zerrieb man für die Arzneizubereitung ganze Bienen. Man nutzte damit sowohl das Gift als den die Biene umgebenden bakterizid wirkenden Überzug sowie die mineralischen Stoffe des ganzen Bienenkörpers – oft in Verbindung mit Honig und dem ebenfalls desinfizierenden Kittharz. Mit dieser zerriebenen Substanz bereitete man auch Bienentee, Salben und Tinkturen. Die Entdeckung der Diabetis soll Hippokrates den Bienen verdankt haben, als der Zuckerrückstand im eingetrockneten Harn eines Diabetikers Bienen anlockte. Im Altertum hat man den Bienenstich auch zur Diagnose bei fraglichem Scheintod verwendet. In einen toten Körper stechen die Bienen nicht, wenn sie dazu gezwungen werden, bleibt die Hautreaktion aus.

Auch Tiere reagieren auf einen Bienenstich unterschiedlich. Wenn die Wächter am Flugloch einer fremden Biene einen Stich versetzen, dann krümmt diese sich wie unter schweren Schmerzen. Die Muskulatur der abgespreizten Flügel ist gelähmt; die Biene fällt vom Flugbrett herunter, läuft noch davon und stirbt bald. Wenden die Bienen den Stachel so gegen ihresgleichen an, dann entsteht im Chitinpanzer eine Einbruchstelle, der Stachel läßt sich wieder herausziehen. In der lederartigen Haut des Menschen und der Warmblüter aber bleibt er wegen seiner Widerhaken stecken und reißt vom Körper der Biene ab. Der selbständig tiefer eindringende Stachel und der knotige Nervenansatz sind noch länger in Bewegung, bis das Gift aus der Giftblase und der fadenförmig sich ausdehnenden Giftdrüse ganz entleert ist. Tiere, selbst Pferde sollen einen Bienenstich sehr stark empfinden. Geflügel übersteht die Giftwirkung nicht. Eine Maus ist sofort tot. Der Dachs ist dagegen immun.

Die Heilwirkung des Bienengiftes nutzen viele Imker vorsätzlich aus, an sich selbst, denn es ist bekannt, daß auch heute Rheumakranke direkt mit Bienenstichen behandelt werden. Der Moskauer Arzt Dr. Joirisch empfiehlt eine fünftägige Kur mit der Applikation von 2, 4, 6, 8, 9 Bienenstichen pro Tag. Verträgt der Kranke das nicht gut, dann geht Joirisch nicht über 5 Stiche täglich hinaus, verlängert die Kur aber um einige Tage. Der Patient nimmt jeden Tag 25 bis 100 g Honig. Ihm wird eine vitaminreiche Milch-Pflanzenkost zur Pflicht gemacht.

In Ländern wie Japan, Bulgarien, in der UdSSR und sicher auch noch anderswo gibt es Kliniken, wo speziell die *Apitherapie* praktiziert wird, wo man auch Bienengift als Heilmittel verwendet und auf seine pharmakologische Wirksamkeit hin prüft. Die bulgarische Ärztin Dr. Počinkova informierte aus ihrem Krankenhaus über die unterschiedlichen Formen der Anwendung: Injektionen, Elektrophoresebehandlung, Phonophorese, Akupunktur, Bäder, Einreibungen – bei Gelenkerkrankungen, Sehnenentzündungen, Nervenbeschwerden u. a.; ihre Applikation von Bienengift (nicht direkt mit Bienen) liegt bei bestimmten Krankheiten und Langzeitbehandlungen wesentlich höher als bei dem eben genannten Moskauer Arzt: innerhalb von 6 bis 8 Wochen 20 bis 30 Injektionen mit 300 bis 500 Apitoxineinheiten (Einheit = Giftmenge eines Stiches).

Es ist ganz selbstverständlich, daß solch eine Bienenstich-Kur nur unter Kontrolle eines Arztes erfolgen kann. Professor Joirisch hat für diese »Apitoxintherapie« ein Gerät erfunden, in dem 100 Bienen zehn Tage lang gehalten werden können. »Wenn eine Biene zur Injektion ihres heilkräftigen Giftes gebraucht wird, öffnet man einen kleinen Seitenausgang, ergreift sie mit einer Spezialpinzette, setzt sie auf die Haut und läßt sie stechen.« Ich habe mir diesen etwas komplizierten Bienen-Vorratskasten schicken lassen, er ist für einen ausgesprochen klinischen Zweck gedacht. Meine Methode – und so werden es wohl alle Imker bei Rheumabeschwerden machen – ist natürlich einfacher: Ich gehe vor den Stand oder an die Tränke, fasse eine (alte) Biene und setze sie unter leichtem Druck direkt auf die schmerzende Stelle. (Bei mir war es die linke, kaum noch zu bewegende Schulter. Täglich 4 bis 6 Stiche, zwei Wochen lang appliziert, behoben die Beschwerden völlig.)

Bienengift für medizinische Präparate wird heute in großer Menge benötigt. Man hat nicht immer und überall lebende Bienen zur Hand, und deshalb ist man schon seit Jahrzehnten zur Bienengiftgewinnung und zu seiner pharmazeutischen Verwendung übergegangen. In einem pharmazeutischen Werk in Magdeburg informierte man mich über die zum Teil auch betriebseigene Giftgewinnung und über den Hergang der Giftverarbeitung zu Salben und Trocken-Ampullen. Das Bienengift wird ebenso in selbständig entwickelten Verfahren auch in anderen Ländern gewonnen. Im Prinzip geht es darum, daß man Bienen veranlaßt, in eine Unterlage zu stechen und die Giftblase zu entleeren. Das Gift trocknet schnell ein, als Reingift ist es durch ein Tiefgefrierverfahren unbegrenzt haltbar.

Früher ließ man die Bienen, die man am Flugloch abfing, in eine Gummi- oder Lederunterlage stechen. Die Tiere starben aber dann. In einem Moskauer Institut tut man Bienen in ein Glas und deckt es mit äthergetränktem Papier ab. Die gereizten Tiere spritzen ihr Gift an die Glaswand. Hernach, wenn sie noch betäubt sind, schüttet man sie einfach ins Gras, sie erholen sich bald wieder und fliegen zum Stand zurück.

Gewöhnlich macht man es aber heute so, um Gift in großer Menge zu bekommen, daß man den Fluglöchern von feinen Drähten durchspannte Geräte vorsetzt, die von den Bienen passiert werden müssen. Dabei erhalten die Tiere einen schwachen Elektroschock, ausgelöst durch einen Gleichstromimpuls, der sie zur Giftabgabe auf eine untergelegte Glasplatte oder auf ein dünnes Silikontuch veranlaßt. Im Bieneninstitut in Tallinn (Estland) schiebt man einfach eine Glasplatte für die Aufnahme der Gifttröpfchen und die an eine Impulsquelle angeschlossenen Elektroden direkt in das Bienenvolk hinein.

Die Giftmenge einer Biene beträgt 0,3 mg, das sind dann getrocknet 0,1 mg. Das Gift von 10 000 Bienen erst ergibt 1 Gramm Trockengift! Der genannte Magdeburger Betrieb erhält von 50 Millionen Bienen, also von den Imkern, mit denen er eng zusammenarbeitet, jährlich eine größere Menge Rohgift geliefert. Die Hälfte davon sind Schmutz- und Ballaststoffe, sie werden in einem komplizierten Prozeß herausgelöst, und erst dann liegt das standardisierte Reingift vor, wie es für die Herstellung hochwertiger Präparate verwendet wird.

Die Zusammensetzung des Giftes wechselt im Lauf des Jahres. Sehr gut ist das »Frühjahrsgift«, die Menge ist dann auch größer – wohl deshalb, weil die Biene die Erhaltung ihrer Art zu dieser Jahreszeit besonders sichern muß.

Natürlich hängt die Giftmenge der Biene auch von deren Alter ab, eben geschlüpfte Bienen haben noch kein Gift, erst nach zwei Wochen ist die Giftblase gefüllt. Und dann die Pollenversorgung des Volkes! Bei pollenfrei aufgezogenen Bienen bleibt die Giftblase leer. Es scheint auch, als würde zwischen der Bienenrasse und der Menge des Giftes eine Beziehung bestehen.

Das Bienengift wird nur zu bestimmten Tageszeiten abgenommen. Wichtig ist, daß das jeweilige Volk stark ist, denn die Giftabgabe beschleunigt das Altern der Tiere. Bei Sommerbienen, über 20 Tage alt, füllt sich die einmal geleerte Giftblase nicht mehr. Am meisten Gift enthält sie, wenn die Biene 15 bis 20 Tage alt ist (als Wächterbiene).

Die Bienengiftsalbe »Apisarthron«, ich erwähne sie stellvertretend für ähnliche weitere Salben, ist nicht rezeptpflichtig. Den Namen vergißt man schon mal, aber die »Rheumasalbe mit der blauen Biene« bleibt dem Kranken meist in guter Erinnerung. 50 g Salbe enthalten 50 Bienengifteinheiten, also die durchschnittliche Giftmenge von ebensoviel Sommerbienen. Apitoxin ist in dieser Salbe mit anderen Stoffen günstig für eine Aufnahme durch die Haut kombiniert, das Senföl bewirkt eine kräftige Kapillarerweiterung, das enthaltene Methysalizylat wirkt entzündungshemmend. Man braucht sich also bei rheumatischen Beschwerden nicht unbedingt von Bienen stechen zu lassen. Die Salbe schon regt den Organismus zur Bildung von Cortison und anderen Hormonen an und erlangt damit ihre antirheumatische Wirkung, sie fördert die Gefäßerweiterung und damit die Durchblutung, das lindert die Beschwerden.

Die steigende Nachfrage nach Bienengift erhöht das Ansehen unserer Honigbienen als »geflügelte Pharmazeuten«; bisher ist es noch nicht gelungen, Apitoxin chemisch nachzubilden.

Gelée royale, der königliche Futtersaft

Allein der anspruchsvolle Name schon wertet auf! Aber er ist ja auch ein besonderer Saft, für die Königin – und nur für sie, vergleichbar etwa der Muttermilch, die für das neugeborene Kind auch nur alles Gute, das Beste enthält. Wie wir wissen, erhalten alle kleinen Bienenwesen drei Tage lang denselben Saft oder Brei, aber dann bekommt die Larve, aus der eine Weisel werden soll, eine nur für sie zubereitete Kost, eben den Weiselfuttersaft (WFS).

Er wird in Apotheken auch für uns angeboten, als Kräftigungsmittel ... Vorweg aber sei dazu gesagt, dieser Weiselfuttersaft besitzt keine Wunderkraft! Er ist kein Allheilmittel, er macht alternde Menschen nicht wieder jung, senile nicht vital. Und noch eines: Wer sich mit dem Erlös seines Honigverkaufes nicht zufriedengeben will, sollte nicht versuchen, ausgerechnet mit dem Verkauf von WFS ein Plus herauszuwirtschaften.

Diese Vorbemerkung scheint mir berechtigt, weil vor Jahren ein Teil unserer Imkerschaft in eine erwartungsvolle Unruhe versetzt wurde, als man dazu aufrief, Weiselfutter zu sammeln. »Möglichst viele Bienenzüchter möchten sich an dieser Aktion beteiligen, unsere pharmazeutische Industrie braucht dringend Bienenstockmilch.« Es gab Imker, die klug sein und allem zuvorkommen wollten; sie berichteten, wie sie aus den Weiselzellen die Larven herauswarfen, mit einem breitgekauten Streichholzende den Futtersaft heraushoben, ihn schluckten und sich hernach angeblich baumstark fühlten.

Offensichtlich wurde mit dieser »WFS-Sammelaktion« ein gutes Vorhaben überstürzt eingeleitet, die Schwierigkeiten bei seiner Realisierung waren dann größer als vermutet. Aus anderen Ländern kamen Meldungen über ungeahnte medizinische und kosmetische Erfolge; oft wurden sie von Geschäftsleuten groß aufgemacht und brachten das Bienenerzeugnis Gelée royale nur in Mißkredit.

Auf internationalen Bienenzüchterkongressen verbat man sich alle spekulativen Manipulationen. Wissenschaftler aus verschiedenen Ländern wurden beauftragt, die Möglichkeiten für die Verwendung des WFS zuverlässig zu prüfen. »Dem XX. Internationalen Bienenzüchterkongreß in Bukarest 1965 legte Svoboda dann auch die Arbeitsergebnisse der Kommission vor. Darin sind die Krankheiten aufgezählt, bei denen Heilerfolge erzielt wurden, mit Angabe der zweckmäßigsten Dosierung.«

In unserer Imkerfachzeitung berichtete man wenig später in einem medizinisch begutachteten Aufsatz über die bis dahin vorliegenden Erfahrungen bei der Anwendung von Weiselfuttersaft in der ärztlichen Praxis, ausdrücklich mit dem Hinweis, damit nicht »der kritiklosen Anwendung oder der Selbstbehandlung Vorschub zu leisten, denn die oftmals beim Laien verbreitete Meinung, daß Naturprodukte in jedem Falle nützlich und unschädlich seien, ist irrig. Naturstoffe wie z. B. Alkaloide, Glykoside, Hormone usw. können von hoher Giftigkeit sein.«

Die Dosierung von Weiselfuttersaft so zu errechnen, daß man die Bienenlarve mit dem Gewicht des Menschen vergleicht und dann schlußfolgert, in Relation zu den 200 mg Larvenfutter könnte dem Menschen eine vieltausendfache Menge Wirkstoffe verabreicht werden, ist medizinisch gesehen unvertretbar. Jeder Organismus reagiert auf Arzneimittel anders. Dazu gibt es auch noch den Faktor der Suggestivwirkung, gerade bei der Anwendung von Bienenprodukten als sogenannte Heilmittel sollte man ihn nicht unterschätzen.

In seiner Grundzusammensetzung besteht Weiselfuttersaft jüngster Larven aus etwa 66% Wasser und 34% Trockensubstanz, davon sind: Eiweiß 12,34%, Fett 5,46%, Zucker 12,49%, Asche 0,82%, Unbestimmbares 2,84%. Das sind hier sehr weitgegriffene Durchschnittswerte. Die Zusammensetzung des WFS ist nicht immer gleichbleibend, sie ändert sich nach der Beschaffenheit des eingetragenen Nektars und Pollens (nach Zander/Weiß).

Als letzte Komponente wurden 2,84% Unbestimmbares angegeben, es handelt sich um Stoffe, die heute noch nicht synthetisch aufzubereiten sind. »Dies können nur Enzyme und Biokatalysatoren sein. Sie werden im Organismus der Pflegebienen der

Königin in Form von Sekreten aus endokrinen Drüsen – Pharynx- und Labialdrüsen –, die am Hinterkopf stehen, dem System beigegeben und erteilen der Königinspeise erst und überhaupt eine physiologische Wirkung. Maitre DE BELVEFER nennt folgerichtig die 2,84% Sekrete ›Fraction vital indeterminée‹.«

Ernährungsphysiologisch bedeutsam ist im WFS der Vitamingehalt, besonders an B-Vitaminen. Nicht oder so gut wie nicht enthalten sind die Vitamine K, A, C und D. Der Vergleich des Vitamingehalts mit dem hochwirksamer Pollen läßt darauf schließen, daß die Vitamine des WFS über die Futtersaftdrüsen der Ammenbienen aus der Pollennahrung stammen. Nachfolgende Aufstellung über den Vitamingehalt des WFS (nach Zander/Weiß) ermöglicht einen Vergleich von Königinnen- und Arbeiterinnenfuttersaft.

Vitamine	Weisel-FS mcg/g	Arbeiterinnen-FS mcg/g
Vitamin B_1	1,2– 18,0	1,2
Vitamin B_2	6,0– 28,0	10,8
Vitamin B_6	2,2– 50,0	nicht bestimmt
Nicotinsäure	48,0–125,0	52,0
Pantothensäure	110,0–320,0	26,0–46
Biotin	1,6– 4,1	2,5–3,3
Folsäure	0,16– 0,5	0,11– 0,25
Inosit	78,0–150,0	nicht bestimmt

Andere Forscher machen hiervon abweichende Angaben, erklärlich aus dem unterschiedlichen Vitamingehalt des Pollens, wie ihn jeweils die Ammenbienen verzehren. Der Futterstoff der Königinnen und der Arbeitsbienen unterscheidet sich auffallend in dem Vorhandensein von Pantothensäure. (Nicht erfaßt ist in der Gegenüberstellung jener Stoff, der das Geschlecht der Königin bestimmt.) Gerade die Pantothensäure verleiht dem WFS anscheinend die besondere Wirkung. Die von ihr ausgehende Stimulation unterstützt viele chemische Prozesse auch im menschlichen Organismus, sofern *Gelée royale* in angemessener Menge und komplex verabreicht wird.

Die Verwendbarkeit des Weiselfuttersaftes in der Pharmakologie und Kosmetik ist dem bereits genannten französischen Biogenetiker und Apidologen DE BELVEFER zu danken. Er vermochte als erster das Naturprodukt »Bienenköniginspeise« zu analysieren, andere Wissenschaftler griffen seine Forschungsergebnisse sofort auf. Besonders erwähnenswert ist ein Verfahren, nach dem es möglich ist, den gesamten Hormon-Vitaminkomplex aus dem Futtersaft ohne jegliche physiologische Störung herauszulösen und haltbar zu machen. Jetzt ließen sich hochwertige Präparate herstellen, die bei Hauterkrankungen, Entzündungen, Durchblutungsstörungen, rheumatischen und nervösen Erkrankungen angewendet werden.

Der entscheidende Schritt, Weiselfuttersaft überhaupt verwertbar zu machen – nachdem man seine Zusammensetzung schon genau kannte –, bestand darin, ihn zu stabilisieren. Die Königinspeise erwies sich nämlich als nur bedingt haltbar, Luft und Licht mindern ihren Wert. Nach langwierigen Versuchen gelang de Belvefer schließlich die *Lyophilisation,* wonach WFS in einem Gefriertrockenverfahren ohne chemische Zusätze für längere Zeit haltbar gemacht werden kann. Diese Gefriertrocknung erfolgte in einem luftverdünnten Raum bei –50° C. (Hierüber gibt es sehr voneinander abweichende Angaben.) Man entzieht dabei dem Saft alles Wasser. Die dann vollständig trockenen, papierartig weißen Plättchen lassen sich gut aufbewahren und so auch verschicken. Bei ihrer Verwendung werden sie wieder mit Wasser aufgelöst. Die Wirksamkeit und Wertigkeit des Saftes entspricht dann wieder seiner Naturform.

Nachdem dieses Trockenverfahren gelungen war, konnte man Gelée royale in großem Maße zu pharmazeutischen Präparaten verarbeiten. Aus dem Gefrierzustand wird der Wirkstoff verschiedenartig stabilisiert und dann (in einer Konzentration von etwa 2%) Salben, Cremes, Einreibungen oder Emulsionen zugefügt; es gibt auch Dragees und Trinkampullen. Als Stabilisatoren werden verwendet reiner Honig, Gelatine, Glycerin, verschiedene Öle oder Äthylalkohol.

In Moskau und Bukarest stellten Ärzte eine alkoholische Emulsion her, 2 g WFS werden dabei mit 18 g Alkohol gemischt. Vorbeugend gegen Grippe wird mit dieser Mischung die Nasenschleimhaut bepinselt, die Lösung wird auch unter die Zunge gespritzt. Ebenso wie bei WFS stellte man eine antigrippale Wirkung bei einem Extrakt aus Drohnenlarven fest. »Es ist bekannt, daß die Drohnenlarven während der ersten drei Tage in einem breiigen Futtersaft schwimmen, und auch der Extrakt aus diesen Larven ist ein aktives Biostimulans, das unzweifelhaft auch medizinisch-prophylaktisch wirkt.«

Sofern vom Weiselfuttersaft als »Verjüngungsstoff« die Rede ist, versteht man darunter seine Wirkung bei der Zellbildung und die Fähigkeit, den Zellverfall zu verlangsamen, beim Menschen Abbauerscheinungen und Erschöpfungszuständen vorzubeugen. In Versuchen an Tieren »beobachtete man eine sich merklich steigernde Vitalität, also einen ausgesprochen psychischen Auftrieb. Das nächste Zeichen gesund-konstitutioneller Entwicklung bestand in der üppigen Ausbildung und der qualitativen Beschaffenheit des Felles bzw. des Federkleides. Der Zug der Geschlechter zueinander wurde aktiver und die Fortpflanzungskraft merklich gesteigert.«

Auch die Kosmetologie und die praktische Kosmetik interessierten sich bald für den stabilisierten Weiselfuttersaft. Wegweisende Arbeiten leisteten hier amerikanische Apidologen wie Wilson, Dyc und Townsend. Gelée royale wird als kosmetisches Präparat für die Straffung und Belebung der Haut empfohlen. Auf dem internationalen Markt werden mehrerlei Erzeugnisse angeboten, und zwar mit dem Zusatz reinen Weiselfuttersaftes oder auch solcher Extrakte, bei denen zusammen mit dem WFS aus den Zellen gleichzeitig die Weiselmaden entnommen und mit verarbeitet werden. Der Zellinhalt wird zu Brei zerrieben und mit 40prozentigem Alkohol (9 : 1) stabilisiert. »Diese Emulsion wird dann mit hautfreundlichen Substanzen gemischt, sie ist ein vorzügliches Kosmetikum.« In der Zusammensetzung von Hautcreme fand ich noch mitangezeigt Pollen, Panthenol, Weiselfuttersaft, Azulen und Bienenhonig.

Schon seit etwa zwanzig Jahren bietet ein Jenaer Werk sein »Turigerol« an; man erhält es in Apotheken. Es wird empfohlen zur Leistungssteigerung, vor allem für den alternden Menschen, es aktiviere und fördere den Stoffwechselprozeß. Jede Kapsel enthält 17 mg lyophilisierten, biologisch standardisierten Weiselfuttersaft (entsprechend 50 mg frischem WFS). Nach Mitteilung des Herstellerwerks wird der »Weiselfutterrohstoff« importiert. Durch den Versand nach Jena entstünden keine Aktivitätseinbußen. – In der ČSFR produziert man ein ähnliches Präparat, entwickelt im Forschungsinstitut für Naturarzneimittel in Bratislava. Der Prager Arzt Dr. Štěrba berichtet, daß »Vita-Apinol« biologisch aktive Stoffe des Gelée royale enthalte, die man in der Kinderheilkunde, bei Entwicklungsstörungen und nach schweren Erkrankungen anwende. In Salbenform bewähre sich das Präparat in der Dermatologie und Kosmetik zur Heilung von Schenkelgeschwüren und Hautschäden nach Röntgenbestrahlungen, bei Akne und kosmetischen Behandlungen, bei »denen der biologisch stimulierende Einfluß sich in besserer Durchblutung, im Tonus und dem gesamten Aussehen der Haut bemerkbar macht«.

Es gab Ärzte, die Zweifel hegten, ob die Anwendung des Weiselfuttersaftes bei Frauen nicht den Menstruationszyklus beeinflussen und gegebenenfalls Störungen der Fortpflanzungsfunktion verursachen könne. Man hatte bei Tierversuchen (Ratten) festgestellt, daß geringe Dosen injizierten Königinnenfutters zu einer Massezunahme der Gebärmutter führten. Monatelange klinische Versuche bewiesen jedoch, daß bei Patientinnen, die mit lyophilisiertem Saft behandelt und ständig hormonalgynäkologisch untersucht wurden, keine der befürchteten Störungen auftraten.

Wie wird nun WFS gewonnen? Das macht man heute schon auf mehrerlei Art, im allgemeinen so: Man weiß, das ist Voraussetzung, wie die Völker für die Gewinnung von WFS vorbereitet werden müssen, daß der Weg über die »Zucht ab Ei« und über das »Umlarven« möglich ist. Die Technik des Absaugens aus den Zellen verlangt eine besondere Hygiene und einen genau temperierten Raum; der Futtersaft kann mit einem Löffelchen vom Zellboden entnommen oder aber auch mit einem Röhrchen abgesaugt werden. Wegen seiner Lichtempfindlichkeit wird er in braunen Fläschchen in den Kühlschrank gestellt. Richtig aufbewahrt ist er lange haltbar und kann, wie der gefriergetrocknete (lyphilisierte) Saft ja auch, noch nach Monaten für eine Königinnenaufzucht verwendet werden.

Für 1 g WFS benötigt man 3 bis 5 Weiselzellen. In einer Saison seien von einem Volk 450 bis 500 g zu gewinnen. Bei dieser Mengenangabe stutzt man zunächst, denn demnach muß ein einzelnes Volk veranlaßt werden, im Laufe des Sommers 2000 Weiselzellen zu pflegen! Das setzt natürlich imkerliche Kenntnisse und spezielle Erfahrungen voraus. Bei den verschiedenen Gewinnungsmethoden arbeitet man mit senkrecht stehenden oder hängenden Waben bzw. mit liegenden Großwaben, die in einem Abstand von 5 cm, wie ich es einmal sah, den ganzen Brutraum überdecken.

Der große Wert des Weiselfuttersaftes zeigt uns besonders überzeugend, wie sehr doch die Bedeutung der Imkerei über den Nutzen der Bienen als Produzenten von Honig und Wachs noch hinausgeht.

Gekittet wird erst nachmittags

Die alten Griechen nannten ihre Stadtstaaten, die Städte mit dem weitumliegenden Land, »poleis«. Das Gebiet »vor der Stadt« mit den Vororten hieß »propoleis«. Es ist sprachgeschichtlich interessant, daß das seither auch der Name für Kittharz ist: *Propolis.* Mit ihm überziehen und glätten die Bienen die Oberflächen der Beute, verkitten Ritzen und Fugen, verstopfen alle Öffnungen, um Durchzug zu verhindern; Kittharz nannte man früher auch Stopfwachs. Und ist dieser harzige, zähe Stoff reichlich vorhanden, dann wird er am Flugloch als Vorbau, als »Vorstadt« verklebt, in beerengroßen Klümpchen, meist flach abgerundet, selbst auf der Einlaufstraße in die Beute hinein.

Beim Hantieren mit Waben, Beuten und allen Imkergeräten haftet uns Propolis an den Händen, unter den Schuhsohlen, am Kittel, nicht immer läßt sich das vom Wachs unterscheiden. Aber wenn beim Waschen des Arbeitskittels gelbliche Flecken zurückbleiben, dann war es Kittharz. Es läßt sich lösen und entfernen mit Benzin oder verdünntem Salmiakgeist (anschließend nachwaschen mit Seife und gut spülen).

Die Propolis ist ein Naturprodukt. Wie alle natürlichen Substanzen ist sie in ihrer Bildung und Zusammensetzung abhängig von klimatischen und Umweltfaktoren und von ihrem Herkommen. Die Bienen tragen diese harzige Masse von den Blattknospen der Bäume ein, von Kirschen, Weiden, Birken und von der Roßkastanie. Die braune Klebeschicht der Knospen ist wasserabweisend und schützt sie auch vor dem Austrocknen. Gern befliegen die Bienen ebenso Pappeln, und selbst in der Rinde von Nadelbäumen finden sie noch Propolis. Deren Farbe ist schwankend, von braun über grün bis rötlich oder violett, abhängig jeweils von der Pflanze; rötliche Propolis ist besonders spröde, sie scheint am reinsten zu sein.

Propolis ist für die Bienen, jedes Volk sammelt im Jahr 50 bis 100 g, nicht nur ein »Baumaterial« zur Abdichtung und Befestigung des Stockinneren mit dem Wabenwerk und den beweglichen Teilen der Beute, sie schützt ebenso, und darin besteht ihr besonderer Wert, das Bienenvolk vor verunreinigenden Fremdkörpern und Krankheitserregern.

Etwa 60 000 Bienen bilden ein Volk, und in der Beute steht jedem einzelnen Tier ein Lebensraum von etwa nur 1 cm^3 zur Verfügung. In der Enge dieses Organismus' rangiert die »Volksmedizin« an erster Stelle, da darf es nichts Schmutziges geben, da wird keine kranke Biene geduldet oder gar noch gesundgepflegt. Und dieses hervorragende Gesundheitssystem wird getragen und gewährleistet durch die Propolis.

Ihre Zusammensetzung ist nicht konstant, folgende Werte etwa sind angezeigt: 55% Harze, 25% Wachse, 10% ätherische Öle, 5% Pollen, weiter Balsame, intensive

Farb- und Duftstoffe, Gerbstoffe, Fette, Aminosäuren, Spurenelemente wie Eisen, Kalzium u. a. Relativ hoch ist der Gehalt an Vitaminen der B-Gruppe, auch Vitamin A, E, C, P, vorhanden im Eiweiß des Pollens.

Die antibiotischen Eigenschaften der Propolis beruhen, so nimmt man an, auf 30 verschiedenen Verbindungen! Flavonoide und dazu im besonderen das Vitamin P im Zusammenwirken mit Vitamin C stärken die Blutkapillaren, kräftigen die Körperzellen aller Organe und beugen Infektionen vor. Das sich aufbauende Immunsystem schützt vor Bakterien und Viren.

Der harzige Duft der Propolis ist nicht unangenehm, er und der ebenso typisch aromatische Wachsgeruch erst geben dem Bienenhaus das besondere Fluidum. Aber nicht jeder verträgt es. Es gibt Imker, die nach vielen Jahren imkerlicher Praxis plötzlich allergisch auf Propolis reagieren und sogar die Bienenhaltung aufgeben müssen.

Den Bienen wird der harzige Klebstoff anscheinend gar nicht lästig, obgleich sie sich doch sehr intensiv mit ihm beschäftigen. Unter ihrer Regie bleibt er härter und spröde. Wir üben bei allem Zupacken mit unseren Händen einen gewissen Druck aus, hinzu kommt unsere Körperwärme, und durch diese mechanische Einwirkung verliert das glitzernde Kittharz dann sofort seine Sprödigkeit, es wird weich und klebrig. Ab 20° C läßt es sich dehnen und kneten, bei 65° C schmilzt es. Im Frühjahr besonders, während der Obstblüte, zieht es sich beim Öffnen der Beutenfenster manchmal fadenförmig aus. Ähnlich mag es so aussehen, verglichen im Miniaturvorgang, wenn die Biene die frische Propolis von den Knospen abträgt, abzieht. Die Bienen stellen sich dabei auf die Zähigkeit und das Klebrige des Knospen-Wachses ein. »Sie müssen bei dieser Tätigkeit ein Sekret aus den Munddrüsen ausscheiden, mit dessen Hilfe verhindert wird, daß sich das Kittharz allzusehr mit den Haaren und Gliedern der Biene verhaftet. Das Sekret dient eigentlich als Lösungsmittel« (Weber).

Dieses Ziehen und Zerren läßt sich auf den Knospen in den Baumkronen natürlich nicht beobachten. Aber man kann den Bienen gut zusehen, wenn man Innenteile der Beute, Rähmchen oder Fenster, draußen auslegt und darauf auch noch etwas Kittharz verteilt. Oder wenn man es mal aufs Flugbrett streut: Da packen die Bienen die kleinen Bröckchen sogar mit den Mandibeln, knacken, zerreißen sie und tragen sie ein. Auch die angebauten Häufchen am Flugloch erhalten ihre Glätte nicht durch Polieren, sondern alle Unebenheiten werden »abgebissen«.

Die Kittharzsammlerin geht im Vergleich zu den Pollen- und Nektarsammlern eigentlich sehr ruhig zu Werke. Ihre Absicht ist, so ein Klümpchen auch im »Körbchen« am Hinterbein zu befestigen. »Hier wird auf jeden Fall eine anstrengende Arbeit verrichtet. Da zieht sich dann der Kitt wie ein Kaugummi in die Höhe, und die Sammlerin muß ihre ganze Kraft aufwenden. Mittel- und Hinterbeine stemmen den Körper seitlich ab. Der Brustkorb ist hochgereckt, die Hinterleibspitze berührt den Boden. Der weit vorgeschobene Kopf bringt den sonst nicht sichtbaren ›Hals‹ zum Vorschein, er ist wie ein weißes Gummiband in die Länge gezogen. Die Antennen kreisen wie immer, wenn die Mandibeln arbeiten, dicht über dem Handlungsort.«

Mit dem Kittharzsammeln sind aus dem ganzen Volk gewöhnlich nur ein paar Dutzend »Spezialbienen« beschäftigt. Sie ruhen sich von ihrer anstrengenden Tätigkeit im Stock etwa 15 bis 20 Minuten aus, nehmen Honig als Betriebsstoff auf und fliegen wieder hinaus, obwohl sie meistens nur erst von einem Teil ihrer sperrigen Hösellast befreit wurden; sie ganz zu entlasten kostet mehrere Stunden harte Arbeit, das geschieht erst nach dem letzten Tageseinsatz. Gekittet wird darum frühestens ab 16 Uhr. Stockbienen verteilen bis dahin das Harz zunächst an bestimmten Stapelplätzen auf Vorrat.

Das Kitten ist ein etwas langwieriger Vorgang, denn das Harz wird noch durch Wachs gestreckt, dadurch verliert es seine Zähigkeit und wird fester. Und umgekehrt wird beim Wabenbau eine geringe Menge Propolis dem Wachs beigemischt, um vor allem die Zellränder zu stabilisieren.

Kittharz ist kein körpereigenes Produkt der Biene. Schon ARTISTOTELES war es bekannt, also seit 2500 Jahren weiß man, daß die Bienen diesen Stoff von den Bäumen holen und wie den Pollen eintragen. Und seitdem nutzen ihn die Menschen für die verschiedensten Zwecke. Holzschnitzer in den Balkanländern sollen noch heute Propolis mit Wodka mischen und damit ihre Figuren streichen; sie werden so leuchtend gelb gefärbt. Italienische Geigerbauer gaben durch Propolislack ihren Instrumenten Spannung und Festigkeit, sie waren mit ihrem warmen Ton dann besonders wohlklingend. Auch in Markneukirchen erhalten die Streichinstrumente mit einem Kittharzgemisch als erstes einen »Gelben Grund«. Bei den Stradivari-Geigen soll dem dunklen Oberlack dann noch »Drachenblut« beigemischt worden sein, ein mehr rötliches Harz von den Früchten der Drachenblutpalme, Propolis – Salmiakgeist – Spiritus (1 : 3 : 1), gemischt und aufgekocht, eignet sich als Grundierung für den Beutenanstrich und als Holzbeize.

Natürlich bewahren Geigenbauer, Restauratoren, Holzschnitzer bezüglich der Politur ihre Geheimnisse. Propolis, irgendwie gelöst, wird jedenfalls nicht rein dem Holz aufgetragen. Meist wird es sich wohl um eine Mischung von heißgemachtem Kittharz, Leinöl und Jungfernwachs handeln, etwa im Verhältnis 4 : 2 : 1. Vielleicht kommt noch etwas Alkohol dazu. Und dann läßt sich das so grundierte Musikinstrument schön polieren.

Propolis und Alkohol zusammen ergeben ein gutes Mittel für Wundbehandlungen. In der Verwendung für Heilzwecke liegt ja überhaupt die große Bedeutung der Propolis. Der Heileffekt beruht auf der bakteriziden Wirkung.

Wenn der Gesundheitswert der Propolis heute noch nicht allgemein bekannt ist, dann wohl deshalb, weil sich die Wissenschaft eigentlich erst seit den fünfziger Jahren mit diesem Naturstoff befaßt, aber wohl auch, weil überhaupt noch ein gewisser Vorbehalt bei homöopathischen Mitteln, Diätkost und natürlichen Heilmethoden besteht, und dem ordnet man die Propolis zu. Es ist schon richtig, diese genannten natürlichen Verfahren können bakteriell verursachte Krankheiten kaum sofort lindern oder gänzlich heilen. Dazu bedarf es, wie eben herkömmlich praktiziert, auch der allopathischen Arznei aus der Apotheke. Doch immer gleich zur Tablette zu greifen und zur Medizinflasche, das eben entspricht gerade nicht der gesündesten Lebensweise, und chemische Mittel haben meist noch ihre nicht immer sofort erkennbare Nebenwirkung. Die Propolis ist ein absolut ungiftiges Antibiotikum der Natur, und gegen dieses Mittel wird niemand immun.

Veröffentlichungen in der tschechischen Imkerzeitung war zu entnehmen, daß man dem Kittharz heute eine besondere Bedeutung schenkt: In der Humanmedizin bewährt es sich bei offenen Wunden, chronischen Ekzemen und Entzündungen der Haut. Mediziner aus der UdSSR, aus Rumänien und der ČSFR berichteten auf dem Bienenzüchterkongreß in Bukarest 1965 von Erfolgen mit einer Propolissalbe bei der Behandlung der durch Bestrahlung von Geschwulsten verursachten Hautleiden, bei Pilzerkrankungen der Fußsohle, auch bei Hautkrankheiten der Großtiere, so bei Entzündungen oder Wundstellen der Kuheuter oder des Gesäuges bei Sauen und Hunden. Mit einer Propolis-Alkohol-Lösung (1:9), gegeben in Zuckerlösung, heilte man vollständig die gutartige Faulbrut erkrankter Bienenvölker.

Französische Biochemiker berichteten über die Verwendung von Propolis in der Landwirtschaft, und zwar als Keimstoppmittel. Forscher auch aus anderen Ländern bestätigen, daß Sprühlösung aus Propolis/Alkohol (im Verhältnis 1:10 schon ausreichend) das Keimen von Kartoffeln, Reis, Hanf, Mais und anderen Knollen und Samen hemmt oder verhindert. Gärungsprozesse und Schimmelbildung bleiben aus. Für die Einlagerung und für langzeitige Transporte bestimmter Erzeugnisse ergeben sich hier viele Möglichkeiten. Als Konservierungsmittel von Früchten und Samen war Propolis schon im Altertum bekannt.

Im Bienenstock verhindert das Antibiotikum des Kittharzes das Auskeimen des eingetragenen Pollens. In den Wintermonaten gestorbene und im Stock liegende Bienen bilden keine Infektionsquelle; in die Beute eingedrungene und getötete Störenfriede (Spitzmäuse) werden von den Bienen leicht mit Propolis überzogen und »mumifiziert«.

Auf einer wissenschaftlichen Konferenz in Leningrad über Fragen der Anwendung von Bienenprodukten in der Veterinär- und Humanmedizin beschäftigte man sich in fast der Hälfte aller Vorträge mit den therapeutischen Eigenschaften der Propolis; besonders sowjetische Wissenschaftler haben sich um die Erklärung der bakteriziden, fungiziden und antivirosen Wirkung verdient gemacht. Die im Kittharz enthaltenen ätherischen Öle (10 Prozent) wirken auch durch die von ihnen abgegebenen *Phytonzide*, und das im Zusammenhang mit Wachs und Pollen, von organischen Säuren, Spurenelementen und Vitaminen. Phytonzide sind Lebensvorgänge fördernde, flüchtige Wirkstoffe, die auch Mikroben töten.

In zunehmendem Maße verwendet man heute Kittharz in pharmazeutischen Präparaten; Salben, Pasten, Pulver, Cremes, Tinkturen solcherart gibt es.

Und nun noch kurz, wie man zu Kittharz kommt. Man kratzt im Bienenkasten, am Fenster innen, von den Zwischenbrettern, von Kanten und Ecken mit scharfem Messer die matten oder auch braun-glänzenden Harzstücke ab. (An sonnigen Spätherbsttagen saß ich immer gern im Bienenhaus – durch die Dachfenster fiel helles Licht – beim Rähmchenkratzen. Dabei gab es aber sehr viel Beimengung durch Wachs und Holzteilchen.) Zu einer größeren Menge beinah reinen Kittharzes kam ich über einen anderen Weg: Den gesamten Brutraum belegte ich bei abgeräumtem Honigraum in etwa 2 cm Höhe über den Waben mit einem engmaschigen Drahtgitter, auch ein Plastgewebe mit einer Maschenweite bis zu 6× 6 mm eignet sich gut. Nach ein paar Wochen hatten es die Bienen beinah vollständig abgedichtet. Dann kam das Gitter in die Tiefkühltruhe, und das Kittharz, hart und spröde, ließ sich leicht herausklopfen und brechen.

Um Propolis effektiv verwenden zu können, muß es von Wachs gereinigt und hermetisch abgeschlossen aufbewahrt werden. Erwärmt ist es besonders bakterizid. »Die ätherischen Öle können sich leichter vom Wachs, Harz, Balsam und Blütenstaub lösen und wirksam werden. Deshalb halten wir es für am meisten wirksam, Propolis in der Form der Inhalation anzuwenden. Die Phytonzide der Propolis, die vom Wasserdampf mit fortgerissen werden, gelangen in die Lunge und von dort augenblicklich in den Blutkreislauf« (Joirisch).

Wiederholt fand ich bestätigt, daß die Wiederentdeckung der Propolis mit ihrem Heilwert besonders Forschern in osteuropäischen Ländern zugesprochen werden muß. Das Bemühen sowjetischer Wissenschaftler richtete sich vorsätzlich auf die Entwicklung neuer Phytonzid-Präparate. Sie ersuchten auf der erwähnten Leningrader Konferenz die internationale Öffentlichkeit aber auch, nicht zuzulassen, daß aus Reklamegründen die therapeutischen Eigenschaften der Propolis übertrieben werden; den Möglichkeiten ihrer Heilanwendung sollte man in der Apitherapie eine verdient größere Beachtung schenken.

Imkerfreunde schrieben für uns

In dem schöngelegenen Friedrichsbrunn (Harz) war er zu Haus, Imkerfreund Friedrich EISFELD. Fast ein dreiviertel Jahrhundert beschäftigte er sich mit der Imkerei: Den Bienen im besonderen meinte er sein gesundes langes Leben zu danken. In vielen Aufsätzen unserer Zeitung schrieb er über seine Arbeit an den Bienen und über die Produkte der Imkerei. Er trieb ein umfangreiches Quellenstudium und informierte über Forschungsergebnisse in- und ausländischer Bienenwissenschaftler, Mediziner und Pharmakologen, sowohl aus westlichen wie aus östlichen Ländern. Ich fühle mich Imkerfreund Eisfeld verpflichtet und mit ihm auch seinem engen Bekannten, Prof. Naum Petrovito JOIRISCH, Direktor des Moskauer »Instituts zur Erforschung des medizinischen Wertes der Honigbiene«; er veröffentlichte in verschiedenen europäischen Bienenzeitungen wichtige Aufsätze. In seinem Buch »Kalender der Bienenzüchter« findet sich auch eine Anmerkung über seinen Imkerfreund Eisfeld in Friedrichsbrunn. Ihn bat ich, mir einiges Interessante aus dem »Kalender« und über Prof. Joirisch mitzuteilen. Hier in Auszügen, was er mir schrieb: »Bienen – geflügelte

Pharmazeuten«, so lautet der glücklich gewählte Titel eines seiner Bücher. Wie die Pharmazeuten in der Apotheke, so bieten uns auch die Bienen mancherlei Mittel, die unserer Gesundheit dienen. Mehrere Kapitel des Buches behandeln die große Bedeutung des Honigs. Nach Joirisch enthält er 70 verschiedene Bestandteile, die für uns wertvoll sind. Dann bespricht der Verfasser die heilenden Wirkungen der übrigen Bienenprodukte, also des Bienengiftes, des Pollens, des Weiselfuttersaftes, des Wachses und der Propolis. Der Autor vertritt die Auffassung, daß der Bienenstand gewissermaßen eine Naturheilanstalt für den Imker ist.

Interessant ist ein besonderer Abschnitt des Buches, in dem das Problem der Langlebigkeit behandelt wird. Joirisch gibt zunächst einen geschichtlichen Überblick. Seit dem Altertum sucht man nach einem Lebenselixier, das das Leben zu verlängern vermag. Neben dem ständigen Genuß von Sauermilch, Buttermilch, Joghurt und Kefir fördere auch der reichliche Genuß von Honig die Langlebigkeit. Dafür gibt es viele Beweise.

Das Mikroklima des Bienenstandes soll auf die Gesundheit des Imkers einen günstigen Einfluß ausüben. Diese Luft ist nicht nur rein, sondern auch heilkräftig. Sie ist getränkt mit dem Duft der Blumen, des Honigs, des Wachses, der Propolis und des Blütenstaubes. Und der Mensch, der am Bienenstand arbeitet, verwendet ja auch die Produkte der Biene. Beides wirkt sich positiv auf die Regulationsorgane des Organismus und auch auf das vegetative und zentrale Nervensystem aus.

Der französische Forscher Alin CAILLAS, ein guter Kenner der Heileigenschaft des Pollens, ist der Meinung, daß Weißbrot, dem Kleie und Weizenkeime fehlen, die Ausbildung von Mangelerscheinungen und Krankheiten begünstigt. Er empfiehlt Magen- und Darmkranken, die kein Vollkorngebäck essen können, zu dem Weißbrot täglich einen Löffel Pollen zu nehmen. In Frankreich kann man in Apotheken Pollen kaufen.

Cordon TOWNSEND, ein kanadischer Bienenwissenschaftler, injizierte krebskranken Mäusen Weiselfuttersaft, das Krankheitsbild der Tiere veränderte sich danach auffallend positiv . . .

Medizinisch gesehen mag manche Ansicht oder Feststellung noch nicht allgemeingültig und spruchreif sein, aber diese Darlegungen Prof. Joirischs bestärken uns dennoch in der Überzeugung, daß die Bienen und ihre Produkte für das Leben, für die Ernährung und Gesundheit vieler Menschen von großer Bedeutung sein können.

Soweit aus einer Mitteilung von Imkerfreund Eisfeld. Ihn nenne ich hier zuerst, weil ich über ihn verschiedentlich in Verbindung kam mit schreibfreudigen Imkern und zu Instituten auch in Nachbarländern.

Daß ich die im Anhang ausgewiesene Literatur namhafter Autoren gründlich nutzte, ihre Bücher als Wissensspeicher und Quelle, das belegt die Fülle der angemerkten Zitate und Verweise. Aber ebenso bereichernd und wichtig schienen mir Vorträge auf Versammlungen und größeren Veranstaltungen sowie die vielen populärwissenschaftlichen Veröffentlichungen in Imkerzeitungen und Fachzeitschriften, über Jahrzehnte mir vormals leider nur aus der damaligen DDR zugänglich. Nennen möchte ich einige Autoren, deren Arbeiten besonders ich schon über lange Jahre aufmerksam verfolge: Günter Budina, Lückenmühle (Bienenbiologie/Ökologie), Rudolf Büttner, Tharandt (Bienenphysik), Reinhard Höhn, Berlin (Pflanzenkunde) – Prof. Dr. Bährmann (Halle), Dr. Gisela Droege (Berlin), Prof. Dr. Wolfgang Fritzsch (Leipzig), Dr. Liselotte Gerlt-Seifert (Hohen Neuendorf), Dr. Thomas Gladis (Gatersleben), Prof. Dr. Johannes Otto Hüsing (Halle), Prof. Dr. Grete Meyerhoff (Hohen Neuendorf), Prof. Dr. Günter Pritsch (Hohen Neuendorf).

Einige Grundgedanken von ihnen allen versuchte ich hier im Text immer wieder hervorzuheben: Die Bienen gehören zu unserem Leben einfach dazu, auch oder gerade in unserer Zeit der immer vollkommeneren Technisierung und Chemisierung. So sehr wir Menschen uns in vielem unterscheiden mögen, gemeinsam ist uns neben anderem das Bemühen um die Nähe der Natur: der Balkon mit seinen Blumen, das Aquarium, die Voliere, das kleine Beet, der größere Garten . . . Vieles wird uns von daher durchschaubar.

Seit Jahrtausenden schon nutzt der Mensch die Produkte der Bienen. Gäbe es sie plötzlich nicht mehr, unsere Bienen, stellten wir ihre Pflege gänzlich ein, etwa fünfzig Kulturen würden sich schon bald nicht mehr fortpflanzen können, von einem Jahr zum anderen ernteten wir vier Fünftel an Obst weniger . . .

Durch die Bedrohung unserer Umwelt, wo Schäden mit oft tödlichen Folgen für Mensch und Tier nicht genügend abgewendet werden, ganze Bienenstände zugrunde gehen, wo es unter Krankheiten und Seuchen um das Überleben der Bienen und aller nur irgendwie nützlichen Insekten geht, da sind Überlebensstrategien dringend notwendig; die Verständigung über unsere Bienen, über sie zu schreiben, zu sprechen, das alles sollte dafür nur der Anfang unseres rettenden Bemühens sein.

Wenn wir uns zu Recht Gedanken machen über den großen Nutzen der Imkerei, dann verdient ebenso hervorgehoben zu werden, wie wichtig die Bienen für unsere Freizeit und Entspannung sind, denn das Verhältnis Arbeit – Freizeit gewinnt mehr und mehr eine neue gesellschaftliche Bedeutung. Die Mehrzahl der Menschen lebt und arbeitet in Städten. Sie suchen nach einer Woche intensiver Arbeit Erholung und neue Eindrücke, Kontakt mit Gleichgesinnten. Sehr viele finden das in der Natur, in ihren Gärten, in der Haltung und Pflege von Tieren. Die Bienen sind hierfür besonders geeignet, sie sind eine unerschöpfliche Quelle interessanter Beobachtungen. In den Imkersparten herrscht meist reges Leben, eine gute und wichtige Arbeit wird hier geleistet. Für die Persönlichkeitsbildung muß also auch diese Art der Freizeitgestaltung hoch eingeschätzt werden.

Sich mit den Bienen zu befassen ist im großen gesehen für die Landwirtschaft und im Samenbau unerläßlich. Auch im Hausgarten schon kann das Imkern einen guten Honigertrag bringen, vor allem bereitet es hier Entspannung und Vergnügen.

Nachbemerkung

Das Quellenverzeichnis bietet eine Auswahl der benutzten Literatur. Im wesentlichen handelt es sich um Bücher, auf die im Text nach Zitaten und Belegstellen jeweils mit dem Namen des Autors verwiesen wird.

Nicht genannt werden Bienenzeitungen, Fachzeitschriften und andere regionale Veröffentlichungen. Wird nach ihnen zitiert, so auch nach Vorträgen auf Versammlungen, Kongressen usw., dann entfällt der Name des Autors oder des Referenten; er kann gegebenenfalls erfragt werden.

Die Nennung der Namen im Text auf Seite 276 versteht sich auch als Dank an alle, die mir bei der Fertigstellung des Buches freundlich verbunden waren, ebenso für Gutachter, Betriebsleiter u. a., die spezielle Themen und Kapitel prüften und für den Druck freigaben.

G.G.

Quellenhinweise und weiterführende Literatur

AID – Auswertungs- und Informationsdienst für Ernährung, Landwirtschaft und Forsten e.V., Bonn: »Biologische Schädlingsbekämpfung«, 1030 / 1990

ARMBRUSTER, L.: »Alte Graphik und Imkerei«, A.f.B., Berlin 1939

ARMBRUSTER, L.: »Der Bienenstand als völkerkundliches Denkmal«, Neumünster 1926

BATRA, S.W.F.: »Solitary bees«, 1984. Scientific American, 250

BORCHERT, A.: »Schädigungen der Bienenzucht durch Krankheiten, Vergiftungen und Schädlinge der Honigbiene«, Leipzig 1974

BRUDER ADAM: »Meine Betriebsweise«, München 1969

BÜDEL, A. und HEROLD, E.: »Biene und Bienenzucht«, München 1960

BUDINA, G.: »Gärtnern mit der Natur«, Radebeul 1990

BUSCH, W.: »Schnurrdiburr oder Die Bienen«, München 1910

CAIN, A.J.: »Die Tierarten und ihre Entwicklung«, Jena 1959

CARSON, R.L.: »Der stumme Frühling«, München 1962

CHALIFMAN, J.: »Die Bienen«, Berlin 1952

CROMPTON, J.: »Geliebtes Bienenvolk«, Zürich 1959

DANY, B.: »Selbstgemachtes aus Bienenprodukten«, München 1988

DEINES, H. VON / GRAPOW, H.: »Wörterbuch der ägyptischen Drogennamen«, Berlin 1959

»Deutsches Jahrbuch für Volkskunde«, Berlin 8/1962, Teil I und Band 11/1965, Teil I, Berlin. (Kreuzberg, Kl.: »Die ›Imker‹ Pieter Brueghels des Älteren« und »Die Rettung des Honigsuchers durch den Bären«.)

DROEGE, G.: »Das Imkerbuch«, Berlin 1984

»The flying Honeybee. Die fliegende Honigbiene, Aspekte der Energetik«, Hrsg. Werner Nachtigall. BIONA-report 6, Stuttgart 1968

FONTANE, Th.: »Wanderung durch die Mark Brandenburg. Dritter Teil, Osthavelland«, Berlin 1873

FRIESE, G.: »Insekten«, Meyers Taschenlexikon, Leipzig 1970

GERSTUNG, F.: »Immenleben – Imkerlust«, Berlin 1918

GESSNER, F. und WOLTERECK, H.: »Das unwahrscheinliche Leben«, Berlin 1959

GLADIS, Th.: »Die Gattung *Braccia* L. und die Reproduktion entomophiler Pflanzensippen in Genbanken« (Dissertation), 1989

GLOCK, J.Ph.: »Die Symbolik der Bienen und ihre Produkte in Sage, Dichtung, Kultus, Kunst und Bräuchen der Völker«, 1891

GOETZE, G.: »Die beste Biene«, Leipzig 1970

HEROLD, E.: »Heilwerte aus dem Bienenvolk«, München 1970

HEROLD, E. und WEISS, K.: »Neue Imkerschule«, München 1965

HILL, R.: »Propolis / Kittharz«, München 1977

HÜSING, J.O.: »Die Honigbiene«, Wittenberg 1976

»Imkerliche Fachkunde«, Berlin 1975

JACOBY, R.: »Das Imker-ABC«, Bad Segeberg 1964

KLOFT, W. / MAURIZIO, A. / KAESER, W.: »Waldtracht und Waldhonig in der Imkerei«, München 1985

KUGLER, H.: »Einführung in die Blütenökologie«, Jena 1955

KUNTZSCH, M.: »Imkerfragen«, Potsdam 1912

LERNER, Fr.: »Blüten, Nektar, Bienenfleiß«, München 1984

LINDAUER, M.: »Verständigung im Bienenstaat«, Jena 1975

LUDWIG, A.: »Die Honigbiene«, Wittenberg 1951

MAETERLINCK, M.: »Das Leben der Bienen«, Leipzig 1901

MANDEVILLE, B.: »Die Bienenfabel«, Berlin 1957

OESER, G.A.: »Der Bien und Du«, Berlin 1972

OESER, G.A.: »Werkzeug und Wege zur Weiselaufzucht«, Berlin 1974

Olberg, G.: »Bienenfeind Philanthus (Bienenwolf)«, Leipzig 1953
Otto, Fr. Th.: »Die Grundschule des Imkers«, Leipzig 1947
Paschke, J.: »Der Baurahmenimker«, Leipzig o. J.
Počinkova, P.: »Bienenprodukte in der Medizin« (Pčelnite produkti v medicinata), Sofia 1986
Rosenbladt, S.: »Der Osten grün? Ökoreportage aus der DDR, Sowjetunion, Tschechoslowakei, Polen, Ungarn«, Hamburg – Zürich 1986
Rüdiger, W.: »Ihr Name ist Apis«, München 1974
Ruppertshoven, H.: »Der summende Wald«, München 1988
Ruttner, Fr.: »Zuchttechnik und Zuchtauslese bei der Biene«, München 1983
Schirach, A.G.: »Bayerischer Bienen=Meister oder deutliche Anleitung zur Bienen=Wartung«, München 1770
Schremmer, Fr.: »Wespen und Hornissen«, Wittenberg 1962
Schwartz, G. und Kaiser, P.: »Bienen, Blüten, Beuten«, Weimar 1968
Schwendner, J.: »Handbuch Bienenrecht«, München 1989
Sedlag, U.: »Wunderbare Welt der Insekten«, Leipzig 1980
Seifert, L.: »Die Honigbiene – ihre Krankheiten und Schädlinge«, Berlin 1971
Sklenar, G.: »Imkerpraxis«, Wien 1922
Spöttel, W.: »Honig und Trockenmilch«, Leipzig 1950
Storch, H.: »Am Flugloch«, Marburg 1957
Weber, V.: »Das Wachsbuch«, München 1991
Welker, K.: »Der Dickwabenimker«, Berlin 1962
Zander, E. und Weiss, K.: »Das Leben der Biene«, Stuttgart 1921

Bildnachweis

Archiv Verlag: 111, 117, 120, 138, 139, 140, 143, 154, 193
Kupferstichkabinett SMPK Berlin: 135
Staatliche Museen Berlin: 143
Staatliche Kunstsammlung Berlin: 132
Staatliches Museum Schwerin: 133
Terpe, G.: 214
Zeichnungen: nach L. Armbruster 56 – A. Büdel 89, 91 – R. Büttner 101 – K. v. Frisch 22, 24 – F. Ruttner 45, 46, 47 – E. Zander 100

Bildwiedergaben auf allen weiteren Seiten aus dem Archiv des Autors